KB090560

Second Edition

관광에 대한 사회과학적 입문지식의 이해

# 관광학

이연택 저

# TOURISM SCIENCE

# 2판 머리말

이 책의 초판을 출간한 지 약 5년 만에 개정판을 내게 되었다. 처음 이 책을 낼 때는 관광학이라는 방대한 학문을 하나의 개론서에 담아내는 것이 두렵기도 하였다. 하지만 출간 이후 다행히 많은 독자들로부터 긍정적인 반응을 받게 되어 저자로서 큰 보람을 느낀다.

초판 머리말에서도 언급하였듯이, 이 책은 관광학을 사회과학의 한 분과학문으로 다루고 있다. 관광현상이 경제는 물론, 사회복지, 환경문제, 국제협력 등과 연계되어 그 사회적 중요성이 커지면서 관광학에 대한 사회적 요구도 자연히 증가하였다. 이를 반영하여 이 책에서는 관광학을 사회과학의 응용학문으로서, 또한 종합학문으로서 접근하였다.

이번 개정판은 이러한 기본적인 접근은 그대로 유지하는 가운데 처음 책을 내면서 내용의 체계화가 필요했던 부분을 보완하는 데 초점을 맞추었다.

우선, 초판에서는 제1부 제2장의 주제를 '관광의 과거와 현재'로 하였으나, 개정판에서는 '관광의 역사와 사회적 영향'으로 수정하여 보완하였다. 이를 통해 관광학의 기초지식을 보다 공고히 하고자 하였다. 세부내용에서는 관광의 현재에 해당하는 통계자료 부분을 생략하고 관광의 사회적 영향 부분을 보강하였다.

둘째, 제2부 제4장 관광자행동에서는 관광자행동의 영향요인에 대한 기술을 수정하여 보완하였다. 초판에서는 관광자행동의 영향요인을 개인적 요인과 환경적 요인으로 구분하였으나, 개정판에서는 이를 심리적 요인, 개인적 요인, 사회문화적 요인으로 세분화하여 기술하였다. 그리고 제5장 관광사업조직에서 제시되었던 관광사업조직의 유형 가운데 간접공급자 및 지원공급자를 개정판에서는 간접공급자로 묶어서 기술하였다. 또한 제8장 관광법제도환경에서 제시되었던 관광법제도환경요소를 개정판에서는 관광법제도의 구성으로 수정하여 기술하였다.

셋째, 제3부 관광에 필요한 응용지식에서는 각 장별로 기본이론과 실제 부분에 대한 전반적인 수정이 이루어졌다. 초판에서 제시되었던 기본이론의 개념들을 개정판에서는 실제 부분으로 이동하여 기술함으로써 관광의 응용지식에 관한 기술을 강화하였다. 이와 함께 제9장 관광경영에서는 초판에서 제시되었던 관광창업경영 부분을 개정판에서는 관광스타트업경영으로 수정하여 보완하였다. 또한 제11장 관광마케팅에서는 초판에서 빠져있던 관광마케팅행위자 부분을 추가적으로 기술하였으며, 관광마케팅전략을 제5절로 보완하여 제시하였다.

넷째, 제4부 제14장 관광학의 진화: 변화와 대응에서는 초판에서 관광학의 진화의 두 가지 흐름 가운데 하나의 흐름을 인문학으로의 회귀로 제시하였다. 하지만 이 부분이 자칫 관광학이 사회과학으로부터 인문학으로 되돌아간다는 의미로 해석될 수 있다는 오해가 있어 이를 인문학적 토대화로 수정하여 보완하였다. 이를 통해 관광학의 진화의 흐름을 융합화와 토대화로 제시하였다.

이번 개정판을 통해 초판에서 내용상 재배치가 필요했던 부분들을 수정하여 보완하였으나, 아직까지도 부족한 부분이 많이 있으리라 생각한다. 이에 대해서는 추후 동료학자들과의 소통과 지속적인 연구를 통해 보완해 나가고자 한다.

이번 개정과정에서도 많은 사람들이 도움을 주었다. 무엇보다도 이 책을 교재로 수업을 들었던 학부생들의 질문과 토의가 큰 도움이 되었다. 그들은 관광학을 배우는 학생이라기보다는 관광학을 함께 공부하는 동반자라는 표현이 더욱 적합하리라 본다.

이 책의 초판은 물론, 개정판을 준비하는 과정에서도 함께 해준 오은비 박사에게 감사의 뜻을 전한다. 지난 5년간 이 책을 꼼꼼히 살펴보며 끊임없이 크고 작은 제안을 해주었다. 애정과 열정이 없이는 어려운 일이라고 생각한다.

또한 이 개정판이 출간될 수 있도록 함께 해준 백산출판사의 관계자 여러분께도 감사의 말씀을 드린다. 백산출판사가 관광학술서적 전문출판사로 크게 발전하길 기원한다.

끝으로, 관광학이 사회과학의 한 분과학문으로 자리매김하는 데 이 책이 작은 토대가 될 수 있기를 간절히 소망한다.

2020년 1월

저자 이연택

이 책은 관광학을 학습하기 위한 개론서이다.

관광학은 종합학문으로서 학자들마다 학문적 관점이 매우 다양하다. 따라서 모두가 합의하는 관광학 개론서를 집필한다는 것은 결코 쉬운 일이 아니다. 마치 사회과학의 모든 분과학문들을 하나로 통합하려는 시도처럼 보일 수도 있다.

이렇게 도전적인 과제를 앞에 두고 저자가 가장 먼저 한 일은 학문적 관점의 정립이었다. 학문적 관점은 학문을 바라보는 지향점을 제시해준다는 점에서 개론서가 모든 것을 다 포괄해야 한다는 일반적인 명제로부터 벗어날 수 있는 하나의 돌파구의 역할을 하였다. 이 책에서 저자가 채택한 관점은 체계론적 접근이다. 체계론은 사회과학이론에서 가장 기본적인 패러다임 중에 하나로 특정한 사회영역 전체를 조망하고 구성요소들의 활동을 구조기능주의적으로 접근할 수 있다는 특징을 지닌다.

다음으로, 저자가 한 일은 책의 구성기준을 설정하는 것이었다. 그동안 발간되었던 국내외 여러 개론서들이 유익한 시도를 했음에도 불구하고 구성기준을 상실하여 내용이 혼잡하게 구성된 경우가 많았던 것이 사실이다. 이 책에서 저자는 관광학 연구의 목적체계를 구성기준으로 삼았다. 관광학이 제공하는 지식을 크게 관광에 관한 기본지식과 관광에 필요한 응용지식으로 구분하였으며, 이를 기준으로 책을 설계하였다.

이 책은 모두 4부로 구성되었다.

제1부는 관광학의 기초지식을 주제로 하였다. 관광학을 학습하는 데 필요한 학문적 근거가 되는 지식들을 다루었다. 세부내용으로는 제1장 관광학의 기초, 제2장 관광의 과거와 현재가 포함되었다.

제2부는 관광에 관한 기본지식을 주제로 하였다. 관광을 이해하는 데 필요한 일반지식들을 다루었다. 세부내용으로는 제3장 관광자, 제4장 관광자행동, 제5장 관광사업조직, 제6장 관광공공조직, 제7장 관광거시환경, 제8장 관광법제도환경이 포함되었다.

제3부는 관광에 필요한 응용지식을 주제로 하였다. 관광문제 해결에 필요한 전문지식들을 다루었다. 세부내용으로는 제9장 관광경영, 제10장 관광개발, 제11장 관광마케팅, 제12장 관광정책, 제13장 관광미디어커뮤니케이션이 포함되었다.

제4부는 미래의 관광학을 주제로 하였다. 관광학의 발전과제에 대한 지식들을 다루었다. 세부내용으로는 제14장 관광학의 진화: 변화와 대응이 포함되었다.

이 책의 특징은 크게 세 가지로 정리할 수 있다.

첫째, 관광지식의 단계적 구성이다. 많은 일반 개론들이 관광지식을 나열식으로 구성하고 있는 데 반해, 이 책에서는 관광지식을 기초지식, 기본지식, 응용지식, 미래지식으로 단계적으로 구성하였다.

둘째, 관광전문직업과의 연결이다. 이 책에서는 응용사회과학인 관광학의 고유성을 반영하여 응용지식별로 사회가 필요로 하는 관광전문직업의 유형을 제시하였다.

셋째, 미래의 관광학에 대한 구상이다. 이 책에서는 관광학의 진화과정을 변화와 대응으로 압축하여 인식하였으며, 관광학의 미래를 융합사회과학으로의 융합화와 인문학으로의 회귀의 두 가지 방향으로 제시하였다.

이 책을 통해 저자가 기대하는 바는 무엇보다도 관광학에 처음 입문하는 학생들이 관광에 대한 전반적인 바탕지식을 이해하도록 하는 데 있다. 이를 통해 자신이 추구하길 원하는 관광학 연구의 전문분야를 선택하고, 관광학이라는 학문영역 내에서 서로 소통할 수 있는 학문적 동업자로 발전하길 희망한다. 또 다른 기대는 관광학을 통해 사회과학적 지식기반을 다지도록 하는 데 있다. 그렇게 함으로써 정치학, 경제학, 경영학, 행정학, 정책학 등 인접 사회과학을 공부하는 사람들과 함께 교류하고 공동으로 연구할 수 있는 학문적 역량이 갖추어지길 희망한다.

이 책을 준비하는 데는 많은 사람들의 도움이 있었다. 그중에서도 관광학부에 입학하여 처음으로 기초필수과목인 관광론을 수강했던 학생들이 큰 힘이 되었다. 때로는 돌직구와 같은 질문으로 저자를 당황하게도 했지만, 오히려 생각지도 않았던 문제를 다시 한 번 생각해보게 하는 소중한 기회를 제공하였다. 또한 대학원생들의 고뇌에 찬 학술적 질문들도 늘 자극이 되었다. "관광이 무엇인가요?", "관광학이 사회과학 맞습니까?", "여행자와 관광자는 다른가요?", "다르다면, 여행자와 관광자는 도대체 누구인가요?", "관광학은 개별학문으로서 어떠한 고유지식을 갖고 있나요?", "관광학을 공부하면 어떤 전문가가 될 수 있나요?", "관광학은 응용학문으로서 그 지식의 범위가 어디까지인가요?", "관광학의 융합화는 옳은 발전방향인가요?" 등등 다시 돌이켜 봐도 결코 쉽게 지나갈 수 없는 질문들이다.

이 책을 쓰는 동안 많은 사람들이 옆에서 도움을 주었다. 책을 집필하는 전 과정에 걸쳐 참여하고 지원해온 박사과정의 오은비 연구원의 도움이 참으로 컸다. 또한 책의 원고를 함께 읽어준 박사과정의 진보라, 야스모토 아츠코, 김태형 연구원, 석사과정의 이슬기, 정인혜 연구원 등의 도움이 컸다. 아울러 책의 구상과정에서부터 함께해온 주현정 박사와 김경희 박사에게도 고마운 마음을 전한다.

또한, 저자가 책을 집필할 수 있는 학문적 분위기를 만들어준 학과의 교수님들과 같은 대학의 교수님들에게도 감사의 뜻을 표한다.

이 책의 출판을 흔쾌히 맡아주신 백산출판사의 진욱상 사장님, 진성원 상무님 그리고 임직원 여러분께 감사의 말씀을 드린다.

끝으로, 무슨 일을 하든지 가족은 큰 힘이다. 사랑하고 감사한다.

"서로 마음을 같이하며…"

2015년 8월

저자 이연택

# 차 례

표차례



그림차례

제1부

# 관광학의 기초지식

## 개관

제1부는 관광학 연구의 도입부로 관광학의 기초지식(fundamental knowledge)에 대해 학습한다. 관광학의 기초지식은 관광학을 학습하는 데 필요한 학문적 토대가 되는 지식을 말한다. 관광학의 기본 개념, 관광의 역사와 사회적 영향이 포함된다.

제1장

# 관광학의 기본 개념

## 학습목표

이 장에서는 관광학의 기본 개념에 대해 학습한다. 관광학의 기본 개념에는 관광, 관광학, 관광학 연구 등이 포함된다. 이러한 기본 개념에 대한 이해는 관광학을 학습하는 데 필요한 기초지식을 여는 첫 걸음이다. 이 장에서는 다음과 같은 학습목표를 세운다. 첫째, 관광의 개념에 대해 학습한다. 둘째, 관광학의 개념과 발전과정에 대해 학습한다. 셋째, 관광학 연구의 목적과 유형에 대해 학습한다.

## 제1절 서론

이 장에서는 관광학의 기본 개념에 대해 학습한다.

관광은 주요 사회현상이다. 여행활동이 인류의 기본적인 생활양식으로 자리 잡아가면서 관광의 사회적 중요성도 그만큼 커지고 있다.[1] 그동안 산업사회를 지배해왔던 일 중심적 삶의 가치로부터 여가 중심적 삶의 가치로의 이동이 이루어지고 있다. 그 결과 오늘날의 인류는 신유목민(new nomad)의 시대, 즉 여행하는 삶의 시대를 살아가고 있다.

여행활동이 대중화되면서 관광산업의 역할도 확대되고 있다. 관광산업은 이제 전 세계적으로 경제성장을 주도하는 산업 중의 하나로 발전하고 있으며, 모든 여행활동의 가능성을 열어가면서 융합관광의 시대를 맞이하고 있다. 관광산업은 과거 전통적인 관광산업의 공급방식과는 달리, 의료관광업, 컨벤션관광업, 스포츠관광업, 농업관광업, 교육관광업 등 다른 유관분야와의 결합을 통해 새로운 사회적 가치를 창출하고 있다.

관광의 사회적 중요성이 인식되면서 관광학의 발전도 함께 진행되고 있다. 관광학은 20세기 초반 새로운 실용학문으로 자리 잡기 시작하였다. 이후 관광의 대중화와 세계화 시대를 맞이하면서 관광학은 사회과학분야의 독립적인 학문으로서 그 위상을 강화하고 있다. 또한 학문의 분화가 이루어지면서 관광학의 학문적 범위가 확장되고 있다.

관광학은 관광현상을 연구의 대상으로 한다. 그러므로 인간의 여행활동과 관련된 모든 사회문제가 관광학 연구의 대상에 포함된다. 관광학은 여행활동을 통한 인간의 행복 실현을 궁극적인 목적으로 하며, 이와 관련된 사회문제를 해결하기 위한 기본적이고 응용적인 지식을 제공한다. 학문적으로 관광학은 응용사회과학에 해당되며, 학문적 접근에서 다학제적 접근이 이루어진다.

이 장은 관광학 연구의 기본 개념에 대한 학습을 위해 다음과 같이 구성된다. 우선 제1절 서론에 이어 제2절에서는 관광의 개념과 구성요소 그리고 주요 관련용어에 대해서 정리한다. 제3절에서는 관광학의 개념과 발전과정에 대해서 다루고, 제4절에서는 관광학 연구의 목적, 연구방법 그리고 관광학적 상상력에 대해 정리한다. 제5절에서는 이 책의 구성 체계에 대해서 다룬다.

## 제2절 관광

### 1. 개념

관광이란 무엇인가?

관광학을 학습하기 위해 가장 먼저 생각해야 할 질문이다.

관광은 오늘날 일상생활에서 가장 흔히 접할 수 있는 말들 중에 하나이다. 관광객, 관광지, 관광산업, 관광개발, 관광정책 등 관광과 관련된 다양한 용어들이 생활 속에서 사용된다. 그럼에도 불구하고 정작 관광이 무엇을 의미하는지를 설명하기는 쉽지 않다.

일반적으로 어떠한 용어를 정의한다는 것은 그 용어가 담고있는 개념의 의미를 명백하게 규정하는 것을 말한다. 대표적인 정의의 유형으로는 사전적 정의, 어원적 정의, 운영적 정의, 학술적 정의 등을 들 수 있다. 사전적 정의는 개념을 일상생활에서 통용되는 의미로 규정하며, 어원적 정의는 개념을 언어적으로 표현한 용어의 근원을 밝힘으로써 그 의미를 규정한다. 또한 운영적 정의는 주로 통계적 혹은 법률적 목적에서 개념의 의미를 규정한다. 이와 달리, 학술적 정의는 특정한 준거기준을 적용하여 개념의 의미를 규정한다. 이러한 유형들을 기준으로 관광을 정의하면 다음과 같다.

먼저, 관광의 원어인 'tourism'의 사전적 정의[2)]를 살펴보면, 'tourism'(관광)

은 "the activities of people traveling to and staying in places outside their usual environment"(일상 거주지를 떠나 다른 지역으로 여행하고 체류하는 사람들의 활동)의 의미로 규정된다. 관련 용어인 'travel'(여행)은 "the movement of people between relatively distant geographical locations"(지리적으로 떨어져 있는 장소 간에 이루어지는 사람들의 이동)의 의미로 규정된다. 'tourism'(관광)이 인간의 이동행위를 의미하는 'travel'(여행)과는 달리 인간의 여행활동에 초점을 둠으로써 의미상의 차이를 보여준다. 하지만 관광의 의미를 인간의 행위 수준으로만 제한적으로 인식하고 있다는 점에서 한계를 보여준다.

한편, 우리말 사전[3]에서 관광은 "다른 지방이나 다른 나라에 가서 그곳의 풍경, 풍습, 문물 따위를 구경함"으로 규정되고 있다. 반면, 여행은 "일이나 유람을 목적으로 다른 고장이나 외국에 가는 일"로 규정된다. 명확하지는 않지만 영어의 사전적 정의와 유사하게, 관광은 '구경'이라는 여행활동을 의미하고, 여행은 '가는 일'이라는 이동행위에 초점이 맞추고 있다는 점에서 차이를 보여주고 있다. 하지만 영어의 사전적 정의와 마찬가지로 관광의 의미를 인간의 행위 수준으로만 제한적으로 인식하고 있다는 점에서 한계를 보여준다.

다음으로, 어원적 정의[4]에서 보면, 'tourism'은 라틴어의 'tornare'에서 유래된 것으로 알려진다. 이로부터 'tour'(순회하다)라는 용어가 생겼으며, 여기에 활동, 현상 혹은 주의를 의미하는 접미사 '-ism'이 붙여지면서 'tourism'으로 발전하였다. 문자 그대로 풀이하면, 'tourism'은 '인간의 순회와 관련된 활동, 현상 혹은 주의'를 뜻한다. 이러한 'tourism'이라는 사회적 용어가 사용되기 시작한 것은 18세기 후반 산업혁명시기부터이며, 1811년에 영국 옥스퍼드 사전에 처음으로 등재되었다.[5]

한편, 우리말에서 현재 사용되고 있는 관광(觀光)이라는 용어는 19세기 후반 일본에서 영어의 'tourism'을 번역하기 위해 채택된 용어이다.[6] 이 번역어는 중국 역경(易經)에 나오는 "관국지광(觀國之光)"이라는 구절에 근원을 두고 있으며, '나라의 빛을 본다'는 뜻을 지닌다. 그러므로 엄밀하게 말해, 우리말에서 사용되는 관광이라는 용어의 어원을 찾는다는 것은 번역어의 성립과정[7]을 밝히는 것으로 용어의 어원적 정의와는 거리가 있다.

다음으로, 운영적 정의를 살펴보면, 관광과 관련된 대표적인 국제기구인 유엔세계관광기구(UNWTO)는 'tourism'(관광)을 "the activities of persons traveling to and staying in places outside their usual environment for not more than one consecutive year for leisure, business, and other purposes"(여가, 사업 또는 기타 목적으로 1년 미만의 기간 동안 일상적 환경을 떠나 여행하며 체류하는 사람들의 행동)로 규정한다.[8] 이는 앞서 살펴본 사전적 정의와 매우 유사한 것을 알 수 있다. 하지만 여행의 목적, 여행 기간 등 관광통계에 필요한 사항들을 기준으로 제시되고 있다는 점에서 관광의 의미를 전반적으로 규정하는 데는 한계가 있다.

학술적 정의는 다른 정의들과 달리, 특정한 준거를 기준으로 설정하고 개념을 정의한다는 점에서 특징을 지닌다.[9] 크게 세 가지 준거기준이 적용된다. 하나는 관점이다. 개념을 정의하기 위해서는 우선적으로 그 개념을 바라보는 학문적 혹은 이론적 입장이 설정되어야 한다. 다른 하나는 총괄성이다. 개념이 지닌 모든 의미를 포괄적으로 규정할 수 있어야 한다. 또 다른 하나는 논리성이다. 개념의 의미를 체계적으로 규정할 수 있어야 한다. 논리적 규정에는 개념이 지닌 내포적 속성과 외연적 범위가 포함되어야 한다.

대표적인 학술적 정의의 예로 골드너(C. Goeldner)와 브렌트 리치(J. Brent Ritchie)의 정의를 들 수 있다. 이들은 'tourism'(관광)을 "processes, activities, and outcomes arising from the relationships and interactions among tourists, tourism suppliers, host governments, host communities, and surrounding environments that are involved in the attracting and hosting of visitors"(관광자, 관광공급자, 유치 정부, 유치 지역사회공동체, 그리고 관광자의 유치와 관련된 외부환경과의 관계 및 상호작용에서 발생하는 과정, 활동, 그리고 결과)로

규정하였다.[10)]

이들의 정의를 살펴보면, 우선 관점으로는 체계적 관점이 적용되고 있음을 알 수 있다. 체계적 관점에서 관광을 하나의 체계로 보며 이를 둘러싸고 있는 외부환경과의 상호작용관계로 설명한다. 또한 총괄성에서는 여행활동과 관련된 다양한 행위자들의 활동을 포함하고 있다. 다음으로, 논리성에서는 행위자들의 활동과 상호작용을 속성으로 하며, 과정, 활동, 결과를 외연적 범위로 제시하고 있다.

이 책에서는 이들의 정의의 연장선상에서 관광의 개념을 학술적으로 정의한다. 우선, 관점으로는 체계적 관점을 그대로 적용한다. 다음으로, 총괄성으로는 관광을 인간, 사회조직, 환경의 세 가지 차원으로 구분하여 모든 구성요소들을 포괄적으로 제시한다. 또한 논리성으로는 관광행위자들의 활동과 상호작용을 내포적 속성으로 하며, 외연적 범위로는 사회적 관계를 설정한다.

[그림 1-1] 관광의 개념

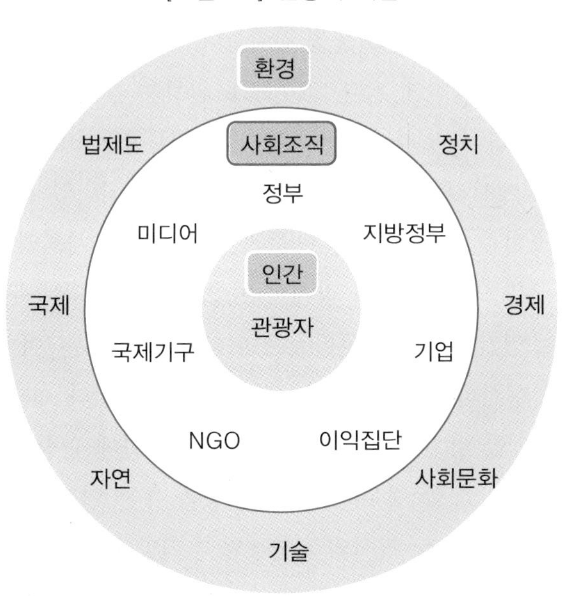

이상의 논의를 정리하여 이 책에서는 관광(tourism)을 '인간의 여행활동과 이와 관련된 사회조직들의 활동 그리고 이들을 둘러싸고 있는 환경과의 상호작용을 통해 이루어지는 모든 사회적 관계'로 정의한다. 압축하자면, 관광은 '인간의 여행활동을 통해 이루어지는 모든 사회적 관계'라고 할 수 있다. 이를 도식화하여 제시하면, [그림 1-1]과 같다.

## 2. 구성요소

관광의 개념을 구성하는 세 가지 차원의 요소들에 대해서 정리하면, 다음과 같다.

### 1) 인간

관광은 인간(human being)의 여행활동을 포함한다. 체계적 관점에서 볼 때, 인간은 관광을 구성하는 미시적 요소에 해당된다. 인간은 여행의 본능을 지니며 다양한 목적에서 여행활동을 경험한다. 인간은 이러한 여행활동을 통해 사회적 관계를 형성하게 된다. 그러므로 관광은 곧 인간의 여행활동으로부터 시작된다고 할 수 있다. 또한 그런 의미에서 관광자(tourist)는 관광이라는 사회적 영역에서 활동을 하는 개인이라고 할 수 있다. 여기서 개인(individual)은 소비자, 유권자, 시청자 등과 같이 특정한 사회영역에서 활동하는 사람(person)을 의미한다. 이 점에서 여행자(traveler)와는 구별된다. 여행자가 '여행하는 인간'이라는 인문학적 용어라면, 관광자는 '여행활동을 통해 사회적 관계를 형성하는 개인'이라는 사회학적 용어이다. 따라서 여행자를 연구의 대상으로 할 경우에는 여행하는 인간과 문화에 관심을 가지며, 관광자를 연구의 대상으로 할 경우에는 여행활동을 통한 인간의 사회적 관계에 관심을 갖게 된다. 참고로, 영어의 'tourist'가 우리말에서는 '관광객'으로 번역되어 사용된다. 하지만 이 책에서는 'tourist'가 여행활동의 객체가 아닌 여행활동의 주체라는 점을 강조하기 위해 '관광자'로 번역하여 사용한다.

### 2) 사회조직

관광은 사회조직(social organization)의 활동을 포함한다. 체계적 관점에서 볼 때, 사회조직은 관광을 구성하는 중위적 요소에 해당된다. 달리 말해 조직 수준의 요소이다. 여행활동과 관련하여 다양한 사회조직들이 형성된다. 이들은 관광자가 여행활동에서 필요로 하는 교통, 숙박, 음식, 오락, 쇼핑, 안전 등의 서비스를 제공한다. 이러한 여행활동과 관련된 사회적 기능을 제공하는 조직을 관광조직(tourism organization)이라고 한다. 관광조직은 크게 관광사업조직과 관광공공조직으로 구분된다. 관광사업조직으로는 여행기업, 관광호텔, 항공사, 테마파크기업, 리조트기업, 카지노기업 등을 들 수 있으며, 관광공공조직으로는 정부, 지방정부, 비정부관광조직, 국제관광기구 등을 들 수 있다.

### 3) 환경

관광은 환경(environment)과의 상호작용을 포함한다. 체계적 관점에서 볼 때, 환경은 관광체계(tourism system)를 둘러싸고 있는 거시적 요소에 해당된다. 관광은 여행활동을 하는 인간과 이와 관련된 사회조직들로 구성된 하나의 사회체계이다. 이러한 사회체계로서의 관광체계는 진공 속에 존재하지 않는다. 관광체계는 환경과 상호작용을 한다. 관광체계는 이를 둘러싸고 있는 환경으로부터 영향을 받고 또 반대로 영향을 주면서 마치 유기체처럼 생명을 유지하고 성장한다. 관광환경은 크게 정치, 경제, 사회, 기술, 자연환경 등의 거시환경과 법제도환경을 포함한다.

## 3. 주요 관련 용어

다음에서는 관광과 관련된 주요 용어들에 대해서 살펴본다.[11]

### 1) 여행

앞서 살펴보았듯이, 사전적 정의에서 관광(tourism)은 '인간의 여행활동'을 의미하고, 여행(travel)은 '인간의 이동행위'를 의미한다는 점에서 여행과 관광은 유사한 의미를 지니면서도 약간의 차이가 있음을 알 수 있었다. 하지만 학술적 정의에서 볼 때는 여행과 관광은 큰 차이가 있다. 학술적 정의에서 관광은 인간의 여행활동뿐 아니라 관광조직들의 활동과 환경과의 상호작용을 통해 형성되는 모든 사회적 관계를 말한다. 따라서 여행은 관광이라는 복합적인 사회적 관계에서 인간의 행위라는 미시적 요소에 해당된다. 정리하면, 사전적 정의로 보면 여행과 관광은 어느 정도 유사성을 지닌다고 할 수 있다. 하지만 학술적 정의로 보면, 여행은 관광을 구성하는 부분 요소로서 미시적 수준의 인간 행위에 해당된다([그림 1-2] 참조).

[그림 1-2] 여행과 관광

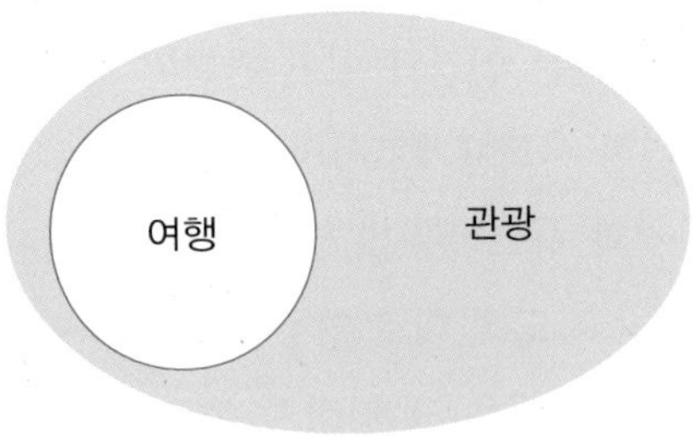


### 2) 여가

여가(leisure)는 크게 세 가지 관점에서 설명된다.[12] 첫째, 시간적 관점이다. 수면이나 식사와 같이 생리적으로 필요한 시간이나 노동시간을 제외한 잔여 시간이 곧 여가라는 관점이다. 둘째, 정신적 관점이다. 여가는 강요되거나 의무적인 행동하는 상태가 아니라, 자유의 상태라는 관점이다. 셋째, 목적적 관점이다. 여가는 일의 목적이 아닌, 휴식이나 자아실현 등을 목적으로 하는 활동이라는 관점이다. 종합하면, 여가는 '생리적인 시간이나 노동시간을 제외한 잔여시간 동안 자유의지에 의해 선택된 인간의 자유로운 활동'으로 정의된다. 인간의 여행활동은 이러한 여가시간에 선택된 인간의 자유로운 활동의 한 유형이라고 할 수 있다. 여가에는 여행활동뿐만 아니라 예술활동, 스포츠활동 등 다양한 사회적 활동들이 포함된다. 그러므로 사회적 활동 측면에서 볼 때, 인간의 여행활동은 여가를 구성하는 부분 요소라고 할 수 있다. 하지만 관광이 인간의 여행활동뿐만 아니라, 관광조직, 환경 등을 포괄하는 복합적인 개념이라는 점에서 여가와 관광은 개념적으로 구별된다([그림 1-3] 참조).

[그림 1-3] 여가와 관광

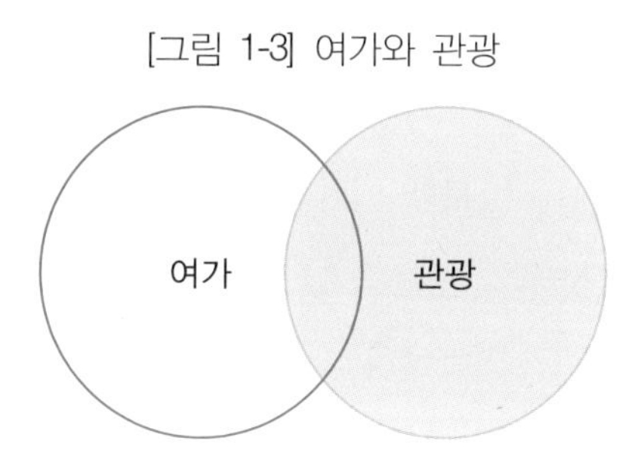


### 3) 문화

문화(culture)는 인간의 모든 활동이 문화라고 할 만큼 넓은 의미의 개념이다.[13] 어원적으로 'culture'는 작물을 경작하거나 재배하는 일을 뜻하는 라틴어 'colore'에 뿌리를 두고 있다. 사전적으로 문화는 "자연 상태에서 벗어나 일정한 목적이나 생활 이상을 실현하고자 사회구성원에 의하여 습득, 공유, 전달되는 행동양식이나 생활양식의 과정 및 그 과정에서 이루어낸 물질적, 정신적 소산"을 의미한다. 문화를 바라보는 데는 세 가지 관점이 있다. 첫째, 정신적 관점이다. 문화는 높은 수준의 정신적 능력으로서 인간 사고와 표현의 정수라는 관점이다. 한마디로 교양으로서의 문화를 의미한다. 둘째, 활동적 관점이다. 문화는 문학, 미술, 음악, 연극, 방송, 영화, 패션 등의 예술 활동을 의미한다. 셋째, 생활양식의 관점이다. 문화는 사회 관습, 가치, 규범, 전통 등 총체적인 생활양식이라는 관점이다. 종합하면, 문화는 정신이며, 예술이며, 생활양식이라고 할 수 있다. 문화를 생활양식의 관점에서 볼 때, 문화는 인간의 여행활동을 포함한다. 다시 말해, 인간의 여행활동은 문화를 구성하는 부분 요소라고 할 수 있다. 하지만 관광이 인간의 여행활동만을 의미하는 것이 아니라 복합적인 사회적 관계를 의미한다는 점에서 문화와 관광은 개념적으로 구별된다([그림 1-4] 참조).

[그림 1-4] 문화와 관광

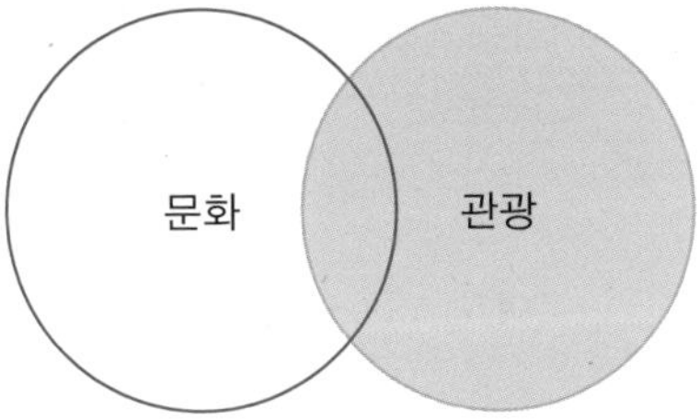

## 제3절 관광학

### 1. 개념

관광학은 관광현상을 연구대상으로 학문이다.

학문적 영역에 있어서 관광학은 사회과학(Social Sciences)에 속한다.[14] 사회과학이라 하면, 인간사회에서 일어나는 각종 현상을 연구대상으로 하는 학문을 말한다. 역사적으로 보면, 사회과학은 19세기 후반에 등장하였다. 초기에는 사회현상에 대한 종합적인 접근이 이루어졌다. 하지만 20세기에 들어 사회가 복잡하고 다양하게 변화하면서 사회과학의 학문적 분화가 이루어지기 시작하였으며, 이후 학문적 분화는 사회과학의 학문적 전통이 되었다.

사회과학의 하위 학문들 가운데 최초로 독립적인 학문으로 발전한 것은 경제학이다. 이후 정치학, 사회학, 심리학, 인류학 등이 독립적인 학문으로 자리 잡기 시작하였으며, 그 뒤를 이어 행정학, 경영학, 정책학, 사회복지학, 신문방송학 등이 등장하였다. 관광학은 이들보다 뒤늦은 1970년 이후 독립적인 학문으로 자리를 잡기 시작하였다.

사회과학은 학문적 목적을 기준으로 크게 기초사회과학(Basic Social Science)과 응용사회과학(Applied Social Science)으로 구분된다. 기초사회과학은 사회현상에 관한 기본적인 지식을 생산하며, 이를 관련 응용사회과학분야에 제공하는 역할을 담당한다. 경제학, 정치학, 사회학, 심리학 등이 여기에 해당된다. 응용사회과학은 기초사회과학으로부터 제공되는 기본적인 지식을 활용하여 해당영역의 사회문제를 해결하기 위한 응용지식을 생산하고 동시에 해당분야의 전문 인력을 양성하는 데 목적을 둔다. 행정학, 정책학, 경영학, 신문방송학, 사회복지학 등이 여기에 해당된다. 관광학도 그중에 하나이다.

한편, 관광학은 관광현상을 통합적으로 연구한다. 관광을 구성하는 인간, 사회조직, 환경의 세 가지 차원의 요소를 포괄하여 연구의 대상으로 한다. 이와 동시에 관광학은 학문적 분화를 통해 전문적으로 연구한다. 학문적 분화의 유형은 크게 두 가지로 구분된다. 하나는 연구영역을 기준으로 이루어지는 학문적 분화이다. 예를 들어, 문화관광을 연구영역으로 하는 문화관광학, 의료관광을 연구영역으로 하는 의료관광학, 스포츠관광을 연구영역으로 하는 스포츠관광학 등이 등장하였다. 다른 하나는 학문적 접근을 기준으로 하여 이루어지는 학문적 분화이다. 경영학적 접근이 이루어지는 관광경영학,

지역개발학적 접근이 이루어지는 관광개발학, 정책학적 접근이 이루어지는 관광정책학 등이 그 예이다.

정리하면, 관광학(Tourism Science)은 응용사회과학으로서 관광현상을 통합적으로, 전문적으로 연구하는 학문이라고 할 수 있다.

## 2. 발전과정

학문의 발전과정을 설명할 때, 가장 대표적으로 적용되는 기준이 제도화이다.[15] 제도화는 대학에 학과가 만들어지거나, 학자들의 연구 조직인 학회가 설립되는 등 학문이 조직화되는 사회적 과정을 말한다. 이를 기준으로 관광학의 발전과정을 서양과 동양으로 구분하여 살펴보면, 다음과 같다.

### 1) 서양

서양에서 이루어진 관광학의 발전과정을 살펴보면, 제1차 세계대전 이후 1920년대에 들어서면서 유럽과 미국에 처음으로 관광관련학과가 대학에 설치되기 시작하였다. 스위스와 오스트리아에서는 기존의 경제학과로부터 분화되어 관광관련학과가 대학에 설치되었으며, 미국에서는 실용주의 교육사조가 등장하면서 실용학문인 호텔경영학을 가르치는 학과들이 대학에 설치되었다.

이후 대중관광시대에 들어선 1970년대부터 미국에서는 관광학을 중심으로 하는 학과들이 설치되기 시작하였다. 관광행정학과를 비롯하여 여가·관광학과, 위락·공원·관광학과 등과 같이 인접학문과 연계된 형태의 학과들이 설치되기 시작했다. 이러한 경향은 영국, 캐나다, 호주 등에서도 볼 수 있다.

1990년대 이후 세계화 시대에 들어서면서 관광관련학과의 설치가 미국 내에서 더욱 활성화되었으며, 명칭이나 형태도 더욱 다양해졌다. 종래의 호텔경영학과가 호스피탈리티경영학과[16)]로 명칭이 변경되기 시작했으며, 그 외에도 관광이벤트학과, 관광스포츠학과 등으로 학문의 분화가 이루어졌다.

### 2) 동양

한국에서는 1950년대 관광행정조직이 중앙정부에 구성되고 관련법규가 제정되었으며, 1960년대에 들어서면서 관광인력을 양성하기 위한 실무 중심의 학과들이 대학에 설치되기 시작하였다. 이후 1975년에는 관광학자들의 연구조직인 한국관광학회가 처음으로 발족하였다. 미국이 초기에 호텔경영학을 중심으로 학과가 설치된 것과는 달리 한국에서는 관광경영학과, 관광개발학과, 관광학과 등 주로 관광학을 중심으로 하는 학과들이 설치되었다.

2000년대에 들어 국민 해외여행이 대중화되고 외국인 국내여행이 증가하면서 관광전문인력에 대한 수요가 크게 증가하였다. 이러한 사회적 요구와 함께 관광관련학과들의 설치가 크게 증가하였으며, 학문의 분화가 활발하게 이루어졌다. 기존의 관광경영학과, 관광개발학과, 관광학과 외에 외식경영학과, 문화관광학과, 역사관광학과, 관광컨벤션학과, 항공관광학과, 관광통역학과, 관광이벤트학과 등 새로운 명칭의 학과들이 등장했다.

한편, 일본에서는 1960년대 들어서면서 주로 실무교육 중심의 관광관련교육이 이루어지기 시작하였다. 1970년대부터 주요 대학들에 관광관련학과들이 본격적으로 설치되었다. 이후 지방경제 활성화 차원에서 지방 국립대학들에 관광관련학과들의 설치가 크게 증가하였으며, 학과 명칭으로는 관광학과, 관광정책학과, 관광산업학과, 관광경영학과 등이 사용되고 있다. 주로 관광학을 중심으로 학문의 분화가 이루어지고 있다.

중국에서는 1980년대 들어서면서 관광관련학과들이 대학에 설치되기 시작하였다. 이후 1990년대에 들어 시장개방과 함께 대학에 관광관련학과 설치가 본격화되었다. 전문대학 및 4년제 대학에 관광관련학과가 전국적으로 설치되기 시작하였으며, 학과 명칭으로는 관광행정학과, 호텔경영학과, 관광·호텔경영학과, 컨벤션경영학과 등이 사용되고 있다. 주로 관광학과 호텔경영학을 중심으로 학문의 분화가 이루어지고 있다.

## 제4절 관광학 연구

### 1. 목적

관광학 연구의 목적은 크게 기본 목적, 중간 목적, 궁극적 목적의 세 가지 수준으로 체계화된다. 이를 정리하면, 다음과 같다([그림 1-5] 참조).

#### 1) 기본 목적

관광학 연구의 기본 목적은 '관광지식의 제공'에 있다. 관광학의 지식은 관광에 관한 지식(knowledge of tourism)과 관광에 필요한 지식(knowledge for tourism)으로 구분된다. 관광에 관한 지식은 관광현상을 설명하기 위한 기본 지식(basic knowledge)을 말한다. 관광현상을 구성하는 관광자, 관광조직, 관광환경 등의 활동 및 상호작용에 대한 지식이다. 반면에 관광에 필요한 지식은 관광문제를 해결하기 위한 응용지식(applied knowledge)을 말한다. 관광문제를 해결하는 데 필요한 관광경영, 관광개발, 관광마케팅, 관광정책, 관광미디어커뮤니케이션 등의 지식이다.

#### 2) 중간 목적

관광학 연구의 중간 목적은 '관광문제의 해결'에 있다. 관광은 복합적인 사회현상이다. 다양한 관광조직들이 관련되어 있다. 이들 간의 관계에서 발생하는 관광문제를 해결하기 위하여 관광지식이 필요하다. 예컨대, 관광자의 여행활동에 장애가 되는 요인들을 제거하는 문제, 관광자가 필요로 하는 관광시설이나 서비스를 공급하는 문제, 보다 많은 관광자를 유치하는 문제, 관광사업조직들의 경쟁력에 관한 문제, 국제관광 활성화를 위한 국가 간의 협력 문제 등 다양한 관광문제들이 발생한다. 이러한 문제들을 실제적으로 해결함으로써 관광학은 '관광을 통한 경제발전', '관광을 통한 문화교류', '관광을 통한 평화증진', '관광을 통한 환경보전', '관광을 통한 사회복지' 등에 기여한다.

### 3) 궁극적 목적

관광학 연구의 궁극적 목적은 '인간의 행복 실현'에 있다. 1980년 유엔세계관광기구(UNWTO)[17]는 '세계관광에 대한 마닐라선언(Manila Declaration on World Tourism)'에서, "관광은 한 국가의 사회, 경제, 문화, 교육 등의 측면뿐만 아니라 국제 관계에 지대한 영향을 미치며, 궁극적으로는 인간 생활에 필요한 기본적인 활동"이라고 천명한 바 있다. 관광학 연구는 관광이 곧 인간 생활에 필요한 기본적인 활동이라는 점에 주목한다. 그런 의미에서 관광학 연구는 궁극적으로는 여행활동을 통한 인간의 행복 실현에 목적을 둔다. 행복은 인간의 욕구가 충족된 상태를 말한다. 인간의 욕구에는 생리적 욕구, 안전 욕구, 사회적 관계 욕구, 자기존중 욕구, 자기실현 욕구 등 다양한 욕구가 있다. 이러한 욕구가 충족될 수 있도록 필요한 지식을 제공하는 것이 관광학 연구의 최종적인 목적이다. 인간의 행복을 규정하는 입법의 원리로 공리주의 원칙이 적용된다. 즉, 최대 다수의 최대 행복을 말한다. 우리나라 헌법 제10조에서는 인간의 행복과 관련하여 "모든 국민은 인간으로서의 존엄과 가치를 가지며, 행복을 추구할 권리를 가진다."라고 명시하고 있다. 같은 맥락에서 관광학 연구는 관광문제를 해결하며, 궁극적으로는 여행활동을 통해 모든 인간의 행복이 실현되는 것을 최고의 가치로 삼는다.

[그림 1-5] 관광학 연구의 목적체계

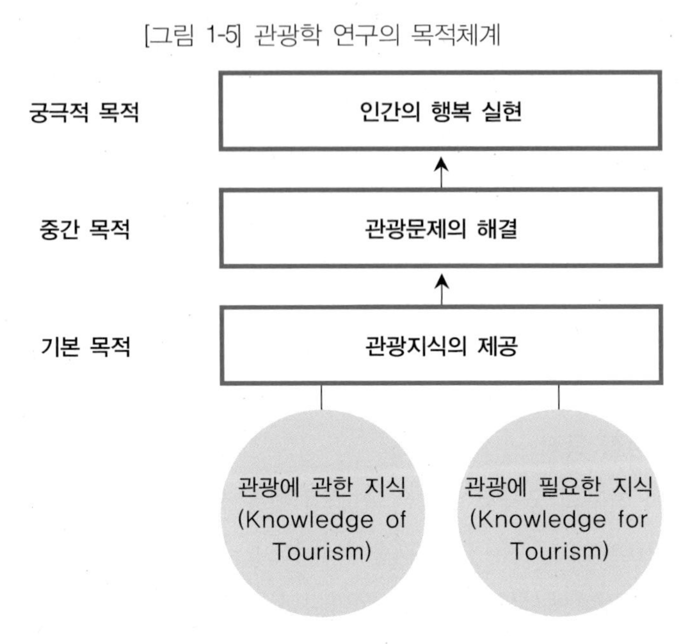


## 2. 학문적 접근 및 연구유형

### 1) 학문적 접근

학문적 접근은 학문적 지식을 적용하여 연구하는 방식을 말한다.[18] 크게 두 가지 접근이 이루어진다. 하나는 개별학문적 접근(independent disciplinary approach)이고, 다른 하나는 학제적 접근(interdisciplinary approach)이다.

개별학문적 접근은 특정한 연구분야를 대상으로 이루어지는 고유한 학문적 연구방식을 말한다. 주로 기초사회과학에 속하는 학문들의 접근에서 볼 수 있는 연구방식이다. 정치학, 경제학, 사회학 등이 여기에 해당된다.

반면에, 학제적 접근은 특정한 연구분야를 대상으로 유관학문들과의 교류를 통해 이루어지는 학문적 연구방식을 말한다. 주로 응용사회과학에 속하는 학문들의 접근에서 볼 수 있는 연구방식이다. 이 가운데 다수의 유관학문들과의 교류를 통해 이루어지는 학문적 연구방식을 다학제적 접근(multidisciplinary approach)이라고 한다. 또한 다학제적 접근을 통해 이루어지는 학문을 종합학문(synthetic discipline)이라고 한다.

관광학은 종합학문으로서 다학제적 접근이 이루어진다([그림 1-6] 참조).[19] 기본지식을 위해 철학, 역사학, 정치학, 경제학, 사회학, 심리학 등으로부터의 접근이 이루어지며, 응용지식을 위해 경영학, 지역개발학, 마케팅학, 정책학, 미디어커뮤니케이션학 등으로부터의 접근이 이루어진다.

[그림 1-6] 관광학의 다학제적 접근

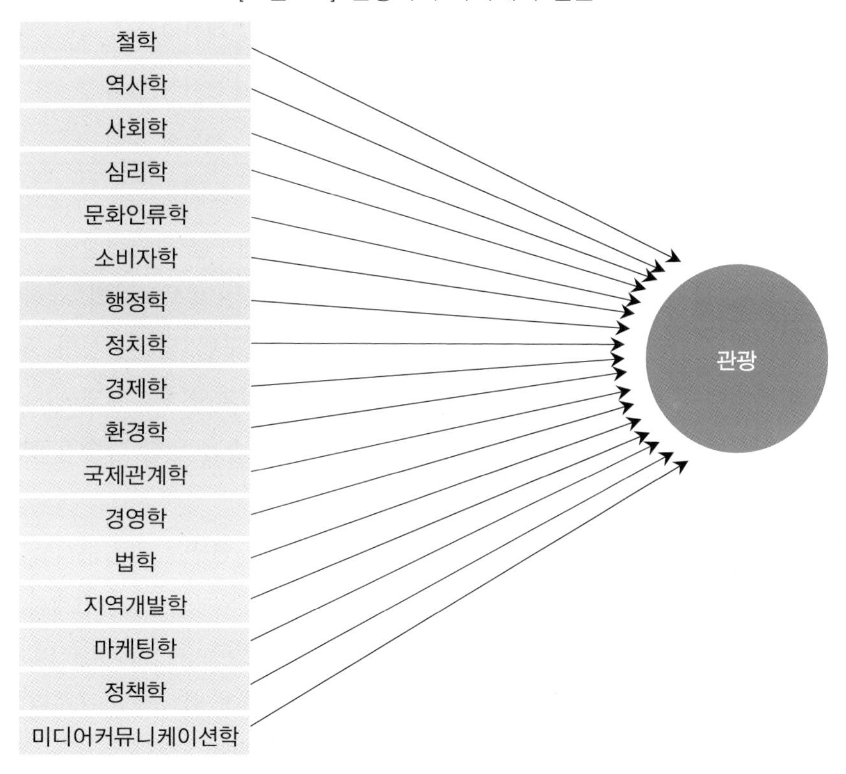

### 2) 연구 유형

관광학은 응용사회과학으로서 관광에 관한 지식뿐만 아니라, 관광에 필요한 지식을 제공하기 위한 연구를 수행한다. 이러한 관광학 연구는 크게 세 가지 유형으로 구분된다.[20] 이를 정리하면, 다음과 같다(〈표 1-1〉 참조).

〈표 1-1〉 관광학의 연구 유형

| 유형 | 경험적 연구 | 처방적 연구 | 규범적 연구 |
|---|---|---|---|
| 목적 | 관광현상의 기술 및 설명 | 관광문제의 합리적 분석 | 관광문제 해결을 위한 대안제시 |
| 연구방법 | 양적 및 질적 방법 | 분석적 방법 | 논리적 방법 |
| 지식 | 이론적 지식 | 분석모형적 지식 | 제도적 지식 |

첫째, 경험적 연구(empirical research)이다. 경험적 연구는 관광현상을 기술하고 설명하는 데 연구의 목적이 있다. 연구방법으로는 설문조사법, 실험법 등의 양적 방법과 현상학적 연구, 근거이론법, 사례연구법, 담론분석법 등의 질적 방법이 적용된다. 경험적 연구에 의한 지식은 인과관계를 설명하는 이론적 지식들로 구성된다. 경험적 연구는 주로 이론검증을 위한 학술적 연구에서 수행된다.

둘째, 처방적 연구(prescriptive research)이다. 처방적 연구는 관광문제를 합리적으로 분석하는 데 연구의 목적이 있다. 연구방법으로는 비용-편익분석, 수요예측분석, 델파이기법 등의 분석적 방법이 적용된다. 처방적 연구에 의한 지식은 관광문제를 파악하는 데 적용되는 분석모형적 지식들로 구성된다. 처방적 연구는 주로 문제분석을 위한 실무적 연구에서 수행된다.

셋째, 규범적 연구(normative research)이다. 규범적 연구는 관광문제 해결을 위한 대안을 제시하는 데 연구의 목적이 있다. 연구방법으로는 전통적 제도주의에 바탕을 둔 논리적 방법이 적용된다. 규범적 연구에 의한 지식은 관광문제 해결에 필요한 제도적 지식들로 구성된다. 규범적 연구는 주로 문제 해결방안을 모색하는 실무적 연구에서 수행된다.

## 3. 관광학적 상상력

관광학 연구를 위해서는 관광학적 상상력이 필요하다. 관광학적으로 상상한다는 것은 실제로 경험해보지 않은 관광문제를 의식적으로 생각하는 능력을 말한다. 학문적 상상력은 생산적 상상력이다. 학문적 상상력은 과거의 기억을 단순히 생각해내는 것이 아니라 과거의 기억을 재구성하여 새로운 지식을 창출하는 능력을 말한다.

학문적 상상력에 대한 논의는 미국의 사회학자 밀즈(C. Mills)가 제시한 사회학적 상상력(Sociological imagination)에 근거하고 있다.21) 밀즈는 인간의 사회생활에서 발생하는 문제들을 의식적으로 생각하는 능력을 사회학적 상상력이라고 하였다. 사회학적으로 상상한다는 것은 사회문제를 여러 가지 관점에서 생각해보는 정신적 과정이라고 할 수 있다. 즉, 어떠한 문제가 발생하였을 때 사회를 구성하는 행위자의 관점에서 생각해보거나, 이를 포괄하는 사회체계, 제도 등의 전체 사회구조와의 관계에서 생각해보는 것이다. 또한 문제의 역사적 맥락을 생각해보는 것이다.

마찬가지로, 관광학 연구에서도 인간의 여행활동과 관련된 사회문제를 개체적으로, 구조적으로, 역사적으로 상상할 수 있는 능력이 필요하다([그림 1-7] 참조). 관광자, 관광조직 등의 관광행위자라는 개체적 관점에서 생각해보거나, 이를 포괄하는 관광체계, 관광제도 등의 구조적 관점에서 생각해볼 수 있어야 한다. 또한 이를 역사적 관점에서 생각해볼 수 있어야 한다. 그러한 의미에서 관광학적 상상력은 관광학 연구를 위한 기초적 학습능력이라고 할 수 있다.

[그림 1-7] 관광학적 상상력

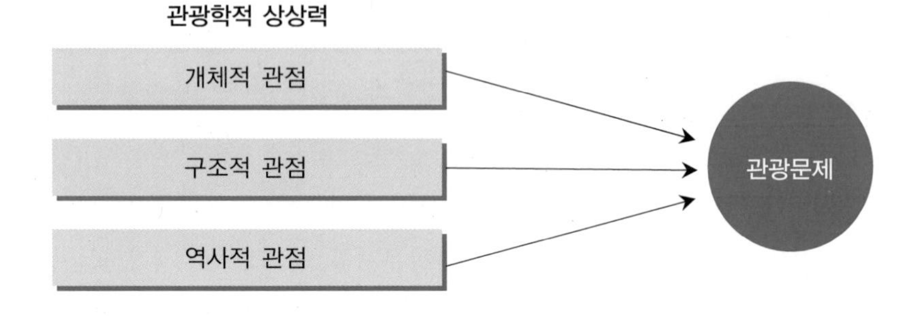


## 제5절 책의 구성 체계

### 1. 접근유형

학문의 개론서라 하면, 특정한 학문의 기본적인 지식을 총괄적으로 정리하여 소개하는 입문서를 말한다. 그동안 관광학을 소개하는 다수의 개론서들이 국내외에서 발간되었다. 이들의 구성 체계를 살펴보면, 크게 세 가지 접근이 이루어져왔음을 볼 수 있다.

첫째, 구조적 접근이다.[22] 구조적 접근에서는 구성 요소들 간의 구조를 중시한다. 이러한 관점에서 관광을 주체-매체-객체로 구분한다. 여기서 주체는 관광자를 말하며, 객체는 관광자를 유인하는 관광대상을 말한다. 매체는 관광자와 관광대상을 연결해주는 관광사업자를 말한다. 이 세 가지 요소들에 대한 이해가 개론서의 구성 체계가 된다. 구체적으로는 관광자는 누구인지, 관광사업자들의 활동은 어떠한지, 관광대상은 무엇이며, 어떻게 개발해야 할지 등이 주요 주제로 다루어진다. 구조적 접근의 장점으로는 관광을 구성하는 요소들을 주체-매체-객체라는 과정적 구조로 설명함으로써 관광에 대한 이해가 쉽다는 점이다. 하지만 관광의 구조를 지나치게 단순화함으로써 관광조직들과의 관계나 환경과의 상호작용 등 복합적인 관광현상을 포괄적으로 파악하는 데는 한계가 있다. 주로 관광지리학적 관점의 개론서들에서 볼 수 있는 접근유형이다.

둘째, 제도적 접근이다.[23] 제도적 접근에서는 조직을 중시한다. 이러한 관점에서 제도화된 관광조직을 연구대상으로 삼는다. 주로 관광사업조직들을 대상으로 하여 업종별 기능, 활동, 구조 등에 대한 이해가 개론서의 구성 체계가 된다. 여행업, 관광숙박업, 관광교통업, 관광리조트업, 관광쇼핑업 등 관광산업을 구성하는 다양한 업종들이 다루어진다. 제도적 접근의 장점으로는 다종다기한 관광사업조직들의 활동을 업종별로 구분하여 주요 사회적 기능을 모색한다는 점이다. 하지만 관광현상을 관광사업조직에만 집중하면서 관광체계를 포괄적으로 다루지 못하는 한계가 있다. 주로 관광경영학적 관점의 개론서들에서 볼 수 있는 접근유형이다.

셋째, 체계적 접근이다.[24] 체계적 접근에서는 체계와 외부환경과의 상호작용을 중시한다. 체계적 관점에서 관광체계는 다양한 관광행위자들로 구성된 하나의 결합체를 말하며, 관광체계는 외부 환경과 상호작용을 한다. 이러한 관점을 적용하여 관광현상을 인간, 사회조직, 환경이라는 세 가지 차원으로 구분하여 개론서를 구성한다. 체계적 접근의 장점으로는 관광을 하나의 체계로 다룸으로써 관광에 대한 전반적이고 포괄적인 이해가 가능해진다는 점이다. 반면에 관광체계의 복잡성으로 인해 구조가 단순하지 않다는 단점이 있다. 주로 사회과학적 관점의 개론서들에서 볼 수 있는 접근유형이다.

## 2. 구성 체계

이 책은 관광학의 개론서로서 체계적 접근을 적용한다.

책의 구성은 크게 도입부, 중심부, 결론부로 이루어진다. 도입부에서는 관광학의 기초지식을 다루며, 중심부에서는 관광에 관한 기본지식과 관광에 필요한 응용지식을 다룬다. 끝으로 결론부에서는 미래의 관광학을 다룬다.

각 부별로 세부 내용을 살펴보면([그림 1-8] 참조), 우선 도입부인 제1부 관광학의 기초지식에서는 관광학의 기본 개념, 관광의 역사와 사회적 영향에 대해 다룬다. 학제적 접근으로는 철학, 역사학, 정치학, 경제학 등이 적용된다.

[그림 1-8] 책의 구성 체계

| 구성 | | | | 학제적 접근 |
|---|---|---|---|---|
| 도입부 | 제1부 관광학의 기초지식 | • 관광학의 기본 개념<br>• 관광의 역사와 사회적 영향 | ← | 철학, 역사학, 정치학, 경제학, 사회학, 기술정보학, 환경학, 국제관계학 등 |
| 중심부 | 제2부 관광에 관한 기본지식 | • 관광자<br>• 관광자행동<br>• 관광사업조직<br>• 관광공공조직<br>• 관광거시환경<br>• 관광법제도환경 | ← | 사회학, 심리학, 문화인류학, 소비자학, 행정학, 정치학, 경제학, 환경학, 국제관계학, 법학 등 |
| | 제3부 관광에 필요한 응용지식 | • 관광경영<br>• 관광개발<br>• 관광마케팅<br>• 관광정책<br>• 관광미디어커뮤니케이션 | ← | 경영학, 지역개발학, 마케팅학, 정책학, 미디어커뮤니케이션학 등 |
| 결론부 | 제4부 미래의 관광학 | • 관광학의 진화: 변화와 대응 | ← | 과학철학, 인문학, 직업사회학, 미래학 등 |

중심부에서는 관광에 관한 기본지식과 관광에 필요한 응용지식에 대해 다룬다. 우선, 제2부 관광에 관한 기본지식에서는 관광을 구성하는 세 가지 차원을 기준으로 관광자, 관광자행동, 관광사업조직, 관광공공조직, 관광거시환경, 관광법제도환경에 대해 다룬다. 학제적 접근으로는 사회학, 심리학, 문화인류학, 소비자학, 행정학, 정치학, 경제학, 환경학, 국제관계학, 법학 등이 적용된다.

다음으로, 제3부 관광에 필요한 응용지식에서는 관광경영, 관광개발, 관광마케팅, 관광정책, 관광미디어커뮤니케이션에 대해 다룬다. 학제적 접근으로는 경영학, 지역개발학, 마케팅학, 정책학, 미디어커뮤니케이션학 등이 적용된다.

이 책의 결론부인 제4부 미래의 관광학에서는 관광학의 진화에 대해 다룬다. 학제적 접근으로는 과학철학, 인문학, 직업사회학, 미래학 등이 적용된다.

# 요약

이 장에서는 관광학 연구의 기초지식을 학습하기 위해 관광의 개념을 정의하고, 관광학과 관광학 연구에 대해서 살펴보았다.

먼저, 사전적으로 여행은 인간의 이동행위로 규정되며, 관광은 인간의 여행활동으로 규정된다. 어원적으로 tourism은 tornare로부터 유래되었다. 여기에 -ism이 추가되어 인간의 순회와 관련된 활동으로 규정된다. 운영적 정의로 유엔세계관광기구에서는 관광을 여행의 목적, 여행 기간 등 통계적 목적에 맞추어 규정한다. 학술적 정의로는 골드너 교수와 브렌트 리치 교수의 정의가 제시되었다. 이들은 체계적 관점에서 관광을 행위자들 간의 과정, 활동, 그리고 결과로 규정한다.

이 책에서는 체계적 관점에서 관광(tourism)을 '인간의 여행활동과 이와 관련된 사회조직들의 활동 그리고 이들을 둘러싸고 있는 환경과의 상호작용을 통해 이루어지는 모든 사회적 관계'로 정의한다. 압축하자면, '여행활동을 통해 이루어지는 모든 사회적 관계'로 정리된다.

관광의 개념은 세 가지 차원의 요소로 구성된다.

관광은 인간(human being)의 여행활동을 포함한다. 체계적 관점에서 볼 때, 인간은 관광을 구성하는 미시적 요소에 해당된다. 인간은 여행의 본능을 지니며 다양한 목적에서 여행활동을 경험한다. 인간은 이러한 여행활동을 통해 사회적 관계를 형성하게 된다.

관광은 사회조직(social organization)의 활동을 포함한다. 체계적 관점에서 볼 때, 사회조직은 관광을 구성하는 중위적 요소에 해당된다. 달리 말해 조직 수준의 요소이다. 여행활동과 관련하여 다양한 사회조직들이 형성된다.

관광은 환경(environment)과의 상호작용을 포함한다. 체계적 관점에서 볼 때, 환경은 관광체계를 둘러싸고 있는 거시적 요소에 해당된다. 관광은 여행활동을 하는 인간과 이와 관련된 사회조직들로 구성된 하나의 사회체계이다. 관광체계는 환경과 상호작용을 한다.

관광과 관련된 주요 용어로는 여행(travel)이 있다. 여행은 인간의 이동행위를 의미를 하는 미시적 수준의 개념이라는 점에서 복합적인 사회적 관계를 의미하는 관광과는 구별된다. 다음으로 여가(leisure)는 자유의지에 의한 활동이라는 점에서 인간의 여행활동과 유사성을 지니나, 관광과는 개념적으로 구별된다. 다음으로 문화(culture)는 생활양식으로서 인간의 여행활동을 포함하나, 복합적 개념인 관광과는 개념적으로 구별된다.

관광학은 관광을 연구대상으로 하는 학문으로 정의된다. 학문적으로 관광학은 응용사회과학에 속하며, 학문적 접근에서는 다학제적 접근이 이루어진다.

서양의 경우, 관광학은 1920년대부터 대학에 학과가 설치되기 시작하였다. 미국에서는 호텔경영학과가 설치되었으며, 스위스와 오스트리아에서는 경제학과로부터 관광학과가 분화되었다. 1970년대 대중관광시대가 열리면서 많은 미국대학에 관광관련학과가 설치되었으며, 1990년 이후부터는 관광스포츠학과, 관광이벤트학과, 컨벤션관광학과 등과 같이 다른 학문과 융합된 형태의 학과들이 설치되기 시작하였다.

한국의 경우에는 1960년대 관광행정조직 기반이 형성되면서 관광관련학과들이 대학에 설치되기 시작하였다. 1980년대 들어서면서 1988년 서울올림픽을 대비하여 많은 대학에 관광관련학과들이 설치되었다. 2000년대 들어서면서 학문의 분화가 활발하게 이루어졌으며, 문화관광학과, 관광컨벤션학과, 관광이벤트학과 등 융합학과들이 설치되기 시작하였다.

관광학 연구의 목적은 크게 세 가지로 정리된다. 기본적인 목적으로는 관광지식의 제공을 들 수 있다. 관광지식에는 '관광에 관한 지식'과 '관광에 필요한 지식'이 있다. '관광에 관한 지식'은 기본지식을 말하며, '관광에 필요한 지식'은 응용지식을 말한다. 중간목적으로는 '관광문제의 해결'을 들 수 있다. 다양한 관광문제를 해결함으로써 관광을 통한 경제발전, 문화교류, 평화증진 등에 기여한다. 궁극적인 목적으로는 '인간의 행복 실현'이 제시된다. 행복은 인간의 기본적인 권리이다. 그런 점에서 여행활동을 통한 인간의 행복 실현이야말로 관광학이 지향하는 궁극적인 가치라고 할 수 있다.

관광학 연구는 학문적으로 다학제적 접근이 이루어진다. 기본지식을 위해 철학, 역사학, 심리학, 사회학, 문화인류학, 소비자학, 행정학, 정치학, 경제학, 환경학, 국제관계학, 법학 등으로부터의 접근이 이루어지며, 응용지식을 위해 경영학, 지역개발학, 마케팅학, 정책학, 미디어커뮤니케이션학 등으로부터의 접근이 이루어진다.

연구유형에는 경험적 연구, 처방적 연구, 규범적 연구가 있다.

첫째, 경험적 연구(empirical research)이다. 경험적 연구는 관광현상을 기술하고 설명하는 데 연구의 목적이 있다. 경험적 연구는 주로 이론검증을 위한 학술적 연구에서 수행된다.

둘째, 처방적 연구(prescriptive research)이다. 처방적 연구는 관광문제를 합리적으로 분석하는 데 연구의 목적이 있다. 처방적 연구는 주로 문제파악을 위한 실무적 연구에서 수행된다.

셋째, 규범적 연구(normative research)이다. 규범적 연구는 관광문제 해결을 위한 대안을 제시하는 데 연구의 목적이 있다. 규범적 연구는 주로 문제 해결방안을 모색하는 실무적 연구에서 수행된다.

관광학 연구에서 필요한 기초적인 학습능력으로 관광학적 상상력을 들 수 있다. 관광학적 상상력은 관광현상을 실제로 경험해보지 않고 의식적으로 생각하는 능력을 말한다. 이를 위해서는 관광문제를 개인이나 조직의 활동 등과 관련하여 개체적 관점에서 바라보거나, 이를 포괄하는 관광체제, 관광제도 등의 구조적 관점에서 바라볼 수 있는 능력이 필요하다. 또한 역사적 관점에서 바라볼 수 있는 능력이 필요하다.

## 참고문헌


1) UNWTO (2018). *Tourism highlights*. Madrid, Spain.
2) Tourism (2019). In Wikipedia.org. Retrieved October, 2019, https://en.wikipedia.org/wiki/Tourism
   Travel (2019). In Wikipedia.org. Retrieved October, 2019, https://en.wikipedia.org/wiki/Travel
3) 국립국어원(2019). 『표준국어대사전』.
4) Leiper, N. (1983). An etymology of tourism. *Annals of Tourism Research*, 10(2), 277-280.
5) Theobald, W. F. (1998). *Global tourism*. Oxford, England: Butterworth-Heinemann.
6) 足羽洋保(1994). 『新·観光学概論』. 東京: ミネルヴァ書房.
   塩田正志·長谷政弘(1994). 『観光学』. 東京: 同文出版株式會社.
7) 柳父章(1982). 『翻訳語成立事情』. 『번역어의 성립』 (김옥희 역, 2011). 서울: 마음산책.
8) Gee, C. Y. (1997). *International tourism: A global perspective*. Madrid, Spain: UNWTO.
9) 김경동 · 이온죽 · 김여진(2009). 『사회조사연구방법: 사회연구의 논리와 기법』. 서울: 박영사.
10) Goeldner, C. R., & Brent Ritchie, J. R. (2009). *Tourism: Principles, practices, philosophies* (11th ed.). Hoboken, NJ: John Wiley & Sons.
11) McAdam, K., & Bateman, H. (2005). *Dictionary of leisure, travel and tourism*. London: A&C Black.
12) Parker, S. (1976). *The sociology of leisure*. 『현대사회와 여가』 (이연택 · 민창기 역, 1995). 서울: 일신사.
13) 한상복 · 이문웅 · 김광억(2011). 『문화인류학』. 서울: 서울대학교 출판문화원.
    Williams, R. (2011). *Keywords: A vocabulary of culture and society*. London: Routledge.
14) 이연택 편역(1993). 『관광학연구의 이해』. 서울: 일신사.
15) Hall, C. M. (2005). *Tourism: Rethinking the social science of mobility*. NY: Pearson Education.
16) Powers, T. (1988). *Introduction to management in the hospitality industry* (3rd. ed.). Hoboken, NJ: John Wiley & Sons.
17) UNWTO(1980). *Manila declaration on world tourism, in World Tourism Conference. Manila, Philippines*.
18) 김승현 · 윤홍근 · 정이환(2011). 『사회과학: 형성 · 발전 · 현대이론』. 서울: 박영사.
19) Holden, A. (2005). *Tourism studies and the social sciences*. London: Routledge.
20) 김경동 · 이온죽 · 김여진(2009). 『사회조사연구방법: 사회연구의 논리와 기법』. 서울: 박영사.
21) Mills, C. W. (1970). *The sociological imagination*. Harmondsworth: Penguin.
    Giddens, A. (2009). *Sociology* (6th ed.). Cambridge: Polity Press.
22) Holden, A. (2005). *Tourism studies and the social sciences*. London: Routledge.
23) Lundberg, D. E. (1980). *The tourist business*. Boston, MA: CBI Publishing Company.
24) Goeldner, C. R., & Brent Ritchie, J. R. (2009). *Tourism: Principles, practices, philosophies* (11th ed.). Hoboken, NJ: John Wiley & Sons.

제2장

# 관광의 역사와 사회적 영향

## 학습목표

이 장에서는 관광의 역사와 사회적 영향에 대해 학습한다. 관광의 역사는 관광의 발전과정에 대한 이해라는 점에 주목하며, 관광의 사회적 영향은 관광과 사회와의 상호작용관계라는 점에 초점이 맞추어진다. 이를 이해하기 위해 다음과 같은 학습목표를 세운다. 첫째, 서양의 관광 역사에 대해 학습한다. 둘째, 한국의 관광 역사에 대해 학습한다. 셋째, 관광의 사회적 영향에 대해 학습한다.

## 제1절 서론

이 장에서는 관광의 역사와 사회적 영향에 대해 학습한다.

우선, 관광의 역사를 학습하는 목적은 관광의 발전과정을 이해하는 데 있다.

관광은 역사를 통해 발전해왔다.[1] 관광은 동시대의 문화이며 동시에 오랜 시간을 통해 인간이 선택해온 행위의 축적물이라고 할 수 있다. 따라서 관광의 발전과정을 이해하기 위해서는 역사라는 시간적 과정을 통해 조망하는 것이 필요하다. 역사학자 카(E. Carr)가 간파했듯이, 역사는 "과거와 현재와의 끊임없는 대화"라고 할 수 있다.[2] 오늘의 관광은 과거의 관광과의 대화를 통해 그 변화과정이 설명된다.

다음으로, 관광의 사회적 영향을 학습하는 목적은 관광이 사회에 미치는 영향을 이해하는 데 있다.

관광이 주요 사회현상으로 발전하면서 사회에 많은 영향을 미치고 있다. 관광은 사회에 기회요인으로 작용하기도 하지만, 또 다른 한편에서는 위협요인으로 작용하기도 한다. 그러므로 관광이 사회에 미치는 긍정적 영향과 부정적 영향을 함께 살펴봄으로써 관광의 균형적인 발전을 모색할 수 있다.

학제적으로 관광의 역사에 대한 연구는 역사학으로부터의 접근이 이루어진다. 다음으로 관광의 사회적 영향에 대한 연구는 각 영향요인별로 정치학, 경제학, 사회학, 기술정보학, 환경학, 국제관계학 등의 다학제적 접근이 이루어진다.

이러한 인식을 바탕으로 이 장은 다음과 같이 구성된다. 우선, 제1절 서론에 이어 제2절에서는 관광의 역사를 서양과 한국으로 나누어 살펴본다. 이어서 제3절에서는 관광이 사회에 미치는 영향을 긍정적인 영향과 부정적인 영향으로 구분하여 정리한다.

## 제2절 관광의 역사

관광의 역사는 곧 관광의 발전과정이다.[3] 관광이 과거부터 현재까지 변화해온 과정을 이해하기 위해서는 역사학적 접근이 필요하다. 역사학은 현존하는 기록으로 과거를 연구한다. 이를 위해서는 크게 세 가지 분석 기준이 적용된다.[4] 첫째, 사건(event)이다. 역사학적 연구에서는 사건의 발생이 중요한 기준이 된다. 정치, 경제, 기술 등의 분야에서 발생한 사건이 포함되며, 사건이 사회에 미치는 영향이 클수록 중요한 사건으로 간주된다. 둘째, 변화(change)이다. 사건이 사회 전반에 가져온 변화가 기준이 된다. 주로 생활문화, 산업 등에 나타난 사회적 변화가 대상이 된다. 셋째, 관심(concern)이다. 사건에 의해 발현된 사회적 변화가 관광에 미친 영향을 보는 것이다.

이 절에서는 사건, 변화, 관심의 역사적 분석기준을 중심으로 관광의 역사를 크게 서양과 한국으로 구분하여 살펴본다.

### 1. 서양의 관광 역사

서양의 관광 역사는 크게 고대시대, 중세시대, 근세시대, 근대시대, 현대시대로 구분된다.[5] 이를 살펴보면 다음과 같다.

#### 1) 고대시대

고대시대(Ancient period)는 기원전 8세기부터 기원후 5세기 후반까지 지중해 지역을 중심으로 발달했던 고대 그리스와 로마 시대를 말한다.[6] 고대 그리스 시대에는 도시국가들이 형성되었으며, 이들 도시국가들을 중심으로 하여 상업 및 도시 간 교역이 크게 발달하였다. 기원전 776년에는 현대 올림픽 게임의 효시라고 할 수 있는 제전경기가 올림피아에서 처음으로 열렸다. 이후 매 4년마다 정기적으로 경기가 열렸으며, 경기가 열릴 때는 도시의 많은 시민들이 참가하여 신에게 제사를 지내고 함께 운동하며 축제를 즐겼다.

고대 로마는 기원전 8세기경 작은 촌락으로부터 출발하였다. 기원전 1세기 말 제정 로마시대가 시작되었으며, 이후 팍스 로마나(Pax Romana) 시대가 열렸다. 로마제국은 정치, 경제, 예술문화, 기술 등 여러 분야에서 큰 발전을 이루었다. "모든 길은 로마로 통한다."라는 말이 있듯이, 로마는 인적, 물적 자원이 모여드는 중심도시로 발전하였다. 특히 건축, 토목기술이 발전하였으며, 이에 힘입어 제국 전역에 걸쳐 도시건설 및 도로망을 확충할 수 있었다. 이러한 시설들은 주로 군사적 목적으로 세워졌지만, 상업 및 교역활동에도 크게 기여하였다.

정리하면, 고대시대에는 도시국가 형성, 제국시대 도래 등 역사적인 사건을 계기로 하여 도시를 중심으로 하는 제전경기 및 축제가 개최되었으며, 상업 및 교역이 발달하였다. 이 시기에는 주로 전쟁이나 교역활동 등 생업과 관련된 목적의 이동행위가 이루어졌으며, 순수한 여가목적의 이동행위는 소수의 귀족계급에서만 제한적으로 이루어졌던 시기였다고 할 수 있다. 또한 이 시기에는 아직까지 여행(travel)이라는 용어가 사용되지 않았다. 따라서 이 시기는 여행의 의미가 아직은 정립되지 않은 여행이전(pre-travel)의 시기로 정리된다([그림 2-1] 참조).

[그림 2-1] 서양의 관광 역사 : 고대시대

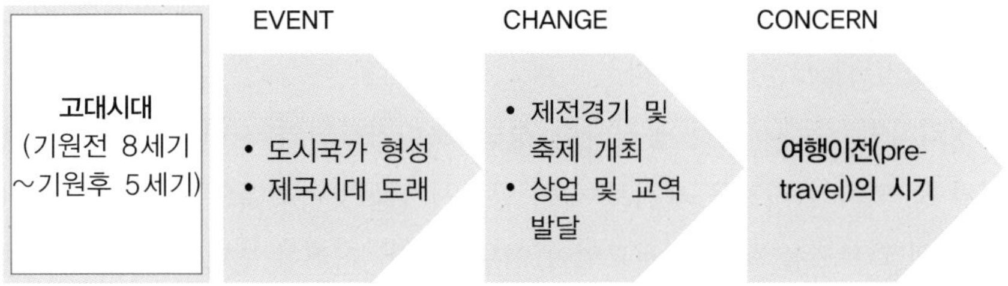

| | EVENT | CHANGE | CONCERN |
|---|---|---|---|
| **고대시대**<br>(기원전 8세기<br>~기원후 5세기) | • 도시국가 형성<br>• 제국시대 도래 | • 제전경기 및 축제 개최<br>• 상업 및 교역 발달 | **여행이전(pre-travel)의 시기** |

### 2) 중세시대

중세시대(Middle Ages)는 기원후 5세기 후반부터 15세기 중반까지 서유럽의 시기를 말한다.[7] 게르만 민족의 세력 확장으로 서로마 제국이 멸망하였던 시기인 5세기부터 비잔틴 제국이 멸망한 15세기 중반까지의 약 천년의 시기를 가리킨다. 그동안 지중해 지역을 중심으로 형성되어온 문명의 중심지가 서유럽으로 옮겨간 시기이다. 정치경제적으로는 전형적인 봉건사회의 시기였으며, 종교적으로는 로마 가톨릭 교회가 중심적인 역할을 하였던 시기였다. 또한 문화적으로는 크고 작은 전쟁과 종교적 억압으로 인해 고대 그리스와 로마 시대에 발달하였던 문명이 단절된 암흑의 시기였다. 이 시기의 대표적인 사건으로는 십자군 전쟁(1096~1270)을 들 수 있다. 십자군 전쟁은 서유럽의 기독교도들이 당시 이슬람교도들이 장악하고 있던 성지 예루살렘을 탈환하기 위한 목적으로 일으켰던 종교전쟁이었다.

이러한 시대적 배경과 함께 중세시대에는 순례여행(pilgrimage)이 크게 성행했다. 11세기 후반 많은 기독교도들이 성지 예루살렘으로 순례여행을 하였다. 또한 중세시대에서 빼놓을 수 없는 것이 실크 로드(Silk Road)를 통한 교역활동이었다. 실크 로드는 서양 각국들과 고대 중국 간에 비단을 비롯한 여러 가지 물품들의 교역이 이루어졌던 교통로를 총칭하는 용어이다. 기원후 7세기부터 10세기 초까지 중국 당나라 시기에 왕성한 교역이 이루어졌다. 또한 이 시기에는 순수한 여가목적의 이동행위가 활발하게 이루어졌다. 13세기 후반 이탈리아의 마르코 폴로(Marco Polo)는 중국 각지를 방문하였으며, 그 기록을 『동방견문록』에 남겼다. 이 책은 동양의 문화를 유럽에 소개한 최초의 여행기록물로 평가받는다.

정리하면, 중세시대는 봉건사회 성립, 로마가톨릭의 지배, 십자군전쟁의 발발 등 역사적 사건을 계기로 하여 암흑시기를 맞이하였으며, 다른 한편에서는 실크 로드를 통한 동서교역이 이루어졌다. 이러한 변화와 함께 순수한 여가목적의 이동행위가 확산되는 시기였다고 할 수 있다. 중세시대 후반인

14세기경에는 영어의 'travel'이라는 용어가 사용되기 시작하였다. 'travel'의 어원은 프랑스어의 고어인 'travail'이며, 고행이라는 의미를 지니고 있다. 따라서 이 시기는 여행(travel)의 시기로 정리된다([그림 2-2] 참조).

[그림 2-2] 서양의 관광 역사: 중세시대

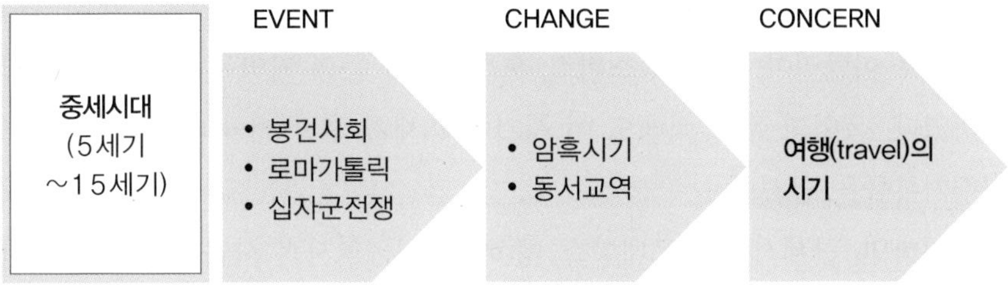

| | EVENT | CHANGE | CONCERN |
|---|---|---|---|
| 중세시대 (5세기 ~15세기) | • 봉건사회<br>• 로마가톨릭<br>• 십자군전쟁 | • 암흑시기<br>• 동서교역 | 여행(travel)의 시기 |

### 3) 근세시대

근세시대(Early Modern period)는 15세기 중반부터 18세기 후반까지 약 4백년의 시기를 말한다.[8] 이 시기에는 르네상스(Renaissance)와 종교개혁(Reformation)이 이루어졌다. 르네상스는 근세시대가 시작되기 직전인 14세기 후반 이탈리아에서 시작되어 16세기까지 유럽 전체로 확산되었던 문화운동을 말한다. 르네상스의 핵심은 고대 그리스와 로마 시대의 문화를 다시금 부흥시킴으로써 인간의 창조적 표현을 회복하는 데 있었다. 이 시기의 대표적인 인물로는 이탈리아의 레오나르도 다빈치, 미켈란젤로, 라파엘로 등을 들 수 있으며, 당대의 문호인 영국의 셰익스피어, 스페인의 세르반테스 등을 들 수 있다. 이들이 추구했던 인간존중의 사고는 소위 인문주의(humanism)를 태동시키는 계기가 되었다. 또한 이 시기에는 화약, 나침반, 인쇄술 등 과학기술이 크게 발전하였으며 이를 통해 상업과 무역업이 급속도로 발달하였다.

또한 16세기 초부터 17세기까지는 로마 가톨릭교회의 개혁을 요구하는 종교개혁이 일어났다. 종교개혁은 독일의 마틴 루터(1517), 프랑스의 칼뱅(1536)

등에 의해서 시작되었으며, 이후 17세기 중반 영국의 청교도혁명(1642)의 시기까지를 종교개혁의 시기라고 부른다. 이러한 종교개혁은 단지 교회만의 개혁이 아니라, 이후 근대국가의 시대를 여는 초석이 되었다.

이 시기 여행의 특징으로 그랜드 투어(Grand Tour)[9]를 들 수 있다. 그랜드 투어는 17세기 중반부터 18세기 말까지 영국의 상류계급 사회에서 시작된 대학습여행을 말한다. 그랜드 투어를 통해 사람들은 역사 및 예술문화 학습을 목적으로 이탈리아, 프랑스, 스위스, 오스트리아 등의 지역을 장기간 동안 여행하였다. 독일의 문호 괴테도 이 시기에 18세기 후반 이탈리아를 여행하고 여행기록물을 남겼다.

정리하면, 근세시대는 르네상스, 종교개혁 등 역사적 사건을 계기로 하여 문화회복과 인문주의가 확산되었으며, 이를 바탕으로 투어(tour)가 등장하였다. 따라서 이 시기는 투어(tour)의 시기로 정리된다([그림 2-3] 참조). 투어는 목적지, 교통수단, 숙박, 동행 안내인, 목적지에서의 활동 등의 전반적인 일정이 사전에 기획되어 이루어졌던 교육여행을 의미한다. 참고로 영어의 'tour'는 우리말에서 외래어인 '투어'로 사용되거나 '관광'으로 번역되어 사용된다. 이 때문에 tourism(관광)과 혼동을 가져오는 경우가 많다.

[그림 2-3] 서양의 관광 역사 : 근세시대

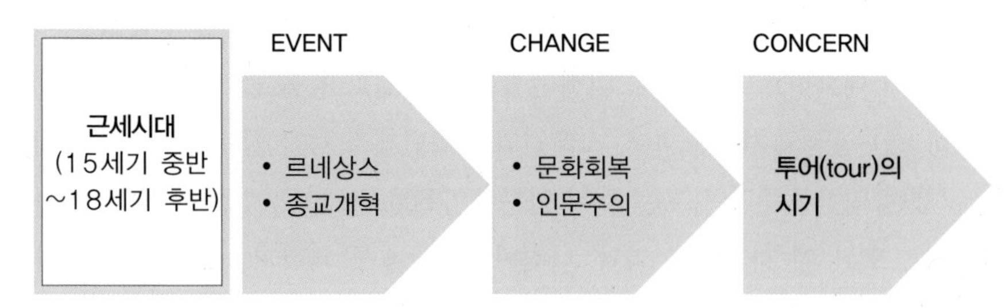

### 4) 근대시대

근대시대(Modernity period)는 1789년 프랑스 혁명 이후부터 1945년 제2차 세계대전의 종전까지의 시기를 말한다.[10] 프랑스 시민혁명을 계기로 하여 자유, 평등, 정의 등 기본권 보장을 특징으로 하는 근대 민주국가가 성립되었으며, 영국에서 시작된 산업혁명이 유럽으로 확산되면서 자본주의가 발전하였다.

특히 과학기술이 획기적으로 발달하였다. 그중에서도 1784년 왓트(J. Watt)에 의해 발명된 증기기관은 교통기술의 혁명을 가져왔다. 1830년에 처음으로 철도를 이용한 여객 수송이 시작되었으며, 1841년에 토마스 쿡(T. Cook)은 영국 레스터에서 러프버러까지 12마일의 철도 구간에 최초로 단체여행 사업을 시작하였다. 미국에서는 남북전쟁(1861~1865) 이후 1869년에 최초로 대륙횡단 철도가 건설되었다. 또한 1891년에는 미국의 아메리칸 익스프레스(American Express)가 처음으로 여행자 수표를 발행하였다.

산업사회가 형성되면서 많은 새로운 사회적 용어들이 등장하였으며, 'tourism' 이라는 용어도 이러한 시기에 사용되기 시작했다. 1811년에는 'tourism'이라는 용어가 영국 옥스포드사전(Oxford English Dictionary)에 처음으로 등재되었다. 이후 1838년에 'tourist'라는 용어가 처음으로 프랑스의 스포츠 잡지에 등장하였다.[11]

정리하면, 근대시대에는 근대 민주국가의 형성, 산업혁명 등 역사적 사건을 계기로 하여 철도기술이 발달하고 산업사회가 형성되었으며, 이를 바탕으로 여행이 보편화되었다. 특히 이 시기에는 여행활동과 관련하여 여행기업, 정부 등 사회조직의 활동이 본격화되면서 여행활동을 통한 사회적 관계가 형성되기 시작하였다. 따라서 이 시기는 관광(tourism)의 시기로 정리된다([그림 2-4] 참조).

[그림 2-4] 서양의 관광 역사: 근대시대

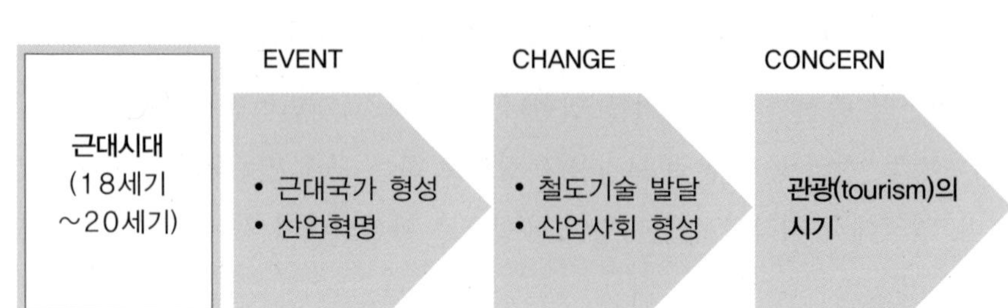


### 5) 현대시대

현대시대(Modern era)는 제2차 세계대전 종전 이후부터 현재까지의 시기를 말한다. 종전 후 세계는 냉전체제로 들어서게 되었다.[12] 자유민주주의와 자본주의를 기반으로 하는 미국과 사회주의를 기반으로 하는 소련 간의 첨예한 이념적 대립구조가 형성되었다.

이러한 가운데 미국은 서유럽국가들의 전후 복구를 위한 대외원조사업(1947~1951)을 실시하였다. 이를 일명 마샬플랜(Marshall Plan)이라고 한다. 대표적인 사업으로 미국 국민의 유럽여행장려사업을 들 수 있다. 이 사업은 미국인들의 여행소비를 통해 유럽 경제의 부흥을 지원하는 데 목적을 두었다.

이후 경제가 빠른 속도로 성장하였으며, 과학기술도 크게 발달하였다. 특히 항공기술이 크게 발달하였다. 1959년에는 아메리칸항공사의 보잉 707기가 미국 로스앤젤레스와 뉴욕 간 대륙횡단 비행을 시작하였으며 1970년에는 팬암항공사의 보잉 747 점보 제트비행기가 뉴욕과 런던 간 국제노선을 처음으로 운항하였다. 그 결과 1950년에 2천5백만 명에 불과했던 해외여행자수가 삼십년 후인 1980년에는 2억 8천7백만 명으로 10배가 넘게 증가했다. 이른바 대중관광(mass tourism)의 시대로 진입하게 되었다.

1990년대에 들어서면서 냉전체제가 종식되고 탈냉전시대가 시작되었다.

1989년 독일 베를린 장벽의 붕괴, 1990년 독일 통일, 1991년 소비에트 연방의 붕괴 그리고 동유럽국가들의 탈공산화가 이루어졌다. 이와 함께 경제적 측면에서는 글로벌 경제시대가 열렸다. 또한 기술적 측면에서는 정보통신기술의 발달과 함께 인공지능, 사물인터넷, 빅데이터 등 소위 4차 산업혁명기술 시대를 맞이하고 있다.

이러한 세계화와 정보화의 물결이 사회 전반에 확산되면서 새로운 변화의 물결이 일고 있다. 바로 탈현대화의 물결이다. 관광분야에서도 자유개별여행(free independent travel), 특별목적여행(special interest travel), 책임여행(responsible travel), 스마트여행(smart travel) 등 새로운 형태의 여행이 등장하고 있다. 새로운 관광으로의 이동이다.

정리하면, 현대시대는 대중관광(mass tourism)의 시기이며, 동시에 새로운 관광(new tourism)의 시기로 진화하고 있다고 할 수 있다([그림 2-5] 참조).

[그림 2-5] 서양의 관광 역사 : 현대시대

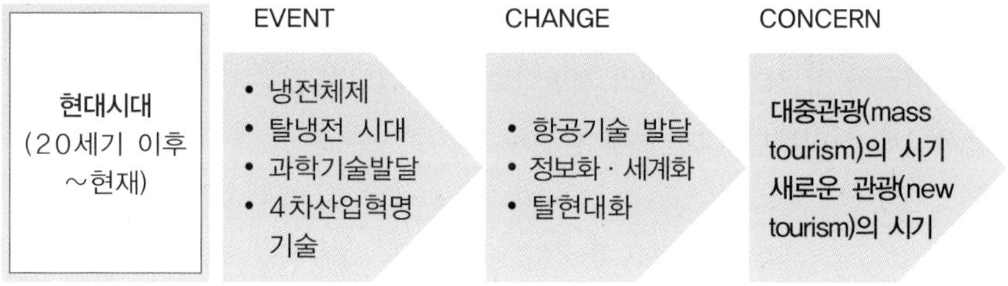

| | EVENT | CHANGE | CONCERN |
|---|---|---|---|
| **현대시대**<br>(20세기 이후 ~현재) | • 냉전체제<br>• 탈냉전 시대<br>• 과학기술발달<br>• 4차산업혁명 기술 | • 항공기술 발달<br>• 정보화 · 세계화<br>• 탈현대화 | **대중관광(mass tourism)의 시기**<br>**새로운 관광(new tourism)의 시기** |

## 2. 한국의 관광 역사

한국의 관광 역사는 크게 고대시대, 고려시대, 조선시대, 현대시대로 구분된다.[13] 이를 살펴보면 다음과 같다.

### 1) 고대시대

고대시대는 기원전 1세기부터 기원후 10세기까지 한반도를 중심으로 하여 부족국가, 삼국시대(고구려, 백제, 신라), 통일신라가 형성되었던 시기를 말한다.

철기시대가 도래하면서 농기구가 발달하였으며 농경사회가 자리 잡기 시작하였다. 또한 불교가 전래되면서 중국과의 문화교류가 활발하게 이루어졌던 시기다.

삼국 시대에는 많은 불교 승려들이 당나라와 인도로 유학을 다녀왔으며, 공무를 목적으로 하는 사신들의 왕래도 잦았다. 문물 교류에 있어서 당과의 교역량이 크게 증가하였으며, 일본과도 물자교역 및 문화교류가 활발하게 이루어졌다. 또한 울산항이나 당항성을 중심으로 하여 아라비아 상인들과의 해상교역도 이루어졌던 것으로 기록된다. 신라의 화랑도는 일종의 엘리트 교육제도로 젊고 유능한 화랑들을 뽑아 산천을 주유하며 교육을 시켰다.

이 시기에는 주로 공무나 교역 등 생업과 관련된 목적에 의한 이동행위가 주로 이루어졌으며 순수한 여가목적의 여행은 제한적으로 이루어졌다고 할 수 있다. 따라서 이 시기는 여행의 개념이 아직 정립되지 않은 여행이전(pre-travel)의 시기로 정리된다([그림 2-6] 참조).

[그림 2-6] 한국의 관광 역사 : 고대시대

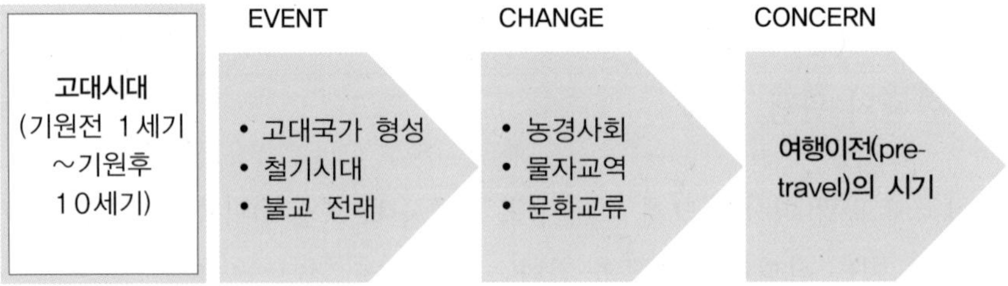

| | EVENT | CHANGE | CONCERN |
|---|---|---|---|
| **고대시대**<br>(기원전 1세기<br>~기원후<br>10세기) | • 고대국가 형성<br>• 철기시대<br>• 불교 전래 | • 농경사회<br>• 물자교역<br>• 문화교류 | **여행이전(pre-travel)의 시기** |

### 2) 고려시대

고려시대는 10세기 초반부터 14세기 말까지 들어섰던 고려 왕조의 시기를 말한다. 고려시대는 서양사에서 중세시대의 후반기에 해당된다.

정치적으로는 왕권을 중심으로 하는 중앙집권체제를 확립하였으며, 종교적으로는 불교를 국교로 삼았다. 불교 의식과 교리가 생활 전반에 영향을 미쳤다. 불교행사인 팔관회 때는 온 나라 백성들이 참석하여 춤과 노래, 놀이 등을 즐겼으며, 석가탄신일과 같은 절기에는 궁궐과 사찰에서 연등회를 열었다.

대외교역이 활발하게 이루어졌으며, 중국 송나라와의 교역에서는 인삼, 종이, 수공예품 등을 수출하고 대신에 비단, 차, 약재 등을 수입하였다. 또한, 고려의 수도였던 개경에는 외국의 사신이나 상인들이 머물렀으며, 멀리 아라비아에서 온 상인들을 위한 집단거주지까지 설치되었다. 이들 아라비아 상인들에 의해 고려가 코리아라는 이름으로 세계에 알려지기 시작하였다.

이 시기에는 특히 불교문화에 영향을 받아 순수한 여가목적의 여행이 점차 자리를 잡아가던 시기라고 할 수 있다. 하지만 신분제도에 의해 여전히 순수한 여가목적의 여행은 확산되지 못하고 제한적으로 이루어질 수밖에 없었다. 따라서 이 시기는 초기 여행(early travel)의 시기에 해당된다([그림 2-7] 참조).

[그림 2-7] 한국의 관광 역사 : 고려시대

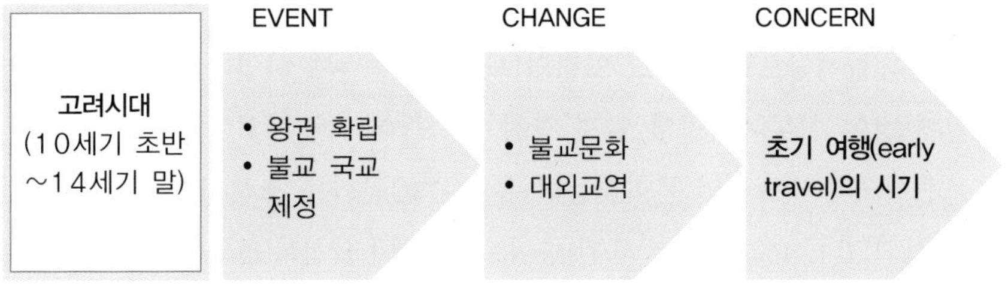

| | EVENT | CHANGE | CONCERN |
|---|---|---|---|
| **고려시대**<br>(10세기 초반<br>~14세기 말) | • 왕권 확립<br>• 불교 국교 제정 | • 불교문화<br>• 대외교역 | **초기 여행(early travel)의 시기** |

### 3) 조선시대

조선시대는 14세기 말에서부터 19세기 말까지의 조선 왕조의 시기를 말한다. 조선은 유교를 통치이념으로 삼았으며, 중앙집권체제가 강화되고 양반제도에 기반을 둔 관료제도가 뿌리내렸다. 또한 과거제 도입으로 학문적 능력과 전문성 그리고 도덕성을 갖춘 인재를 널리 등용하였다.

조선시대는 크게 전기, 중기, 후기로 구분된다. 조선시대 전기는 조선왕조가 시작된 14세기 말부터 16세기 초까지 국가의 통치제도가 개혁되고 정비가 이루어졌던 시기이다. 이 시기에는 성리학을 기본으로 하여 학문, 군사, 과학, 문화 등이 발달하였다. 세종은 한글을 창제하였으며 성종은 세조 때부터 이어온『경국대전(經國大典)』을 완성하였다.

조선시대 중기는 16세기 초부터 17세기 중반까지 내부적 혼란과 외세로부터의 침략으로 어려움을 겪었던 시기이다. 이 시기에 내부적으로는 그동안에 이루어진 제도개혁 과정에서 누적되었던 결함들이 표출되고, 지배 세력 간에 갈등이 심화되었다. 또한 외부적으로는 일본, 청나라 등 이웃 나라들과 전쟁을 치르면서 국력에 큰 손실을 입었다.

조선시대 후기는 17세기 중반부터 19세기 말까지 근대사회로 진입하는 전환기적 시기였다. 새로운 학문인 실학이 도입되면서 사회개혁을 위한 큰 변화가 이루어졌다. 그러나 세도정치가 심화되고, 국가의 기강이 흔들리면서 농민반란 등 사회혼란이 가중되었다. 19세기 후반에는 외세의 개방 압력이 거세어졌으며, 조선은 이에 맞서 쇄국정책을 내세웠다. 하지만 결국에는 외세에 의해 강제로 문호를 개방하게 되었다. 이러한 혼란 속에서 1897년에는 국호를 대한제국으로 바꾸고 일련의 사회개혁을 시도하였다. 하지만 1910년 한일 합방이 이루어지면서 일제 강점기로 들어가게 되었다.

조선시대의 대표적인 문화활동인 유람(遊覽)문화는 조선시대 중기 후반부터 확산되었다. 1622년에 발표된 송남수의『해동산천록(海東山川錄)』을 보면, 백두산, 금강산, 묘향산과 같은 명산과 명승지들이 지역별로 세밀하게 분류

되어 기록된 것을 볼 수 있다. 18세기부터는 청나라나 일본을 방문하는 일도 크게 증가하였다. 1780년 연암 박지원은 청나라를 다녀와서 여행견문록인 『열하일기(熱河日記)』를 남겼다.

한편, 이 시기에는 각종 민속놀이도 크게 발전하였다. 명절 때는 지방별로 다양한 민속놀이를 즐겼다. 마당놀이인 농악놀이, 가무놀이, 그네뛰기, 널뛰기, 씨름, 줄다리기 등을 즐겼으며, 경기놀이인 윷놀이, 장기, 바둑, 공기놀이, 줄넘기, 숨바꼭질, 팽이치기, 연놀이 등을 즐겼다.

19세기 후반에는 개항과 함께 외국과의 교류가 크게 증가하였다. 1876년 일본과의 강화도 조약으로 처음 문호가 개방되었으며, 이어서 미국, 영국, 독일, 러시아, 프랑스 등 서양세계와의 외교관계가 확대되었다. 이에 따라 이들 국가들과의 공적 교류가 크게 늘어났으며, 또한 선교목적으로 입국하는 기독교 선교사들이 크게 증가하였다. 대표적인 인물로는 1885년에 입국한 미국의 아펜젤러, 언더우드 등이 있다. 이 시기에는 이주, 유학, 견문 등을 목적으로 하는 내국인들의 출국도 증가하였다.

또한 기차나 증기선과 같은 새로운 교통기술이 도입되기 시작하였으며, 근대적인 숙박시설인 호텔이 처음으로 들어섰다. 1888년에 대불호텔이 인천에 건립되었으며, 1902년에 손탁호텔이 서울 정동에 건립되었다. 이후 1912년에 조선호텔이 서울역 인근에 건립되었다.

정리하면, 조선시대에는 중기부터 양반계층의 유람문화가 크게 확산되면서 순수한 여가목적의 여행이 정립된 시기라고 할 수 있다. 이후 조선시대 후반부인 대한제국 시대에는 여행과 관련하여 교통시설이나 숙박시설이 발달하면서 관광체계가 부분적으로 형성되기 시작하였다. 따라서 조선시대 중기 이후는 여행(travel)의 시기로, 후기는 초기 관광(early tourism)의 시기로 정리된다([그림 2-8] 참조).

[그림 2-8] 한국의 관광 역사: 조선시대

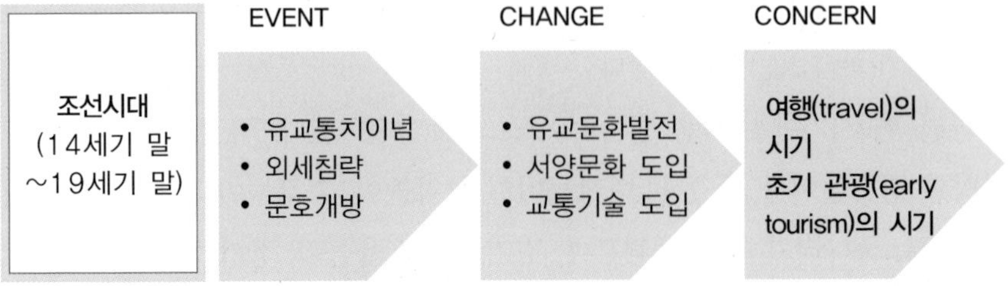

| | EVENT | CHANGE | CONCERN |
|---|---|---|---|
| 조선시대 (14세기 말 ~19세기 말) | • 유교통치이념<br>• 외세침략<br>• 문호개방 | • 유교문화발전<br>• 서양문화 도입<br>• 교통기술 도입 | 여행(travel)의 시기<br>초기 관광(early tourism)의 시기 |

### 4) 현대시대

현대시대는 제2차 세계대전 이후 현재까지의 시기를 말한다.[14] 1948년에 민주정부가 수립되었으며, 이후 1950년에 발발한 한국 전쟁으로 큰 어려움을 겪었다. 전쟁 이후 남북한 간의 분단 상태가 오늘날까지도 이어지고 있다.

한국은 1960년대 경공업을 시작으로 하여 이후 중화학공업, 자동차 · 기계 산업 등을 바탕으로 괄목할 만한 경제성장을 이루었다. 1988년에 서울 올림픽이 개최되었으며, 이를 계기로 국제교류가 크게 활성화되었다. 1990년대에 들어서면서 정보통신기술이 획기적으로 발달하였으며, 드라마, 대중음악, 영화 등 소위 한류(Korean wave)가 확산되었다.

관광과 관련하여, 1961년 관광사업법 제정, 1962년 국제관광공사 설립, 1963년 교통부 관광국 설치, 1965년 국무총리실 관광정책심의위원회 설치 등 관광행정기반이 형성되었다. 이후 1970년대에는 1971년 10대 관광권역 설정, 1977년 국민관광지 지정, 1978년 경주 보문관광단지 조성 등의 관광개발사업이 진행되었다. 1980년대는 해외여행확대기로 1986년 아시아게임, 1988년 서울 올림픽게임 개최를 계기로 국민해외여행에 대한 연령제한이 철폐되면서 국민해외여행의 전면 자유화가 이루어졌다.

이후 1990년대는 탈냉전시대로 들어서면서 세계화가 확산되었으며, 국민해외여행도 크게 증가하였다. 2000년대에 들어서면서부터는 IT기술의 발달,

저비용 항공사의 등장 등 관광환경이 크게 변화하기 시작하였으며, 4차 산업혁명기술이 도입되면서 관광스타트업의 시대가 열리고 있다. 또한 탈현대화 추세가 나타나면서 여행 형태에 있어서도 자유개별여행, 공정여행, 자원봉사여행, 생태여행 등 새로운 형태의 여행이 등장하기 시작하였다.

정리하면, 현대시대는 여행이 보편화된 대중관광(mass tourism)의 시기라고 할 수 있으며, 그 뒤를 이어 새로운 관광(new tourism)의 시기로의 이동이 이루어지는 시기라고 할 수 있다([그림 2-9] 참조).

[그림 2-9] 한국의 관광 역사 : 현대시대

| | EVENT | CHANGE | CONCERN |
|---|---|---|---|
| **현대시대**<br>(20세기~현재) | • 민주국가 성립<br>• 냉전 및 탈냉전<br>• 정보통신기술<br>• 4차산업혁명 기술 | • 민주화<br>• 세계화<br>• 한류 확산<br>• 탈현대화 | **대중관광(mass tourism)의 시기**<br>**새로운 관광(new tourism)의 시기** |

## 3. 종합

앞에서 기술한 서양과 한국의 관광 역사를 정리해 보면 다음과 같다([그림 2-10] 참조), 먼저 서양의 경우 고대시대의 여행이전의 시기에서 중세시대의 여행의 시기로 이동하였으며, 이후 근세시대의 투어의 시기, 근대시대의 관광의 시기, 현대시대의 대중관광 및 새로운 관광의 시기로 단계적 발전과정을 거쳐 온 것을 볼 수 있다. 한마디로 서양의 관광은 오랜 기간을 통해 발전된 역사적 형성물이라고 할 수 있다. 반면에, 한국의 관광 역사는 고대시대의 여행이전의 시기로부터 고려시대의 초기 여행의 시기, 조선시대 중기의 여행의 시기와 말기의 초기 관광의 시기를 거쳤으며, 현대시대에 들어서면서 행정을 기반으로 한 대중관광의 시기를 거쳐 새로운 관광의 시기로 진입하고 있다. 그런 의미에서 한국의 관광은 역사적 형성물이라기보다는 정부의 주도에 의한 정책적 형성물이라고 할 수 있다.

[그림 2-10] 서양과 한국의 관광 역사

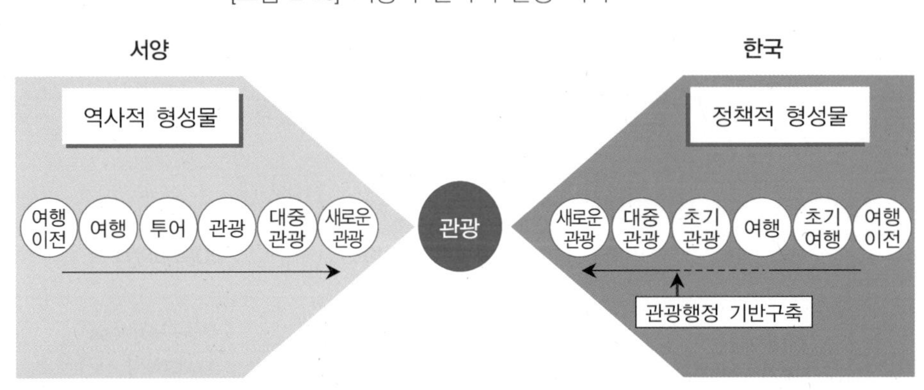


## 제3절 관광의 사회적 영향

이 절에서는 관광이 사회에 미치는 영향에 대해서 살펴본다. 크게 긍정적 영향과 부정적 영향으로 구분된다.[15] 이를 살펴보면, 다음과 같다([그림 2-11] 참조).

### 1. 긍정적 영향

긍정적 영향(positive impact)은 관광이 사회에 바람직하거나 유익한 결과를 가져오는 작용을 말한다. 이러한 긍정적 결과를 편익(benefit)이라고 한다. 주요 긍정적 영향요인으로는 경제성장, 문화유산 보전과 현대문화 발전, 사회복지 증진, 환경보전, 국가위상 제고, 국제개발협력, 평화 증진 등을 들 수 있다. 구체적인 내용은 다음과 같다.

### 1) 경제성장

관광은 경제성장에 기여한다. 경제성장(economic growth)은 국민경제의 생산능력이 향상되는 현상을 말한다. 경제성장은 국민소득 또는 국내총생산의 변화로 확인할 수 있다. 관광의 경제적 기여도를 측정하는 방법은 일반경제와는 다르다. 일반 경제는 생산을 통해 이루어진 경제적 기여도를 측정하는데 반해, 관광경제는 관광자의 소비지출에 의해 경제적 기여도를 측정한다. 이를 위한 표준적인 장치가 관광위성계정(TSA: Tourism Satellite Account)[16] 이다. TSA는 UN통계위원회에서 승인된 국제적 회계기준으로 관광의 경제적 효과를 복식부기방식에 의해 측정한다. 일반적인 회계기준으로 국민계정(national accout)이 있다. 국민계정은 국민경제 전체를 종합적으로 분석하는 재무제표를 말한다. 위성계정은 이러한 국민계정을 보완하는 부속계정으로 관광위성계정 외에 환경위성계정, 보건위성계정 등을 들 수 있다. 관광위성계정에서 제시하는 주요 거시경제지표로는 국내총생산(GDP), 고용, 자본투자, 조세 등이 있다. 이러한 지표들을 통해 관광의 경제적 기여도를 측정한다. 유엔세계관광기구(UNWTO)는 관광의 경제적 영향을 세계 총GDP기여도, 자본투자기여도, 세계 총수출기여도, 세계 총고용기여도 등으로 구분하여 매년 제시한다.

### 2) 문화유산 보전과 현대문화 발전

관광은 문화유산 보전과 현대문화 발전에 기여한다. 문화(culture)는 전통문화와 현대문화로 구분된다. 전통문화는 사회를 구성하는 사람들의 과거와 현재 그리고 미래를 연결하는 고유한 생활양식이다. 전통문화에는 언어, 의

상, 종교, 예술, 건축 등이 포함되며, 이 가운데 오랜 세월에 거쳐 가치를 인정받은 문화적 소산을 문화유산(cultural heritage)이라고 한다. 반면, 현대문화는 동시대의 문화를 말한다. 동시대의 사회구성원들이 살아가는 생활양식이다. 관광은 이러한 현대문화의 발전에 기여한다. 문화에 대한 관광의 관심은 문화관광(cultural tourism)이라는 관광의 새로운 하위요소로 성장하고 있다. 고궁이나 고성과 같은 유형문화재를 방문하는 관광수요가 증가하고 있으며, 이에 따라 유형문화재의 복원과 보전에 대한 사회적 관심이 커지고 있다. 또한 전통 민속놀이나 의례 등 무형문화재에 대한 관광자의 관심이 커지면서 이에 대한 복원사업도 활성화되고 있다. 현대문화의 경우에도 관광자들이 연극이나 뮤지컬, 미술관, 박물관 등에 관심이 증가하면서 이를 활성화하는 긍정적인 기회가 되고 있다.

### 3) 사회복지 증진

관광은 사회복지 증진에 기여한다. 사회복지(social welfare)는 사회구성원의 일정한 생활수준 및 보건상태를 확보하기 위한 사회적 지원을 말한다. 좁은 의미에서는 평균적 생활수준에 미치지 못하는 사회적 약자에 대한 지원으로 대상적 범위를 제한하여 규정하며, 넓은 의미에서는 모든 사회구성원으로 대상적 범위를 확대하여 규정한다. 사회복지는 크게 두 가지 접근이 이루어진다. 하나는 개인의 책임을 강조하는 접근이며, 다른 하나는 사회 혹은 국가의 책임을 강조하는 접근이다. 대중관광시대를 맞이하면서 관광분야에서도 사회복지의 필요성이 인식되고 있다. 이른바 'tourism for all(모든 이를 위한 관광)'이 새로운 관광의 가치로 자리 잡아가고 있다. 이를 통해 사회복지의 영역이 확장되고 있다. 복지관광정책의 예로는 프랑스의 체크바캉스제도(Cheque Vacance), 스위스의 여행금고제도(REKA), 한국의 여행바우처제도(Travel Voucher) 등을 들 수 있다.

### 4) 환경보전

관광은 환경보전에 기여한다. 환경보전(environmental conservation)은 자연이 지닌 원래의 상태를 유지하기 위해 환경을 보호, 정비, 관리하는 활동을 말한다. 관광에서도 환경보전을 위한 활동이 이루어지고 있다. 대표적인 예로 생태관광(ecotourism)[17]을 들 수 있다. 생태관광은 환경피해를 최소화하고 자연을 즐기는 친환경적인 여행방식을 말한다. 생태관광은 세 가지 원칙을 가지고 있다. 첫째, 환경보전에 대한 공헌이다. 생태관광은 자연보전을 주목적으로 한다는 점에서 일반 여행방식과는 차이가 있다. 둘째, 지역경제에 대한 경제적 · 문화적 기여이다. 생태관광을 통해 지역주민들이 경제적 측면이나 문화적 측면에서 혜택을 받을 수 있어야 한다. 셋째, 방문자에게 자연학습의 기회를 제공해야 한다. 생태관광은 관광자들에게 자연에서의 경험을 통해 자연을 이해하고 보전하는 방법을 가르쳐야 한다. 이러한 생태관광이 대안관광으로 등장하면서 관광을 통한 자연자원 보전방안이 제시되고 있다. UN은 2002년을 '세계 생태관광의 해'로 제정하였으며, 이를 위한 행동강령을 채택한 바 있다.

### 5) 국가위상 제고

관광은 국가위상 제고에 기여한다. 국가위상(national status)은 특정한 국가가 다른 국가들과의 관계에서 차지하는 위치나 상태를 말한다. 국가위상과 관련하여 주목을 받는 개념이 국가이미지(national image)이다. 국가이미지는 특정한 국가에 대하여 개인이 지니는 내면적인 인상을 말한다. 이미지는 특정한 실체에 대한 직관적인 표상으로 영화, 사진, 텔레비전, 게임 등에서 영상으로 형상화되기도 한다. 오늘날에는 기업 활동과 관련되어 많이 적용되는데 제품이미지전략, 브랜드이미지전략, 기업이미지전략 등이 그 예이다. 정부는 이러한 기업 활동들과 마찬가지로 국가 경쟁력 향상을 위하여 국가이미지 제고를 위한 다양한 활동들을 전개한다. 그 가운데 하나가 관광을 통한 국가이미지홍보활동이다. 예를 들어, Malaysia-Truly Asia, Incredible India, I Love New York 등과 같은 슬로건도 이러한 전략들 중에 하나이다. 또한 관광자들이 전달하는 구전정보나 인터넷 정보도 국가이미지 제고에 영향을 미친다. 브랜드 전문가인 안홀트(Anholt)[18]는 국가이미지에 영향을 미치는 요인으로 국민성, 통치방식, 수출산업, 문화와 유산, 투자와 이민 등과 함께 관광을 들고 있다.

### 6) 국제개발협력

관광은 국제개발협력에 기여한다. 국제개발협력(international development cooperation)은 지구상의 국가나 지역에 살아가는 모든 인간들이 인간다운 삶을 영위할 수 있는 기초적인 조건을 마련하고 이를 위한 바람직한 방향을 모색하기 위한 국가 간의 공동 활동을 말한다. 최근에는 관광을 통한 국제개발협력이 활발하게 이루어지고 있다. 대표적인 예로 공적개발원조(ODA: Official Development Assistance)를 들 수 있다. 공적개발원조는 선진국이 개발도상국을 지원하는 사업으로 관광이 중요한 프로그램으로 활용된다. 주요 내용으로는 개발도상국의 저개발지역대상 관광지 개발을 위한 차관, 관광자원관리 및 마케팅활동을 위한 기술원조 등을 들 수 있다. 또한 유엔세계관광기구(UNWTO)의 산하 스텝재단(ST-EP foundation)은 '지속가능한 관광을 통한 빈곤퇴치(Sustainable Tourism for Eliminating Poverty)'에 관한 다양한 프로그램들을 운영함으로써 개발도상국들을 지원하고 있다.

### 7) 평화 증진

관광은 평화 증진에 기여한다. 평화(peace)는 국가나 지역, 민족 등 인간집단 상호 간에 분쟁이 일어나지 않은 상태를 말한다. 평화는 분쟁의 대립 개념이다. 분쟁은 인간집단 상호 간에 긴장상태, 전쟁, 테러리즘 등 다양한 형태의 충돌상황을 의미한다. 관광은 인적 교류를 수반하며, 이를 통해 문화접촉과 상호 이해의 기회를 넓힐 수 있다. 특히 관광은 민족적, 종교적, 정치적 갈등 없이 접근할 수 있는 수단이라는 점에서 평화 증진에 기여할 수 있다. 이러한 인식에서 지난 1988년 '관광을 통한 평화에 관한 국제기구(IIPT: International Institute for Peace Through Tourism)'를 설립하기 위한 창립총회에서는 '관광: 평화를 위한 핵심 동력'이라는 주제로 하는 학술회의가 열렸다.[19] 이 회의에서는 관광을 통한 상호 이해와 존중 그리고 우정이 평화를 이루는 다리의 역할을 한다는 입장을 확인하였다. 이후 관광과 평화를 주제로 한 국제회의가 1994년 캐나다 몬트리올[20]에서, 1999년에는 스코틀랜드 글래스고우[21]에서 각각 열렸다. 2000년에는 요르단[22]에서 '관광을 통한 평화 세계정상회담'이 열렸으며, 참가자들은 '관광을 통한 평화를 촉구하는 결의문'을 채택하였다.

## 2. 부정적 영향

부정적 영향(negative impact)은 관광이 사회에 바람직하지 않거나 유익하지 않은 결과를 가져오는 작용을 말한다. 이를 비용(cost)이라고도 한다. 주요 부정적 영향요인으로는 경제적 부작용, 사회적 무질서, 사회적 갈등, 문화유산의 상품화, 환경훼손과 오염, 국제수지 불균형, 관광패권 경쟁 등을 들 수 있다.

### 1) 경제적 부작용

관광은 경제적 부작용을 가져올 수 있다. 경제적 부작용(economic side-effect)은 경제에 미치는 의도된 주작용 외에 부수적으로 나타나는 유해한 반응을 말한다. 그 예로 물가상승, 투기자본 유입, 불균형성장 등을 들 수 있다. 관광도 경제성장에 미치는 주작용 외에 부수적으로 유해한 손실을 가져온다.

달리 말해, 경제적 비용이다. 대표적인 예로, 계절적 수요, 특정지역 집중수요 등에 의한 물가상승을 들 수 있다. 다음으로 관광투기자본의 유입이다. 투기(speculation)는 상품이나 유가증권 등의 거래에서 시세차익 획득을 목적으로 이루어지는 거래를 말한다. 따라서 운영을 통한 수익을 목적으로 하는 투자(investment)와는 구별된다. 이로 인해 부동산가격 상승, 부실경영문제 등 부정적인 결과가 발생하게 된다. 또 다른 문제로는 관광으로 인한 불균형성장을 들 수 있다. 특정지역에 대한 편중된 성장으로 인해 전체경제에 불균형성장을 초래하는 경우이다. 모든 시설을 한 곳에 갖춘 대규모복합리조트의 개발은 자칫 인근지역의 소상인 경제를 붕괴시킬 수 있다. 그 대책으로 사업목적과 지역사회발전을 동시에 고려하는 사회적 계획(social planning), 사회적 의무(social obligation), 사회적 합의(social agreement) 등의 개념이 등장한다.

### 2) 사회적 무질서

관광은 사회적 무질서를 가져올 수 있다. 사회적 무질서(social disorder)는 사회적으로 혼란하고 불안정한 상태를 말한다. 범죄가 증가하고 전통적인 생활양식이 변화하는 등의 문제가 발생하는 경우이다. 범죄는 법에 의해 보호되는 이익인 법익을 침해하고, 질서를 문란하게 만드는 행위를 말한다. 관광이 활성화되면서 절도, 불법도박, 불법성매매 등 여러 가지 형태의 범죄가 증가할 수 있다. 흔히 관광자를 '연약한 목표물(soft target)'이라고 한다. 그만큼 범죄의 대상이 되기 쉽다는 뜻이다. 또 다른 사회문제로 생활양식의 변화를 들 수 있다. 관광자들의 과시적 소비행태를 보면서 방문지 주민들이 이를 모방하여 과소비를 하거나, 노동에 대한 전통적 가치관이 흔들릴 수 있다. 그런 의미에서 관광에 대한 지역주민들의 올바른 이해를 돕기 위한 관광인식프로그램(tourism awareness program)의 제공이 요구된다.

### 3) 사회적 갈등

관광은 사회적 갈등을 가져올 수 있다. 사회적 갈등(social conflict)은 특정한 사회 내 집단들 간에 자신들의 이익이나 입장을 주장하며 서로 대립하는 상태를 말한다. 사회적 갈등은 조직, 지역, 인종, 민족, 종교 등 다양한 형태의 사회집단 사이에서 발생할 수 있다. 관광으로 인해 발생하는 사회적 갈등의 대표적인 예가 오버투어리즘(overtourism)이다. 오버투어리즘은 특정한 관광지로 관광자가 과다하게 유입되어 관광수용력을 초과함으로써 지역주민의 삶의 질이 저하되는 현상을 말한다. 이러한 오버투어리즘으로 인해 관광지 지역주민이 관광자의 유입에 반대하는 운동을 벌이면서 사회적 갈등을 야기하고 있다. 이에 대한 대응책으로 관광총량제 실시, 관광세 도입 등의 관광억제정책을 시행하고 있다. 궁극적으로는 관광자, 관광산업, 정부, 관광지 지역주민 등 관광행위자들 간의 지속가능한 관광에 대한 이해와 사회적 합의가 요구된다. 또 다른 예로 관광개발과정에서 발생하는 사회적 갈등을 들 수 있다. 관광개발로 인해 이해집단 간에 입장이 대립되면서 발생한다. 문제의 원인으로는 개발이익의 배분 및 보상에 관한 문제, 관광개발로 인해 발생하는 자연환경의 훼손 문제, 주거지역이나 교육시설 주변 등에 대한 안전 문제 등을 들 수 있다. 이러한 문제들이 초기에는 소수의 이해당사자들 간의 문제로 시작되었다가 시간이 지남에 따라 사회적 갈등으로 확대되는 경우가 많다. 따라서 사전적으로 관광개발과정에 대한 투명하고 공정한 절차적 과정이 필요하며, 갈등 발생 시 이해관계집단 간의 대화와 토론을 통한 협력이 요구된다. 이를 해결하는 데 가장 중요한 것은 역시 사회자본의 형성이다.

### 4) 문화유산의 상품화

관광은 문화유산의 상품화를 가져올 수 있다. 문화유산(cultural heritage)은 특정한 사회 내에서 오랜 역사적 과정을 거쳐 축적되어온 정신적 가치를 인정받은 문화적 소산을 말한다. 전통음식문화, 전통복식문화, 민속놀이, 전통의례 등의 무형문화유산뿐만 아니라 고궁, 고성 등과 같은 옛 건축물이나 유적 등의 유형문화유산이 여기에 해당된다. 앞에서 살펴보았듯이, 관광은 이러한 문화유산의 보전에 기여한다. 하지만 이와는 역으로 관광이 문화자원의 상품화를 촉진하면서 자칫 고유성을 훼손할 수 있다. 문화유산의 상품화(commodification of cultural heritage)는 경제적 이익을 목적으로 문화유산을 상품으로 이용하고 개발하는 활동을 말한다. 이 과정에서 본래의 성격이 변형되거나 왜곡되는 문제가 발생할 수 있다. 전통의례나 민속놀이 등이 관광상품으로 개발되면서 고유성이 훼손되는 경우가 발생할 수 있다. 또한 고궁이나 고성 등의 원형이 훼손되는 경우도 발생할 수 있다. 이에 대한 대응책으로 문화유산의 고유성 확보를 위한 문화영향평가의 실시가 요구된다.

### 5) 환경훼손 및 오염

관광은 환경훼손 및 오염을 가져올 수 있다. 환경훼손(environmental damage)은 인간의 개발 및 이용활동에 의해 자연 생태가 파괴되고 생물의 생존이 위협받는 상태를 말한다. 유사 용어인 환경오염(environmental pollution)은 인간의 소비 및 생산 활동에서 배출되는 각종 유해물질이 유입되어 자연이 더럽혀진 상태를 말한다. 대기오염, 수질오염, 해양오염, 토양오염 등이 그 예이다. 자연자원은 관광대상으로서 많은 매력을 지니고 있다. 인간의 여행활동에 의해 본래의 자연경관이 훼손되거나 생태계가 파괴되는 경우가 발생할 수 있다. 또한 자동차가 배출하는 가스로 인한 대기오염, 각종 관광시설에서 유출되는 폐수로 인한 수질오염 등 다양한 환경문제가 발생할 수 있다. 이러한 환경문제에 대한 대안으로 지속가능한 관광개발(sustainable tourism development)의 개념이 제시된다. 지속가능한 관광개발은 환경보전적 관광개발 방식을 말한다. 구체적인 방법으로는 관광시설 이용자수의 제한, 개발조건의 강화, 토지이용계획의 조정, 관광자원보호에 대한 홍보 및 교육 등을 들 수 있다.

### 6) 국제수지 불균형

관광은 국제수지 불균형을 가져올 수 있다. 국제수지 불균형(balance of payments disequilibrium)은 특정한 국가들이 경상수지에서 흑자를 기록하는 반면에, 다른 국가들은 지속적으로 적자를 보면서 나타나는 국가 간의 수지 불균형 현상이다. 이러한 현상은 무역, 자본, 기술, 지식정보 등 다양한 분야에서 발생하며, 관광경제가 확대되면서 관광분야에서도 국제수지 불균형이 심화될 수 있다. 관광분야에서 발생하는 국제수지 불균형의 구조적인 원인으로는 누출효과(leakage effect)를 들 수 있다. 누출효과는 관광수용국가에서 발생한 관광수입이 국가경제에 유입되지 않고 외부로 빠져나가는 현상을 말한다. 누출효과는 주로 저개발국가에서 발생한다. 누출효과의 원인으로는 외부투자, 해외인력사용, 외국생산품 수입, 해외기업운영 등으로 인해 해외로 이전 혹은 송출되는 지출을 들 수 있다. 이에 대한 대응책으로 합작투자비율제, 현지인력의무고용제, 현지생산품이용할당제 등을 들 수 있다.

### 7) 관광패권 경쟁

관광은 관광패권 경쟁을 가져올 수 있다. 패권(hegemony)은 특정한 국가가 국제체제에서 갖는 지배적인 힘, 즉 주도권을 말한다. 이러한 패권경쟁은 군사패권, 정치패권, 경제패권, 문화패권 등 다양한 분야에서 나타난다. 최근 관광경제의 중요성이 커지면서 관광분야에서도 세계적으로 관광패권(tourism hegemony) 경쟁이 문제가 된다. 관광패권은 특정한 관광송출국이 관광시장에서 지배적인 힘을 가지고 있을 때, 관광수용국에 강압적 영향력을 발휘하면서 발생한다. 예를 들어, 특정한 관광송출국이 자국 국민관광객의 여행을 제한함으로써 관광수용국의 관광경제에 압박을 가할 수 있으며, 때로는 특정한 관광송출국의 거래 기준이나 여행문화를 관광수용국이 강제적으로 수용하도록 압력을 가할 수 있다. 이러한 문제를 해결하기 위한 대응책으로는 국가 간 관광협력관계 조성과 국제관광협력을 촉진하는 국제기구의 역할이 필요하다.

[그림 2-11] 관광의 사회적 영향

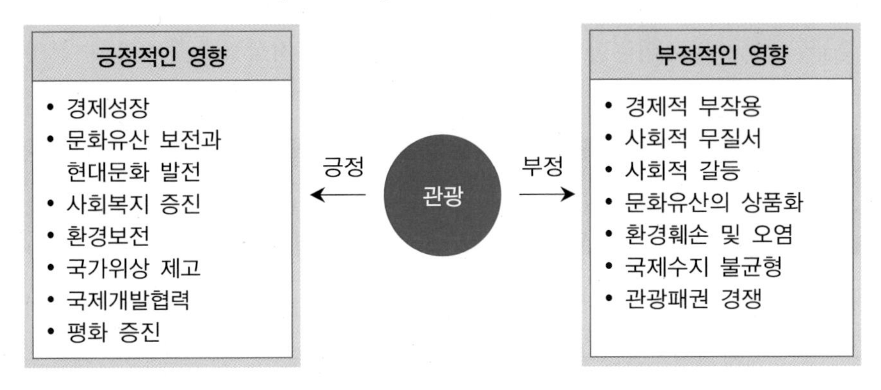

# 요약

이 장에서는 관광학 연구의 기초지식을 이해하기 위하여 관광의 역사와 사회적 영향에 대해 살펴보았다.

먼저, 서양의 관광 역사를 살펴보면, 고대시대는 고대 그리스와 로마 시대로 초기 여행(early travel)의 시기에 해당된다. 순수한 여가 여행을 목적으로 하기보다는 군사활동이나 교역활동 등의 일환으로 이루어졌음을 볼 수 있다. 중세시대는 서유럽의 시대로 여행(travel)의 시기에 해당된다. 이 시기에 'travel'이라는 용어가 처음으로 사용되기 시작했다. 근세시대는 르네상스와 종교개혁의 시대로 투어(tour)의 시기에 해당된다. 근대시대는 근대국가가 형성되었던 시기로 관광(tourism)의 시기에 해당된다. 이 시기에 'tourism'이라는 용어가 처음으로 사전에 실렸으며, 'tourist'라는 용어도 사용되기 시작하였다. 현대시대는 과학기술이 크게 발전한 시기로 대중관광(mass tourism)의 시기에 해당된다. 이와 함께 새로운 형태의 여행활동이 나타나고 있는 새로운 관광(new tourism)의 시기에 들어서고 있다.

한국의 관광 역사를 살펴보면, 고대시대로부터 고려시대까지는 초기 여행의 시기에 해당된다. 순수한 여행의 의미보다는 교역, 공무, 교육 등의 일환으로 여행이 이루어졌다. 조선시대 중기에 들어서면서 양반계급을 중심으로 유람문화가 들어서기 시작하였다. 조선시대 후기는 근대화 시기로 일본 및 서양 국가들과의 공적 교류가 늘어나면서 여행도 점차 활성화되기 시작하였다. 이 시기는 초기 관광(early tourism)의 시기에 해당된다. 현대시대에는 이른바 대중관광(mass tourism)의 시기로 진입하였다. 2000년대에 들어서면서 환경변화와 함께 여행 형태도 변화하기 시작하였으며, 이른바 새로운 관광(new tourism)의 시기로의 진입이 이루어지고 있다.

이제까지의 관광발전과정을 정리해 보면, 서양에서의 관광은 오랜 기간을 통해 이루어진 역사적 형성물이라고 할 수 있다. 반면에, 한국에서의 관광은 현대시대에 들어오면서 정부의 적극적인 개입으로 단기간에 이루어진 정책적 형성물이라고 할 수 있다.

한편, 관광이 사회에 미치는 영향은 긍정적 영향과 부정적 영향으로 구분된다.

긍정적 영향(positive impact)은 관광이 사회에 바람직하거나 유익한 결과를 가져오는 작용을 말한다. 이러한 긍정적 결과를 편익(benefit)이라고 한다.

관광은 경제성장에 기여한다. 경제성장(economic growth)은 국민경제의 생산능력이 향상되는 현상을 말한다. 경제성장은 국민소득 또는 국내총생산의 변화로 확인할 수 있다. 관광의 경제적 기여도를 측정하는 방법은 일반 경제와는 다르다.

관광은 문화유산 보전과 현대문화 발전에 기여한다. 문화(culture)는 전통문화와 현대문화로 구분된다. 전통문화는 사회를 구성하는 사람들의 과거와 현재 그리고 미래를 연결하는 고유한 생활양식이다.

관광은 사회복지 증진에 기여한다. 사회복지(social welfare)는 사회구성원의 일정한 생활수준 및 보건상태를 확보하기 위한 사회적 지원을 말한다.

관광은 환경보전에 기여한다. 환경보전(environmental conservation)은 자연이 지닌 원래의 상태를 유지하기 위해 환경을 보호, 정비, 관리하는 활동을 말한다. 관광에서도 환경보전을 위한 활동이 이루어지고 있다.

관광은 국가위상 제고에 기여한다. 국가위상(national status)은 특정한 국가가 다른 국가들과의 관계에서 차지하는 위치나 상태를 말한다. 국가위상과 관련하여 주목을 받는 개념이 국가이미지(national image)이다.

관광은 국제개발협력에 기여한다. 국제개발협력(international development cooperation)은 지구상의 국가나 지역에 살아가는 모든 인간들이 인간다운 삶을 영위할 수 있는 기초적인 조건을 마련하고 이를 위한 바람직한 방향을 모색하기 위한 국가 간의 공동 활동을 말한다.

관광은 평화에 기여한다. 평화(peace)는 국가나 지역, 민족 등 인간집단 상호 간에 분쟁이 일어나지 않은 상태를 말한다. 평화는 분쟁의 대립 개념이다.

다음으로, 부정적 영향(negative impact)은 관광이 사회에 바람직하지 않거나 유익하지 않은 결과를 가져오는 작용을 말한다. 이를 비용(cost)이라고도 한다.

관광은 경제적 부작용을 야기할 수 있다. 경제적 부작용(economic side-effect)은 경제에 미치는 의도된 주작용 외에 부수적으로 나타나는 유해한 반응을 말한다.

관광은 사회적 무질서를 야기할 수 있다. 사회적 무질서(social disorder)는 사회적으로 혼란하고 불안정한 상태를 말한다.

관광은 사회적 갈등을 야기할 수 있다. 사회적 갈등(social conflict)은 특정한 사회 내 집단들 간에 자신들의 이익이나 입장을 주장하며 서로 대립하는 상태를 말한다.

관광은 문화유산의 지나친 상품화를 야기할 수 있다. 문화유산의 상품화(commodification of cultural heritage)는 경제적 이익을 목적으로 문화유산이 상품으로 이용하고 개발하는 활동을 말한다.

관광은 환경훼손 및 오염을 야기할 수 있다. 환경훼손(environmental damage)은 인간의 개발 및 이용활동에 의해 자연 생태가 파괴되고 생물의 생존이 위협받는 상태를 말한다. 또한 관광으로 환경오염이 발생할 수 있다.

관광은 국제수지 불균형을 야기할 수 있다. 국제수지 불균형(balance of payments disequilibrium)은 특정한 국가들이 경상수지에서 흑자를 기록하는 반면에, 다른 국가들은 지속적으로 적자를 보면서 나타나는 국가 간의 수지 불균형 현상이다.

관광은 관광패권 경쟁을 야기할 수 있다. 관광패권(tourism hegemony) 경쟁이 문제가 된다. 관광패권은 특정한 관광송출국이 관광시장에서 지배적인 힘을 가지고 있을 때, 관광수용국에 강압적 영향력을 발휘하면서 발생한다.

## 참고문헌

1) Towner, J. & Geoffrey, W. (1991). History and tourism. *Annals of Tourism Research*, 18(1), 71-84.
2) Carr, E. H. (1961). *What is history?* Cambridge, UK: Cambridge University Press.
3) Towner, J. (1985). Approaches to tourism history. *Annals of Tourism Research*, 15(1), 47-62.
4) Elton, G. R. (1969) *The practice of history*. Oxford, UK: Blackwell Publishers.
5) Hudman, L. E., & Hawkins, D. E. (1989). *Tourism in contemporary society*. Englewood Cliffs, NJ: Prentice Hall.
Goeldner, C. R. & Brent Ritchie, J. R. (2009). *Tourism: Principles, practices, philosophies*. NJ: John Wiley & Sons.
6) Casson, L. (1974). *Travel in the ancient world*. London: Allen and Duwin.
7) Shaw. S. (2000). *The delicious history of the holiday*. London: Routledge.
8) Milton, R. (1960). *The great travelers*. NY: Simon and Schuster.
9) Towner. J. (1985). The grand tour: A key phase in the history of tourism. *Annals of Tourism Research*. 12(3), 297-333.
10) Withey, L. (1997). *Grand tours and Cook's tours: A history of leisure travel, 1750 to 1915*. NY: William Morrow.
11) Goeldner, C. R., & Brent Ritchie, J. R. (2009). *Tourism: Principles, practices, philosophies* (11th ed.). NJ: John Wiley & Sons.
12) Gee. C. Y. (1997). *International tourism: A global perspective*. Madrid, Spain: UNWTO.
13) 한국관광학회 편저(2012). 『관광학총론』. 서울: 백산출판사.
14) 한국관광학회 편저(2012). 『한국현대관광사』. 서울: 백산출판사.
15) Hall, C. M., & Lew, A. A. (2009). *Understanding and managing tourism impacts: An integrated approach*. London: Routledge.
Mathieson, A., & Wall, G. (1982). *Tourism: Economics, physical, and social impacts*. NY: Longman.
16) UNWTO (2008). *Tourism satellite account: Recommended methodological framework 2008*. Madrid, Spain.
17) Buckley, R.(2008). *Ecotourism: Principles and practices*. Boston, Mass.: CABI.
18) Anholt, S. (2007). *Competitive identity: The new brand management for nations, cities and regions*. New York: Palgrave Macmillan.
Anholt, S. (2010). *Places: Identity, image and reputation*. New York: Palgrave Macmillan.
19) International Institute for Peace Trough Tourism.(1988). *Tourism: A vital force for peace*. Vancouver, Canada.
20) International Institute for Peace Trough Tourism.(1994). *Building a sustainable world through tourism*. Montreal, Canada.

21) International Institute for Peace Trough Tourism.(1999). *Building bridges of peace, culture and prosperity through sustainable tourism*. Glasgow, Scotland.

22) International Institute for Peace Trough Tourism.(2000). *Global summit on peace through tourism*. Jordan.

# 관광에 관한 기본지식

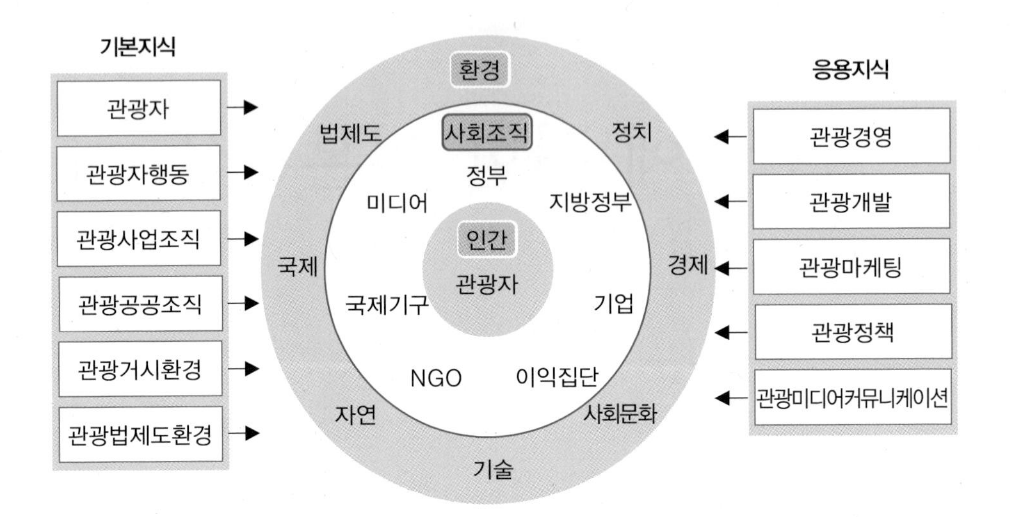


## 개관

제2부에서는 관광에 관한 기본지식(basic knowledge of tourism)에 대해 학습한다. 관광에 관한 기본지식은 관광을 이해하기 위한 일반지식이다. 체계적 관점에서 관광자, 관광자행동, 관광사업조직, 관광공공조직, 관광거시환경, 관광법제도환경에 대한 지식들이 포함된다.

제3장

# 관광자

제1절 서론

제2절 관광자

제3절 관광자의 발전과정

제4절 관광자의 여행유형

제5절 관광자의 소비자로서 권리와 책무

제6절 관광자의 윤리

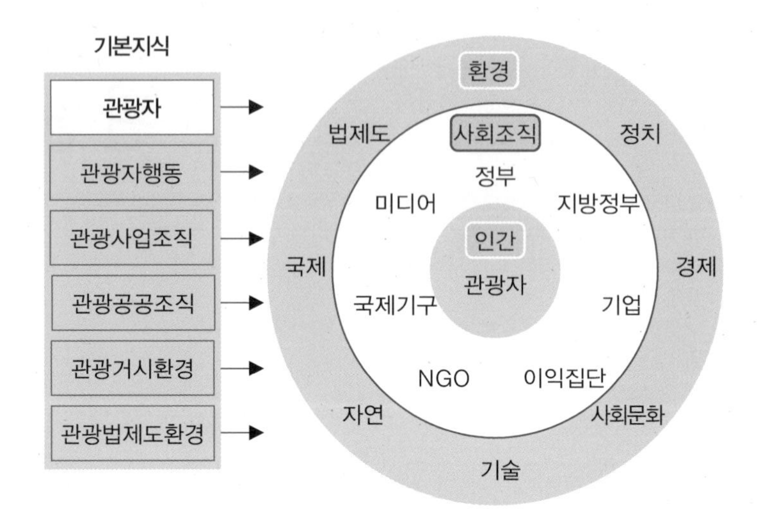


## 학습목표

이 장에서는 관광자에 대해 학습한다. 관광자는 단순히 여행자가 아니다. 관광자는 여행활동을 통해 사회적 관계를 형성하는 개인이라는 점에 초점이 맞추어진다. 이를 이해하기 위해 다음과 같은 학습목표를 세운다. 첫째, 관광자의 기본 개념에 대해 학습한다. 둘째, 관광자의 여행유형에 대해 학습한다. 셋째, 관광자의 사회적 관계에 대해 학습한다.

## 제1절 서론

이 장에서는 관광자에 대해 학습한다.

관광자는 관광의 개념을 구성하는 미시적 수준의 요소이다.

관광자를 학습하는 목적은 관광을 구성하는 기본적인 행위자인 인간의 여행활동과 사회적 관계를 이해하는 데 있다. 이를 위해서는 관광자의 개념, 사회적 기능, 여행 유형, 권리와 책무, 윤리 등에 대한 학습이 필요하다.

앞서 제1장에서 기술한 바와 같이, 관광자는 여행자이다. 하지만 관광자는 여행활동을 통해 사회적 관계를 형성한다는 점에서 여행자와는 의미의 차별화가 이루어진다. 관광자에 의해 관광산업이 형성되고, 관광정부의 역할이 등장하고, 국제기구의 활동이 이루어진다.

이와 유사한 예로 소비자를 들 수 있다. 소비자는 생활을 영위하기 위해 소비를 하며, 이를 통해 경제라는 사회적 영역을 형성한다. 경제라는 사회영역 안에서 소비자의 소비활동, 생산자의 공급활동, 정부의 조정활동 등이 이루어진다. 마찬가지로 관광이라는 사회영역 안에서 관광자의 여행활동, 관광사업조직의 공급활동, 정부의 조정활동 등이 이루어진다. 그러므로 관광자에 대한 학습은 관광자의 개념을 이해하는 것뿐만 아니라 관광자의 사회적 관계를 이해한다는 점에서 중요한 의의를 지닌다.

학제적으로 관광자에 대한 연구는 주로 사회학적 접근을 통해 이루어진다. 이와 함께 소비자학, 경영학 등으로부터의 접근이 이루어진다. 사회학은 인간사회를 연구대상으로 하는 학문이다. 주요 연구주제로 인간의 사회적 행위, 사회적 관계, 상호작용 그리고 사회구조의 변동 등이 다루어진다.

관광자에 대한 이해는 관광학 연구에서 기본지식에 해당된다. 관광자의 여행활동을 통해 형성되는 사회적 관계에 대해 학습함으로써 다양한 관광조직들의 활동에 필요한 응용지식을 모색할 수 있다.

이러한 인식을 바탕으로 이 장은 다음과 같이 구성된다. 우선 제1절 서론에 이어 제2절에서는 관광자의 개념과 사회적 역할을 정리한다. 제3절에서는 관광자의 발전과정을 다루며, 제4절에서는 관광자의 여행 유형에 대해서 학습한다. 제5절에서는 관광자의 소비자로서의 권리와 책무에 대해서 정리하며, 제6절에서는 관광자의 윤리에 대해 다룬다.

## 제2절 관광자

### 1. 개념

인간은 유목민적 본능을 지니고 있다. 그러므로 인간에게 있어서 이동은 존재 그 자체라고 할 수 있다. 역사적으로 볼 때, 인간은 수렵, 채취, 교역, 전쟁, 이주 등 다양한 목적에서 이동을 해왔다. 이러한 인간의 이동행위 가운데 자신의 일상 거주지를 떠나 다시 돌아올 목적으로 이동하는 행위를 여행이라고 한다. 따라서 거주지를 완전히 떠나는 이주와는 구별된다.

현대인은 여행을 통해 삶의 의미를 찾는다. 새로운 공간으로의 여행을 통해 휴식이나 기분 전환과 같은 생리적인 욕구를 충족시키고 나아가서 자신의 삶의 의미를 실현하고자 한다. 그런 의미에서 여행은 인간이 기본적으로 가지고 있는 욕구의 표현이라고 할 수 있다.

관광자는 곧 여행자이다. 하지만 앞서 제1장에서 기술한 바와 같이 관광자는 단지 여행만을 하는 것이 아니라 그 과정에서 소비를 하고, 다른 지역사람들의 문화를 체험하고 교류하며, 때로는 사회문제에 참여한다. 또 관광자는 의사소통을 한다. 그런 의미에서 관광자는 여행활동을 통해 사회적 관계를 형성하는 사회적 행위자라고 할 수 있다.

정리하면, 관광자(tourist)는 '여행활동을 통해 사회적 관계를 형성하는 개인'으로 정의된다.[1] 이때 개인(individual)은 사회를 구성하는 사람(person)을 말한다. 사회적 개인의 관점에서 볼 때, 관광자는 소비자, 유권자 등과 같이 특정한 사회영역에서 활동하는 개인의 한 유형이라고 할 수 있다.

## 2. 사회적 역할

관광자는 여행을 통해 다양한 사회적 활동을 수행한다. 대표적인 사회적인 활동으로 소비, 문화교류, 사회참여, 의사소통 등을 들 수 있다. 이러한 사회적 활동을 통해 관광자는 사회적 역할을 담당한다. 관광자의 주요 사회적 역할을 정리하면, 다음과 같다([그림 3-1] 참조).

### 1) 소비자

관광자는 소비자(consumer)이다. 관광자는 여행과정에서 필요한 제품과 서비스를 구매하고 사용한다. 관광자는 여행을 위해 항공사에서 항공권을 구입하며, 호텔과 레스토랑을 이용하며, 관광기념품을 구매한다. 관광공급자로는 여행사, 호텔, 항공사, 레스토랑, 테마파크, 리조트 등을 들 수 있다. 관광자는 소비 기능을 통하여 관광공급자와 수요-공급의 관계를 맺으며 관광경제(tourism economy)를 형성한다.[2]

### 2) 문화교류자

관광자는 문화교류자(cultural exchanger)이다.[3] 관광자는 여행과정에서 다른 문화를 경험한다. 관광자는 여행을 통해 관광지의 현지인들을 만나고, 그들의 생활양식을 경험하고, 그들이 살고 있는 환경을 경험한다.[4] 이 과정에서 문화접촉(cultural contact)이 이루어진다. 문화접촉은 복수의 문화가 서로 교류하는 것을 의미한다. 문화는 다른 문화와 경계를 두고 있지만 이러한 접촉을 통해 변화를 일으킬 수 있다. 관광자는 이러한 문화접촉을 가져오는 행위자의 역할을 담당한다. 그런 의미에서 관광자는 문화교류자라고 할 수 있다. 관광자는 문화교류를 통해 관광문화(tourism culture)를 형성한다.

### 3) 사회참여자

관광자는 사회참여자(social participator)이다. 관광자는 여행과정에서 관광과 관련된 사회문제를 해결하기 위한 활동에 참여한다. 예로서, 공정여행(fair travel)을 들 수 있다.[5] 공정여행은 관광지에서 현지산물을 소비하고 정당한 대가를 지불하는 등 관광의 경제효과가 관광지 사회에 공정하게 돌아갈 수 있도록 하는 책임관광 활동이다. 또 다른 예로, 자원봉사여행(volunteer travel)을 들 수 있다. 자원봉사여행은 자원봉사를 목적으로 이루어지는 여행활동이다.[6] 관광자는 자원봉사여행을 통해 재난발생지역을 대상으로 구호활동에 참여하거나 빈민지역을 대상으로 하는 사회복지활동에 참여한다. 관광자는 사회참여를 통해 공정한 관광사회(tourism society)를 형성한다.

### 4) 의사소통자

관광자는 의사소통자(communicator)이다. 관광자는 여행과정에서 정보를 주고받는 의사소통활동을 한다. 특히, 정보통신기술의 발달과 함께 소셜미디어가 활성화되면서 관광자의 의사소통활동은 사회적 관계를 형성하는 새로운 기능으로 자리 잡아가고 있다. 관광자는 미디어를 통해 정보를 수신하고 이에 대한 자신의 의견을 전달한다.[7] 그뿐만 아니라 관광자는 스스로가 미디어의 역할을 담당하기도 한다. 소위 1인 미디어의 기능을 말한다. 관광자는 의사소통을 통해 관광커뮤니티(tourism community)를 형성한다.

[그림 3-1] 관광자의 사회적 역할

## 제3절 관광자의 발전과정

관광자는 다른 사회적 용어들과 마찬가지로 시대적 변화에 따라 그 의미가 발전해왔다. 크게 여행자, 관광자, 대중관광자, 새로운 관광자의 네 단계로 구분할 수 있다. 서양의 역사를 기준으로 관광자의 발전과정을 정리하면 다음과 같다([그림 3-2] 참조).

### 1. 여행자의 시대

여행자(traveler)는 서양 역사에서 중세시대에 등장한 개념이다. 중세시대는 여행(travel)의 시기였다. 이 시기 여행자는 공무나 교역 등과 같이 일과 관계된 여행이 아니라 순수한 여가목적의 여행을 수행했다. 당시에는 특수한

계층의 소수의 사람들만이 여행에 참여할 수 있었다. 그러므로 여행활동을 통한 소비-공급의 관계와 같은 사회적 관계가 형성되기에는 여행활동이 미미한 시기였다.

## 2. 관광자의 시대

관광자(tourist)는 산업혁명 이후 근대시대에 등장한 개념이다. 근대시대는 관광(tourism)의 시기였다. 이 시기 관광자는 여행활동을 통해 사회적 관계를 형성하는 사회적 행위자로서의 역할을 하였다. 관광자는 소비자로서 교통, 숙박, 식음, 쇼핑, 대중문화 등 다양한 제품과 서비스를 구매하고 소비하기 시작하였다. 관광자는 소비를 통해 관광사업조직들과 사회적 관계를 형성하였다. 하지만 이 당시에는 일부 부유층과 특권층만이 여행활동에 참여할 수 있었으며, 사회적 관계도 충분히 형성되지 못했던 시기였다.

## 3. 대중관광자의 시대

대중관광자(mass tourist)[8]는 현대시대에 등장한 개념이다. 현대시대는 대중관광(mass tourism)의 시기이다. 항공여행이 가능해지고 냉전 시대가 종식되면서 관광이 대중화되기 시작하였다. 이에 따라 많은 보통사람의 여행이 가능해지고, 이들에게 제품과 서비스를 공급하는 관광산업도 크게 발전하였다. 이른바 대중관광시장이 열렸으며, 여행활동이 새로운 생활양식으로 자리 잡게 되었다. 한편, 관광과 관련하여 사회문제가 대두되면서 관광공공조직의 활동이 활성화되기 시작하였다. 그밖에 시민단체, 국제기구 등의 활동도 필요하게 되었다.

### 4. 새로운 관광자의 시대

새로운 관광자(new tourist)[9]는 후기 현대시대에 등장한 개념이다. 후기 현대시대는 새로운 관광(new tourism)의 시기이다. 새로운 관광자는 대중관광자와는 다르다. 새로운 관광자는 새로운 형태의 여행활동을 한다. 합리성과 효율성을 강조하던 모더니즘 시대와는 달리 감성, 지속가능성, 탈규격성 등이 강조된다. 이와 함께 여행활동에서도 사회적 책임을 중시하고 사회문제에 적극적으로 참여하는 경향이 나타나고 있다. 공정여행, 책임여행, 자원봉사여행 등이 대표적인 예이다. 정리하면, 새로운 관광자는 사회적 가치를 지향하는 새로운 형태의 여행활동을 하는 관광자라고 할 수 있다.

[그림 3-2] 관광자의 발전과정

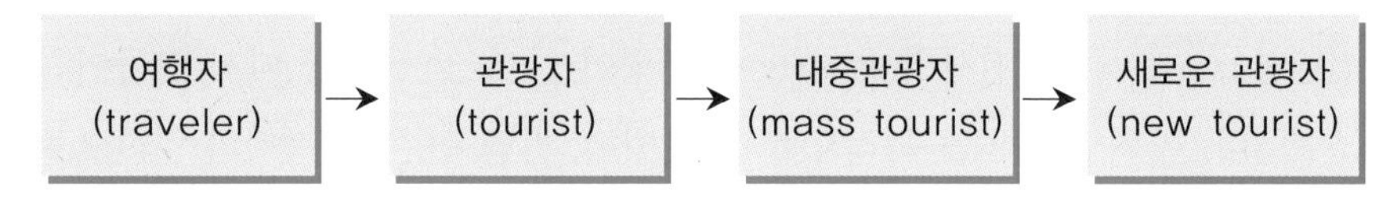


## 제4절 관광자의 여행유형

관광자의 여행은 여행목적, 관광통계 기준, 여행상품 이용, 관광대상, 사회적 가치 등을 기준으로 하여 그 유형이 구분된다.

### 1. 여행목적에 따른 유형

관광자의 여행은 여행목적에 따라 구분된다. 이를 살펴보면, 다음과 같다.

### 1) 여가여행

여가여행(leisure travel)은 순수한 여가목적으로 이루어지는 여행 형태를 말한다.[10] 여가는 자유 시간에 이루어지는 자유의지에 의한 활동을 말한다. 그러므로 여가목적의 여행에서 가장 중요한 요소는 업무와 같이 통제된 행위가 아닌 자유의지에 의한 선택 행위라는 점이다. 휴식 욕구, 사회관계 욕구 등 다양한 욕구가 작용한다. 일반적으로 관광자의 여행이라고 하면 이 같은 순수한 여가목적의 여행을 뜻한다.

### 2) 업무여행

업무여행(business travel)은 업무와 관련된 목적으로 이루어지는 여행 형태를 말한다.[11] 단순히 출장을 목적으로 하는 여행을 생각할 수 있지만, 최근 업무여행은 이보다 큰 개념으로 확장되고 있다. 마이스관광(MICE tourism)으로의 확대이다. 마이스(MICE)는 기업회의(meeting), 포상관광(incentive tour), 컨벤션(convention), 전시회(exhibition)의 영어 단어 앞 글자를 따서 만들어진 조어이다.[12] 기업 회의를 목적으로 하는 여행, 기업 연수 및 복지의 일환으로 이루어지는 여행, 각종 행사 및 전시회의 참여로 이루어지는 여행 등이 여기에 해당된다. 관광자의 경제적 기능에 초점이 맞추어지면서 관광자의 여행범위가 업무목적의 여행으로까지 확대되고 있다.

### 3) 겸목적여행

겸목적여행(multi-purpose travel)은 앞서 기술한 순수한 여가목적의 여행과 업무 외의 다른 목적의 활동이 결합하여 이루어지는 여행 형태를 말한다. 업무외의 다른 목적의 활동으로는 의료, 교육, 스포츠, 종교 등을 들 수 있다. 이러한 겸목적여행이 활발해지면서 의료관광, 교육관광, 스포츠관광, 종교관광, 자원봉사관광 등 다양한 형태의 융합관광이 발전한다. 겸목적여행과 관련된 제도의 예로 워킹홀리데이(working holiday)를 들 수 있다.[13] 워킹홀리데이는 국가 간에 협정을 맺고 만 18세에서 30세 사이의 젊은이를 대상으로 관광취업비자를 발급하는 제도이다. 해외여행과 취업교육이 결합된 형태라고 할 수 있다. 새로운 관광시대를 맞이하면서 다양한 형태의 겸목적여행이 등장하고 있다.

## 2. 관광통계 기준에 따른 유형

관광자의 여행은 관광통계를 목적으로 그 유형이 구분된다. 유엔세계관광기구(UNWTO)의 관광통계 기준을 참고로 하여 여행 유형을 살펴보면, 다음과 같다(〈표 3-1〉 참조).

### 1) 국내여행(domestic travel)

국내여행은 내국인의 국내여행을 말한다. 이에 대한 운영적 정의는 나라마다 차이가 있다. 예를 들어, 미국이나 캐나다에서는 일상 거주지로부터 50마일 이상을 여행하는 경우를 국내여행으로 규정한다.

### 2) 인바운드여행(inbound travel)

인바운드여행은 외국인의 국내여행을 말한다. 유럽의 경우에는 1박 이상의 숙박여행을 인바운드여행에 포함시키고 있으나 한국은 여행기간에 관계없이 국내로 입국하는 외국인의 여행을 모두 인바운드여행으로 규정한다.

### 3) 아웃바운드여행(outbound travel)

아웃바운드여행은 내국인의 국외여행을 말한다. 해외여행(overseas travel)이라고도 한다. 여행기간이나 여행목적에 관계없이 출국자를 모두 아웃바운드여행에 포함시킨다.

### 4) 국민여행(national travel)

국민여행은 내국인을 기준으로 하는 개념으로 내국인의 국내여행과 아웃바운드여행을 포함한다. 국민여행은 여행기간이나 여행목적에 관계없이 내국인의 여행총량을 측정하는 기준이 된다. 이 용어는 주로 통계목적으로 사용된다.

### 5) 국제여행(international travel)

국제여행은 인바운드여행과 아웃바운드여행을 포함하는 개념이다. 외국인의 국내여행과 내국인의 국외여행을 포함한다. 국제여행은 국가 간의 여행총량을 측정하는 기준이 된다. 이 용어는 국민여행과 마찬가지로 주로 통계목적으로 사용된다.

〈표 3–1〉 통계목적에 따른 여행 유형

| 구분 | 내용 |
|---|---|
| 국내여행(domestic travel) | 내국인의 국내여행 |
| 인바운드여행(inbound travel) | 외국인의 국내여행 |
| 아웃바운드여행(outbound travel) | 내국인의 국외여행 |
| 국민여행(national travel) | 국내여행 + 아웃바운드여행 |
| 국제여행(international travel) | 인바운드여행 + 아웃바운드여행 |

## 3. 여행상품 이용에 따른 유형

여행상품의 이용을 기준으로 관광자의 여행 유형이 구분된다. 주요 유형은 다음과 같다([그림 3-3] 참조).

### 1) 자유개별여행

자유개별여행(FIT: Free Independent Travel)은 여행사가 판매하는 단체여행상품(package tour)을 구매하지 않고 개별적으로 자유롭게 여행하는 형태를 말한다. 새로운 관광시대를 맞이하면서 FIT가 크게 증가하고 있다.

[그림 3-3] 여행상품 이용에 따른 여행 유형

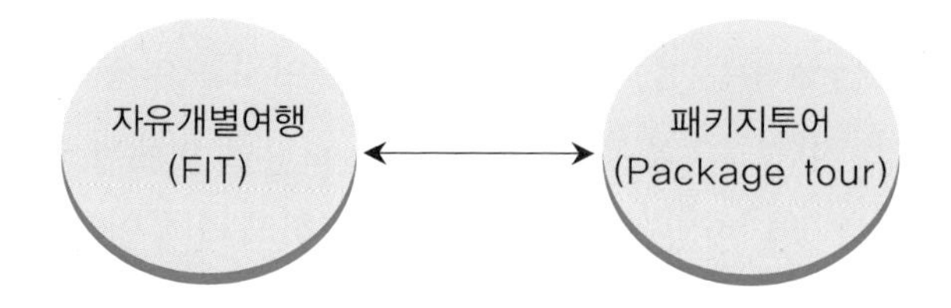


2) 패키지투어

패키지투어(package tour)는 여행사가 기획하여 판매하는 단체여행상품을 구매하여 여행하는 형태를 말한다. 패키지투어는 대중관광시대의 특징을 나타내는 대표적인 여행 형태라고 할 수 있다.

## 4. 관광대상에 따른 유형

관광대상을 기준으로 관광자의 여행 유형이 구분된다. 관광대상은 관광자가 여행의 대상으로 삼는 소재를 말한다. 주요 유형을 살펴보면, 다음과 같다.

1) 자연여행

자연여행(nature travel)은 자연자원을 대상으로 이루어지는 여행 형태이다. 관광대상이 되는 자연자원으로는 자연풍경, 산악, 삼림, 해변, 해양, 섬, 철새, 온천 등 다양하다. 이를 대상으로 하여 산악여행, 해양여행, 섬여행, 철새여행, 온천여행 등이 이루어진다.

2) 역사문화여행

역사문화여행(history and culture travel)은 역사문화자원을 대상으로 이루어지는 여행 형태이다. 관광대상이 되는 역사문화자원으로는 문화유적, 문화축제, 전통민속마을 등을 들 수 있다.

### 3) 음식여행

음식여행(food travel)은 음식을 대상으로 이루어지는 여행 형태이다. 음식에는 전통 음식, 지방토속 음식, 현대 음식 등 다양한 형태의 음식이 대상이 된다. 웰빙시대를 맞이하면서 음식여행이 활발하게 이루어지고 있다.

### 4) 엔터테인먼트여행

엔터테인먼트여행(entertainment travel)은 대중문화를 대상으로 이루어지는 여행 형태이다. 엔터테인먼트여행의 대표적인 사례가 한류관광(Korean wave tourism)이다. 한류관광은 한국 대중문화를 대상으로 이루어지는 관광자의 여행 형태를 말한다. 한류관광에는 K-Pop 공연, 드라마 배경지, 팬 미팅 등이 관광자의 체험대상이 된다.

### 5) 스포츠여행

스포츠여행(sports travel)은 스포츠를 대상으로 이루어지는 여행 형태이다. 스포츠여행에는 스포츠 경기 관람이나 스포츠 경기에 참가하는 활동이 포함된다. 대상자원으로는 스포츠경기, 스포츠경기 시설, 기타 스포츠관련 매력물 등을 들 수 있다.

### 6) 쇼핑여행

쇼핑여행(shopping travel)은 쇼핑을 대상으로 이루어지는 여행 형태이다. 쇼핑시설에는 쇼핑몰, 아울렛, 명품관, 면세점, 전통시장 등이 포함된다. 쇼핑여행은 주로 다른 목적의 여행에 포함되어 이루어지는 경우가 많으나 최근에는 쇼핑 자체를 목적으로 하는 여행이 증가하고 있다.

### 7) 산업여행

산업여행(industry travel)은 산업자원을 대상으로 이루어지는 여행 형태이다. 산업시설에는 산업박물관, 산업전시실, 산업현장, 산업단지 등이 포함된다. 산업여행은 주로 산업현장학습의 형태로 이루어지는 경우가 많다.

### 8) 교육여행

교육여행(educational travel)은 학습자원을 대상으로 이루어지는 여행 형태이다. 교육여행의 대상에는 어학 교육, 예술 교육, 현지 문화 교육 등이 포함된다. 수학여행이나 배낭여행 등이 이러한 교육여행의 일종이라고 할 수 있다. 최근 여행을 통한 자아실현 욕구가 커지면서 학습여행이 증가하고 있다.

### 9) 모험여행

모험여행(adventure travel)은 모험자원을 대상으로 이루어지는 여행 형태이다. 오지 탐험과 같은 모험여행을 위해서는 고도의 기술과 훈련이 필요하다. 주로 전문적인 동호인을 중심으로 이루어진다.

## 5. 사회적 가치에 따른 유형

관광자가 추구하는 사회적 가치에 따라 여행 유형이 구분된다. 주요 유형을 살펴보면, 다음과 같다([그림 3-4] 참조).

### 1) 생태여행

생태여행(eco-travel)은 생태자원을 대상으로 이루어지는 여행 형태이다. 생태여행은 자연자원 보전을 목적으로 특별히 관리되고 있는 지역을 대상으로 이루어지는 여행이다. 그러므로 관광자의 여행에서 자연보전에 대한 사회적 책임과 윤리가 요구된다.

### 2) 공정여행

공정여행(fair travel)은 공정무역(fair trade) 개념의 연장선상에서 설명된다. 공정무역은 상호 동등한 위치에서 이루어지는 무역을 말한다. 공정한 가격, 건강한 노동, 환경보전, 경제적 자립 등을 포함하는 개념이다. 같은 맥락에서 공정여행은 관광자와 관광목적지가 상호 동등한 위치에서 이루어지는 여행 형태를 말한다. 구체적인 실천사항으로 현지에서 생산된 관광기념품 구입하기, 현지 로컬식당이나 숙소에 머물기, 친환경적인 여행하기 등을 들 수 있다.

[그림 3-4] 사회적 가치에 따른 여행 유형

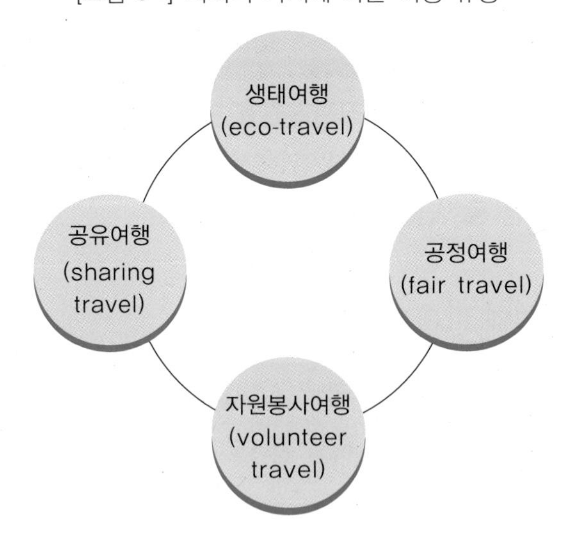


### 3) 자원봉사여행

자원봉사여행(volunteer travel)은 여행을 하면서 자원봉사활동을 하는 여행 형태를 말한다. 자원봉사활동은 복지사회를 만드는 데 직접 참여하는 실천 활동이다. 시민의식을 기초로 모두가 잘 사는 사회를 만들고, 상호연대를 통해 신뢰할 수 있는 사회를 만드는 활동이라고 할 수 있다. 자원봉사여행은 개별적으로 이루어지는 경우도 있으나, 대개는 사회봉사단체를 중심으로 기획되고 있다.

#### 4) 공유여행

공유여행(sharing travel)은 공유경제를 기반으로 이루어지는 여행 형태를 말한다. 공유경제(sharing economy)는 나눔의 경제활동으로 소유의 경제와 대립되는 개념이다. 소유하지 않으며, 서로 빌려 쓰고, 나누어 쓰는 나눔 소비의 의미가 담겨있다. 공유여행도 이와 마찬가지로 홈스테이, 셰어하우스 등과 같이 현지인의 거주공간을 빌려 쓰거나, 자동차를 함께 타는 등 나눔 소비의 의미를 포함한다.

## 제5절 관광자의 소비자로서의 권리와 책무

이 절에서는 관광자의 소비자로서의 권리와 책무에 대해 살펴본다.

앞서 기술한 바와 같이 관광자는 소비자이다.[14] 관광자는 여행을 하며 소비활동을 한다. 따라서 관광자는 소비자로서 일반 소비자와 마찬가지로 소비자로서의 권리와 책무를 갖는다. 이를 살펴보면, 다음과 같다([그림 3-5] 참조).

### 1. 권리

관광자는 여행을 통해 다양한 사회적 활동을 하는 개인이다. 관광자는 소비활동을 하며, 문화교류활동을 하며, 사회참여활동과 의사소통활동을 한다. 이 가운데 소비활동은 관광자가 사회적 관계를 형성하는 대표적인 활동이라고 할 수 있다.

관광자의 소비자로서의 활동은 법적으로 그 권리가 보장된다. 소비자 권리(consumer right)[15]라 하면, 소비자로서의 권익을 증진하기 위하여 법에 의해 부여된 권한을 말한다. 우리나라 법률에서 보장하는 일반 소비자의 권리를 기준으로 관광자의 소비자로서의 권리를 제시해보면, 다음과 같다.[16]

첫째, 안전할 권리이다. 관광자는 소비자로서 제품 혹은 서비스로 인한 생명·신체 또는 재산에 대한 위험과 피해로부터 보호받을 권리를 갖는다. 관광자가 여행하는 과정에서 이루어지는 모든 소비활동에서 안전할 권리를 강조한다.

둘째, 정보를 제공받을 권리이다. 관광자는 소비자로서 제품 혹은 서비스를 선택함에 있어서 지식 및 정보를 제공받을 권리를 갖는다. 관광자는 제품이나 서비스에 대한 올바른 정보를 제공받을 권리가 있을 뿐만 아니라 허위나 기만 정보로부터 보호받을 권리를 지닌다.

셋째, 선택할 권리이다. 관광자는 소비자로서 제품 혹은 서비스를 사용함에 있어서 거래상대방, 구입장소, 가격 및 거래조건 등을 자유로이 선택할 권리를 갖는다. 이러한 권리를 부여받기 위해서는 공정한 경쟁시장이 전제가 되어야 한다. 독점이나 과점시장으로 인한 선택 제한도 관광자의 선택 권리를 침해하는 요인이 된다.

넷째, 의사반영의 권리이다. 관광자는 소비자로서 사업자의 사업활동과 정부 및 지방자치단체의 시책에 의견을 반영할 권리를 갖는다. 관광자의 의사는 사업활동이나 시책에 대한 모니터링 및 성과평가의 효과가 있다.

다섯째, 피해보상을 받을 권리이다. 관광자는 소비자로서 제품 혹은 서비스를 사용함으로써 입은 피해에 대하여 신속, 공정한 절차에 따라 적절한 보상을 받을 권리를 갖는다. 이 권리의 보장을 위해 관광자는 사업자 및 정부,

소비자단체 등에 구제 요청을 할 수 있다.

여섯째, 소비자교육을 받을 권리이다. 관광자는 소비자로서 합리적인 소비생활을 위하여 필요한 교육을 받을 권리를 갖는다. 이 권리의 보장을 위해서는 사업자, 정부, 소비자단체 등이 협력하여 관광자 교육프로그램을 개발, 제공할 수 있어야 한다.

일곱째, 단체 활동의 권리이다. 관광자는 소비자로서 스스로의 권익을 증진하기 위하여 단체를 조직하고 이를 통하여 활동할 수 있는 권리를 갖는다. 관광자가 소비자단체를 결성하고 활동할 수 있는 권리를 말한다.

여덟째, 쾌적한 환경에서 소비할 권리이다. 관광자는 소비자로서 에너지를 절감하고, 자원을 재활용하고, 환경적 관리가 잘 이루어지고 있는 환경에서 소비할 권리를 갖는다. 제품 혹은 서비스에 대한 환경적 관리에 초점을 맞춘 권리를 말한다.

[그림 3-5] 관광자의 소비자로서의 권리

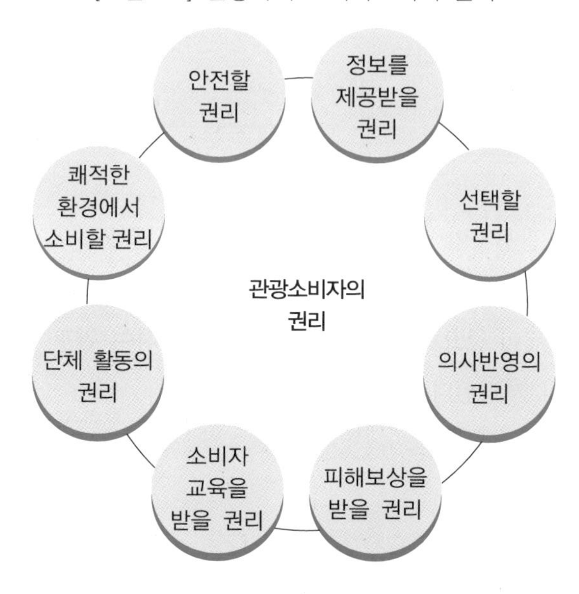

### 2. 책무

책무(obligation)라 하면, 법에 규정된 책임과 의무를 말한다. 관광자는 소비자로서 일반 소비자와 마찬가지로 다음과 같은 법적 책무를 갖는다.[17)]

첫째, 올바른 선택과 정당한 권리행사의 책무이다. 관광자는 소비자로서 사업자 등과 더불어 자유시장경제를 구성하는 주체임을 인식하여 제품 혹은 서비스를 올바르게 선택하고, 법으로 규정하는 소비자권리를 정당하게 행사해야 한다.

둘째, 지식과 정보 습득의 책무이다. 관광자는 소비자로서 스스로의 권익을 증진하기 위하여 필요한 지식과 정보를 습득하도록 노력해야 한다.

셋째, 합리적 · 환경친화적 소비생활의 책무이다. 관광자는 소비자로서 자주적이고 합리적인 행동과 자원절약적이고 환경친화적인 소비생활을 함으로써 소비생활의 향상과 국민경제의 발전에 적극적인 역할을 다하여야 한다.

## 제6절 관광자의 윤리

이 절에서는 관광자가 지켜야 할 기본적인 규범인 윤리에 대해 살펴본다.

관광의 사회적 중요성이 커지면서 관광행위자들이 스스로 지켜야 할 규범을 만들어가는 것이 중요하다. 주로 국제기구를 통하여 관광윤리강령이나 관광자윤리강령이 제정된다.

### 1. 관광윤리

관광윤리(tourism ethics)[18)]라 하면, 관광자, 관광사업자, 정부, 지방정부, 지역사회, 국제기구 등 관광행위자들(tourism actors)이 지켜야 할 기본적인 행위규범을 말한다. 관광윤리는 관광사회를 구성하는 모든 관광행위자가 지켜야 할 행위규범을 포괄하고 있다.

윤리의 유사 개념으로 도덕과 법이 있다. 도덕은 내면적이며, 전통적이고, 자율적인 규범이라는 특징을 지닌다. 반면, 법은 외면적이며, 강제적인 규범이라는 특징을 지닌다. 윤리는 이러한 도덕적 규범과 법적 규범을 혼합하여 제정된 외면적인 동시에 자율적인 규범이라고 할 수 있다.

유엔세계관광기구(UNWTO)는 1999년 '세계관광윤리강령(Global Code of Ethics for Tourism)'을 제정하였다.[19] 모두 열 가지 조항의 윤리강령이 제시되고 있다. 그 내용을 보면, 다음과 같다.

첫째, 관광은 사람들과 사회와의 관계에서 상호 이해와 존중에 기여해야 한다. 관광자와 지역주민 간의 이해와 존중, 관광자와 관광자 간의 이해와 존중, 관광사업자와 관광자 간의 이해와 존중, 관광사업자와 지역사회 간의 이해와 존중 등을 포괄하는 의미를 지닌다.

둘째, 관광은 개인 및 공동체가 추구하는 삶을 충족시키는 데 도구가 되어야 한다. 관광은 현대인의 생활양식에서 중요한 부분을 차지한다. 관광을 통해 삶의 만족이 충족될 수 있도록 관광이 제 역할을 담당해야 한다.

셋째, 관광은 지속가능한 개발에 기여해야 한다. 관광개발로 지역이 성장하길 기대한다. 하지만 관광개발은 긍정적인 효과만이 아니라, 부정적인 효과도 수반된다. 그러므로 균형 있는 개발로 지속가능성을 확보할 수 있어야 한다.

넷째, 관광은 인류 문화유산의 보전 및 향상에 기여해야 한다. 문화유산은 매력 있는 관광자원이다. 하지만 자칫 문화유산에 대한 지나친 이용은 문화유산을 파괴할 수도 있다. 문화유산이 보전되고, 더욱 그 가치가 향상될 수 있도록 관광이 기여해야 한다.

다섯째, 관광은 관광자 유치 국가 및 지역공동체의 이익에 기여해야 한다.

관광자 유치를 통해 많은 국가 및 지역공동체들이 경제적, 사회문화적 이익을 기대하고 있다. 관광은 이들이 기대하는 이익에 기여할 수 있어야 한다.

여섯째, 관광개발과 관련된 이해관계자들은 자신들에게 주어진 책무를 다해야 한다. 관광개발업자, 관광사업자, 정부 및 지방정부, 국제기구, 시민단체 등 관광개발에 관련된 이해관계자들에게 부여된 법적인 책임과 의무를 강조한다.

일곱째, 관광자들은 관광과 관련된 권리를 갖는다. 앞서 관광자가 지닌 소비자로서의 권리에서 기술한 바와 같이 관광자들은 그들의 행위에 대하여 합당한 법적 권리를 가져야 한다.

여덟째, 관광자는 이동활동에 대한 자유를 갖는다. 관광자는 이동활동에서 여러 가지 제약요인을 갖는다. 특히 법적, 사회구조적 제약요인은 개인의 역량으로 해결하지 못하는 한계가 있다. 이와 같은 제약요인을 벗어나서 여행할 수 있는 자유가 부여되어야 한다.

아홉째, 관광사업자들과 종사자들은 관광사업을 운영할 권리를 갖는다. 관광자의 권리만큼 중요한 것이 관광사업의 투자 및 운영에 대한 권리이다. 관광사업자들과 종사자들이 자유롭게 투자하고 일할 수 있는 환경이 구성되어야 한다.

열째, 위의 강령조항들이 실제로 집행될 수 있어야 한다. 관광윤리강령이 단지 선언적 의미만을 지니는 것이 아니라 실제로 적용되고 운용될 수 있도록 관광행위자들이 협력할 것을 강조한다.

## 2. 관광자 윤리

글로벌 시민의식(global citizenship)은 지구촌 사회에 공존하는 모든 인간에 대한 존엄성과 서로 다른 문화에 대한 이해와 존중 그리고 인류 공동의 번영된 사회에 대한 염원을 공유하는 사회구성원으로서의 인식과 태도를 말한다.[20] 기본적으로 글로벌 시민의식은 시민이 지구촌의 일원으로서 공공질서를 지켜나가는 것으로부터 출발하며, 상대방을 배려하는 태도가 강조된다. 관광자 윤리(tourist ethics)[21]는 이러한 글로벌 시민의식에 바탕을 두고 있다.

유엔세계관광기구(UNWTO)[22]는 위에서 기술한 종합적인 관광윤리강령과는 별도로 관광자가 지켜야 할 윤리강령을 별도로 제시하고 있다. 크게 네 가지 조항이 제시된다([그림 3-6] 참조).

[그림 3-6] 관광자 윤리

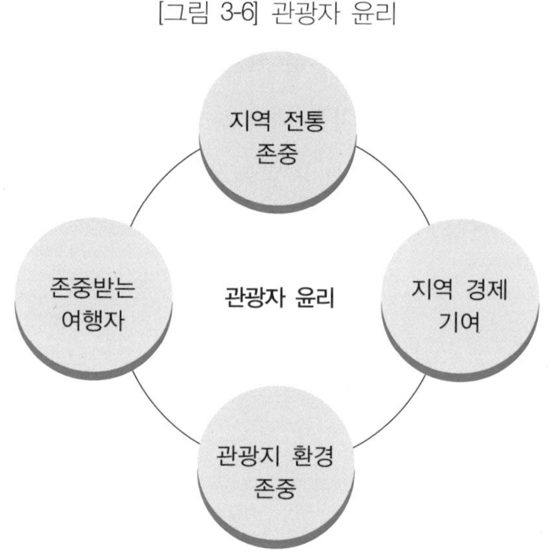


첫째, 관광자는 관광지의 지역 전통과 관습을 존중해야 한다. 이를 위해서는 방문 전에 관광지의 지역전통과 관습에 대해 학습할 것을 권고하며, 지역 주민들과 교류하기 위해 지역 언어에 대한 학습이 필요함을 강조한다. 또한 지역이 지닌 역사, 건축, 종교, 음악, 미술, 음식 등을 존중해야 한다.

둘째, 관광자는 지역 경제에 기여해야 한다. 관광자는 방문지역에서 직접 만든 전통 공예품과 제품들을 구매하며, 지역상인 및 장인들과 공정한 거래가 이루어질 수 있도록 노력할 것을 강조한다. 또한 법적으로 금지된 품목이나 모조품을 거래하지 말아야 한다.

셋째, 관광자는 관광지 환경을 존중해야 한다. 관광자는 방문지역의 자연자원과 문화자원들에 미치는 환경적 영향을 감소시키도록 노력하며, 야생동물 및 자연 서식지를 보호할 것을 강조한다. 또한 관광자는 멸종위기에 처한 동식물로 만든 제품을 구매하지 말아야 하며, 보호 유물들을 관광기념품으로 가져오지 말아야 한다. 관광자는 오직 좋은 인상과 발자국만 남기고 올 수 있어야 한다.

넷째, 관광자는 존중받는 여행자가 되어야 한다. 관광자는 관련된 법규를 준수해야 하며, 인간의 권리를 존중할 것을 강조한다. 또한 관광자는 어린이를 보호해야 하며, 건강 예방조치를 해야 하고, 그리고 비상시 의료서비스나 외교지원서비스에 접근할 수 있는 방법을 알고 있어야 한다. 또한 관광자는 스스로의 행위를 통하여 존중받을 수 있어야 한다.

## 요약

이 장에서는 관광자에 대해 학습하였다.

관광자는 여행활동을 통해 사회적 관계를 형성한다. 이러한 사회적 의미를 반영하여, 이 책에서는 관광자를 '여행활동을 통해 사회적 관계를 형성하는 개인'으로 정의하였다.

관광자의 사회적 역할을 크게 네 가지로 정리하였다.

첫째, 관광자는 소비자이다. 관광자는 여행과정에서 필요한 제품과 서비스를 구매하고 소비한다.

둘째, 관광자는 문화교류자이다. 관광자는 여행 과정에서 다른 지역에 사는 사람들의 삶의 모습을 체험하며, 교류한다.

셋째, 관광자는 사회참여자이다. 관광자는 여행과정에서 가난, 불공정거래 등 각종 사회문제 해결을 위한 활동에 참여한다.

넷째, 관광자는 의사소통자이다. 관광자는 여행과정에서 정보를 주고 받으며 의사소통활동을 한다.

관광자의 여행은 여러 가지 형태로 구분된다. 여행목적, 관광통계 기준, 여행상품 이용, 관광대상, 사회적 가치 등이 주요 기준이 된다. 여행목적에 따라서는 여가여행, 업무여행, 겸목적여행이 있으며, 관광통계 기준에 따라서는 국내여행, 인바운드여행, 아웃바운드여행, 국민여행, 국제여행 등이 있다. 여행상품 이용에 따라서는 자유개별여행과 패키지투어가 있다. 또한, 관광대상에 따라서는 자연여행, 역사여행, 음식여행 등 다양한 유형이 있으며, 사회적 가치에 따라서는 생태여행, 공정여행, 자원봉사여행, 공유여행 등이 있다.

관광자는 소비자로서의 권리와 책무가 있다. 관광자가 지니는 소비자로서의 권리는 크게 여덟 가지가 있다. 첫째, 안전할 권리이다. 관광자는 소비자로서 소비를 통해 발생하는 생명, 신체 또는 재산에 대한 위해로부터 보호받을 권리가 있다. 둘째, 정보를 제공받을 권리이다. 관광자는 소비자로서 제품 혹은 서비스를 선택함에 있어서 지식 및 정보를 제공받을 권리가 있다. 셋째, 선택할 권리이다. 관광자는 소비자로서 제품 및 서비스를 사용함에 있어서 여러 가지 조건들을 자유로이 선택할 권리를 갖는다. 넷째, 의사반영의 권리이다. 관광자는 소비자로서 사업자의 활동이나 정부의 시책에 의견을 반영할 권리를 갖는다. 다섯째, 피해보상을 받을 권리이다. 관광자는 소비자로서 각종 피해에 대해 적절한 보상을 받을 권리를 갖는다. 여섯째, 소비자교육을 받을 권리이다. 관광자는 소비자로서 합리적인 소비생활에 필요한 교육을 받을 권리가 있다. 일곱째, 단체활동의 권리이다. 관광자는 소비자로서 스스로의 권익을 위해 단체를 만들고, 활동할 권리가 있다. 여덟째, 쾌적한 환경에서 소비할 권리이다. 관광자는 소비자로서 환경관리가 잘 이루어지는 환경에서 소비할 권리가 있다.

이와 함께 관광자는 소비자로서의 책무를 지닌다. 책무는 법에 규정된 직무에 따른 책임과 의무를 말한다.

첫째, 올바른 선택과 정당한 권리행사에 대한 책무이다. 관광자는 소비자로서 자유시장의 주체로서 올바른 시장활동과 법으로 규정된 권리를 행사할 책임이 있다.

둘째, 지식과 정보 습득의 책무이다. 관광자는 소비자로서 스스로의 권익을 확보하기 위하여 필요한 정보와 지식을 습득하여야 한다.

셋째, 합리적·환경친화적 소비생활의 책무이다. 관광자는 소비자로서 합리적인 소비와 환경친화적 소비로 국민경제의 발전에 기여해야 한다.

관광행위자는 윤리규범을 지켜야 한다. 유엔세계관광기구는 모든 관광행위자가 지켜야 할 관광윤리강령을 열 가지로 제시한다.

첫째, 관광은 사람들과 사회와의 관계에서 상호 이해와 존중에 기여해야 한다. 둘째, 관광은 개인 및 공동체가 추구하는 삶을 충족시키는 데 도구가 되어야 한다. 셋째, 관광은 지속가능한 개발에 기여해야 한다. 넷째, 관광은 인류 문화유산의 보전 및 향상에 기여해야 한다. 다섯째, 관광은 관광유치 국가 및 지역 공동체의 이익에 기여해야 한다. 여섯째, 관광과 관련된 이해관계자들은 자신들에게 주어진 책무를 다해야 한다. 일곱째, 관광자들은 관광과 관련된 권리를 갖는다. 여덟째, 관광자들은 이동활동에 대한 자유를 갖는다. 아홉째, 관광사업자들 및 종사자들은 관광사업을 경영할 권리를 갖는다. 열째, 위의 강령조항들이 실제로 집행될 수 있어야 한다.

특히 관광자의 윤리는 글로벌 시민의식에 바탕을 둔다. 유엔세계관광기구에 의해 크게 네 가지의 관광자윤리강령이 제시된다.

첫째, 관광자는 관광지의 지역 전통과 관습을 존중해야 한다. 이를 위해서는 방문 전에 관광지의 지역전통과 관습에 대해 학습할 것으로 권고하며, 지역주민들과 교류하기 위해 지역 언어에 대한 학습이 필요함을 강조한다.

둘째, 관광자는 지역 경제에 기여해야 한다. 관광자는 방문지역에서 직접 만든 전통 공예품과 제품들을 구매하며, 지역상인 및 장인들과 공정한 거래가 이루어질 수 있도록 노력할 것을 강조한다.

셋째, 관광자는 관광지 환경을 존중해야 한다. 관광자는 방문지역의 자연자원과 문화자원들에 미치는 환경적 영향을 감소시키도록 노력하며, 야생동물 및 자연 서식지를 보호할 것을 강조한다.

넷째, 관광자는 존중받는 여행자가 되어야 한다. 관광자는 관련된 법규를 준수해야 하며, 인간의 권리를 존중할 것을 강조한다.

## 참고문헌


1) Dann, G. (2002). *The tourist as a metaphor of the social world.* Oxon, UK: CABI Publishing Ltd.
2) Mak, J. (2004). *Tourism and economy.* Hawaii, USA: University of Hawaii Press.
3) MacCannell, D. (1976). *The tourist: A new theory of the leisure class.* NY: Schocken Books.
4) Morgan, M., Lugosi, P., & Brent Ritchie, J.R. (2010). *The tourism and leisure experience: Consumer and managerial perspectives.* Bristol, UK: Channel View Publications
5) Nowicka, P. (2011). *The no-nonsense guide to tourism.* Oxford, UK: New Internationalist Publications.
6) Grout, P. (2008). *The 100 best worldwide vacations to enrich your life.* Washington, DC: National Geographic Society.
   Wearing, S. (2001). *Volunteer tourism: Experience that make a difference.* Oxon, UK: CABI Publishing.
7) Sigala, M., Christou, E., & Gretzel, U. (2012). *Social media in travel, tourism and hospitality: Theory, practice and cases.* Surrey, England: Ashgate Publishing Ltd.
8) Aramberri, J. (2010). *Modern mass tourism.* WY, England: Emerald Group Publishing.
9) Mowforth, M., & Munt, I. (2008). *Tourism and sustainability: Development, globalisation and new tourism in the third world.* London: Routledge.
10) Plog, S. C. (1991). *Leisure travel: Making it a growth market.... Again!.* NY: John Wiley and Sons, Inc.
11) Swarbrooke, J., & Horner, S. (2001). *Business travel and tourism.* London: Routledge.
12) Davidson, R., & Cope, B. (2003). *Business travel: Conferences, incentive travel, exhibitions, corporate hospitality and corporate travel.* NY: Pearson Education.
    Derudder, B., Faulconbridge, J., Witlox, M. F., & Beaverstock, J. V. (Eds.). (2012). *International business travel in the global economy.* Farnham, UK: Ashgate Publishing.
13) Gallus, C. (1997). *Working holiday makers: More than tourists.* Australia: AGPS.
14) 이연택 · 오미숙(2005). 『관광기업환경의 이해』. 서울: 일신사.
15) Center for International Legal Studies (2014). *International consumer protection* (2nd ed.). NY: Juris Publishing.
16) 국가법령정보센터(2019). 「소비자기본법」.
17) 국가법령정보센터(2019). 「소비자기본법」.
18) Fennell, D. A. (2006). *Tourism ethics.* Bristol, Uk: Channel View Publications.
    Fennell, D. A., & Malloy, D. (2007). *Codes of ethics in tourism: Practice, theory, synthesis.* Bristol, UK: Channel View Publications.
19) UNWTO(1999). *Global code of ethics for tourism.* Madrid, Spain.
20) Dower, N., & Williams, J. (2002). *Global citizenship: A critical introduction.* Abingdon, England: Taylor & Francis.

Peters, M. A., Britton, A., & Blee, H.(2008). *Global citizenship education*. Netherlands: Sense.
21) Weeden, C., & Boluk, K.(Eds.) (2014). *Managing ethical consumption in tourism*. London: Routledge.
22) UNWTO(1999). *Global code of ethics for tourism*. Madrid, Spain

제4장

# 관광자행동

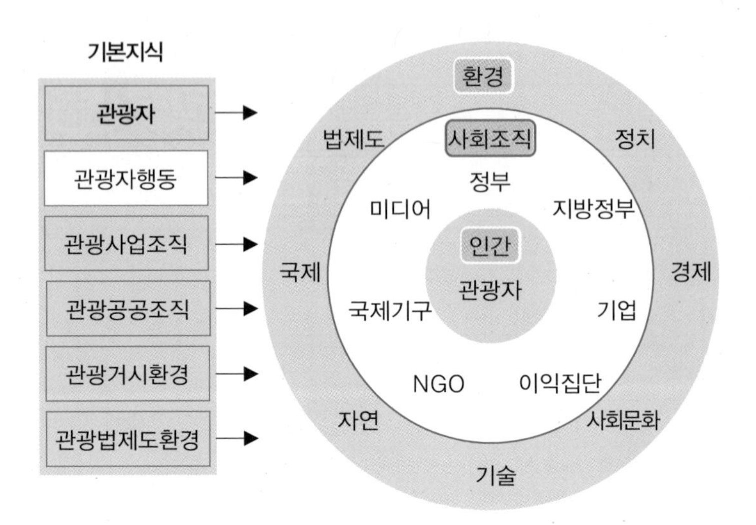


## 학습목표

이 장에서는 관광자행동에 대해 학습한다. 관광자행동은 특정한 여행활동을 선택하는 관광자의 내면적 의사결정을 의미한다. 이를 이해하기 위해 다음과 같이 학습목표를 세운다. 첫째, 관광자행동의 기본 개념을 학습한다. 둘째, 관광자의 의사결정 과정을 학습한다. 셋째, 관광자행동에 영향을 미치는 심리적, 개인적, 사회문화적 요인에 대해 학습한다.

## 제1절 서론

이 장에서는 관광자행동에 대해 학습한다.

앞 장에서는 사회적 행위자로서의 관광자에 초점을 맞추었다. 이 장에서는 여행활동을 선택하는 의사결정자로서의 관광자에 초점을 맞춘다.

관광자행동을 학습하는 목적은 관광을 구성하는 미시적 수준의 요소인 관광자의 의사결정을 이해하는 데 있다. 이를 위해서는 관광자행동의 개념, 관광자의 의사결정과정, 관광자행동의 영향요인 등에 대한 학습이 필요하다.

행위의 주체로서 관광자는 다양한 여행활동을 선택한다.[1] 관광자는 여행을 하면서 소비를 하고 문화교류를 하며, 사회참여를 하고 또한 의사소통을 한다. 일반 소비자가 수많은 상품 가운데 자신이 원하는 상품을 선택하듯이, 관광자도 다양한 여행활동 가운데 자신이 원하는 여행활동을 선택한다.

관광자의 선택은 여러 단계의 의사결정과정을 통해 이루어진다. 이러한 관광자의 의사결정과정에 대한 종합적인 지식체계가 관광자행동론이다. 관광자행동론에서는 관광자의 의사결정에 영향을 미치는 심리적 요인, 개인적 요인, 사회문화적 요인 등이 고려된다. 그런 의미에서 관광자행동에 대한 학습은 단순히 관광자행동에 대한 이해가 아니라 관광자행동에 미치는 영향요인에 대한 일반적인 이해를 제공해준다는 점에서 중요한 의의를 지닌다.

학제적으로 관광자행동에 대한 연구는 소비자행동론을 적용하여 심리학, 사회학, 경제학 등 다학제적 접근을 통해 이루어진다. 이 가운데 심리학적 접근이 중요하다. 심리학은 인간의 심리적 과정과 행동을 연구대상으로 하는 학문이다. 심리학의 주요 분야로는 동기심리학, 성격심리학, 지각심리학, 사회심리학 등이 있다.

관광자행동에 대한 이해는 관광학 연구에서 기본지식에 해당된다. 관광자행동에 영향을 미치는 다양한 요인들을 학습함으로써 관광자를 대상으로 제품이나 서비스를 공급하는 관광사업조직들이나 관련공공조직들의 활동에 필요한 응용지식을 모색할 수 있다.

이러한 인식을 바탕으로 이 장은 다음과 같이 구성된다. 우선 제1절 서론에 이어 제2절에서는 관광자행동의 개념과 특징에 대해서 정리한다. 제3절에서는 관광자의 의사결정과정에 대해서 다루며, 제4절에서는 관광자행동에 미치는 영향요인을 심리적 요인, 개인적 요인 그리고 사회문화적 요인으로 구분하여 정리한다.

## 제2절 관광자행동

### 1. 개념

관광자행동은 관광자(tourist)와 행동(behavior), 두 개념이 결합된 용어이다.

학술적으로 행동은 환경으로부터의 자극에 대하여 나타나는 심리적 반응(response)을 뜻한다. 심리적 반응은 비가시적인 정신적 행동으로 내면적인 의사결정을 말한다. 즉 심리적 선택이다.

행동(behavior)과 유사한 용어로 행위(act)와 활동(activity)이 있다. 행동이 내면적인 반응인 반면에, 행위와 활동은 외면적인 반응이라는 점에서 차이가 있다. 먼저, 행위는 내면적인 반응이 실제로 외면적으로 표현되는 동작을 말한다. 반면, 활동은 정치, 경제, 문화 등의 사회영역에서 이루어지는 행위를 뜻한다. 그러므로 행위가 일반적인 동작이라면, 활동은 구체적인 영역 내의 동작이라는 점에서 차이가 있다.

같은 맥락에서, 관광자행동은 관광자의 내면적인 반응이며 의사결정을 말한다. 반면, 관광자의 행위는 관광자의 내면적인 반응이 실제로 외면적으로 표현되는 동작이다. 또한 관광자의 활동은 구체적인 관광영역 내에서 이루어지는 행위를 말한다. 예를 들어, 스포츠여행활동, 교육여행활동, 자원봉사여행활동 등을 들 수 있다.

정리하면, 관광자행동(tourist behavior)은 '특정한 여행활동을 선택하는 관광자의 내면적 의사결정'으로 정의된다. 여기서 여행활동에는 특정한 여행과 관련된 구매, 참여, 방문 등의 관광자의 행위가 포함된다.

## 2. 특징

관광자행동은 여행활동을 선택하는 관광자의 의사결정이라는 점에서 일반 소비자행동과는 구별된다.[2] 이를 살펴보면, 다음과 같다([그림 4-1] 참조).

### 1) 복합적 의사결정

관광자행동은 복합적 의사결정(complex decision making)이다. 관광자의 의사결정은 여행활동을 구성하는 다양한 하위영역의 활동과 관련된 선택이 결합되어 이루어진다. 예를 들어, 교통이용활동과 관련된 선택, 숙박이용활동과 관련된 선택, 식음활동과 관련된 선택, 각종 현지활동과 관련된 선택 등이 복합적으로 이루어진다. 이 점에서 관광자행동은 자동차나 스마트폰과 같이 단일 제품의 구매를 결정하는 일반 소비자행동과는 분명히 차이가 있다.

### 2) 과정적 의사결정

관광자행동은 과정적 의사결정(procedural decision making)이다. 여행활동은 단계적 과정을 통해 이루어진다. 여행과정은 크게 여행 전, 여행 중, 여행 후의 과정으로 정리된다. 여행 전에 관광자는 여행활동에 관한 사항들을 사전에 예약하고, 정보를 수집하는 등의 활동을 선택한다. 여행 중에도 관광자는 문화체험, 식사, 숙박 등 현지에서의 다양한 활동을 선택해야 한다. 여행 후에도 관광자는 여행경험에 대한 정보를 공유하거나, 이전 과정에서 발생한 일들을 처리하는 등의 다양한 활동을 선택한다. 이 점에서 관광자행동은 주로 특정한 시기에 선택이 이루어지는 일반 소비자행동과는 차이가 있다.

### 3) 감성적 의사결정

관광자행동은 감성적 의사결정(emotional decision making)이다. 여행활동은 직접 상품을 보고 선택하는 일반 제품과 달리 간접적으로 상품의 광고나 정보를 통해 선택하는 것이 일반적이다. 그러므로 여행활동에 대한 선택이 합리적으로 이루어지기보다는 감성적으로 이루어지는 경우가 많다. 흔히 관광지에 대한 브랜드 이미지가 의사결정에 영향을 미치며, 주변 분위기에 영향을 받아 의사결정이 이루어지기도 한다. 따라서 관광자행동은 상품을 직접 보고 다른 유사상품들과 비교하며 선택할 수 있는 일반 소비자행동과는 차이가 있다.

[그림 4-1] 관광자행동의 특징

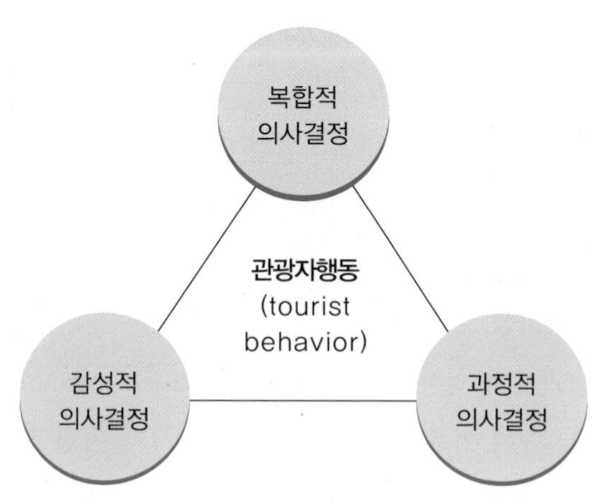

## 제3절 관광자의 의사결정과정

### 1. 의사결정과정

관광자의 의사결정은 어느 한 순간에 이루어지는 것이 아니라 여러 단계를 거쳐서 이루어진다. 이러한 단계적 과정을 관광자의 의사결정과정(decision making process)이라고 한다.[3)]

관광자의 의사결정과정은 크게 다섯 단계로 구분된다([그림 4-2] 참조).

[그림 4-2] 관광자의 의사결정과정

첫 번째 단계는 문제인식 단계이다. 관광자가 필요로 하는 것이 무엇인가를 인식하는 단계이다. 이 단계에서 관광자는 자신이 원하는 바람직한 상태를 기대하며 이를 충족시키고자 하는 욕구를 느낀다.

두 번째 단계는 정보탐색 단계이다. 관광자가 문제를 인식한 후 이를 해결할 수 있는 정보를 탐색하는 단계이다. 정보탐색은 관광자가 특정한 여행동기를 충족시킬 수 있는 정보를 찾아내는 활동을 말한다. 이 단계에서 관광자는 이미 기억 속에 가지고 있는 여행정보를 찾아내는 내적 탐색활동을 하거나, 외부로부터 여행정보를 찾는 외적 탐색활동을 한다.

세 번째 단계는 대안평가 단계이다. 관광자가 정보탐색 후 선택 가능한 대안들을 평가하는 단계이다. 이 단계에서는 관광자가 사전에 지니고 있는 지식이 중요한 역할을 한다. 평가에서는 편익에 대한 평가와 위험에 대한 평가가 함께 이루어진다.

네 번째 단계는 대안선택 단계이다. 관광자가 대안평가 후 특정한 여행활동을 선택하는 단계이다. 이 단계에서 관광자는 최종적인 의사결정을 한다. 구체적으로는 특정한 여행활동을 선택할 때, 구매, 방문, 참여 등의 행위에 대한 의사결정이 이루어진다.

다섯 번째 단계는 선택 후 평가 단계이다. 관광자가 특정한 여행활동을 선택한 이후에 그에 대해 판단하는 단계이다. 이 단계에서 관광자는 평가결과를 재구매나 재방문 등과 같은 향후 행위를 위한 학습정보로 기억하거나 주변 사람들에게 활용정보로 전달한다.

## 2. 의사결정 유형

관광자의 의사결정 유형은 크게 세 가지로 구분된다.

첫째, 일상적 의사결정(routine decision making)이다. 앞서 기술한 의사결정과정을 모두 거치지 않고, 이미 학습화된 대안을 그대로 선택하는 형태이다. 습관적 선택이라고 할 수 있다. 관광자가 이미 경험한 여행활동을 반복적으로 선택할 때 볼 수 있는 의사결정과정이다.

둘째, 제한적 의사결정(limited decision making)이다. 의사결정과정을 모두 거치지 않고, 부분적인 과정을 거쳐 한정적인 범위 내에서 대안을 선택하는 형태이다. 상황적 선택이라고 할 수 있다. 관광자가 시간적 제한이나 물리적 제한과 같은 상황적 조건 때문에 여행활동을 선택할 때 볼 수 있는 의사결정과정이다.

셋째, 포괄적 의사결정(extended decision making)이다. 의사결정의 전 과정을 거쳐서 대안을 선택하는 형태이다. 합리적 선택이라고 할 수 있다. 관광자가 특정한 여행활동을 선택할 때 모든 인지적 노력을 통해 판단하는 의사결정과정이다. 특히 고관여 수준의 여행활동과 관련된 행위를 선택할 때 볼 수 있다. 여기서 관여(involvement)는 특정한 여행활동에 대한 관광자의 관심이나 지각된 중요성을 뜻한다.

## 제4절 관광자행동의 영향요인

앞에서 살펴본 바와 같이, 관광자는 여러 단계의 의사결정과정을 거쳐 자신이 필요로 하는 특정한 여행활동을 선택한다. 이러한 관광자의 의사결정과정을 설명하는 지식체계가 관광자행동론(tourist behavior theory)이다. 관광자행동론에서는 관광자의 단계별 의사결정, 즉 행동에 미치는 영향요인을 크게 심리적 요인, 개인적 요인, 사회문화적 요인으로 제시한다. 이를 살펴보면, 다음과 같다([그림 4-3] 참조).

[그림 4-3] 관광자행동의 영향요인

| 영향요인 | | |
|---|---|---|
| • 심리적 요인<br>• 개인적 요인<br>• 사회문화적 요인 | → | 관광자행동<br>tourist behavior |

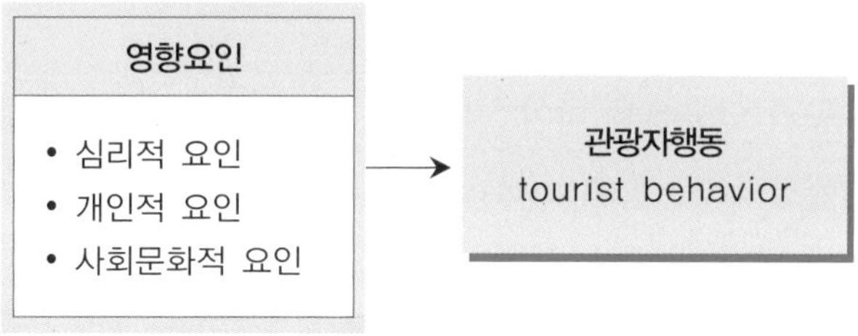

### 1. 심리적 요인

심리적 요인은 관광자행동에 영향을 미치는 내면적인 요인을 말한다. 대표적인 심리적 요인으로 동기, 성격, 지각, 태도 등을 들 수 있다.

### 1) 동기

동기(motivation)는 특정한 행동을 유발하는 개인의 심리적 과정이다.[4] 인간이 특정한 대안을 결정할 때 자신의 행동을 설명하는 심리적 이유라고 할 수 있다. 인간은 생활 속에서 긴장상태를 경험한다. 의식적이든 무의식적이든 무엇인가가 부족하고 결여된 상태를 느낀다. 이를 욕구(needs)라고 한다. 이러한 욕구가 인간의 내면에서 일어날 때 특정한 행동을 하고자 하는 동인(drive), 즉 내적 동기(motive)가 생긴다. 또한 특정한 행동에는 이러한 행동을 이끄는 유인(incentive)의 성질이 있다. 이 같이 특정한 행동을 유발하는 욕구, 동인, 유인의 관계가 단계적으로 이어지는 심리적 과정을 동기 혹은 동기부여라고 한다. 이 과정에서 초기 조건인 욕구가 중요하다.

동기를 설명하는 대표적인 이론으로 매슬로우(Maslow)의 욕구단계이론(hierarchy of needs)을 들 수 있다. 매슬로우는 인간의 특정한 행동을 유발하는 욕구를 생리적 욕구, 안전욕구, 소속의 욕구, 존중의 욕구, 자아실현욕구의 다섯 단계로 구분하고 이들 욕구들 간의 관계를 위계적 관계로 설명한다. 즉 인간의 욕구는 저차원의 욕구가 충족되면서 다음 단계의 고차원의 욕구로 단계적으로 이동하는 것으로 본다.

관광자의 동기 연구에서 피어스(P. Pearce)는 매슬로우의 욕구단계이론을 바탕으로 여행경력욕구모델(travel-career needs model)을 제시하였다.[5] 인간의 여행동기를 다섯 단계의 욕구단계를 통해 설명하였다. 구체적인 내용은 다음과 같다([그림 4-4] 참조).

첫 번째 단계는 생리적 욕구(physiological needs)의 단계이다. 여행행동을 유발하는 인간의 기본적인 욕구를 말한다. 여행을 통해 느낄 수 있는 일상으로부터의 탈출 욕구, 휴식을 취하고 싶은 욕구, 좋아하는 음식을 먹고 싶은 욕구 등을 들 수 있다. 휴가여행, 식도락여행, 걷기여행 등을 예로 들 수 있다.

두 번째 단계는 안전욕구(safety needs)의 단계이다. 여행행동을 유발하는 인간의 평상심을 추구하는 욕구를 말한다. 여행을 통해 불안이나 걱정으로부터 벗어나고 싶은 욕구, 범죄나 테러 등의 위협으로부터 보호받고 싶은 욕구, 자연재난이나 환경오염 등으로부터 벗어나고 싶은 욕구 등을 들 수 있다. 친숙하거나 가까운 지역을 대상으로 이루어지는 근교여행, 회원제 중심으로 운영되는 리조트여행 등을 그 예로 들 수 있다.

세 번째 단계는 사회적 관계욕구(social relationship need)의 단계이다. 여행행동을 유발하는 인간의 소속 욕구를 말한다. 여행을 통해 가족 혹은 친지간에 친밀한 관계를 유지하고 싶은 욕구, 자신이 원하는 집단에 소속되고 싶은 욕구 등을 들 수 있다. 가족여행, 신혼여행, 동호회여행 등을 예로 들 수 있다.

[그림 4-4] 여행경력욕구 모델

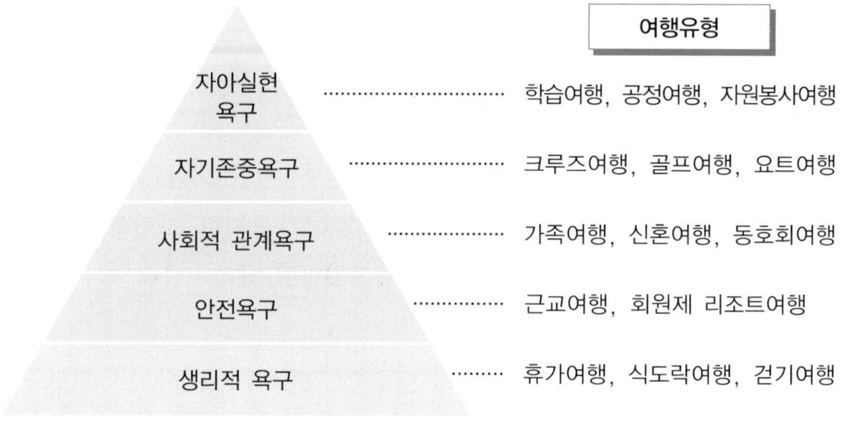

| | 여행유형 |
|---|---|
| 자아실현 욕구 | 학습여행, 공정여행, 자원봉사여행 |
| 자기존중욕구 | 크루즈여행, 골프여행, 요트여행 |
| 사회적 관계욕구 | 가족여행, 신혼여행, 동호회여행 |
| 안전욕구 | 근교여행, 회원제 리조트여행 |
| 생리적 욕구 | 휴가여행, 식도락여행, 걷기여행 |

네 번째 단계는 자기존중욕구(self-esteem needs)이다. 여행행동을 유발하는 인간의 사회적 인정 욕구를 말한다. 여행을 통해 받고 싶은 주변사람들로부터의 인정 욕구, 사회적인 명성 욕구, 소속집단으로부터의 지위유지 욕구 등을 들 수 있다. 크루즈여행, 골프여행, 요트여행 등 높은 비용과 이용기술이 필요한 형태의 여행활동을 들 수 있다.

다섯 번째 단계는 자아실현욕구(fulfillment)의 단계이다. 여행행동을 유발하는 인간의 가치추구 욕구를 말한다. 여행을 통해 향유할 수 있는 이타적인 목적의 사회활동참여 욕구, 자기발전 목적의 학습 욕구를 들 수 있다. 자아실현 목적의 학습여행, 사회적 책임을 중시하는 공정여행, 사회적 참여를 중시하는 자원봉사여행 등을 예로 들 수 있다.

### 2) 성격

성격(personality)은 특정한 행동 성향을 나타내는 개인의 고유한 심리적 체계를 말한다.[6] 성격은 환경의 변화에 따라서 어느 정도 변할 수는 있으나 개인의 근본적인 성격은 변화하지 않는 항상성을 갖는다.

성격 형성에 미치는 영향으로는 유전적 요인과 환경적 요인을 들 수 있다. 사람은 태어날 때부터 특정한 성격을 유전적으로 지니고 있다는 것이 생득적 관점이다. 최근에는 환경적 요인도 유전적 요인만큼 성격 형성에 중요한 영향을 미치는 것으로 알려지고 있다.

성격 유형은 사회심리학적 관점에서 대인관계, 사회문화적 수용경향 등을 기준으로 구분된다. 대인관계를 기준으로 순응형, 공격형, 고립형으로 유형화되며, 사회문화적 수용성을 기준으로 전통지향형, 내부지향형, 타문화지향형으로 유형화된다.

플로그(F. Plog)는 관광자의 성격을 내부중심형(psychocentrics)과 외부중심형(allocentrics)으로 구분하고, 이를 기준으로 관광자의 여행성향 차이를 제시한 바 있다([그림 4-5] 참조).[7] 그는 내부중심형 성격의 관광자는 안전하고 활동성이 낮은 수준의 여행을 선호하는 성향을 지니는 반면에, 외부중심형 성격의 관광자는 모험적이고 활동성이 높은 수준의 여행을 선호하는 성향을 지니는 것으로 설명하였다.

[그림 4-5] 성격과 여행성향

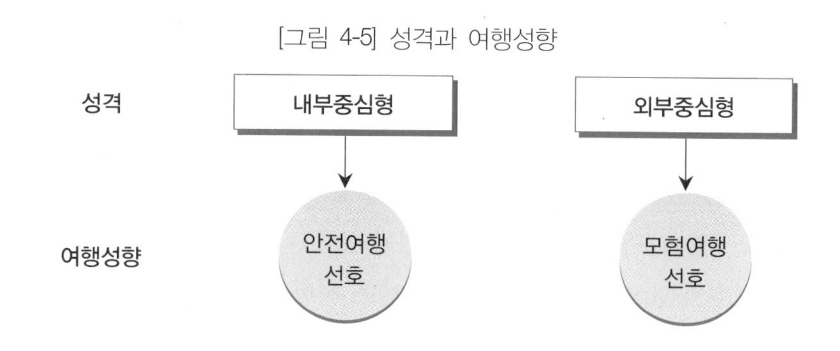


### 3) 지각

지각(perception)은 감각기관을 통해 들어온 정보를 주관적으로 조직하고 해석하는 개인의 심리적 과정이다.[8] 한마디로, 특정한 대상에 대한 내면적 인식을 말한다. 이는 마치 컴퓨터가 입력된 자료를 처리하는 과정과 같다. 지각은 감각작용으로부터 시작된다. 시각, 청각, 촉각, 미각, 후각 등 오감을 통해 정보를 수집하고 이에 대한 인식이 이루어진다. 정리하면, 감각작용, 지각, 관광자행동의 과정이라고 할 수 있다([그림 4-6] 참조).

[그림 4-6] 지각과 관광자행동

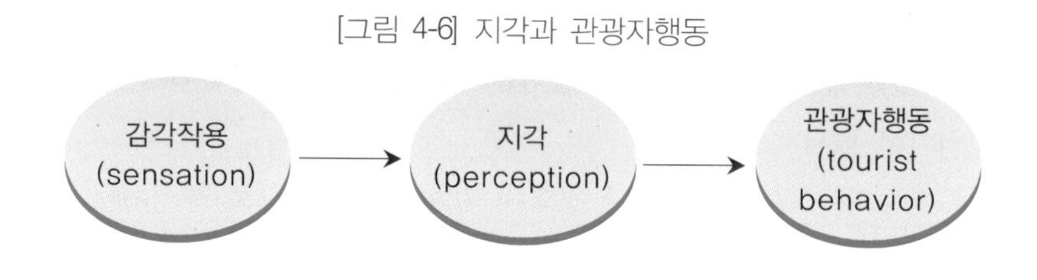


관광자행동 연구에서 사용되는 지각과 관련된 개념으로 위험지각, 혼잡지각, 서비스품질지각, 가치지각 등을 들 수 있다.

먼저, 위험지각(perceived risk)은 특정한 대상이 지닌 위험수준에 대한 관광자의 주관적 인식을 말한다. 위험의 유형에는 재정적인 위험, 기능적인 위험, 신체적인 위험, 심리적인 위험, 사회적인 위험, 시간적인 위험 등이 포함된다. 위험지각의 수준이 높을수록 관광자의 방문의사결정에 부정적인 영향을 미친다는 가설이 설정된다.

혼잡지각(perceived crowding)은 주어진 공간의 혼잡수준에 대한 관광자의 주관적 인식을 말한다. 혼잡지각의 수준이 높을수록 관광자의 방문의사결정에 부정적 영향을 미친다는 가설이 설정된다.

서비스품질지각(perceived service quality)은 서비스의 품질수준에 대한 관광자의 주관적 인식을 말한다. 지각된 서비스품질의 수준이 높을수록 관광자의 방문의사결정에 긍정적 영향을 미친다는 가설이 설정된다.

가치지각(perceived value)은 특정한 대상의 가치수준에 대한 관광자의 주관적 인식을 말한다. 가치의 유형에는 기능적 가치, 정서적 가치, 인식적 가치 등이 포함된다. 지각된 가치의 수준이 높을수록 관광자의 방문의사결정에 긍정적 영향을 미친다는 가설이 설정된다.

### 4) 태도

태도(attitude)는 특정한 대상에 대한 반응에 영향을 미치는 개인의 심리적 지향을 말한다.[9] 인간은 특정한 대상에 대하여 자신만의 고유한 반응을 보이며, 이러한 반응은 태도에 의해 영향을 받는다. 이 같은 태도의 언어적 표현을 의견이라고 한다.

태도는 본능과는 달리 학습이나 경험에 의해서 후천적으로 형성된다. 이 가운데 학습(learning)은 반복적인 연습이나 지난 경험의 결과 등으로 인해 나타나는 행동의 지속적인 변화를 말한다. 학습방법으로는 조건화 학습과 인지적 학습이 있다. 조건화 학습은 외부의 자극으로 이루어지는 학습을 말하며, 인지적 학습은 문제해결을 위한 사고과정을 통한 학습이다.

태도는 크게 세 가지 속성으로 구성된다. 첫째, 인지적 속성이다. 특정한 대상에 대해 진위를 판단하는 이성적 태도를 말한다. 둘째, 정서적 속성이다. 특정한 대상에 대해 느낌을 판단하는 감정적 태도를 말한다. 셋째는 의도적 속성이다. 특정한 대상에 대해 행위의도를 판단하는 의지적 태도를 말한다.

한편, 태도와 행동 간의 관계를 설명하는 대표적인 이론으로 합리적 행위이론(TRA: Theory of Reasoned Action)을 들 수 있다([그림 4-7] 참조).[10] 이 이론에 따르면 특정한 대상에 대해 긍정적인 태도를 가지며 주변에서의 평가가 우호적인 것으로 인식된다면, 행위의도가 커지고, 그 결과 행동이 이루어진다는 설명이다. 예를 들어, 관광자가 요트여행에 대하여 긍정적인 태도를 가지고 주변에서도 우호적으로 평가하는 것으로 인식한다면, 관광자는 요트여행에 대한 행위의도가 커지고, 그 결과 관광자는 요트여행을 선택한다는 설명이다.

[그림 4-7] 합리적 행위이론

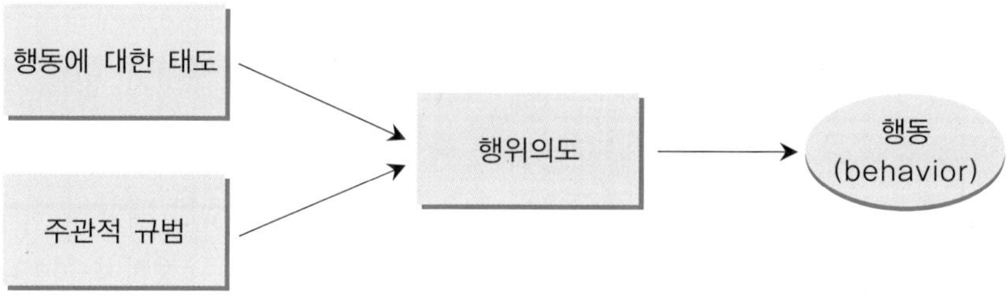

행동에 대한 태도

주관적 규범

행위의도

행동 (behavior)

이를 보다 확장한 이론으로 계획행동이론(TPB: Theory of Planned Behavior)을 들 수 있다.[11] 이 이론은 기존의 합리적 행위이론 모형에 지각된 통제감 요인을 추가함으로써 모형을 확장하였다([그림 4-8] 참조). 지각된 통제감은 비용, 시간 등 상황적 제약요인에 대한 주관적인 평가를 말한다. 그러므로 특정한 대상에 대한 태도가 긍정적이고, 주변의 평가도 우호적인 것으로 인식되며, 실제로 선택할 수 있는 조건을 스스로 통제할 수 있을 때, 행위의도가 커지고, 그 결과 행동이 이루어진다는 설명이다. 요트여행의 예를 다시 들어보면, 관광자가 요트여행에 대해 긍정적인 태도를 가지고 주변에서도 우호적인 평가를 하는 것으로 인식되며 여기에 요트여행을 즐길 만한 재정적 · 시간적인 여유를 가지고 있다면, 요트여행에 대한 행위의도가 커지고, 그 결과 관광자는 요트여행을 선택한다는 설명이다.

[그림 4-8] 계획행동이론 모형

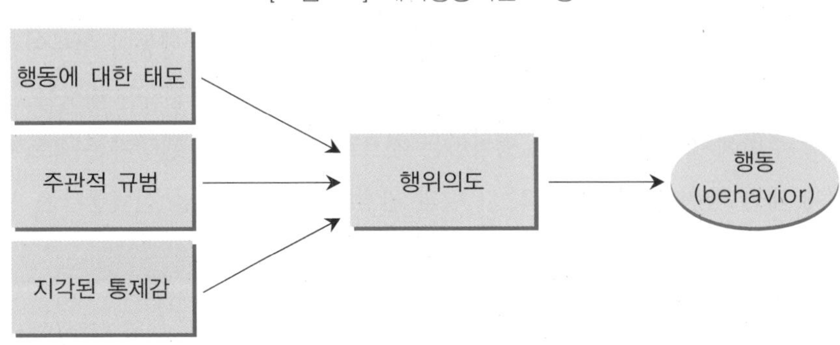


한편, 관광자행동을 설명하는 태도와 관련된 개념으로는 이미지, 만족, 방문의도 등을 들 수 있다. 이미지(image)는 특정한 대상에 대해 관광자가 지니는 내면적인 인상을 말한다. 이미지는 좁은 의미에서는 특정한 대상에 대해 지니는 인지적 속성의 개념으로 정의되나, 넓은 의미에서는 감정적 속성이나 의지적 속성까지를 포함한다. 관광자행동 연구에서는 특정한 대상에 대해 관광자가 가지고 있는 이미지가 관광자의 행동에 영향을 미친다는 가설이 설정된다.

만족(satisfaction)은 특정한 대상을 선택한 결과에 대한 관광자의 긍정적인 태도를 말한다. 만족은 태도의 세 가지 속성 가운데 감정적 속성을 나타내는 개념이다. 관광자행동 연구에서는 특정한 대상에 대한 관광자의 만족이 관광자의 향후 행동에 영향을 미친다는 가설이 설정된다.

방문의도(intention to visit)는 특정한 지역을 방문하고자 하는 관광자의 행위의도적 태도를 말한다. 방문의도는 태도의 세 가지 속성 가운데 의지적 속성을 나타내는 개념이다. 관광자행동 연구에서는 특정한 지역에 대한 방문의

도가 관광자의 행동에 영향을 미친다는 가설이 설정된다.

## 2. 개인적 요인

개인적 요인(personal factor)은 개인의 행동에 영향을 미치는 인구통계학적 요소를 말한다. 인구통계학적 요소는 인구통계에 관한 지표들이다. 심리적 요인이 개인의 내면적 요인이라면, 개인적 요인은 개인의 외면적 요인이라고 할 수 있다. 개인적 요인에는 성별, 연령 등과 같은 자연적 요소, 직업, 소득 등과 같은 경제적 요소, 거주지, 결혼상태, 학력 등과 같은 사회적 요소가 포함된다([그림 4-9] 참조). 관광자행동은 이러한 개인적 요인에 의해서 영향을 받는다. 성별에 따라 관광자행동은 다를 수 있으며, 연령에 따라 관광자행동은 다를 수 있다. 마찬가지로 직업이나 소득, 결혼상태, 학력 등에 따라서 관광자행동은 다를 수 있다.

[그림 4-9] 개인적 요인과 관광자행동

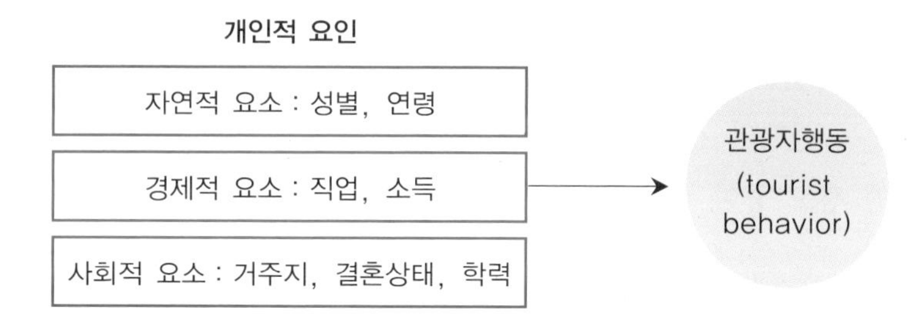


## 3. 사회문화적 요인

### 1) 사회적 요인

사회적 요인(social factor)은 개인의 행동에 영향을 미치는 사회집단적 요소를 말한다.[12] 대표적인 사회적 요인으로 준거집단과 가족을 들 수 있다([그림 4-10] 참조).

[그림 4-10] 사회적 요인과 관광자행동

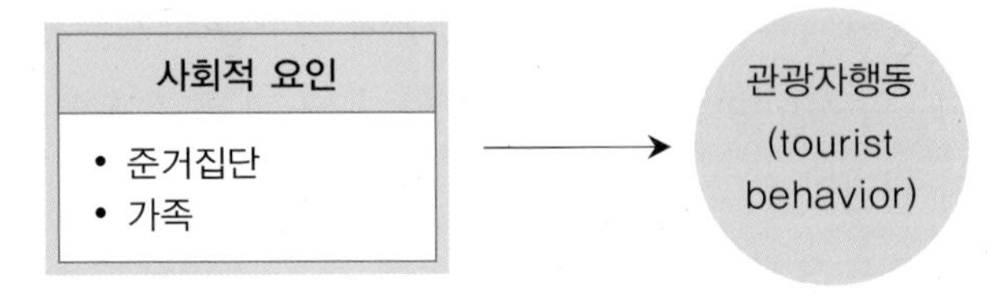


(1) 준거집단

준거집단(reference group)은 개인의 의사결정에 영향을 미치는 상징적인 사회집단을 말한다.[13] 이러한 준거집단은 개인의 소속여부와 관계없이 개인의 선택에 영향을 미치는 집단이다. 준거집단은 크게 세 가지 기능을 가진다. 하나는 정보제공 기능이다. 준거집단은 개인의 행동을 결정하는 데 있어서 신뢰할 만한 정보를 제공한다. 다른 하나는 비교 수단 기능이다. 준거집단은 특정한 선택에 대한 비교의 기준을 제공한다. 또 다른 하나는 규범 제공 기능이다. 사람들은 자신들이 준거하는 집단을 통해 무엇이 옳은지, 어떻게 해야 할지 등 선택의 기준을 학습한다. 유명 스타들을 활용한 관광지 광고나 여행상품 광고 등이 준거집단의 영향력을 이용한 마케팅 기법이다.

(2) 가족

가족(family)은 혼인, 혈연 등에 의해 결합되어 일상생활을 공유하는 소속적인 사회집단이다. 가족은 집단으로서 개인의 의사결정에 중요한 영향을 미친다. 그런 점에서 개인행동의 일정 부분은 그 자신의 의사결정이라기보다는 가족에 의한 집단적 의사결정이라고 할 수 있다. 하지만 최근 들어 가족의 형태가 전통적인 가족 형태로부터 1인 가족과 같이 새로운 형태의 가족으로 변화하면서 가족의 영향력에도 변화가 나타나고 있다. 그럼에도 불구하고 가족은 개인의 의사결정에 매우 큰 영향력을 갖는다. 같은 맥락에서 관광자의 의사결정에서도 가족은 중요한 기준을 제공한다.

### 2) 문화적 요인

문화적 요인(cultural factor)은 개인의 행동에 영향을 미치는 특정한 사회가 공유하는 생활양식적 요소를 말한다. 문화(culture)[14]는 자연(nature)의 대립어로서 인류가 오랜 기간 동안 자연 상태를 변화시키고 창조해 낸 산물이라고 할 수 있다. 여기에는 신념, 가치, 습관, 전통, 관습, 법률, 언어, 예술 등 유형적·무형적 산물들이 모두 포함된다. 또한, 문화는 하위문화(subculture)들로 구성된다. 하위문화는 지역, 종교, 세대, 사회계층 등을 기준으로 형성되며, 이러한 하위문화에는 문화적 동질성이 존재한다. 그런 의미에서 하위문화는 문화 속의 문화라고 할 수 있다.

관광자의 의사결정에 영향을 미치는 대표적인 문화적 요인으로 지역문화와 종교문화를 들 수 있다([그림 4-11] 참조).

[그림 4-11] 문화적 요인과 관광자행동

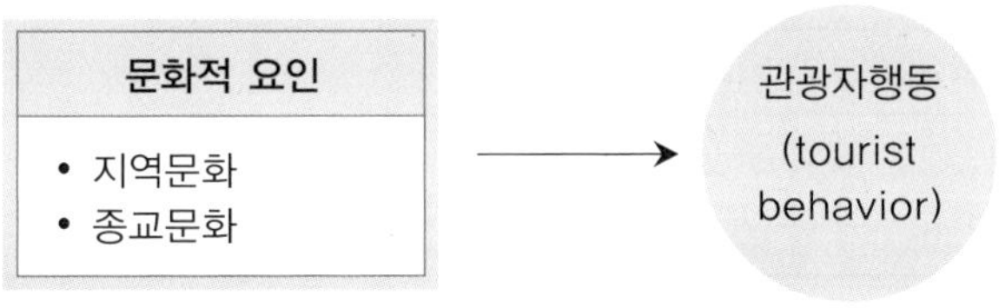

| 문화적 요인 |
| --- |
| • 지역문화<br>• 종교문화 |

→ 관광자행동 (tourist behavior)

#### (1) 지역문화

지역문화는 특정한 지역사회에서 공유되는 문화를 말한다. 세계적인 차원에서 볼 때, 국가별로 서로 다른 문화가 형성되는 것을 볼 수 있다. 마찬가지로 국가적 차원에서 볼 때, 지역별로 서로 다른 문화가 형성된다. 이같이 지역별로 형성된 독특한 생활양식이 그 사회를 구성하는 개인 행위자인 관광자의 의사결정에 영향을 미친다. 예를 들어, 한국인 관광자의 행동은 한국문화에 의해 영향을 받으며, 중국인 관광자의 행동은 중국문화에 의해 영향을 받는다.

(2) 종교문화

종교문화는 특정한 종교공동체에서 공유되는 문화를 말한다.[15] 종교는 종교적 신념을 함께하는 구성원들을 대상으로 일, 여가, 식생활, 가정 등 모든 생활영역에서 전통과 관습을 형성한다. 특정한 종교공동체가 지니는 가치와 관습은 다른 종교공동체가 지니는 가치와 관습과는 다르다. 이러한 종교공동체에 형성된 문화적 고유성이 그 공동체를 구성하는 개인 행위자인 관광자의 의사결정에 영향을 미친다.

# 요약

이 장에서는 관광자행동에 대해서 학습하였다.

관광자행동(tourist behavior)은 '특정한 여행활동을 선택하는 관광자의 내면적인 의사결정'으로 정의된다. 여기서 여행활동에는 여행과 관련된 구매, 참여, 방문 등의 관광자의 행위가 포함된다.

관광자행동은 여행활동을 선택하는 관광자의 의사결정이라는 점에서 일반 소비자행동과는 구별된다. 첫째, 관광자행동은 복합적 의사결정이다. 여행활동을 선택하는 데는 다양한 요소에 대한 선택이 복합적으로 이루어진다. 둘째, 관광자행동은 과정적 의사결정이다. 여행활동은 여행과정을 통해 이루어진다. 셋째, 관광자의 행동은 감성적 의사결정이다. 합리적으로 이루어지기보다는 감성적으로 이루어지는 경우가 많다.

관광자의 의사결정은 크게 다섯 단계를 거쳐 이루어진다.

첫 번째 단계는 문제인식 단계이다. 관광자가 필요로 하는 것이 무엇인가를 인식하는 단계이다.

두 번째 단계는 정보탐색 단계이다. 관광자가 문제를 인식한 후 이를 해결할 수 있는 정보를 탐색하는 단계이다.

세 번째 단계는 대안평가 단계이다. 관광자가 정보탐색 후 선택 가능한 대안들을 평가하는 단계이다.

네 번째 단계는 대안선택 단계이다. 관광자가 대안평가 후 특정한 여행활동을 선택하는 단계이다.

다섯 번째 단계는 선택 후 평가 단계이다. 관광자가 특정한 여행활동을 선택한 이후에 그에 대해 판단하는 단계이다.

관광자의 의사결정은 크게 세 가지 유형으로 구분된다.

첫째, 일상적 의사결정이다. 저관여 수준에서 볼 수 있는 의사결정으로 습관적 선택이 이루어진다.

둘째, 제한적 의사결정이다. 보통 수준의 관여에서 볼 수 있는 의사결정으로 부분적인 의사결정이 이루어진다.

셋째, 포괄적 의사결정이다. 고관여 수준에서 볼 수 있는 의사결정으로 합리적인 선택이라고 할 수 있다.

관광자행동은 다양한 영향요인으로부터 영향을 받는다. 크게 심리적 요인, 개인적 요인, 사회문화적 요인을 들 수 있다.

먼저, 심리적 요인을 살펴보면, 동기(motivation)를 들 수 있다. 동기는 특정한 행동을 유발하는 심리적 과정을 말한다. 동기는 욕구, 동인, 유인의 과정으로 설명된다. 관광자행동 연구에서는 피어스(Pearce, 1992)가 매슬로우의 욕구위계이론을 바탕으로 여행경력욕구모델을 제시하였다.

성격(personality)은 특정한 행동성향을 나타내는 개인의 고유한 심리적 체계를 말한다. 성격은 환경의 변화에 따라서 어느 정도 변할 수는 있으나 개인의 근본적인 성격은 변화하지 않는 항상성을 갖는다. 플로그(F. Plog)는 관광자의 성격을 내부중심형과 외부중심형으로 구분하고, 이를 기준으로 관광자의 여행성향 차이를 제시한다.

지각(perception)은 감각기관을 통해 들어온 정보를 주관적으로 조직하고 해석하는 심리적 과정을 말한다. 지각은 일련의 과정을 통해 이루어진다. 관광자행동 연구에서는 위험지각, 혼잡지각, 서비스품질지각, 가치지각 등의 지각 관련 개념이 다루어진다.

태도(attitude)는 특정한 대상에 대한 반응에 영향을 미치는 개인의 내면적인 지향을 말한다. 인간은 특정한 대상에 대하여 자신만의 고유한 반응을 보인다. 이 같은 반응이 곧 판단이며, 이를 언어적으로 표현하는 것을 의견이라고 한다. 태도는 크게 세 가지 속성요소로 구성된다. 인지적 속성, 정서적 속성, 의도적 속성이다.

다음으로, 개인적 요인(personal factor)이다. 개인적 요인(personal factor)은 개인의 행동에 영향을 미치는 인구통계적 요소를 말한다. 심리적 요인이 인간의 내면적 요인이라면, 개인적 요인은 인간의 외면적 요인이라고 할 수 있다. 개인적 요인에는 성별, 연령 등과 같은 자연적 요소, 직업, 소득 등과 같은 경제적 요소, 거주지, 결혼상태, 학력 등과 같은 사회적 요소가 포함된다.

다음으로, 사회문화적 요인은 사회적 요인과 문화적 요인으로 나누어 살펴볼 수 있다.

사회적 요인은 관광자행동에 미치는 집단적 요소를 말한다. 주요 사회적 요인으로 준거집단과 가족을 들 수 있다. 준거집단(reference group)은 개인의 의사결정에 영향을 미치는 상징적인 사회집단을 말한다. 가족은 혼인, 혈연 등에 의해 결합되어 일상생활을 공유하는 소속적인 사회집단을 말한다.

문화적 요소는 개인의 행동에 영향을 미치는 특정한 사회가 공유하는 생활양식적 요소를 말한다. 문화는 하위문화(subculture)들로 구성된다. 하위문화는 지역, 종교, 세대, 사회계층 등을 기준으로 형성되며, 하위문화를 구성하는 구성원들 간에는 문화적 동질성이 있다. 그런 의미에서 하위문화는 문화 속의 문화라고 할 수 있다. 관광자행동에 미치는 주요 하위문화로 지역문화와 종교문화를 들 수 있다.

## 참고문헌


1) March, R., & Woodside, A. G. (2005). *Tourism behaviour: Travellers' decisions and actions*. NY: CABI Publishing.
   Pearce, P. L. (2005). *Tourist behaviour: Themes and conceptual schemes*. Bristol, UK: Channel View Publications.
2) Kozak, M., & Kozak, N. (Eds.). (2013). *Aspects of tourist behavior*. Newcastle, UK: Cambridge Scholars Publishing.
   Pearce, P. L. (2011). *Tourist behaviour and the contemporary world*. Bristol, UK: Channel View Publications.
   Sharpley, R., & Stone, P. (2014). *Contemporary tourist experience: Concepts and consequences*. London: Routledge.
   Uysal, M. (Ed.). (1994). *Global tourist behavior*. Bringhamton, NY: International Business Press.
3) Decrop, A. (2006). *Vacation decision making*. NY: CABI Publishing.
   Pizam, A., & Mansfeld, Y. (2000). *Consumer behavior in travel and tourism*. London: Routledge.
4) Woodside, A. G., & Martin, D. (Eds.). (2008). *Tourism management: Analysis, behaviour and strategy*. NY: CABI Publishing.
5) Pearce, P. L. (1982). *The social psychology of tourist behaviour*. Oxford, England: Pergamon Press.
6) Kozak, M., & Baloglu, S. (2011). *Managing and marketing tourist destinations: Strategies to gain a competitive edge*. London: Routledge.
   Ryan, C. (2002). *The tourist experience*. Andover, England: Cengage Learning.
7) Plog, F. (1972). "Why destination areas rise and fall in popularity." Paper presented to the Travel Research Association Southern California Chapter. Los Angeles, USA.
8) Dann, G. (Ed.). (2002). *The tourist as a metaphor of the social world*. NY: CABI Publishing.
9) Selwyn, T. (Ed.). (1996). *The tourist image: Myths and myth making in tourism*. NY: John Wiley & Sons.
10) Fishbein, M., & Ajzen, I. (1975). *Belief, attitude, intention and behavior: An introduction to theory and research*. Boston: Addison-Wesley Pub. Co.
11) Ajzen, I. (1991). The theory of planned behavior. *Organizational behavior and human decision processes*. 50(2), 179-211.
12) Pearce, P. L. (2013). *The social psychology of tourist behavior*. Oxford, England: Pergamon Press.
13) Urry, J. (2013). *Reference groups and the theory of revolution*. London: Routledge.
14) Kozak, M., & Decrop, A. (Eds.). (2009). *Handbook of tourist behavior: Theory & practice*. London: Routledge.
15) Stausberg, M. (2011). *Religion and tourism: Crossroads, destinations, and encounters*. London: Routledge.

제5장

# 관광사업조직

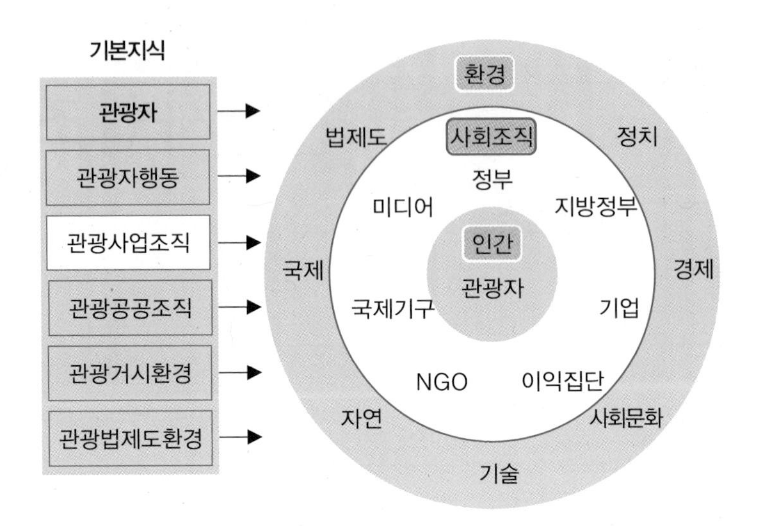


## 학습목표

이 장에서는 관광사업조직에 대해 학습한다. 관광사업조직은 이윤의 획득을 목적으로 관광자에게 제품이나 서비스를 공급하는 경제적 단위체이다. 이를 이해하기 위해 다음과 같은 학습목표를 세운다. 첫째, 관광사업조직의 기본 개념을 학습한다. 둘째, 관광사업조직의 직접공급자에 대해 학습한다. 셋째, 관광사업조직의 간접공급자와 융합공급자에 대해 학습한다.

## 제1절 서론

이 장에서는 관광사업조직에 대해서 학습한다.

관광사업조직은 관광의 개념을 구성하는 중위적 수준의 요소이다.

관광사업조직을 학습하는 목적은 관광을 구성하는 사회조직인 관광사업조직의 활동과 사회적 관계를 이해하는 데 있다. 이를 위해서는 관광사업조직의 개념, 특징, 유형 등에 대한 학습이 필요하다.

관광사업조직은 관광자와 가장 중요한 사회적 관계를 형성하는 사회조직이다. 관광자는 여행과정에서 교통, 숙박, 음식, 오락, 쇼핑, 회의 등의 서비스를 필요로 한다. 이러한 서비스를 공급하는 역할을 하는 조직이 바로 관광사업조직이다.

관광사업조직은 시장경제체제에서 볼 때, 관광소비문제를 해결하는 주요한 경제행위자이다. 그러므로 관광사업조직들이 얼마나 다양한지, 그들이 생산하는 제품이나 서비스의 품질이 얼마나 높은지 등이 관광산업경쟁력을 평가하는 지표가 된다. 그러므로 관광사업조직에 대한 학습은 관광사업조직을 하나의 단위사업조직으로서 이해하는 것뿐만 아니라 관광산업 전반을 파악한다는 점에서 중요한 의의를 지닌다.

학제적으로 관광사업조직에 대한 연구는 주로 경영학적 접근을 통해 이루어진다. 그 외에 경제학, 사회학 등으로부터의 접근이 이루어진다. 경영학은 기업경영을 연구대상으로 하는 학문으로 기업을 조직으로 보는 입장과 기업을 행위로 보는 입장이 있다. 전자인 조직으로 보는 입장은 사회조직으로서의 구조와 기능에 초점을 맞추며, 후자인 행위로 보는 입장은 주로 기업의 운영관리에 초점을 맞춘다. 이 장에서는 전자인 기업을 사회조직으로 보는 입장에서 접근한다.

관광사업조직에 대한 이해는 관광학 연구에서 기본지식에 해당된다. 관광사업조직의 개념, 특징, 유형, 구조 등을 학습함으로써 관광자를 대상으로 제품이나 서비스를 공급하는 관광사업조직의 경영활동에 필요한 응용지식을 모색할 수 있다.

이러한 인식을 바탕으로 이 장은 다음과 같이 구성된다. 우선, 제1절 서론에 이어 제2절에서는 관광사업조직의 개념과 특징 그리고 유형을 정리한다. 제3절에서는 직접공급자를 구성하는 관광사업조직들을 다루며, 제4절에서는 간접공급자를 구성하는 관광사업조직들에 대해 정리한다. 제5절에서는 융합공급자를 구성하는 관광사업조직들에 대해 다룬다.

## 제2절 관광사업조직

### 1. 개념

사업조직(business organization)이라 하면, 이윤의 획득을 목적으로 소비자를 대상으로 공급활동을 하는 사회조직을 말한다. 여기서 공급활동은 사업조직이 소비자가 필요로 하는 제품이나 서비스를 생산, 가공, 유통하는 활동을 말한다. 이러한 사업조직의 기본적인 형태가 기업이다. 사업조직은 경제적 이익, 즉 영리추구를 목적으로 한다는 점에서 공공조직과 대립된다.

한편, 산업(industry)이라 하면 사업조직들의 집합(set)을 말한다. 예를 들어, 농업은 농작물생산과 관련된 사업조직들의 집합을 말하며, 자동차산업은 자동차생산과 관련된 사업조직들의 집합을 말한다. 산업에는 농업이나 어업 등과 같이 직접 자연에 작용하여 생산물을 획득하는 1차 산업, 제조업과 같이 1차 산업에서 얻은 재료를 가공하여 생산물을 획득하는 2차 산업, 금융업이나 유통업 등과 같이 서비스를 생산하는 3차 산업이 있다. 관광산업은 산업별 유형으로는 3차 산업에 속한다.

같은 맥락에서, 관광사업조직은 사업조직의 일종으로 관광자를 대상으로 공급활동을 하는 사업조직을 말한다. 관광자는 소비자로서 여행을 통해 소비활동을 한다. 이러한 관광자를 대상으로 필요한 제품이나 서비스를 공급하는 역할을 하는 것이 관광사업조직이다.

하지만 산업적 측면에서 보면, 관광산업(tourism industry)[1)]은 일반 산업과는 다르다. 일반 산업이 동일한 종류의 제품 및 서비스를 공급하는 사업조직들의 집합인 반면에, 관광산업은 서로 다른 종류의 제품 및 서비스를 공급하는 부문산업 내지는 업종들로 구성된다는 점에서 차이가 있다. 예를 들어, 여행업, 숙박업, 식음료업, 관광교통업, 관광어트랙션시설업, 관광미디어업, 컨벤션관광업, 의료관광업, 스포츠관광업 등과 같이 성격이 서로 다른 종류의 부문산업 내지는 업종들이 모여서 관광산업을 형성한다. 물론 이러한 부문산업 내지는 업종을 구성하는 기본적인 요소는 관광기업이다.

정리하면, 관광사업조직(tourism business organization)은 '이윤의 획득을 목적으로 관광자를 대상으로 제품이나 서비스를 공급하는 사회조직'으로 정의된다. 같은 맥락에서 관광산업(tourism industry)은 '서로 다른 종류의 관광공급활동을 하는 부문산업들의 집합'으로 정의된다. 이를 종합하면, 관광사업조직이 모여서 부문산업을 구성하고 부문산업들이 모여서 관광산업을 구성한다.

## 2. 산업적 특징

관광사업조직으로 구성되는 관광산업은 일반 산업들과 다른 특징을 지닌다. 이를 정리하면 다음과 같다.

### 1) 서비스산업

관광산업은 서비스산업(service industry)[2)]이다. 관광산업을 흔히 '굴뚝 없는 산업'이라고 한다. 제조산업과 달리 비가시적인 서비스 제품을 생산하는 산업이라는 점을 상징적으로 표현한 것이라고 할 수 있다. 대표적인 부문산업으로 여행업, 숙박업, 식음료업, 카지노업 등을 들 수 있다. 이들 부문산업들이 공급하는 여행매개서비스, 숙박서비스, 식음료서비스, 갬블링서비스 등은 제품의 사용이나 체험 등 무형적인 서비스를 제공한다는 특징을 지닌다.

### 2) 시스템산업

관광산업은 시스템산업(system industry)[3]이다. 관광산업은 여러 종류의 부문산업들이 결합하여 하나의 산업조직을 이루고, 이를 둘러싸고 있는 환경의

[그림 5-1] 우산산업으로서의 관광산업

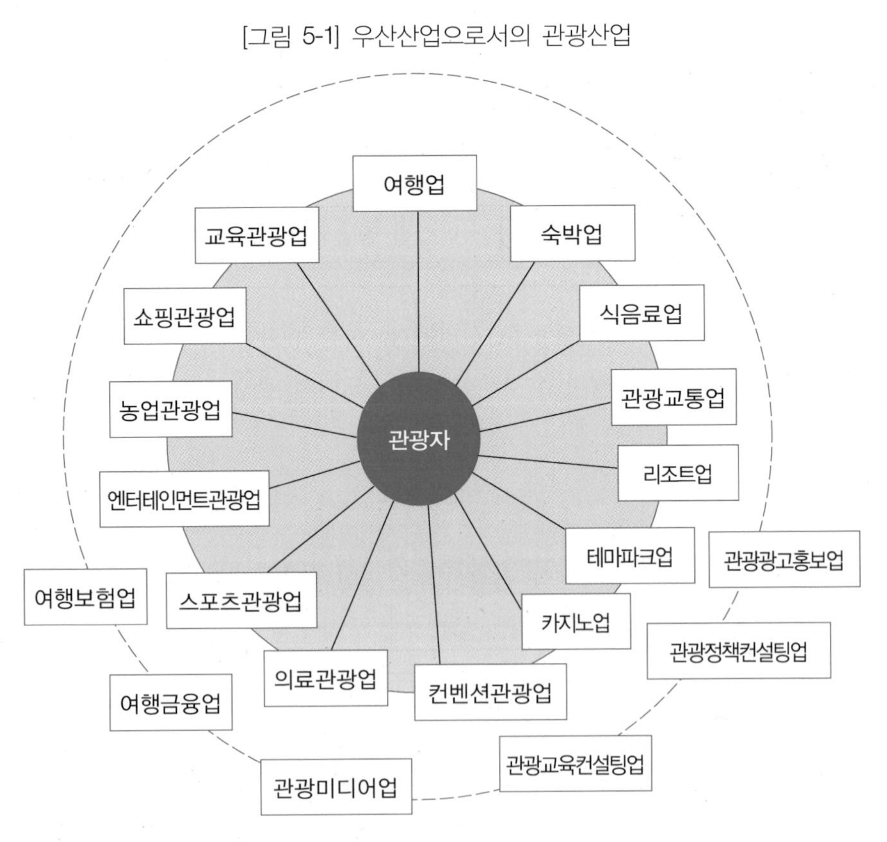

변화에 함께 대응하는 특징을 지닌다. 이들 부문산업 혹은 업종들은 각기 다른 종류의 제품이나 서비스를 공급한다. 따라서 동일한 제품을 생산하는 일반 산업과는 다르다. 이러한 이유에서 관광산업을 '우산(umbrella)'[4]에 비유하기도 한다. 마치 우산을 활짝 펼치면 많은 우산살들이 보이듯이, 관광산업도 펼쳐보면 다양한 부문산업들로 결합되어 있는 것을 알 수 있다([그림 5-1] 참조).

### 3) 융합산업

관광산업은 융합산업(convergence industry)이다. 관광산업은 다른 분야의 산업들과 협조하여 새로운 융합관광서비스를 공급한다. 전통적인 산업유형에는 1차 산업(농업, 임업, 어업 등), 2차 산업(제조업), 3차 산업(서비스업)이 있다. 융합산업은 서로 다른 이종 산업 간의 결합으로 이루어진 산업을 말한다. 컨벤션산업과 관광산업이 융합된 컨벤션관광업, 의료산업과 관광산업이 융합된 의료관광업, 스포츠산업과 관광산업이 융합된 스포츠관광업 등이 그 예이다.

## 3. 관광사업조직의 유형

관광사업조직은 공급대상 및 공급방식을 기준으로 유형이 구분된다.[5] 그 내용을 살펴보면, 다음과 같다([그림 5-2] 참조).

### 1) 직접공급자

직접공급자(direct provider)는 관광자를 대상으로 관광자의 여행활동과 관련된 제품이나 서비스를 직접 공급하는 사업조직들을 말한다. 이들을 부문산업별로 살펴보면, 여행업, 호스피탈리티업, 관광교통업, 리조트업, 테마파크업, 카지노업 등이 여기에 해당된다.

[그림 5-2] 관광사업조직의 유형

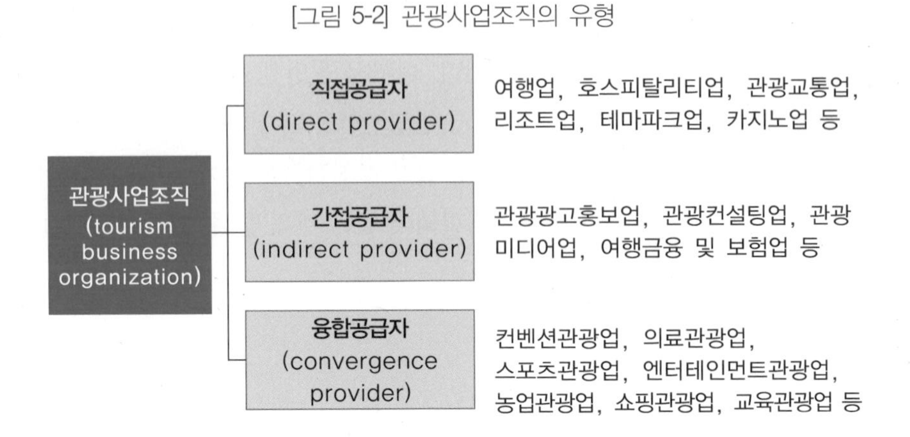


### 2) 간접공급자

간접공급자(indirect provider)는 직접공급자를 대상으로 관광사업과 관련된 전문서비스를 제공하거나 관광자를 대상으로 여행활동에 간접적으로 필요한 제품이나 서비스를 제공하는 사업조직들을 말한다. 이들을 부문산업별로 살펴보면, 관광광고홍보업, 관광컨설팅업, 관광미디어업, 여행금융 및 보험업 등이 여기에 해당된다.

### 3) 융합공급자

융합공급자(convergence provider)는 겸목적 관광자를 대상으로 융합 형태의 제품이나 서비스를 공급하는 사업조직들을 말한다. 이들을 부문산업별로 살펴보면, 컨벤션관광업, 의료관광업, 스포츠관광업, 엔터테인먼트관광업, 농업관광업 등이 여기에 해당된다.

## 제3절 직접공급자

직접공급자는 관광자를 대상으로 여행활동과 관련된 제품이나 서비스를 직접 공급하는 사업조직들이다. 이들의 활동을 부문산업별로 구분하여 정리하면, 다음과 같다.

### 1. 여행업

여행업(travel service industry)[6]은 관광자와 관광공급자의 중간에서 여행매개서비스를 공급하는 사업조직들의 집합이다([그림 5-3] 참조). 역사적으로 볼 때, 여행업은 1841년 영국의 쿡(T. Cook)이 제공했던 철도여행사업이 그 효시이다. 관광산업 가운데 가장 오랜 역사를 가진 업종들 가운데 하나이다. 여행업은 관광자가 필요로 하는 제품과 서비스를 예약하고 수배하는 활동을 하며, 이와 함께 여행상담서비스 및 각종 여행정보서비스를 제공한다. 여행업은 사업내용에 따라 다음과 같이 사업조직의 유형이 구분된다.

[그림 5-3] 여행업의 공급구조

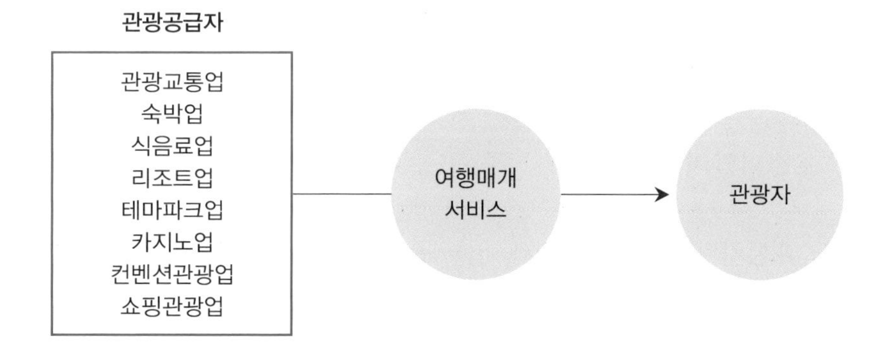

- 여행대리점(travel agency): 관광자를 대상으로 여행매개서비스를 직접 공급하는 사업조직이다. 일명 여행소매공급자라고 한다.
- 투어 오퍼레이터(tour operator): 패키지투어(package tour)상품을 기획하여 여행대리점을 통해 판매하는 사업조직이다. 여행도매공급자(tour wholesaler)라고도 한다. 패키지투어상품은 여행에 필요한 교통, 숙박, 식음, 오락 등의 서비스를 종합적으로 기획하여 판매하는 제품이다.
- 로컬 오퍼레이터(local operator): 관광목적지에서 현지 여행매개서비스를 공급하는 사업조직이다. 일명 현지여행사(land operator)라고도 한다.
- 전문여행사(special channeler): 역사관광, 생태관광, 교육관광 등과 같이 전문분야의 여행매개서비스를 공급하는 사업조직이다.
- 온라인여행사(OTA: online travel agency): 온라인 혹은 모바일을 통해 여행 플랫폼서비스를 제공하는 사업조직이다. 온라인여행사는 기존의 오프라인 서비스와 온라인 서비스를 연결하여 종합적인 여행매개서비스를 제공하는 O2O(offline to online)서비스를 제공하고 있다.

한편, 우리나라 관광진흥법에서는 여행업의 종류를 공급대상을 기준으로 구분한다. 해외를 여행하는 내국인 및 국내를 여행하는 외국인을 대상으로 하는 일반여행업이 있으며, 해외를 여행하는 내국인을 대상으로 하는 국외여행업이 있다. 또한 국내를 여행하는 내국인을 대상으로 하는 국내여행업 등이 있다.

## 2. 호스피탈리티업

호스피탈리티업(hospitality industry)[7)]은 숙박업과 식음료업으로 구성된다. 이들의 활동을 살펴보면, 다음과 같다.

[그림 5-4] 숙박업의 공급구조

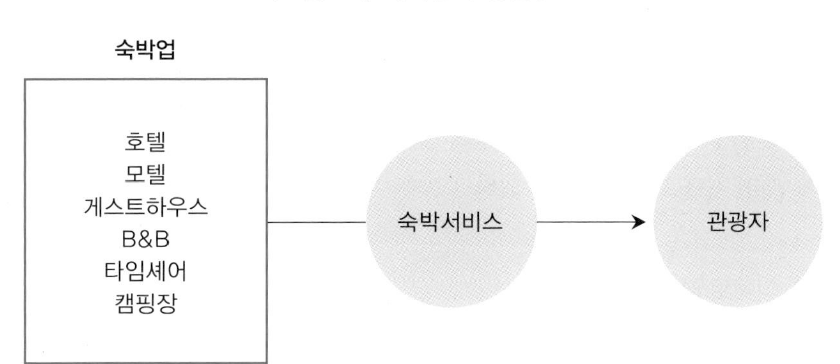


## 1) 숙박업

숙박업(lodging industry)은 관광자를 대상으로 숙박서비스를 공급하는 사업조직들의 집합이다([그림 5-4] 참조). 숙박업에는 호텔, 모텔, 게스트하우스, B&B, 타임셰어, 캠핑장 등 다양한 종류가 있다. 이 가운데 대표적인 유형이 호텔(hotel)[8]이다. 호텔은 관광자를 대상으로 고급화된 숙박서비스를 제공하며, 이와 함께 식음료, 연회, 회의, 각종 오락서비스 등을 제공하는 사업조직을 말한다. 호텔은 운영방식에 따라 그 유형이 구분된다.

- 독립호텔(independent hotel): 사업자가 직접 단위호텔을 소유하고 독립적으로 운영하는 방식의 사업조직이다.
- 체인호텔(chain hotel): 체인본사가 복수의 단위호텔들을 결합하여 직접 경영 혹은 위탁 경영의 형태로 운영하는 방식의 사업조직이다.
- 프랜차이즈호텔(franchise hotel): 브랜드 및 경영지식을 보유한 프랜차이저(franchisor)와 프랜차이지(franchisee) 간의 계약을 통해 운영되는 방식의 사업조직이다.

이밖에도 테마호텔(theme hotel), 레지던스호텔(residence hotel), 모텔, 하우

스셰어, 게스트하우스, B&B, 타임셰어, 캠핑장 등의 유형이 있다. 테마호텔로는 한옥호텔, 에코호텔, 부티크호텔 등이 있다. 레지던스호텔은 주거용 편의시설과 호텔식 서비스를 제공하는 생활형 숙박시설을 말한다. 또한 자유개별여행이 증가하면서 하우스셰어, 게스트하우스 등과 같은 공유경제형 숙박시설에 대한 수요가 증가하고 있다.

### 2) 식음료업

식음료업(food and beverage industry)[9]은 관광자를 대상으로 식사나 음료수 등의 식음료서비스를 공급하는 사업조직들의 집합이다([그림 5-5] 참조). 식음료업은 전통적으로 숙박업과 연관하여 발전해왔다. 식음료업은 서비스방식에 따라 레스토랑(restaurant), 카페테리아(cafeteria), 패스푸드점(fast food restaurant) 등으로 구분된다.

[그림 5-5] 식음료업의 공급구조

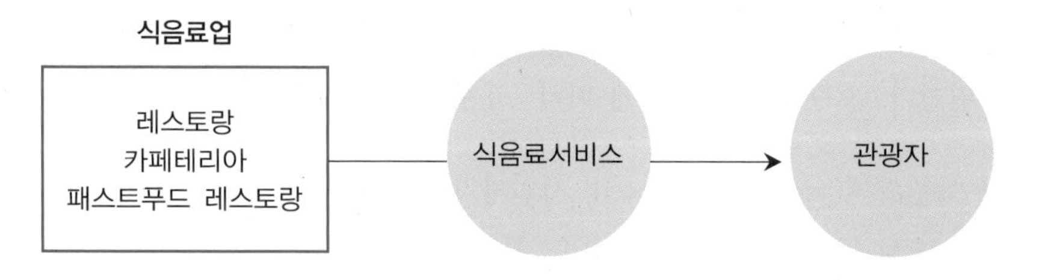


- 레스토랑(restaurant): 레스토랑은 테이블과 의자를 갖추고 종업원이 음식서비스를 제공하는 풀서비스(full service) 방식의 사업조직이다. 또한 음식의 유형에 따라서 한국식, 중국식, 미국식, 프랑스식 등의 구분이 이루어진다.
- 카페테리아(cafeteria): 카페테리아는 진열되어 있는 음식을 이용자가 직접 가져다 먹는 셀프서비스(self-service) 방식의 사업조직이다. 셀프서비

스라는 점에서는 뷔페(buffet) 식당도 같은 유형에 속한다고 할 수 있다.

- 패스트푸드 레스토랑(fast food restaurant): 패스트푸트 레스토랑은 주문하면 즉시 완성된 음식이 제공되는 패스트 서비스(fast service) 방식의 사업조직이다. 햄버거, 피자, 치킨 등과 같이 간단한 조리과정을 거쳐 완성되는 음식들이 주로 제공된다.

## 3. 관광교통업

관광교통업(tourism transportation industry)은 관광자를 대상으로 장소 이동에 필요한 운송서비스를 공급하는 부문산업들로 구성된다([그림 5-6] 참조). 세부적으로는 항공업, 육상교통업, 해상교통업, 관광용교통업 등이 여기에 포함된다. 이들의 활동을 살펴보면, 다음과 같다.

[그림 5-6] 관광교통업의 공급구조

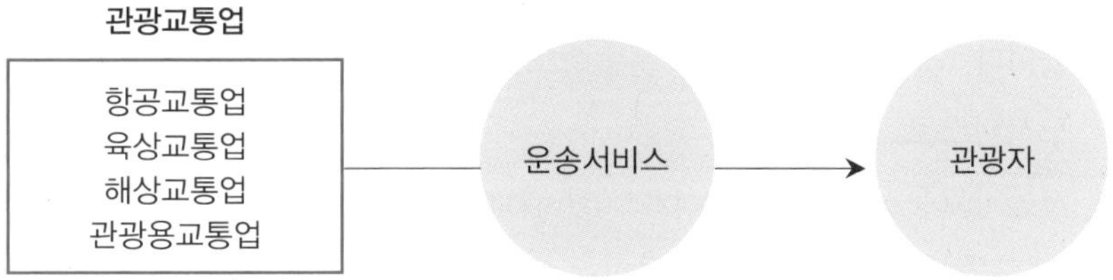

관광교통업
항공교통업
육상교통업
해상교통업
관광용교통업
운송서비스
관광자

### 1) 항공업

항공업(airline industry)[10)]은 관광자를 대상으로 항공운송서비스를 공급하는 사업조직들의 집합이다. 관광자는 항공운송서비스를 이용함으로써 장거리 여행이 가능해졌다. 최근 항공기술의 발달, 항공업에 대한 산업규제 철폐, 국가 간 오픈스카이제도 확대 등으로 항공업의 공급활동이 더욱 활발해지고 있다. 항공업은 운항방식을 기준으로 다음과 같이 그 유형이 구분된다.

- 정기항공사(scheduled airlines): 항공협정에 근거하여 일정한 항로를 정기적으로 운항하는 항공운송사업조직들이다.
- 부정기항공사(nonscheduled airlines): 항공수요의 변화에 따라 특정 계약에 따라 부정기적으로 운항하는 항공운송사업조직들이다.
- 저비용항공사(low cost airlines)[11]: 불필요한 서비스를 절감함으로써 저렴한 비용으로 서비스를 제공하는 항공운송사업조직들이다.

### 2) 육상교통업

육상교통업(land transportation industry)[12]은 관광자를 대상으로 육상운송서비스를 공급하는 사업조직들의 집합이다. 관광자는 육상운송서비스를 이용함으로써 단거리뿐만 아니라 장거리여행도 가능해졌다. 육상교통업은 교통수단에 따라 철도교통서비스와 자동차교통서비스로 구분된다.

- 철도교통서비스(railroad transportation services): 철도교통서비스는 가장 오랜 역사를 지닌 대중교통수단인 철도운송서비스를 제공하는 사업조직들이다. 철도교통서비스는 운송속도에 따라 일반철도서비스와 초고속철도서비스로 구분된다.
- 자동차교통서비스(automobile transportation services): 자동차교통서비스는 자동차운송서비스를 제공하는 사업조직들이다. 자동차교통서비스에는 버스, 택시 등과 같이 지역사회의 일반대중들이 이용하는 일반교통서비스와 관광버스, 관광택시 등과 같이 관광자를 대상으로 하는 관광교통서비스가 있다. 또한 관광자가 자동차를 임대하여 직접 사용하는 자동차대여서비스(rental car service)가 있다.

### 3) 해상교통업

해상교통업(water transportation industry)은 관광자를 대상으로 해상운송서비스를 공급하는 사업조직들의 집합이다. 관광자는 해상운송서비스를 이용함으로써 장거리 여행이 가능해지고 해상여행이 가능해졌다. 해상교통업은 크게 여객선사와 크루즈선사로 구분된다.

- 여객선사(passenger boat services): 관광자 및 일반대중을 대상으로 해상운송서비스를 제공하는 사업조직들이다. 해상운송서비스에는 정기여객선서비스와 비정기여객선서비스가 있다.
- 크루즈선사(cruise services)[13]: 관광자를 대상으로 크루즈운송서비스를 제공하는 사업조직들이다. 크루즈운송서비스에는 해양을 운항하는 해양크루즈서비스, 내륙의 강을 운항하는 리버크루즈서비스 등이 있다. 크루즈는 바다에 떠다니는 호텔이라고 할 만큼 선상에서 숙박, 음식, 레크리에이션, 카지노, 공연 등 다양한 서비스를 제공한다.

### 4) 관광용교통업

관광용교통업(tourist-use transportation industry)은 관광지에서 관광자를 대상으로 운송서비스를 제공하는 사업조직들의 집합이다. 관광용교통수단에는 케이블카, 관광열차 등이 포함된다. 관광용교통수단은 단지 관광자의 운송서비스를 제공하는 것뿐만 아니라 그 자체가 관광자를 유인하는 매력물로서의 역할을 담당한다.

## 4. 관광어트랙션시설업

관광어트랙션시설업(tourist attractions facilities industry)은 관광자를 대상으로 휴양, 체험, 갬블링 등 위락서비스를 공급하는 부문산업들로 구성된다([그림 5-7] 참조). 세부적으로는 리조트업, 테마파크업, 카지노업 등이 여기에 포함된다. 이들의 활동을 살펴보면, 다음과 같다.

[그림 5-7] 관광어트랙션시설업의 공급구조

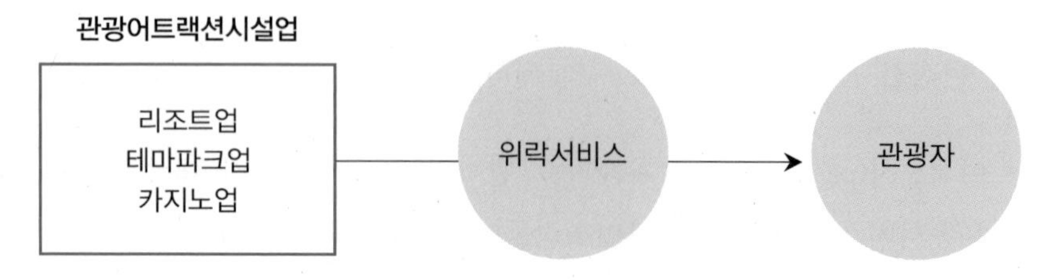


### 1) 리조트업

리조트업(resort industry)[14]은 관광자를 대상으로 레저시설, 숙박시설, 스포츠시설, 문화시설 등 복합시설을 갖추고 휴양서비스를 공급하는 사업조직들의 집합이다. 리조트업의 대표적인 예로 클럽 메드(Club Med)를 들 수 있다. 클럽 메드는 전 세계 관광지에 복합시설공간을 갖추고 장단기 휴가목적의 관광자에게 휴양서비스를 제공한다.

### 2) 테마파크업

테마파크업(theme park industry)[15]은 관광자를 대상으로 특정한 테마를 중심으로 구성된 인공적인 시설을 갖추고 체험서비스를 공급하는 사업조직들의 집합이다. 테마파크는 단순히 탈거리, 물놀이 시설, 서커스 등을 제공하는 전통적인 놀이공원의 연장선상에 있다. 하지만 특정한 테마를 중심으로 제품을 구성한다는 점에서 차이가 있다. 대표적인 테마파크로는 디즈니랜드(Disneyland), 유니버설 스튜디오(Universal Studios) 등이 있다. 디즈니랜드는 미키 마우스와 같은 애니메이션 캐릭터들을 활용하여 가상의 체험서비스를 제공한다. 유니버설 스튜디오는 영화를 소재로 하여 가상의 체험서비스를 제공한다.

### 3) 카지노업

카지노업(casino industry)[16]은 관광자를 대상으로 갬블링서비스를 공급하는 사업조직들의 집합이다. 최근에는 컴퓨터 게임이 확산되면서 갬블링(gambling)보다 더욱 넓은 의미의 개념인 게이밍(gaming)이라는 용어가 사용된다. 카지노업은 이용자의 국적에 따라 외국인만의 이용이 허용되는 외국인전용카지노업, 내외국인의 이용이 모두 허용되는 오픈카지노(open casino)업이 있다. 또한 입지에 따라서 도시형 카지노, 단위시설형 카지노, 복합리조트형 카지노 등이 있다.

- 도시형 카지노(city casino): 카지노 도시에 입지하여 갬블링서비스를 제공하는 사업조직들이다. 라스베이거스, 마카오 등 카지노 도시에 입지한 카지노들이 그 예이다.
- 시설형 카지노(facilities casino): 호텔이나 컨벤션센터와 같은 단위시설에 입지하여 갬블링서비스를 제공하는 사업조직들이다.
- 복합리조트형 카지노(integrated resort casino)[17]: 호텔, 엔터테인먼트, 쇼핑, 컨벤션 등 종합적인 서비스를 제공하는 복합시설공간에 위치하여 갬블링서비스를 제공하는 사업조직들이다. 대표적인 예로 싱가포르의 마리나베이샌즈, 리조트월드센토사 등을 들 수 있다.

## 제4절 간접공급자

간접공급자(indirect provider)는 직접공급자를 대상으로 사업과 관련된 전문서비스를 제공하거나 관광자를 대상으로 여행활동에 간접적으로 필요한 제품이나 서비스를 제공하는 사업조직들이다. 이들의 활동을 부문산업별로 구분하여 살펴보면, 다음과 같다([그림 5-8] 참조).

[그림 5-8] 간접공급자

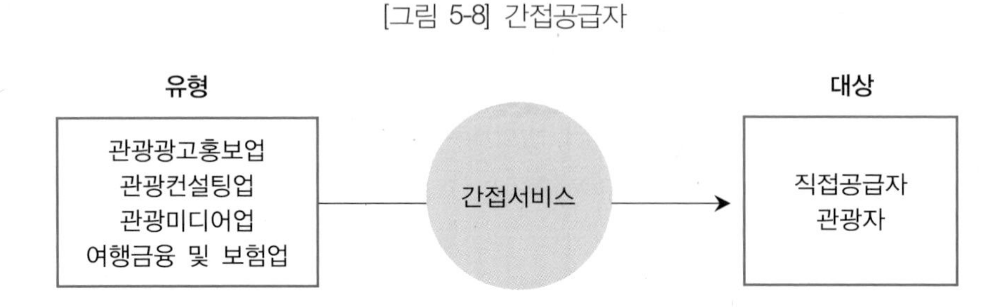


## 1. 관광광고홍보업

관광광고홍보업(tourism advertising and PR industry)은 직접공급자를 대상으로 광고기획, 시장조사, 홍보대행 등의 커뮤니케이션 관련 전문서비스를 공급하는 사업조직들의 집합을 말한다. 여행업, 호스피탈리티업, 교통업 등을 대상으로 광고, 홍보 등의 지원서비스를 제공한다.

## 2. 관광컨설팅업

관광컨설팅업(tourism consulting industry)은 직접공급자를 대상으로 개발사업이나 정책사업 등과 관련된 전문서비스를 제공하는 사업조직들의 집합을 말한다. 관광컨설팅사업자는 각종 관광개발사업이나 정책사업들이 지역사회와 깊은 관련성을 지니고 있다는 점에서 시장관계뿐 아니라 사회적 관계를 해결할 수 있는 전문 컨설팅서비스를 제공한다. 또한 직접공급자를 대상으로 인적자원 개발에 필요한 관광교육컨설팅서비스를 제공하는 전문서비스 조직들도 여기에 포함된다. 관광사업조직들이 필요로 하는 교육 콘텐츠를 개발하고, 관련 인력을 교육 · 훈련하는 전문 컨설팅서비스를 제공하는 것이 이들의 주요 역할이다.

## 3. 관광미디어업

관광미디어업(tourism media industry)은 관광자를 대상으로 여행활동에 간접적으로 필요한 정보서비스를 제공하는 미디어조직들의 집합을 말한다. 관광미디어에는 신문, 잡지, 출판, 라디오, 텔레비전 등의 전통적인 미디어들이 포함되며, 최근 인터넷의 발달과 함께 등장한 각종 온라인 미디어들이 포함된다. 또한 트위터(Twitter), 페이스북(Facebook), 유튜브(YouTube) 등과 같은 소셜미디어들도 포함된다. 관광미디어들은 미디어생태계에서 서로 경쟁하고 때로는 공진화하며 생존한다. 이러한 미디어의 경쟁력은 역시 미디어콘텐츠이다. 미디어콘텐츠(media contents)는 미디어가 가공하고 편집하여 제공하는 모든 종류의 정보물 내지는 정보상품을 말한다. 콘텐츠 유형에는 환경감시형 콘텐츠, 정보공유형 콘텐츠, 교양형 콘텐츠, 엔터테인먼트형 콘텐츠 등이 있다.

## 4. 여행금융 및 보험업

여행금융업(travel banking industry)은 관광자를 대상으로 여행활동에 간접적으로 필요한 금융서비스를 제공하는 사업조직들의 집합을 말한다. 서비스 유형에는 환전서비스, 해외카드결제서비스 등을 들 수 있다. 한편, 여행보험업(travel insurance services)은 관광자를 대상으로 여행활동과 관련된 보험서비스를 제공하는 사업조직들을 말한다. 이들은 여행 중에 발생하는 신체적·재산적 손해에 대해 보상해 주는 서비스를 제공한다.

## 제5절 융합공급자

융합공급자(convergence provider)는 컨벤션관광자, 의료관광자, 스포츠관광자, 농업관광자 등의 겸목적 관광자를 대상으로 새로운 융합 형태의 제품이나 서비스를 공급하는 사업조직들을 말한다. 이들의 활동을 부문산업별로 구분하여 살펴보면, 다음과 같다.

### 1. 컨벤션관광업

컨벤션관광업(convention tourism industry)[18)]은 컨벤션관광자를 대상으로 컨벤션서비스와 관광서비스를 융합하여 공급하는 사업조직들의 집합을 말한다. 컨벤션은 특정한 문제를 협의하기 위하여 모이는 세미나, 포럼, 전시회 등을 포함하는 회의이다. 전시회(exhibition)를 컨벤션과 구별하기도 하나, 넓은 의미에서는 컨벤션 개념에 포함된다. 컨벤션관광업에는 컨벤션주최자, 컨벤션관광서비스공급자, 컨벤션공공조직, 컨벤션매개서비스조직 등이 포함된다. 컨벤션주최자는 회의를 개최하고 주관하는 조직을 말한다. 이러한 주최조직에는 정부, 지방자치단체 등의 공공조직과 기업, 학회, 사회단체 등의 민간조직이 있으며, 국제기구나 협회 등의 국제조직이 있다. 컨벤션관광서비스공급자는 컨벤션 개최에 필요한 시설 및 서비스를 제공하는 조직을 말한다. 컨벤션센터, 호텔, 여행사, 통역업체, 장치시설업체 등이 포함된다. 컨벤션공공조직은 컨벤션 주최 및 유치를 지원하는 공공조직을 말한다. 컨벤션뷰로(CVB)가 대표적인 예이다. 또한, 운영방식에 따라서 정부조직에 의해 운영되는 경우와 민간조직에 의해 운영되는 경우가 있다. 컨벤션매개서비스조직은 컨벤션주최자로부터 컨벤션관련 업무를 위탁받아 대행하며 컨벤션관련 서비스를 컨벤션관광자에게 제공하는 중간 조직을 말한다. 컨벤션기획사(PCO:

Professional Convention Organizer)라고 한다. 컨벤션기획사는 매개서비스조직으로서 컨벤션관광서비스와 관련된 공급조직들과 컨벤션관광자를 연결해 주는 기능을 담당한다([그림 5-9] 참조).

[그림 5-9] 컨벤션관광업의 공급구조

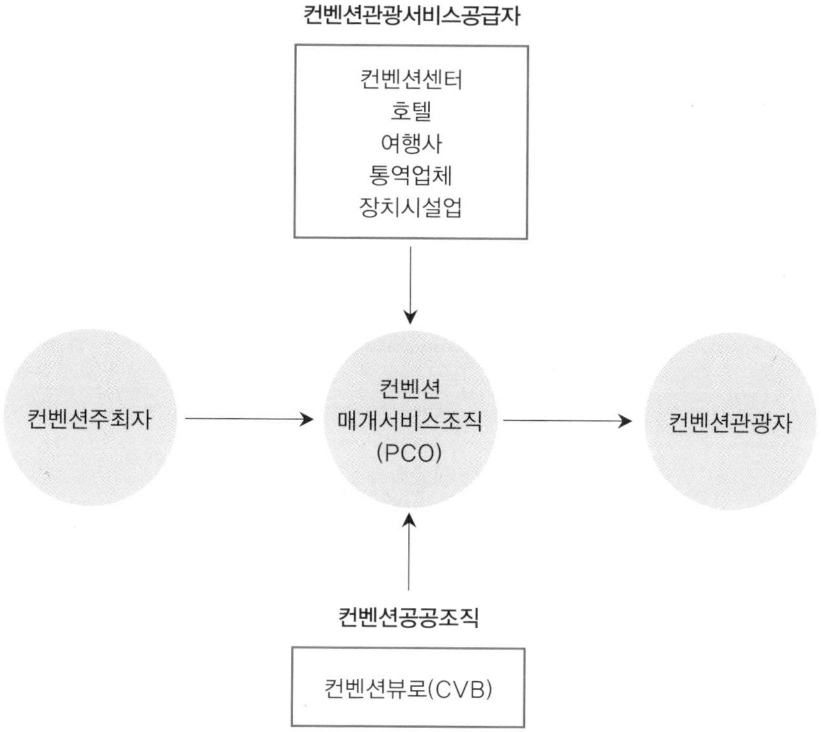

컨벤션관광서비스공급자

컨벤션센터
호텔
여행사
통역업체
장치시설업

컨벤션주최자 → 컨벤션 매개서비스조직 (PCO) → 컨벤션관광자

컨벤션공공조직

컨벤션뷰로(CVB)

## 2. 의료관광업

의료관광업(medical tourism industry)[19]은 의료관광자를 대상으로 의료서비스와 관광서비스를 융합하여 공급하는 사업조직들의 집합을 말한다. 의료관광자(medical tourist)는 치료를 주목적으로 여행활동을 하는 사람을 말한

다. 의료관광업에는 의료서비스공급자, 관광서비스공급자, 의료관광담당 공공조직, 의료관광에이전시 등이 포함된다. 의료서비스공급자는 의료관광자에게 의료서비스를 제공하는 병원, 의원 등의 조직을 말한다. 또한 관광서비스공급자는 의료서비스 외에 의료관광자가 필요로 하는 서비스를 제공하는 조직을 말한다. 호텔, 여행사, 보험사, 금융회사, 통역업체 등이 여기에 포함된다. 의료관광담당 공공조직은 의료관광자의 유치 및 관리를 지원하는 공공조직을 말한다. 의료관광에이전시(medical tourism agency)는 매개서비스조직으로서 의료관광서비스와 관련된 공급자들과 의료관광자를 연결해주는 기능을 담당한다([그림 5-10] 참조).

[그림 5-10] 의료관광업의 공급구조

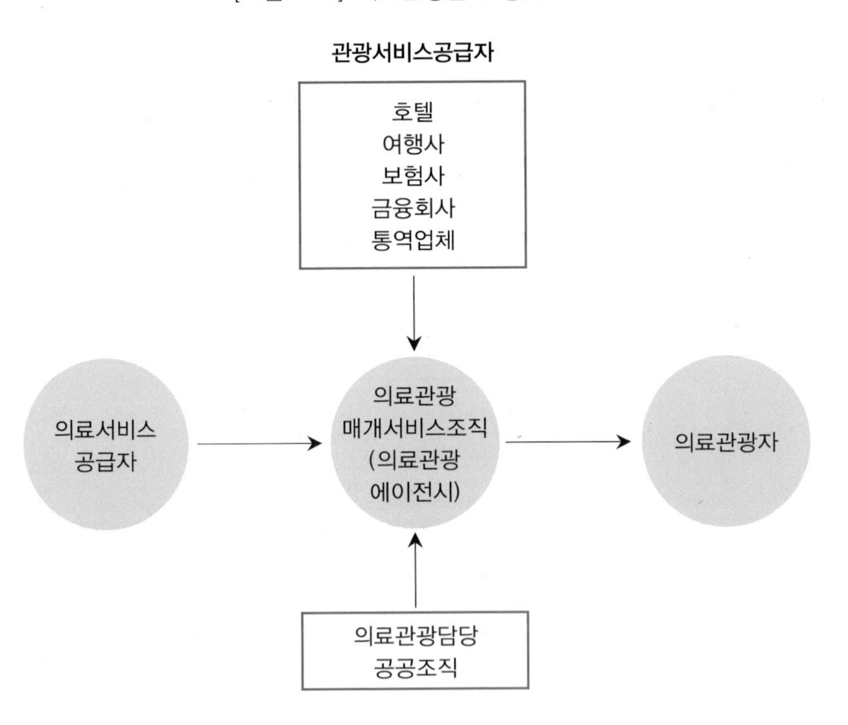

## 3. 스포츠관광업

스포츠관광업(sports tourism industry)[20]은 스포츠관광자를 대상으로 전문 스포츠 혹은 레저스포츠 등의 스포츠서비스와 관광서비스를 융합하여 공급하는 사업조직들의 집합을 말한다. 스포츠관광업에는 스포츠서비스공급자, 관광서비스공급자, 스포츠관광담당 공공조직, 스포츠관광에이전시 등이 포함된다. 올림픽, 월드컵, 국제골프대회, 마라톤대회, 자동차경주대회 등 전문 스포츠활동이나 스키, 골프, 요트 등 레저스포츠활동에 대한 관심이 증가하면서 스포츠관광업이 크게 성장하고 있다. 스포츠관광에이전시(sports tourism agency)는 매개서비스조직으로서 스포츠관광서비스와 관련된 공급자들과 스포츠관광자를 연결해주는 기능을 담당한다([그림 5-11] 참조).

[그림 5-11] 스포츠관광업의 공급구조

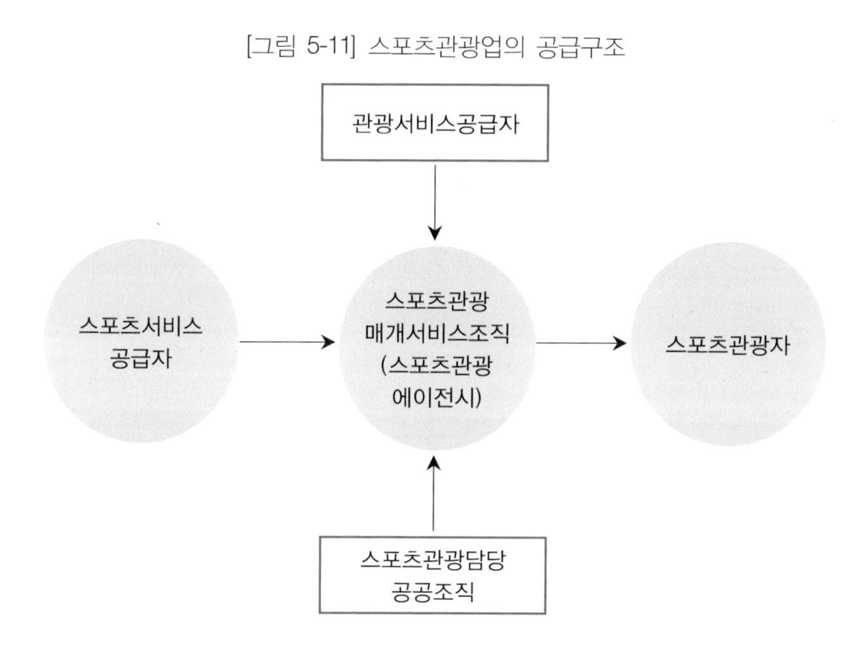

## 4. 엔터테인먼트관광업

엔터테인먼트관광업(entertainment tourism industry)[21]은 엔터테인먼트관광자를 대상으로 엔터테인먼트서비스와 관광서비스를 융합하여 공급하는 사업조직들의 집합을 말한다. 엔터테인먼트관광업에는 엔터테인먼트서비스공급자, 관광서비스공급자, 엔터테인먼트관광담당 공공조직, 엔터테인먼트관광에이전시 등이 포함된다. 엔터테인먼트서비스 유형에는 공연서비스, 공간시설서비스 등이 있다. 공연서비스에는 뮤지컬, 연극, 서커스 등이 포함되며, 공간시설서비스에는 영화촬영장, 스타뮤지엄 등이 포함된다. 엔터테인먼트관광에이전시(entertainment tourism agency)는 매개서비스조직으로서 엔터테인먼트관광서비스와 관련된 공급자들과 엔터테인먼트관광자를 연결해주는 기능을 담당한다([그림 5-12] 참조).

[그림 5-12] 엔터테인먼트관광업의 공급구조

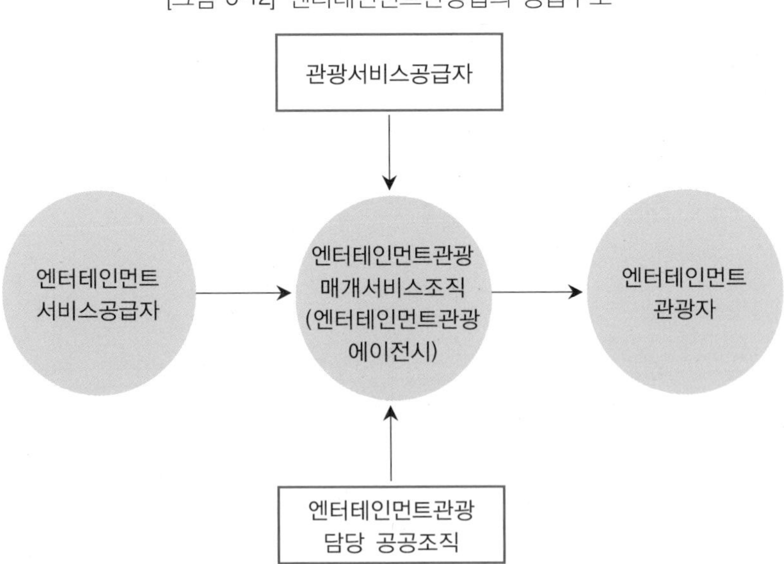

## 5. 농업관광업

농업관광업(agriculture tourism industry)[22]은 농업관광자를 대상으로 농업서비스와 관광서비스를 융합하여 공급하는 사업조직들의 집합을 말한다. 농업관광업에는 농업서비스공급자, 관광서비스공급자, 농업관광담당 공공조직, 농업관광에이전시 등이 포함된다. 농업서비스 유형에는 농업체험서비스, 농산물판매서비스 등이 있다. 관광농원, 관광과수원, 관광목장 등이 농업관광자를 대상으로 농업현장 체험서비스를 제공한다. 또한, 농업조합, 마을기업 등이 지역특산물을 판매한다. 농업관광에이전시(agriculture tourism agency)는 매개서비스조직으로서서 농업관광서비스와 관련된 공급자들과 농업관광자를 연결해주는 기능을 담당한다([그림 5-13] 참조).

[그림 5-13] 농업관광업의 공급구조

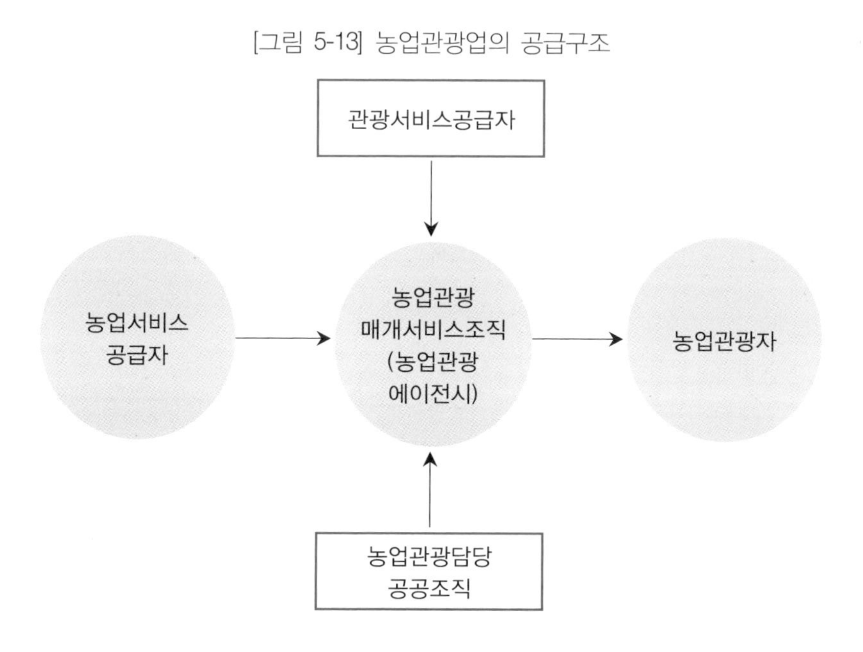

## 6. 쇼핑관광업

쇼핑관광업(shopping tourism industry)[23]은 쇼핑관광자를 대상으로 쇼핑서비스와 관광서비스를 융합하여 공급하는 사업조직들의 집합을 말한다. 쇼핑관광업에는 쇼핑서비스공급자, 관광서비스공급자, 쇼핑관광담당 공공조직, 쇼핑관광에이전시 등이 포함된다. 쇼핑서비스 유형에는 일반 쇼핑서비스와 전문 쇼핑서비스가 있다. 일반 쇼핑서비스에는 백화점, 쇼핑몰, 아울렛, 전통시장 등이 포함되며, 전문 쇼핑서비스에는 면세점(duty free shop)[24], 관광기념품점(tourist souvenir store), 관광자전문쇼핑점(tourist retail shop) 등이 포함된다. 쇼핑관광에이전시(shopping tourism agency)는 매개서비스조직으로서 쇼핑관광서비스와 관련된 공급자들과 쇼핑관광자를 연결해주는 기능을 담당한다([그림 5-14] 참조).

[그림 5-14] 쇼핑관광업의 공급구조

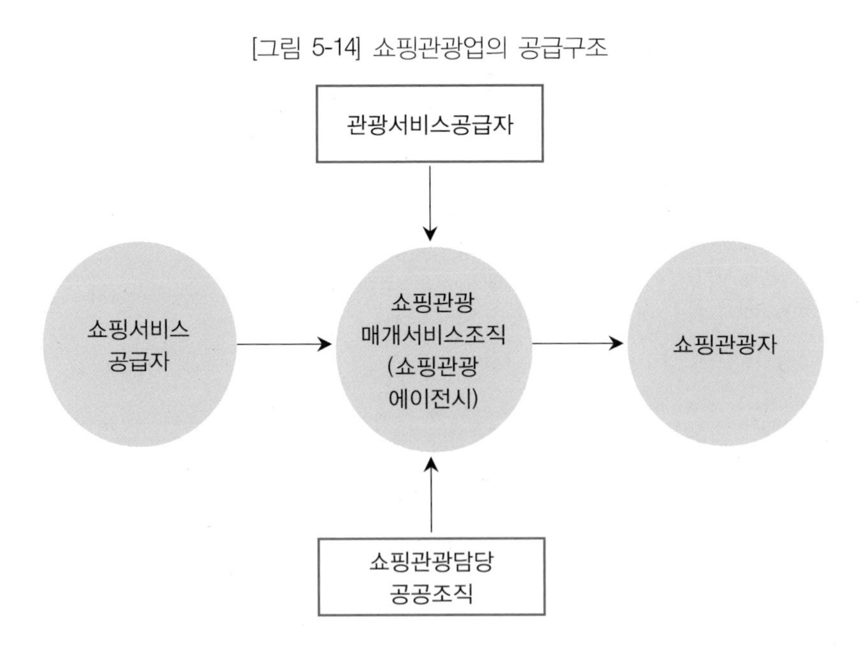

## 7. 교육관광업

교육관광업(educational tourism industry)[25]은 교육관광자를 대상으로 교육서비스와 관광서비스를 융합하여 공급하는 사업조직들의 집합을 말한다. 교육관광업에는 교육서비스공급자, 관광서비스공급자, 교육관광담당 공공조직, 교육관광에이전시 등이 포함된다. 교육서비스에는 전문교육서비스와 일반교육서비스가 포함된다. 전문교육서비스에는 교육관광자를 대상으로 제공되는 단기 어학과정, 전문교육디플로마과정, 체험학습과정 등이 포함되며, 일반교육서비스에는 정규 교육기관에서 제공하는 일반교육프로그램이 포함된다. 교육관광에이전시(educational tourism agency)는 매개서비스조직으로서 교육관광서비스와 관련된 공급자들과 교육관광자를 연결해주는 기능을 담당한다([그림 5-15] 참조).

[그림 5-15] 교육관광업의 공급구조

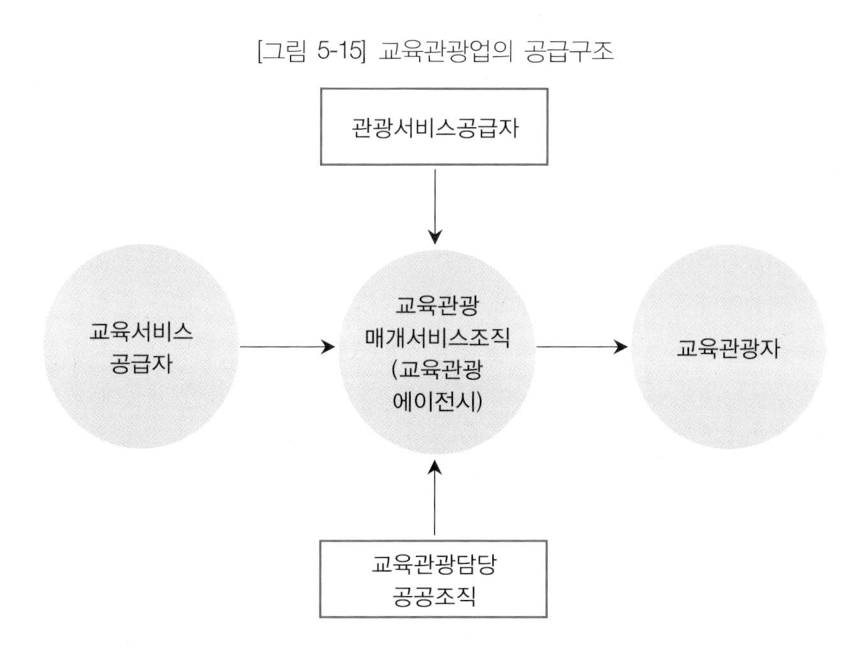

## 요약

이 장에서는 관광사업조직에 대해서 학습하였다.

관광사업조직(tourism business organization)은 '이윤의 획득을 목적으로 관광자를 대상으로 제품이나 서비스를 공급하는 사회조직'으로 정의된다. 또한 관광산업(tourism industry)은 '서로 다른 종류의 관광공급활동을 하는 부문산업들의 집합'으로 정의된다.

관광사업조직으로 구성된 관광산업은 다음과 같은 특징을 지닌다. 첫째, 관광산업은 서비스산업(service industry)이다. 관광산업은 제조산업과 달리 눈에 보이지 않는 서비스 제품을 생산하는 산업이다. 둘째, 관광산업은 시스템산업(system industry)이다. 관광산업은 여러 종류의 부문산업들이 결합하여 하나의 체계를 이루고, 환경변화에 함께 적응하는 특징을 지닌다. 셋째, 관광산업은 융합산업(convergence industry)이다. 관광산업은 다른 분야의 산업들과 결합하여 새로운 융합관광서비스를 공급한다.

관광사업조직의 유형으로는 직접공급자, 간접공급자, 융합공급자를 들 수 있다. 직접공급자(direct provider)는 관광자를 대상으로 관광자의 여행활동과 관련된 제품이나 서비스를 직접 공급하는 사업조직들을 말한다. 간접공급자(indirect provider)는 직접공급자를 대상으로 관광사업과 관련된 전문서비스를 제공하거나 관광자를 대상으로 여행활동에 간접적으로 필요한 제품이나 서비스를 제공하는 사업조직들을 말한다. 융합공급자(convergence provider)는 겸목적 관광자를 대상으로 융합 형태의 제품이나 서비스를 공급하는 사업조직들을 말한다.

직접공급자에는 여행업, 호스피탈리티업, 관광교통업, 관광어트랙션시설업 등이 있다.

여행업은 관광자와 관광공급자의 중간에서 여행매개서비스를 공급하는 사업조직들의 집합이다. 사업유형으로는 여행대리점, 투어 오퍼레이터, 로컬 오퍼레이터, 전문여행사, 온라인여행사 등이 있다.

호스피탈리티업은 숙박업과 식음료업을 통합적으로 부르는 전문 용어이다. 숙박업은 관광자를 대상으로 숙박서비스를 공급하는 사업조직들의 집합이다. 식음료업은 관광자를 대상으로 식사나 음료 등의 서비스를 공급하는 사업조직들의 집합을 말한다.

관광교통업은 관광자를 대상으로 장소 이동에 필요한 운송서비스를 공급하는 사업조직들의 집합을 말한다. 관광교통업은 교통수단의 유형에 따라서 항공업, 육상교통업, 해상교통업, 관광용교통업으로 구분된다.

관광어트랙션시설업은 리조트업, 테마파크업, 카지노업 등을 포함한다. 리조트업은 관광자를 대상으로 복합시설을 갖추고 휴양서비스를 공급하는 사업조직들의 집합을 말한다. 테마파크업은 관광자를 대상으로 특정한 테마를 중심으로 구성된 인공적인 시설을 갖추고 체험서비스를 공급하는 사업조직들의 집합을 말한다. 카지노업은 관광자를 대상으로 갬블링서비스를 공급하는 사업조직들의 집합을 말한다.

다음으로, 간접공급자에는 관광광고홍보업, 관광컨설팅업, 관광미디어업, 여행금융 및 보험업 등이 있다.

관광광고홍보업(tourism advertising and PR industry)은 직접공급자를 대상으로 광고기획, 시장조사, 홍보대행 등의 커뮤니케이션 관련 전문서비스를 공급하는 사업조직들의 집합을 말한다.

관광컨설팅업(tourism consulting industry)은 직접공급자를 대상으로 개발사업이나 정책사업 등과 관련된 전문서비스를 제공하는 사업조직들의 집합을 말한다.

관광미디어업(tourism media industry)은 관광자를 대상으로 여행활동에 간접적으로 필요한 정보서비스를 제공하는 미디어조직들의 집합을 말한다.

여행금융업(travel banking industry)은 관광자를 대상으로 여행활동에 간접적으로 필요한 금융서비스를 제공하는 사업조직들의 집합을 말한다. 여행보험업(travel insurance services)은 관광자를 대상으로 여행활동과 관련된 보험서비스를 제공하는 사업조직들을 말한다.

다음으로, 융합공급자에는 컨벤션관광업, 의료관광업, 스포츠관광업, 엔터테인먼트관광업, 농업관광업, 쇼핑관광업, 교육관광업 등이 있다.

컨벤션관광업(convention tourism industry)은 컨벤션관광자를 대상으로 컨벤션서비스와 관광서비스를 융합하여 공급하는 사업조직들의 집합을 말한다.

의료관광업(medical tourism industry)은 의료관광자를 대상으로 의료서비스와 관광서비스를 융합하여 공급하는 사업조직들의 집합을 말한다.

스포츠관광업(sports tourism industry)은 스포츠관광자를 대상으로 전문스포츠 혹은 레저스포츠 등의 스포츠서비스와 관광서비스를 융합하여 공급하는 사업조직들의 집합을 말한다.

엔터테인먼트관광업(entertainment tourism industry)은 엔터테인먼트관광자를 대상으로 엔터테인먼트서비스와 관광서비스를 융합하여 공급하는 사업조직들의 집합을 말한다.

농업관광업(agriculture tourism industry)은 농업관광자를 대상으로 농업서비스와 관광서비스를 융합하여 공급하는 사업조직들의 집합을 말한다.

쇼핑관광업(shopping tourism industry)은 쇼핑관광자를 대상으로 쇼핑서비스와 관광서비스를 융합하여 공급하는 사업조직들의 집합을 말한다.

교육관광업(educational tourism industry)은 교육관광자를 대상으로 교육서비스와 관광서비스를 융합하여 공급하는 사업조직들의 집합을 말한다.

## 참고문헌

1) Lundberg, D. E. (1980). *The tourist business.* NY: CBI Publishing.
Mill, R. C. (1990). *Tourism: The international business.* Englewood Cliffs, NJ: Prentice Hall.
Weiermair, K., & Mathies, C. (2004). *The tourism and leisure industry: Shaping the future.* Philadelphia, USA: Haworth Press.
2) Prideaux, B., Moscardo, G., & Laws, E. (Eds.). (2006). *Managing tourism and hospitality services: Theory and international applications.* NY: CABI Publishing.
3) Mill, R. C. & Morisson, A. M. (1985). *The tourism system.* Englewood Cliffs, NJ: Prentice Hall.
4) Jamal, T., & Robinson, M. (Eds.). (2009). *The SAGE handbook of tourist studies.* Thousand Oaks, CA: SAGE.
5) Gee, C., Choy, D., & Makens, J. (1984). *The travel industry.* AVI Publishing.
6) Archer, J., & Syratt, G. (2012). *Manual of travel agency practice.* London: Routledge.
7) Clarke, A., & Chen, W. (2009). *International hospitality management.* London: Routledge.
Powers, T. (1988). *Introduction to management in the hospitality industry.* NY: John Wiley & Sons.
8) Jones, P., & Lockwood, A. (2002). *The management of hotel operations.* Boston: Cengage Learning.
Lockyer, T. (2013). *The international hotel industry: Sustainable management.* London: Routledge.
O'Fallon, M. J., & Rutherford, D. G. (2011). *Hotel management and operations.* NY: John Wiley & Sons.
9) Christie, M. R. (2007). *Restaurant management: Customers, operations, and employees* (3rd Ed.). NY: Pearson Education.
Davis, B., Lockwood, A., Pantelidis, I., & Alcott, P. (2013). *Food and beverage management.* London: Routledge.
Ninemeier, J. D., & Hayes, D. K. (2006). *Restaurant operations management.* NJ: Pearson Prentice Hall.
Rushmore, S. (1983). *Hotels, motels and restaurants.* Chicago, IL: American Institute of Real Estate Appraisers.
10) 박시사(2008). 『항공사경영론』. 서울: 백산출판사.
Demsey, P. S., & Gesell, L. E. (2012). *Airline management: Strategies for the 21st century.* AZ: Coast Aire Publications.
Shaw, S. (2011). *Airline marketing and management.* Farnham, UK: Ashgate Publishing.
11) Doganis, R. (2006). *The airline business.* London: Routledge.
12) Duval, D. T. (2007). *Tourism and transport: Modes, networks and flows.* Bristol, UK: Channel View Publications.
13) Dowling, R. K. (Ed.). (2006). *Cruise ship tourism.* NY: CABI.

Mancini, M. (2004). *Cruising: A guide to the cruise line industry.* Boston, MA: Cengage Learning.

14) 이태희(2013). 『리조트 개발의 이해와 전략』. 서울: 새로미.

Mill, R. C. (2008). Resorts: Management and operation. Hoboken, NJ: John Wiley & Sons.

Upchurch, R., & Lashley, C. (2006). *Timeshare resort operations.* London: Routledge.

15) Clavé, S. A. (2007). *The global theme park industry.* NY: CABI.

Stein, A., & Evans, B. B. (2009). *An introduction to the entertainment industry.* NY: Peter Lang.

16) 이충기 · 권경상 · 박창규 · 김기엽(1999). 『카지노산업의 이해』. 서울: 일신사.

Eade, V. H. (1997). *Introduction to the casino entertainment industry.* Upper Saddle River, NJ: Prentice-Hall.

Walker, D. M. (2007). *The economics of casino gambling.* NY: Springer Science & Business Media.

17) Eadington, W. R., & Doyle, M. R. (Eds.). (2009). *Integrated resort casinos: Implications for economic growth and social impacts.* Institute for the Study of Gambling & Commercial Gaming College of Business, University of Nevada.

18) 김철원(2008). 『컨벤션 마케팅』. 서울: 법문사.

Chon, K. S., & Weber, K. (2014). *Convention tourism: International research and industry perspectives.* London: Routledge.

19) Hall, C. M. (2013). *Medical tourism: The ethics, regulation, and marketing of health mobility.* London: Routledge.

Hodges, J. R., Turner, L., & Kimball, A. M. (2012). *Risks and challenges in medical tourism: Understanding the global market for health services.* Santa Barbara, CA: ABC-CLIO.

Stolley, K. S., & Watson, S. (2012). *Medical tourism: A Reference Handbook.* Santa Barbara, CA: ABC-CLIO.

20) Hinch, T., & Higham, J. (2011). *Sport tourism development.* Bristol, UK: Channel View Publications.

Hudson, S. (2003). *Sport and adventure tourism.* London: Routledge.

Weed, M., & Bull, C. (2012). *Sports tourism: Participants, policy and providers.* London: Routledge.

21) Hughes, H. (2013). *Arts, entertainment and tourism.* Oxford, UK: Butterworth-Heinemann.

Walsh-Heron, J. & Stevens, T. (1990). *The management of visitor attractions & events.* Englewood Cliffs, NJ: Prentice Hall.

22) Torres, R. M., & Momsen, J. H. (Eds.). (2011). *Tourism and agriculture: New geographies of consumption, production and rural restructuring.* London: Routledge.

23) Cave, J., & Jolliffe, L. (Eds.). (2013). *Tourism and souvenirs: Global perspectives from the margins.* Bristol, UK: Channel View Publications.

Mason, J. B., & Mayer, M. L. (1981). *Foundations of retailing.* Dallas, TX: Business Publications.

Timothy, D. J. (2005). *Shopping tourism, retailing, and leisure.* Bristol, UK: Channel View Publications.

24) Som, A., & Blanckaert, C. (2015). *Luxury: Concepts, facts, markets and strategies.* Hoboken, NJ: John Wiley & Sons.

25) Ritchie, B. W. (2003). *Managing educational tourism.* Bristol, UK: Channel View Publications.

제6장

# 관광공공조직

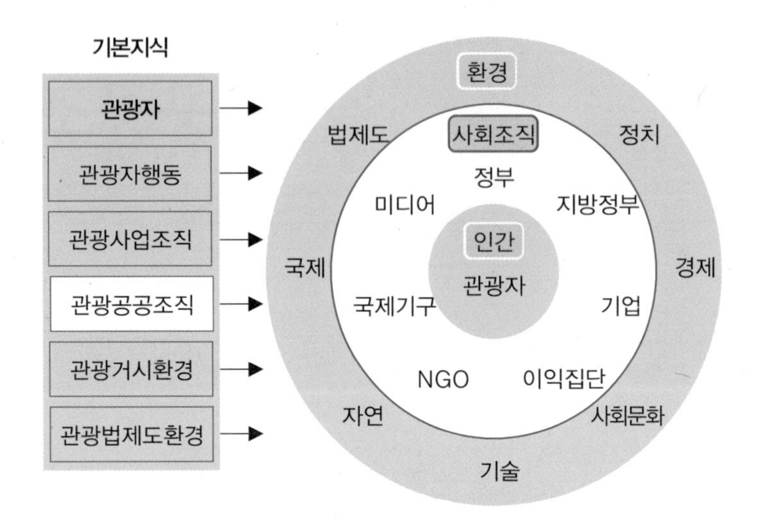


## 학습목표

이 장에서는 관광공공조직에 대해 학습한다. 관광공공조직은 공익 실현의 차원에서 관광문제를 해결하기 위해 활동하는 사회조직으로 정의된다. 이를 이해하기 위해 다음과 같은 학습목표를 세운다. 첫째, 관광공공조직의 기본 개념에 대해 학습한다. 둘째, 관광공공조직의 정부조직에 대해 학습한다. 셋째, 관광공공조직의 비정부조직 및 비영리조직, 국제기구에 대해 학습한다.

## 제1절 서론

이 장에서는 관광공공조직에 대해 학습한다.

관광공공조직은 관광의 개념을 구성하는 중위적 수준의 요소이다.

관광공공조직을 학습하는 목적은 관광을 구성하는 사회조직인 관광공공조직의 활동과 사회적 관계를 이해하는 데 있다. 이를 위해서는 관광공공조직의 개념 및 유형, 정부, 비정부 및 비영리조직, 국제기구 등에 대한 학습이 필요하다.

관광자의 여행활동을 통해서 다양한 사회조직들과의 관계가 형성된다. 앞 장에서 살펴보았듯이, 관광자는 관광사업조직들과 소비-공급의 관계를 통해 관광경제를 형성한다. 관광자는 소비활동을 통해 여행활동에 필요한 문제를 해결하고, 관광사업조직은 이를 통해 이윤을 획득한다.

하지만 모든 관광문제가 시장기구만을 통해 해결될 수는 없다. 저소득층이나 장애인 등과 관련하여 관광복지문제가 발생하고, 관광개발로 인한 환경훼손이나 환경오염문제 등 관광과 관련된 다양한 사회문제가 발생한다. 이러한 문제들을 해결하기 위해서는 관광공공조직의 활동이 필요하다. 그러므로 관광공공조직에 대한 학습은 관광공공조직에 대한 이해뿐만 아니라 사회문제 해결을 위한 방안을 모색한다는 점에서 중요한 의의를 지닌다.

학제적으로 관광공공조직에 대한 연구는 다학제적인 접근을 통해 이루어진다. 행정학, 정치학, 정책학, 사회학, 국제관계학 등으로부터의 접근이 이루어진다. 이를 통해 관광공공조직 전반에 대한 지식이 형성되고, 조직유형별로 개념, 구성, 기능 등에 대한 부문지식들이 정리된다.

관광공공조직에 대한 이해는 관광학 연구에서 기본지식에 해당된다. 관광공공조직의 개념, 유형, 구조, 기능 등을 학습함으로써 정부조직, 비정부 및 비영리조직, 국제기구 등의 활동에 필요한 응용지식을 모색할 수 있다.

이러한 인식을 바탕으로 이 장은 다음과 같이 구성된다. 우선 제1절 서론에 이어 제2절에서는 관광공공조직의 개념과 유형에 대해서 정리한다. 제3절에서는 정부조직에 대해서 다루며, 다음 제4절에서는 비정부 및 비영리조직에 대해서 정리한다. 제5절에서는 국제기구에 대해 다룬다.

## 제2절 관광공공조직

### 1. 개념

공공조직(public organization)[1]이라 하면, 공익을 실현하기 위한 목적으로 활동하는 사회조직을 말한다. 그러므로 공공조직은 이윤의 획득을 목적으로 활동하는 사업조직과는 대립되는 개념이다.

공익(public interest)은 크게 두 가지 관점으로 접근된다. 하나는 개인주의적 관점으로 공익을 '사회를 구성하는 불특정 다수인의 이익'으로 정의한다. 다른 하나는 집단주의적 관점으로 공익을 '사회 전체의 보편적 이익'으로 정의한다. 어떠한 관점에 기초하든 공익은 특정한 개인이나 집단의 이익을 의미하는 사익(private interest)과는 구별된다.

공익을 목적으로 하는 공공조직의 활동에는 배분, 규제, 재분배 등의 사회조정활동이 포함된다. 예를 들어, 도로, 항만, 공항 등의 사회간접자본 시설 확충, 각종 산업지원 대책 등의 배분활동을 들 수 있다. 또한 시장질서를 유지하거나, 환경문제를 해결하는 등의 규제활동을 들 수 있다. 또한 사회복지 및 사회보장을 위한 각종 재분배활동을 들 수 있다.

같은 맥락에서, 관광공공조직[2]은 공익 실현을 목적으로 활동하는 관광조직이다. 관광공공조직은 관광자의 여행활동과 관련하여 사회 전체 혹은 다수의 이익과 관계되는 활동을 수행한다. 관광시장문제, 관광산업경쟁력문제, 관광환경문제, 관광복지문제 등의 관광문제를 해결하는 역할을 담당한다. 관광사업조직이 경제적 활동을 수행하는 데 반해, 관광공공조직은 사회적 활동을 수행한다.

정리하면, 관광공공조직(tourism public organization)은 '공익 실현을 목적으로 관광문제를 해결하기 위해 활동하는 사회조직'으로 정의된다.

## 2. 유형

관광공공조직의 주요 유형은 다음과 같다([그림 6-1] 참조).

[그림 6-1] 관광공공조직의 유형

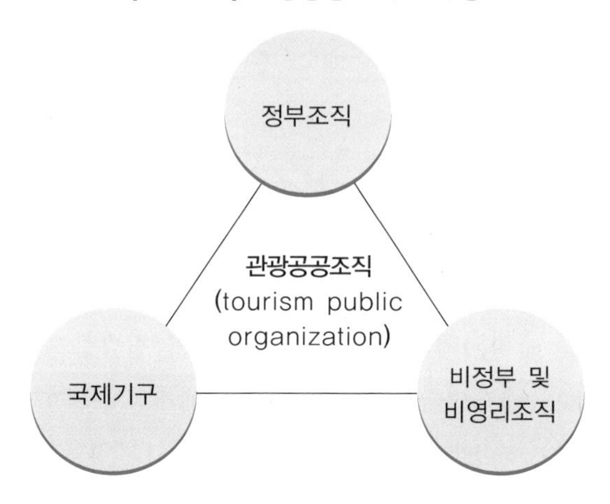


### 1) 정부조직

관광공공조직은 정부조직을 포함한다. 정부는 공익 실현을 위해 공식적으로 제도화된 조직이다. 관광과 관련된 정부조직에는 입법부, 대통령, 행정부 그리고 사법부 등의 국가기관이 포함되며, 또한 지방행정조직, 준정부조직 등이 포함된다. 교육, 환경, 보건 등과 같이 광범위한 사회영역과 비교하면, 관광은 아직까지는 범위가 좁은 사회영역이라고 할 수 있다. 하지만 관광정부조직의 범위에 있어서는 거의 모든 중앙정부조직과 지방정부조직이 연관되어 있다는 특징을 지닌다.

### 2) 비정부 및 비영리조직

관광공공조직은 비정부 및 비영리조직을 포함한다. 관광공공조직은 네트워크 조직[3)]을 특징으로 한다. 즉, 다양한 비공식적 행위자의 참여를 필요로 한다. 그만큼 관광문제가 다양하고 복잡하기 때문이다. 비공식적 행위자는 공식적 행위자인 정부가 아닌 행위자를 말한다. 그 대표적인 예가 비정부조직(NGO)과 비영리조직(NPO)이다. 이들의 참여를 통해 관광으로 발생하는 다양한 사회문제들에 가깝게 접근할 수 있다. 그런 의미에서 관광공공조직은 비공식적 행위자와의 네트워크가 매우 중요한 특징이라고 할 수 있다.

### 3) 국제기구

관광공공조직은 국제기구를 포함한다. 국제적 협력을 위한 핵심적인 조직이 국제기구(international organization)이다. 국제기구는 국제조약에 근거하여 복수의 국가로 구성되어 활동하는 조직체이다. 관광분야에서는 유엔세계관광기구(UNWTO), 경제협력개발기구(OECD), 세계경제포럼(WEF), 세계여행관광협의회(WTTC), 태평양·아시아관광협회(PATA) 등이 활동한다. 이들의 활동으로 국가 간에 발생하는 관광문제를 해결할 수 있다.

## 제3절 정부조직

### 1. 정부

정부(government)[4]는 국가의 통치권을 행사하는 조직을 말한다. 넓은 의미에서는 입법부와 행정부 그리고 사법부 전체를 포함하며, 좁은 의미에서는 행정부만을 포함한다. 정부의 구성과 기능은 정부형태에 따라 다르다. 현대 국가의 대표적인 정부형태는 대통령제와 의원내각제이다. 우리나라와 미국 등은 대통령제를 취하며, 일본이나 영국 등은 의원내각제를 취한다. 대통령제를 바탕으로 하여 정부조직의 구조와 기능을 살펴보면, 다음과 같다([그림 6-2] 참조).

[그림 6-2] 정부조직의 구조와 기능

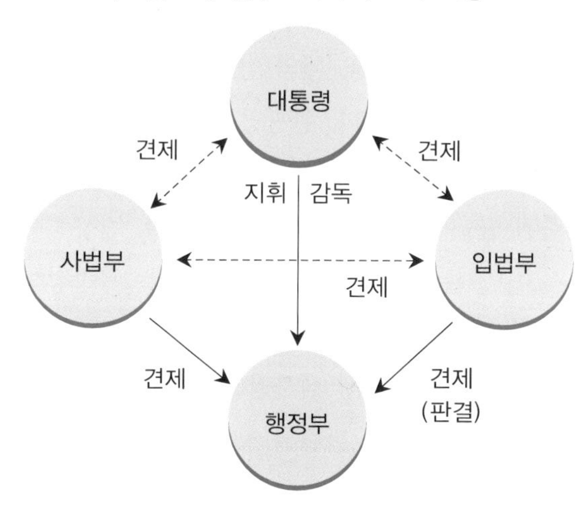


#### 1) 대통령

대통령(president)은 국가를 대표하며 행정부의 수반으로서 국정을 수행한다. 삼권분립의 원리에서 볼 때 대통령은 행정부의 수반으로서 입법부와 사법부와 동등한 지위를 지닌다. 하지만 대통령은 국가대표기관으로서 입법부와 사법부를 견제할 수 있다. 대통령의 권한을 관광업무와 관련하여 정리하면, 다음과 같다. 첫째, 대통령은 관광행정 전반에 관한 결정권과 통제권을 갖는다. 대통령은 관광정책과정에서 최종 정책결정권을 가지며, 정책집행과정에서 행정부를 통제한다. 둘째, 대통령은 관광입법을 견제하는 권한을 갖는다. 관광입법이 불합리할 경우 대통령은 법률안 거부권을 행사할 수 있으며, 또한 필요한 법률을 제시하는 법률제안권을 갖는다. 셋째, 대통령은 사법권의 심판결과에 대한 견제권을 갖는다. 대통령은 사면권, 감형권, 복권권 등을 통해 재판권을 견제할 수 있다.

### 2) 입법부

입법부(legislature)는 국가 통치를 위해 법률을 제정하며, 국정을 감시하고 견제하는 역할을 담당한다. 입법부는 국민에 의해 선출된 의원들로 구성되는 회의체 기구로서의 특징을 지닌다. 대의 정치의 핵심적인 기관이라고 할 수 있다. 일반적으로 의회라고 부른다. 관광업무와 관련된 입법부의 권한을 정리하면, 크게 세 가지를 들 수 있다. 첫째, 관광 입법에 관한 권한이다. 입법부는 관광과 관련된 법률을 제정하는 권한을 갖는다. 관광정책이 기본적으로 법률의 형식을 갖고 있다는 점을 고려할 때 입법부는 관광정책결정권을 지닌다. 둘째, 관광 재정에 관한 권한이다. 입법부는 관광과 관련된 예산안을 심의 및 확정하며, 지출 승인 및 결산 심사권을 갖는다. 셋째, 관광정책 통제에 관한 권한이다. 입법부는 관광과 관련된 정책집행 및 성과에 대한 국정감사권과 조사권을 갖고 있다. 한편, 입법부는 이러한 업무를 원활하게 수행하기 위하여 관광 업무를 관장하는 분과위원회를 두고 있다.

### 3) 행정부

행정부(administration)는 국가 사무를 실행하는 역할을 담당한다. 행정부는 법을 집행하며, 법에 따라 국가 사무를 실행하는 권한, 즉 행정권을 지닌다. 삼권분립의 원리에 기초하여 행정부는 입법부와 사법부의 견제를 받는다. 이러한 견제에도 불구하고 행정부는 재량권과 전문성을 기반으로 하여 전반적인 국가 사무를 수행하는 데 있어서 중요한 권한을 행사한다. 관광과 관련하여 행정부의 권한을 정리하면, 크게 세 가지를 들 수 있다. 첫째, 행정부는 관광업무를 실행하는 권한을 갖는다. 행정부는 관광자원개발, 관광홍보마케팅, 관광산업육성, 관광인력개발, 국민관광활성화, 국제관광교류증진 등 다양한 분야의 관광업무를 수행한다. 둘째, 행정부는 관광과 관련된 사회간접시설을 구축하는 권한을 갖는다. 행정부는 공항, 항만, 도로, 박물관, 미술관 등 관광과 관련된 각종 공공시설을 건설하고 관리한다. 셋째, 행정부는 사회질서를 유지하고 국민 보호를 위한 활동을 수행한다. 관광지에서의 치안유지, 관광 안전사고 예방 및 대처, 해외여행에서의 안전 및 보호 등 관광과 관련된 행정업무를 수행한다.

### 4) 사법부

사법부(judiciary)는 법을 해석하고 판단하여 적용하는 역할을 담당한다. 삼권분립의 원리에 따라 입법부는 법률을 제정하는 권한을 가지며, 행정부는 법을 집행하는 권한을 가진 반면에, 사업부는 법질서를 유지하는 재판권을 갖는다. 재판권에는 민사 · 형사 재판권, 행정재판권, 위헌법률심사권, 탄핵재판권 등이 포함된다. 사법부의 행정부에 대한 견제는 소송제기를 통해 이루어진다는 점에서 한계가 있으나, 재판을 통한 견제라는 점에서 강제성이 크다. 사법부를 구성하는 기관으로는 법원과 헌법재판소가 있다. 법원은 법률에 따라 재판을 하며, 헌법재판소는 법률이 헌법에 위배되는지 여부를 심판

한다. 관광과 관련하여 사법부의 권한을 정리하면, 다음과 같다. 첫째, 사법부는 관광행정업무와 관련하여 행정재판권을 갖는다. 일반 행정업무와 마찬가지로 관광행정에서도 다양한 분쟁이 발생하며 이에 대해 사법부는 재판권을 통해 관광행정을 통제한다. 둘째, 사법부는 관광관련 법률의 위헌심판을 결정하는 헌법재판권을 갖는다. 사법부는 관광행정업무와 관련하여 해당법률의 위헌여부, 국가기관 간 혹은 지방조직 간 권한 분쟁에 대한 재판권을 행사한다.

## 2. 관광행정조직

관광행정조직[5]은 관광사무를 실행하는 정부조직을 말한다. 관광행정조직에는 크게 중앙관광행정조직과 지방관광행정조직 그리고 준정부관광조직이 포함된다. 이들 조직의 구성을 살펴보면, 다음과 같다([그림 6-3] 참조).[6]

[그림 6-3] 관광행정조직의 구성

### 1) 중앙관광행정조직

중앙관광행정조직은 중앙정부 수준에서 관광사무를 실행하는 정부조직이다. 관광용어로는 이를 국가관광기관(NTA: National Tourism Administration)으로 통칭한다. 국가관광기관(NTA)은 특정한 국가의 관광행정을 총괄하는 조직으로 국가마다 그 형태와 위상이 다르다. 주요 조직형태로는 관광부와 같은 독립적인 부처조직, 문화관광부나 통상관광부와 같이 관련 부처와의 연합적인 부처조직, 관광청과 같은 부처 내 단위행정조직 등이 있다.

### 2) 지방관광행정조직

지방관광행정조직[7]은 지방정부 수준에서 관광업무를 실행하는 정부조직이다. 정부의 수준에 따라 광역자치단체에 속하는 관광행정조직과 기초자치단체에 속하는 관광행정조직으로 구분된다. 관광용어로는 광역자치단체에 속하는 관광행정조직을 지역관광기관(RTA: Regional Tourism Administration), 기초자치단체에 속하는 관광행정조직을 지방관광기관(LTA: Local Tourism Administration)이라고 한다. 먼저, 지역관광기관(RTA)은 지역을 범위로 하여 관광행정업무를 수행한다. 주요 업무로는 지역고유의 지역관광자원개발, 지역관광마케팅, 지역관광산업육성 등의 업무와 함께 국가관광기관(NTA)의 사무를 대행하는 업무를 들 수 있다. 우리나라 대부분의 광역자치단체가 국 혹은 본부단위의 관광행정조직을 설치하고 있으며, 조직형태로는 문화체육관광국, 문화관광디자인본부, 환경관광문화국과 같이 관련업무와 연합된 행정조직을 두고 있다. 다음으로, 지방관광기관(LTA)은 지방을 범위로 하여 관광행정업무를 수행한다. 주요 업무로는 지방 고유의 관광사무와 함께 국가관광기관(NTA)과 지역관광기관(RTA)의 사무를 대행하는 업무를 들 수 있다.

### 3) 준정부관광조직

준정부관광조직은 정부에 준하는 공적인 기능을 수행하는 공공조직이다.[8) 준정부관광조직은 정부 혹은 지방정부의 투자, 출자, 재정지원 등으로 운영된다. 이러한 준정부관광조직은 정부 수준에 따라 국가관광조직(NTO: National Tourism Organization), 지역관광조직(RTO: Regional Tourism Organization), 지방관광조직(LTO: Local Tourism Organization) 등으로 구분된다. 먼저, 국가관광조직(NTO)[9)]은 중앙정부 수준의 공공기관으로 국가관광기관(NTA) 업무의 대행 및 고유의 관광업무를 수행한다. 주요 업무로는 국가관광홍보, 관광상품개발 등 국가 수준의 관광마케팅업무를 들 수 있다. 국가에 따라서는 관광자원개발, 국가브랜드관리 등의 업무를 수행하기도 한다. 다음으로, 지역관광조직(RTO)은 광역자치단체 수준의 공공기관으로 지역관광기관(RTA) 업무의 대행 및 고유의 관광업무를 수행한다. 주요 업무로는 관광마케팅업무가 주를 이루며, 관광자원개발 및 관광시설운영업무 등을 들 수 있다. 그 다음으로, 지방관광조직(LTO)은 기초자치단체 수준의 공공기관으로 지방관광기관(LTA) 업무의 대행 및 고유의 관광업무를 수행한다. 주요 업무로는 지역관광조직(RTO)와 마찬가지로 관광마케팅업무가 주를 이루며, 관광자원개발 및 관광시설운영업무 등을 들 수 있다.

## 제4절 비정부 및 비영리조직

비정부 및 비영리조직은 비공식적 공공행위자이다. 비정부 및 비영리조직들의 활동을 비정부기구, 이익집단, 공공연구기관 그리고 사회적 기업과 협동조합의 순으로 살펴본다.

## 1. 비정부기구

비정부기구(NGO: Non-Governmental Organization)[10)]는 사회전체의 공동이익을 위해 자발적으로 활동하는 시민사회단체이다. 공익을 추구한다는 점에서 정부의 기능과 유사하나, 시민의 자발적 모임이라는 점에서 차이가 있다. 또한, 비정부기구는 영리를 추구하지 않는다는 점에서 비영리조직으로서의 특징을 지닌다. 이러한 점들을 고려하여 비정부기구는 정부와 기업과의 관계에서 제3섹터로 규정된다. 또한 명칭에서는 시민의 모임이라는 점을 강조하여 시민단체(Civil Organization) 혹은 시민사회단체(Civil Society Organization)라는 용어가 혼용된다. 역사적으로 볼 때, 비정부기구는 1945년에 창설된 국제연합(United Nations)과 맥을 같이 한다. 국제연합은 정부의 연합을 기조로 하고 있으며, 여기에 민간단체들이 합류하여 활동하면서 이들을 정부와 구분하여 비정부기구로 부르기 시작하였다. 비정부기구의 주요 기능은 다음과 같다. 첫째, 인권 · 환경 · 보건 등의 사회적 이슈에 대해 인간의 가치를 옹호하고 사회 공동의 이익을 추구하는 활동을 전개한다. 관광개발로 인해 발생하는 환경훼손이나 오염 등의 문제도 비정부기구의 관심사항 가운데 하나이다. 둘째, 시민의 정치참여를 장려하며, 시민운동을 전개한다. 대의 정치제도가 지닌 대표성의 문제점을 제기하며 시민의 적극적인 정치참여를 독려한다. 셋째, 정부의 활동을 감시하고, 정책과정에 참여한다. 관광부문에서도 비정부기구는 정부의 관광과 관련된 활동을 감시하며 관광정책의 모든 과정에 참여한다. 비정부기구는 지역적으로, 국가적으로, 국제적으로 조직되어 활동한다.

## 2. 이익집단

이익집단(interest group)은 조직구성원들의 공통 이익을 증진시키기 위한 목적으로 활동하는 비영리단체이다. 자발적 민간단체라는 점에서는 비정부기구와 유사하나, 사회 전체의 공동 이익이 아닌 특정 조직구성원들의 공통 이익을 추구한다는 점에서는 차이가 있다. 또한 비영리적 조직이라는 점에서 기업과는 구분되며, 비정부기구와 유사하다. 이익집단의 주요 기능으로는, 첫째 조직구성원의 공통 이익의 표출 기능이다. 이익집단은 소속된 구성원들에게 영향을 미치는 각종 사회이슈들에 대해 공통의 입장을 제시하고 이들의 이익을 대변한다. 둘째, 관련 정책과정에 참여한다. 이익집단은 관련된 정책과정에 직간접적으로 참여함으로써 자신들의 이익을 도모한다. 이익집단의 유형은 제도화를 기준으로 제도적 이익집단과 회원제 이익집단으로 구분된다. 제도적 이익집단은 특정분야의 구성원들이 법적으로 회원이 되는 형태이며, 회원제 이익집단은 특정분야의 구성원들이 자발적으로 선택하여 회원으로 가입하는 형태이다. 우리나라 지역별 관광협회나 업종별 관광협회는 제도적 이익집단에 속한다. 우리나라 관광분야에서 활동하는 주요 업종별 이익집단들에 대해 살펴보면, 다음과 같다([그림 6-4] 참조).

[그림 6-4] 주요 관광이익집단

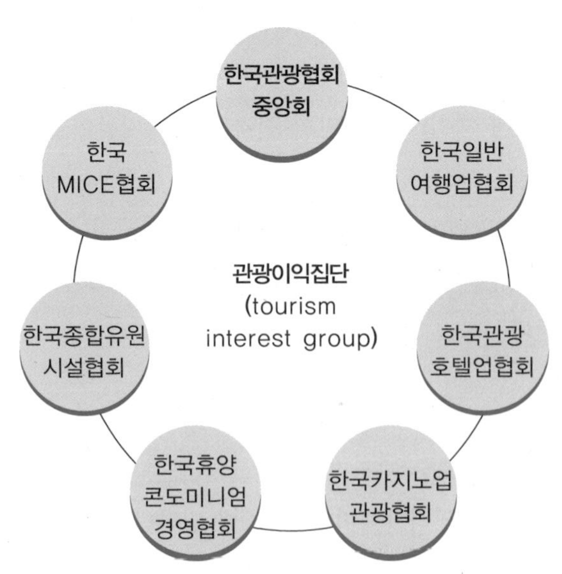

### 1) 한국관광협회중앙회

한국관광협회중앙회는 관광산업을 대표하는 이익집단이다. 동 협회는 1963년 관광진흥법에 근거하여 설립되었다. 동 협회는 관광산업의 업종별, 지역별 협회가 회원으로 참여함으로써 협회의 협회라는 점이 특징이다. 이러한 유형의 협회를 정상연합(peak association)으로 개념화한다. 동 협회는 관광산업을 구성하는 각종 업종별 협회 및 지역협회들을 대표하며 회원 조직들의 공통의 이익을 실현하는 것을 목적으로 한다. 동 협회의 기능은 크게 두 가지로 정리된다. 하나는 정부와의 정치적 관계를 구성하는 기능이다. 정책현안에 대한 의견제시, 정책대안 발굴, 법률제정과정에 참여 등이 주요 활동이다. 다른 하나는 관광산업발전을 위한 기능이다. 관광산업인력 교육, 관광산업발전관련 연구, 학술세미나 개최 등의 활동을 들 수 있다. 그밖에 관광산업 인지도 향상을 위한 각종 홍보활동들을 전개한다.

### 2) 한국일반여행업협회

한국일반여행업협회는 여행업을 대표하는 이익집단이다. 동 협회는 1991년 관광진흥법에 근거하여 설립되었다. 동 협회는 여행업에 속하는 사업조직들을 회원으로 한다. 동 협회는 여행기업들의 공통 이익을 실현하는 데 목적을 둔다. 주요 기능으로는 정책관련 기능과 여행업 발전 기능을 들 수 있다. 우선, 정책관련 활동으로는 여행업관련 법규의 제 · 개정과정 참여, 소비자 약관 제 · 개정업무, 여행업 유통구조 개선사업 등이 있다. 다음으로, 여행업 발전을 위한 활동으로는 여행업 인력교육사업, 여행소비자 피해 보상업무, 여행정보센터 운영, 관광통역지원센터 운영, 해외 기관들과의 국제교류사업 등이 있다.

### 3) 한국관광호텔업협회

한국관광호텔업협회는 관광호텔업을 대표하는 이익집단이다. 동 협회는 1996년 관광진흥법에 근거하여 설립되었다. 동 협회는 관광호텔업에 속하는 사업조직들을 회원으로 한다. 동 협회는 호텔기업들의 공통 이익을 실현하는 데 목적을 둔다. 주요 기능으로는 정책관련 기능과 관광호텔업 발전을 위한 기능이 있다. 먼저, 정책관련 활동으로는 관광호텔업 관련 법률 개정사업, 관광호텔업 관련 세제 개편(부가가치세, 재산세 등), 관광호텔업 관련 정책과정 참여 등을 들 수 있다. 다음으로, 관광호텔업 발전 활동으로는 관광호텔 종사원 교육훈련, 조사연구사업, 해외 관련 기관들과의 교류협력사업 등을 들 수 있다.

### 4) 한국카지노업관광협회

한국카지노업관광협회는 카지노업을 대표하는 이익집단이다. 동 협회는 1995년 관광진흥법에 근거하여 설립되었다. 동 협회는 카지노업에 속하는 사업조직들을 회원으로 한다. 동 협회는 카지노기업들의 공통 이익을 실현하는 데 목적을 둔다. 주요 기능으로는 정책관련 기능과 카지노업 발전 기능이 있다. 우선, 정책관련 활동으로는 해외 카지노 고객 유치를 위한 해외공관과의 업무협력, 카지노업 인허가 사업에 대한 정책제언, 카지노업 감독관리에 관한 정책협력, 카지노업 관련 법률 개정사업 등이 있다. 다음으로, 카지노업 발전 활동으로는 카지노업 종사자에 대한 교육훈련, 연구조사사업, 해외 관련 단체와의 교류협력 등이 있다. 이밖에 카지노업 관련 인식개선사업을 전개한다.

### 5) 한국휴양콘도미니엄경영협회

한국휴양콘도미니엄경영협회는 휴양콘도미니엄업을 대표하는 이익집단이다. 동 협회는 1998년에 관광진흥법에 근거하여 설립되었다. 동 협회는 휴양콘도미니엄업에 속하는 사업조직들의 공통 이익을 실현하는 데 목적을 둔다. 주요 기능으로는 정책관련 기능과 휴양콘도미니엄업 발전 기능이 있다. 먼저, 정책관련 활동으로는 휴양콘도미니엄업관련 정책과정 참여, 산업여건 개선사업, 인허가 관련 규제 개선사업 등이 있다. 다음으로, 업계 발전 활동으로는 휴양콘도미니엄업 종사자에 대한 교육훈련, 조사연구사업, 소비자 피해방지 사업, 콘도미니엄 회원의 권익 보호 활동, 사회적 책임 실천사업 등을 들 수 있다.

### 6) 한국종합유원시설협회

한국종합유원시설협회는 유원시설업을 대표하는 이익집단이다. 동 협회는 1985년 관광진흥법에 근거하여 설립되었다. 동 협회는 유원시설업에 속하는 사업조직들의 공통 이익을 실현하는 데 목적을 둔다. 주요 기능으로는 정책관련 기능과 유원시설업 발전 기능이 있다. 먼저, 정책관련 활동으로는 유원시설업 관련 정책과정 참여, 유원시설 안전검사 대행, 업계관련 조세 제도 개선사업, 각종 정책관련 제안사업 등을 들 수 있다. 다음으로, 업계 발전 활동으로는 유원시설업관련 조사연구사업, 유원시설의 제작수급 및 자원조달 관련 지원사업, 종사자 교육훈련, 안전관리자 양성사업, 유원시설업 대외홍보사업 등을 들 수 있다.

### 7) 한국MICE협회

한국MICE협회는 MICE업을 대표하는 이익집단이다. 동 협회는 2003년 관광진흥법에 근거하여 설립되었다. 동 협회는 MICE업에 속하는 사업조직들의 공통 이익을 실현하는 데 목적을 둔다. 주요 기능으로는 정책관련 기능과 업계 발전 기능이 있다. 먼저, 정책관련 활동으로는 국제회의산업 육성 및 진흥에 관한 정책제안 및 건의사업, 관련부처와의 협력사업, 해외 사업유치를 위한 마케팅협력 등을 들 수 있다. 다음으로, 업계 발전 활동으로는 국제회의 전문인력 양성사업, 관련 연구조사사업, MICE관련 정보제공 사업, 국제 동향 및 시장정보 교류, 해외 관련 단체 및 기구들과의 교류협력 사업 등을 들 수 있다.

## 3. 공공연구기관

공공연구기관(public research institute)은 특정한 사회문제 해결에 필요한 전문적인 정책 지식을 제공하기 위해 연구하는 공적인 조직이다. 공공연구기관은 이윤 획득의 목적이 아니라 공익 실현의 목적에서 운영되며, 운영재원이 정부의 예산 지원에 의해서 이루어진다는 점이 특징이다. 그런 점에서 정부출연연구기관으로 불리기도 한다. 관광정책연구와 관련해서는 '한국문화관광연구원'이 그 예가 된다. 한국문화관광연구원은 중앙관광행정기관인 문화체육관광부에 소속되어 관광정책 전반에 관한 연구를 수행한다. 이밖에도 지역정부 차원에서 운영되는 지역발전연구원들이 있으며, 이들을 통해 지역관광정책연구가 수행된다. 이러한 공공연구기관이 성공적으로 제 기능을 하기 위해서는 세 가지 조건이 충족되어야 한다. 첫째, 정책정보의 공유이다. 정책 정보를 가지고 있는 정부기관이 공공연구기관과 정보를 공유할 때 정책연구가 활성화될 수 있다. 둘째, 자율성이다. 정부기관이 공공연구기관의 예산권, 인사권 등을 관장할 경우 공공연구기관의 독립적인 운영을 보장하기는 어렵다. 셋째, 책임성이다. 연구결과에 대하여 공공연구기관이 책임감과 윤리의식을 갖는 것이 중요하다.

## 4. 사회적 기업과 협동조합

사회적 기업(social enterprise)[11]은 사회적 목적을 추구하면서 생산, 판매 등의 경영활동을 수행하는 사회조직을 말한다. 영리 기업과의 차이점은 이윤 추구가 아닌 사회적 목적을 추구하는 데 있다. 대표적인 활동으로는 취약계층에 대한 지원, 일자리 창출 등을 들 수 있다. 유럽이나 미국 등에서 1970년대부터 활동이 시작되었으며, 특히 영국에서 활성화되었다. 대표적인 사례로, 노숙자의 재활을 지원하는 잡지출판사업인 빅이슈(The Big Issue), 레스토랑 수익금으로 사회적으로 소외된 젊은이들을 위해 직업교육을 지원하는 피프틴 레스토랑(Fifteen) 등을 들 수 있다. 한국에서는 '사회적 기업육성법'을 통해 사회적 기업의 활동을 지원하고 있다. 한편, 유사한 개념으로 협동조합(cooperative)이 있다. 협동조합은 19세기 중엽 영국에서 등장하였으며, 영리를 추구하는 것이 아닌 경제적 약자 간의 상호부조에 목적을 두고 있다는 점에서 그 맥을 함께 한다. 협동조합은 본래 일종의 사회운동으로 시작되었으며, 자본구성체가 아닌 인적구성체라는 점에서 민주성을 지닌다. 협동조합에는 생산자 협동조합, 소비자 협동조합 등이 있다.

# 제5절 국제기구

국제기구(international organization)[12]는 국제조약에 근거하여 다수의 국가로부터의 대표들로 구성되어 활동하는 조직을 말한다. 국제단체, 국제기관 등의 용어가 혼용된다. 국제기구의 유형을 정리하면, 우선 구성 주체에 따라 정부로 구성되는 국제정부간기구(international inter-governmental organization)와 민간으로 구성되는 국제비정부기구(international governmental organization)

그리고 정부와 민간이 공동으로 참여하는 국제민관합동기구(international public-private organization)로 구분된다. 다음으로, 대상지역을 기준으로 전 세계를 대상으로 하는 일반국제기구(general international organization)와 지역을 대상으로 하는 지역국제기구(regional international organization)로 구분된다. 일반국제기구에는 국제연합(United Nations), 국제노동기구(International Labor Organization) 등이 있으며, 지역국제기구로는 유럽연합(European Union), 아세안(Association of Southeast Asian Nations) 등이 있다. 그 다음으로, 문제의 범위를 기준으로 포괄적인 문제를 다루는 종합국제기구(general international organization)와 특정한 문제를 다루는 전문국제기구(special international organization)가 있다.

다음에서는 관광분야에서 활동하는 주요 국제기구들에 대해 살펴본다([그림 6-5] 참조).

[그림 6-5] 국제관광기구

## 1. 유엔세계관광기구

유엔세계관광기구(UNWTO: UN World Tourism Organization)는 세계관광산업의 진흥을 위해 설립된 국제기구이다. 150여 국가의 정부를 정회원으로 하고 있으며, 준정부관광조직들을 준회원으로 하고 있다. 국제기구의 유형으로는 정부를 구성단위로 한다는 점에서 국제정부간기구이며, 전 세계를 대상으로 한다는 점에서 일반국제기구이다. 또한 관광문제를 문제의 범위로 한다는 점에서 전문국제기구에 해당된다. 동 기구는 1925년 공공여행기관연맹(International Union of Official Travel Organizations)으로 출범하였으며, 1975년 유엔 산하 기관으로 재편되면서 세계관광기구(WTO)로, 이후 2005년 현재의 명칭인 유엔세계관광기구(UNWTO)로 변경되었다. 조직은 총회와 집행이사회, 지역위원회로 구성되며, 총회는 2년마다 개최된다. 설립목적은 관광진흥 및 관광개발을 촉진함으로써 국제평화와 상호 이해 그리고 경제성장 및 국제교역을 증진하는 데 있다. 주요 활동으로는 회원 국가 간 관광정책정보 교류, 관광교육프로그램 공유, 지역개발 지원, 관광투자촉진, 그리고 관광자 안전대책지원 등을 들 수 있다. 한국은 1975년 세계관광기구(WTO) 정회원으로 가입하였다. 2001년 일본 오사카와 공동으로 제14차 연차총회를 서울에서 개최하였으며, 이후 2011년 경주에서 제19차 연차총회를 개최하였다. 한편, 북한은 1987년에 정회원으로 가입하였다.

## 2. 경제협력개발기구

경제협력개발기구(OECD: Organization for Economic Co-operation and Development)는 세계경제의 공동 발전 및 인류의 복지증진을 위하여 설립된 국제기구이다. 회원국가의 정부를 구성단위로 하고 있다. 동 기구는 국제기구의 유형에 있어서 국제정부간기구이며, 전 세계를 대상으로 하는 일반국제기구이며, 경제를 대상으로 하는 전문국제기구이다. 연혁을 살펴보면, 1948년 제2차 세계대전 후 유럽의 경제부흥협력을 위해 유럽경제협력기구(OEEC)가 설립되었으며, 1961년 미국과 캐나다를 회원국으로 포함하면서 현재의 경제협력개발기구(OECD)로 개편되었다. 1990년 이후에는 비선진국을 대상으로 문호를 개방하면서, 2019년 현재 36개 국가가 회원국으로 활동한다. 한국은 1996년에 가입하였다. 설립목적은 회원국의 경제성장과 금융안정을 촉진하고 세계경제발전에 기여하며, 개도국의 성장에 기여하고, 다자주의와 무차별주의에 입각한 세계무역 확대에 기여하는 데 있다. 동 기구는 각종 국제기구와 밀접하게 협력하면서, 경제정책, 국제무역, 금융, 조세, 노동, 환경, 과학기술 등의 분야에 분과위원회를 구성하여 활동하고 있으며, 관광위원회도 그 가운데 하나이다. 관광위원회는 1948년에 설립되었다. 관광정책 정보교류와 시장자유화에 초점을 맞추어 활동하며, 지속가능한 발전을 촉진하는 데 목적을 둔다. 관광위원회 활동은 관광정책과 경제, 무역, 고용, 혁신, 교통, 녹색성장, 지속가능한 개발, 지역개발, 중소기업 창업 등의 관련분야와의 수평적 접근을 시도한다는 점에서 특징을 지닌다.

## 3. 세계경제포럼

세계경제포럼(WEF: World Economic Forum)은 공공과 민간 간의 협력(public-private cooperation)을 통해 세계경제의 증진에 기여하기 결성된 민간 국제조직이다. 비영리 재단법인으로 회원구성은 법인 회원제로 하고 있으며, 미국과 유럽을 중심으로 전 세계 1천2백여 개 이상의 기업이나 단체가 가입되어 있다. 국제기구 유형에 있어서 동 조직은 국제비정부기구에 해당되며, 전 세계를 대상으로 하는 일반국제기구이며, 경제문제를 중심으로 하는 전문국제기구이다. 동 조직은 1971년 제네바대학 경영학 교수인 클라우스 슈밥(Klaus Schwab)에 의해 유럽경영포럼(European Management Forum)으로 출범

했으며, 이후 1987년 세계경제포럼(WEF)로 명칭을 변경하고 관점을 세계경제 문제로 넓히면서 오늘의 모습을 갖추었다. 조직의 목적은 세계 공공의 이익에 대한 기업가정신을 모색하고 공공과 기업, 시민사회의 협력을 위한 방안을 논의하는 데 있다. 가장 특징적인 활동은 포럼이다. 1981년부터 매년 1~2월 스위스의 휴양도시 다보스(Davos)에 저명한 기업인, 정치가, 학자, 언론인 등을 초청하여 세계경제에 관해 논의하는 포럼을 개최한다. 이 때문에 다보스포럼이라는 별칭도 갖고 있다. 이외에 지역별 포럼도 개최하며 각종 연구보고서를 발표한다. 대표적인 보고서로는 글로벌 위험보고서, 글로벌 경쟁력 보고서 등이 있으며, 관광경쟁력보고서(travel and tourism competitiveness index)도 그중에 하나이다. 관광경쟁력보고서는 모두 14개 요인을 지표로 하여 국가별 관광경쟁력을 평가한다. 구체적 요인은 정책 규범과 규제, 환경지속성, 안전 및 보안, 보건 및 위생, 관광정책의 위상 및 관심도, 항공교통인프라, 육상교통인프라, 관광인프라, 정보통신인프라, 가격경쟁력, 인적자원, 관광친절, 자연자원, 문화자원이다.

## 4. 세계여행관광협의회

세계여행관광협의회(WTTC: World Travel and Tourism Council)는 관광산업의 사회적 인지도를 증진시키기 위해 설립된 민간국제조직이다. 비영리 재단법인으로 세계관광산업의 최고경영자(CEO)를 회원으로 하며, 100여 명이 참여하고 있다. 국제기구 유형으로는 국제비정부기구에 해당되며, 전 세계를 대상으로 하는 일반국제기구이고, 관광문제를 중심으로 하는 전문국제기구이다. 동 조직은 1980년대에 아메리칸 익스프레스(American Express)의 최고경영자였던 제임스 로빈슨(James D. Robinson)의 지도력으로 결성되기 시작하였으며, 1989년 프랑스 파리에서 첫 회의를 가졌다. 이 회의 기조연설에서 미국의 전 국무장관 헨리 키신저(Henry Kissinger)는 관광산업이 인정받기 위해서는 영향력이 있는 기구나 조직의 결성이 필요하다는 점을 강조하였다. 이러한 배경에서 동 조직은 1990년에 공식적으로 발족되었으며, 이후 1991년에 처음으로 연차총회가 열렸다. 주요 활동으로는 관광산업의 사회경제적 영향에 관한 연구보고서의 발간, 연차 세계정상회의의 개최, 내일의 관광을 위한 시상 등을 들 수 있다. 이 가운데 세계정상회의(Global Summit)는 관광산업의 다보스포럼이라고 할 만큼 세계관광산업의 다양한 부문을 대표하는 최고경영자들이 참석하는 경쟁력 있는 포럼으로 평가받는다. 한국에서는 지난 2013년 처음으로 아시아총회가 열렸다.

## 5. 태평양아시아관광협회

태평양아시아관광협회(PATA: Pacific Asia Travel Association)는 아시아 · 태평양지역의 관광산업 증진을 위해 설립된 국제조직이다. 비영리조직으로 지역내 관광준정부조직(NTO)이 정회원이며, 항공업, 여행업, 호텔업 등 다양한 업종의 기업 및 단체가 준회원으로 참여한다. 국제기구의 유형으로는 준정부조직과 민간이 공동으로 참여하는 국제민관합동기구에 해당된다. 또한 지역국제기구이며, 관광문제를 중심으로 하는 전문국제기구이다. 동 조직은 태평양지역관광협회(Pacific Area Travel Association)이라는 명칭으로 1951년 미국 하와이에 설립되었다. 이후 1986년 아시아지역의 중요성을 인식하면서 현재의 명칭으로 변경되었으며, 1998년에는 태국 방콕으로 본부가 이동하였다. 주요 활동으로는 지역관광산업의 지속적인 성장을 위한 정보교류, 연차 총회 및 지부 회의, 각종 홍보사업 등을 들 수 있으며, 회원국가마다 지부를 설치 · 운영한다는 점에 특징이 있다. 한국은 1963년 회원으로 가입하였으며, 1986년부터 한국지부를 설치하여 운영하고 있다.

## 요약

이 장에서는 관광공공조직에 대해 학습하였다

관광공공조직은 공익 실현을 목적으로 관광문제를 해결하기 위해 활동하는 사회조직으로 정의된다. 이윤의 획득을 목적으로 하는 관광사업조직과는 대립되는 개념이다. 여기서 공익은 사회 전체를 위한 보편적 이익으로 정리된다.

관광공공조직은 크게 정부조직, 비정부 및 비영리조직, 국제기구 등으로 구성된다.

정부조직은 공익 실현을 위해 공식적으로 제도화된 조직이다. 관광과 관련된 정부조직에는 대통령, 입법부, 행정부 그리고 사법부 등의 국가통치기관이 포함된다. 지방수준에는 지방정부조직이 있으며, 이밖에 정부에 준하는 공공업무를 수행하는 준정부조직이 있다.

비정부조직 및 비영리조직은 비공식적 공공행위자이다. 비공식적 공공행위자는 공익의 실현을 목적으로 활동을 하나 제도화되지 않은 조직을 말한다. 이 가운데 비정부조직에는 사회전체의 공동 이익을 실현하기 위해 자발적으로 활동하는 시민사회조직이 포함되며, 비영리조직에는 이익집단, 공공연구기관, 사회적 기업 등이 포함된다.

국제기구는 국가 간 협력을 목적으로 활동하는 조직이다. 국제기구는 국제조약에 근거하며 복수의 국가들로 구성된다. 관광분야에는 유엔세계관광기구(UNWTO), 경제협력개발기구(OECD), 세계경제포럼(WEF), 세계여행관광협의회(WTTC), 태평양 · 아시아관광협회(PATA) 등이 활동을 한다.

이들을 유형별로 살펴보면, 정부조직에는 국가기관이 포함된다.

대통령(president)은 국가를 대표하며 행정부의 수반으로서 국정을 수행한다. 삼권분립의 원리에서 볼 때 대통령은 행정부의 수반으로서 입법부와 사법부와 동등한 지위를 지닌다. 하지만 대통령은 국가대표기관으로서 입법부와 사법부를 견제할 수 있다.

입법부(legislature)는 국가 통치를 위해 법률을 제정하며, 국정을 감시하고 견제하는 역할을 담당한다. 입법부는 국민에 의해 선출된 의원들로 구성되는 회의체 기구로서의 특징을 지닌다. 대의 정치의 핵심적인 기관이라고 할 수 있다. 일반적으로 의회라고 부른다.

행정부(administration)는 국가 사무를 실행하는 역할을 담당한다. 행정부는 법을 집행하며, 법에 따라 국가 사무를 실행하는 권한, 즉 행정권을 지닌다. 삼권분립의 원리에 기초하여 행정부는 입법부와 사법부의 견제를 받는다.

사법부(judiciary)는 법을 해석하고 판단하여 적용하는 역할을 담당한다. 삼권분립의 원리에 따라 입법부는 법률을 제정하는 권한을 가지며, 행정부는 법을 집행하는 권한을 가진 반면에, 사법부는 법질서를 유지하는 재판권을 갖는다.

다음으로 관광행정조직을 살펴보면, 다음과 같다.

중앙관광행정조직은 중앙정부 수준에서 관광사무를 실행하는 정부조직이다. 관광용어로는 이를 국가관광기관(NTA: National Tourism Administration)으로 통칭한다.

지방관광행정조직은 지방정부 수준에서 관광업무를 실행하는 정부조직이다. 정부의 수준에 따라 광역자치단체에 속하는 관광행정조직과 기초자치단체에 속하는 관광행정조직으로 구분된다.

준정부관광조직은 정부에 준하는 공적인 기능을 수행하는 공공조직이다. 이러한 준정부관광조직은 정부 수준에 따라 국가관광조직(NTO: National Tourism Organization), 지역관광조직(RTO: Regional Tourism Organization), 지방관광조직(LTO: Local Tourism Organization) 등으로 구분된다.

다음으로, 비정부 및 비영리조직 유형이다.

비정부 및 비영리조직에는 비정부기구, 이익집단, 공공연구기관 등이 있다. 비정부기구는 관광과 관련하여 인간의 가치를 옹호하고 공익 목적에서 자발적으로 활동한다. 이익집단은 사회 전체의 공동 이익이 아닌 특정집단 구성원의 공통 이익을 추구한다. 사업자 협회가 대표적인 예다. 공공연구기관은 관광문제 해결에 필요한 전문적인 정책 지식을 제공한다. 이와 함께 사회적 기업, 협동조합 등이 있다.

다음으로, 국제기구 유형이다. 국제기구는 특정한 문제를 해결하기 위하여 다수 국가의 대표들로 구성된 조직체를 말한다.

관광분야의 대표적인 국제기구로 유엔세계관광기구(UN World Tourism Organization)를 들 수 있다. 유엔세계관광기구는 세계관광산업의 진흥을 위해 설립된 국제기구이다. 150여 국가의 정부를 정회원으로 하고 있으며, 준정부관광조직들을 준회원으로 하고 있다.

경제협력개발기구(OECD)는 세계경제의 공동 발전 및 인류의 복지증진을 위하여 설립된 국제기구이다. 회원국가의 정부를 구성단위로 하고 있다.

세계경제포럼(World Economic Forum)은 공공과 민간의 협력을 통해 세계경제의 증진에 기여하기 결성된 민간 국제조직이다.

세계여행관광협의회(World Travel and Tourism Council)는 관광산업의 사회적 인지도를 증진시키기 위해 설립된 민간 국제조직이다.

태평양아시아관광협회(Pacific Asia Travel Association)는 아시아 · 태평양지역의 관광산업 증진을 위해 설립된 민관합동 국제조직이다.

## 참고문헌

1) Kernaghan, K., Borins, S. F., & Marson, B. (2000). *The new public organization*. Toronto, Canada: Institute of Public Administration of Canada.
2) Elliott, J. (1997). *Tourism: Politics and public sector management*. London: Routledge.
Young, I. (2002). *Public-private sector cooperation: Enhancing tourism competitiveness by World Tourism Organization Business Council*. Madrid, Spain: UNWTO.
3) Lazzeretti, L., & Petrillo, C. S. (2006). *Tourism local systems and networking*. Elsevier.
4) Jeffries, D. J. (2001). *Governments and tourism*. London: Routledge.
Theobald, W. F. (Ed.). (2005). *Global tourism*. London: Routledge.
5) Elliott, J. (1997). *Tourism: Politics and public sector management*. London: Routledge.
Pender, L., & Sharpley, R. (Eds.). (2004). *The management of tourism*. Thousand Oaks, CA: Sage.
6) 문화체육관광부(2018). 「2017년 기준 관광동향에 관한 연차보고서」.
7) Elcock, H. (2013). *Local government: Policy and management in local authorities*. London: Routledge.
8) Lennon, J. J., Smith, H., Cockerell, N., & Trew, J. (2006). *Benchmarking national tourism organisations and agencies: Understanding best practice*. Oxford, UK: Elsevier.
9) Ford, R. C., & Peeper, W. C. (2008). *Managing destination marketing organizations: The tasks, roles and responsibilities of the convention and visitors bureau executive*. Orlando, FL: ForPer Publications.
Morrison, A. M. (2013). *Marketing and managing tourism destinations*. London: Routledge.
10) Lewis, D. (2014). *Non-governmental organizations, management and development*. London: Routledge.
11) Borzaga, C., & Defourny, J. (2004). *The emergence of social enterprise*. London: Routledge.
Minnaert, L., Maitland, R., & Miller, G. (2013). *Social tourism: Perspectives and potential*. London: Routledge.
12) Gee, C. Y. (1997). *International tourism: A global perspective*. Madrid, Spain: UNWTO.

제7장

# 관광거시환경

제1절 서론

제2절 관광거시환경

제3절 관광거시환경요인

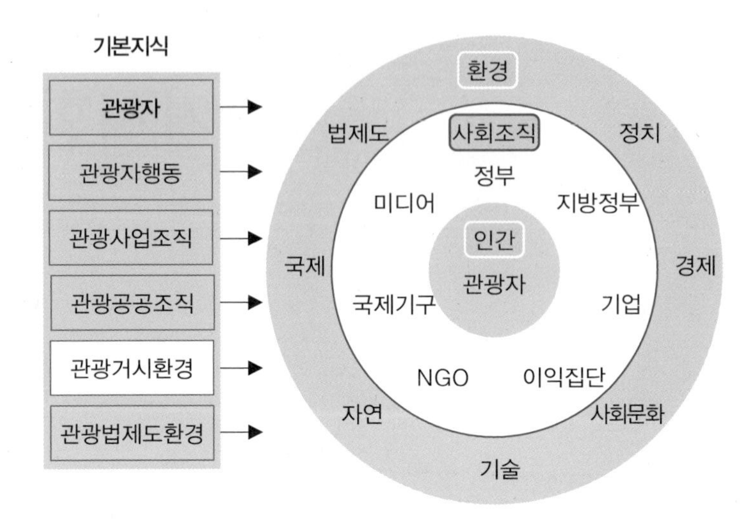


## 학습목표

이 장에서는 관광거시환경에 대해 학습한다. 관광거시환경은 관광체계에 전반적으로 영향을 미치는 외부의 조건을 말한다. 이를 이해하기 위해 다음과 같은 학습목표를 세운다. 첫째, 관광거시환경의 기본 개념을 학습한다. 둘째, 관광거시환경의 유형별 요인인 정치, 경제, 사회문화, 기술, 자연, 국제환경 등이 관광체계에 미치는 영향에 대해 학습한다.

## 제1절 서론

이 장에서는 관광거시환경에 대해 학습한다.

관광거시환경은 관광의 개념을 구성하는 거시적 수준의 요소이다.

관광거시환경을 학습하는 목적은 거시적 수준의 요소인 환경이 관광체계에 미치는 영향을 이해하는 데 있다. 이를 위해서는 관광거시환경의 개념, 특징, 유형 등에 대한 학습이 필요하다.

앞서 제1장에서 기술한 바와 같이, 체계적 관점에서 볼 때 관광체계는 관광행위자들의 구성체이다. 관광체계에는 관광자, 관광사업조직, 관광공공조직 등 다양한 행위자가 포함된다. 이러한 관광체계는 환경으로부터 영향을 받고, 또 영향을 미친다.

관광거시환경은 변화하는 조건이다. 그러므로 관광거시환경에 대한 학습은 환경의 개념과 특징에 대한 이해하는 데 그치는 것이 아니라 환경의 변화가 가져올 영향과 향후에 다가올 변화를 예측할 수 있는 능력을 제공한다는 점에서 중요한 의의를 지닌다.

학제적으로 관광거시환경연구는 다학제적 접근을 통해 이루어진다. 대표적인 것이 정치학, 경제학, 사회학, 문화인류학, 환경학, 기술경영학, 미디어커뮤니케이션학, 국제관계학 등이다. 이들은 각각의 환경유형을 이해하는 데 필요한 지식을 제공한다.

관광거시환경에 대한 이해는 관광학 연구에서 기본지식에 해당된다. 관광거시환경의 주요 요인들을 학습함으로써 관광자, 관광사업조직, 관광공공조직 등 관광행위자들의 활동에 필요한 응용지식을 모색할 수 있다.

이러한 인식을 바탕으로 이 장은 다음과 같이 구성된다. 우선 제1절 서론에 이어 제2절에서는 관광거시환경의 개념과 특징에 대해 정리한다. 제3절에서는 관광거시환경요인을 정치적 환경, 경제적 환경, 사회문화적 환경, 기술적 환경, 자연적 환경, 국제적 환경의 순으로 다룬다.

## 제2절 관광거시환경

### 1. 개념

환경(environment)이라 하면, 특정한 조직에 영향을 미치는 외부의 조건을 말한다. 개방체계로서의 조직은 환경과의 상호작용을 통해 생명력을 유지한다.

체계적 관점에서 볼 때, 체계는 환경으로부터의 요구를 받아들인다. 이를 투입이라고 한다. 또한 체계는 투입된 요소를 전환과정을 거쳐 환경에 산출한다. 이러한 산출에 대한 환경의 반응이 다시 환경으로 환류(feedback)하게 된다.

환경은 크게 과업환경과 거시환경으로 구분된다. 과업환경은 조직적 수준에서 조직과 관련이 있는 이해관계집단과의 관계를 의미한다. 반면, 거시환경은 조직에 영향을 미치는 외부의 조건을 의미한다.

같은 맥락에서, 관광거시환경은 관광체계를 둘러싸고 있는 외부 조건으로 규정된다. [그림 7-1]에서 보듯이, 관광체계는 관광자, 관광사업조직, 관광공공조직 등 관광행위자들이 전체적으로 조직화된 구성체라고 할 수 있다. 이러한 구성체에 전반적으로 영향을 미치는 요소들이 관광거시환경을 구성하며, 이들은 관광체계와 투입과 산출의 관계를 형성한다.

정리하면, 관광거시환경(tourism macro-environment)은 '관광체계에 전반적으로 영향을 미치는 외부의 조건'으로 정의된다. 세부 요인으로 정치, 경제, 사회문화, 기술, 자연, 국제환경 등이 포함된다.

[그림 7-1] 관광체계와 관광거시환경

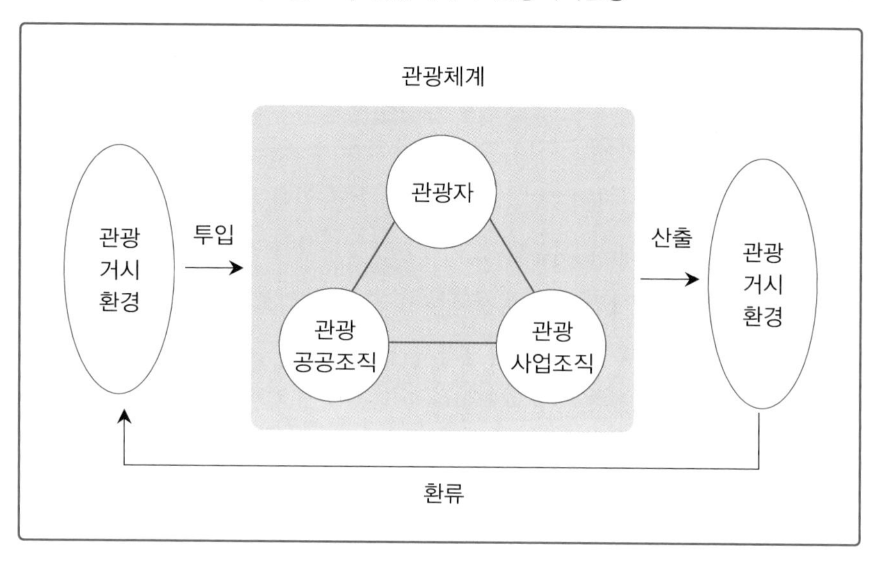


## 2. 특징

관광거시환경의 특징을 정리하면 다음과 같다([그림 7-2] 참조).

### 1) 가변성

관광거시환경은 가변성(changeability)을 지닌다. 관광거시환경은 일반 환경과 마찬가지로 역동적으로 변화한다는 특징을 지닌다. 다시 말해, 관광거시환경은 관광체계 외부에 존재하는 고정적인 조건이나 구조가 아니라, 지속적으로 변화하는 조건이나 상황을 의미한다. 예를 들어, 얼핏 정형화된 것처럼 보이는 정치체제나 경제체제도 사실은 변화하고 있으며, 인구구조나 사회자본의 수준도 변화한다. 또한 유형적 환경인 자연적 환경도 자연재해나 기후변화에서 볼 수 있는 것처럼 변화한다.

### 2) 양면성

관광거시환경은 양면성(double-sideness)을 지닌다. 관광거시환경은 일반 환경과 마찬가지로 기회와 동시에 위협으로 작용한다는 특징을 지닌다. 예를 들어, 인구고령화는 관광소비의 감소를 가져올 수 있으나, 동시에 시니어관광산업의 성장이라는 기회요인으로 작용할 수도 있다. 기후변화도 마찬가지이다. 지구온난화로 인해 기존의 스키 리조트가 위기국면을 맞이할 수 있는 반면에, 기온이 상승하면서 사계절활동이 가능한 리조트로 전환할 수 있는 기회를 맞을 수도 있다. 이처럼 관광거시환경은 양면성을 지니며 관광체계에 기회와 위협 요인으로 작용할 수 있다.

[그림 7-2] 관광거시환경의 특징

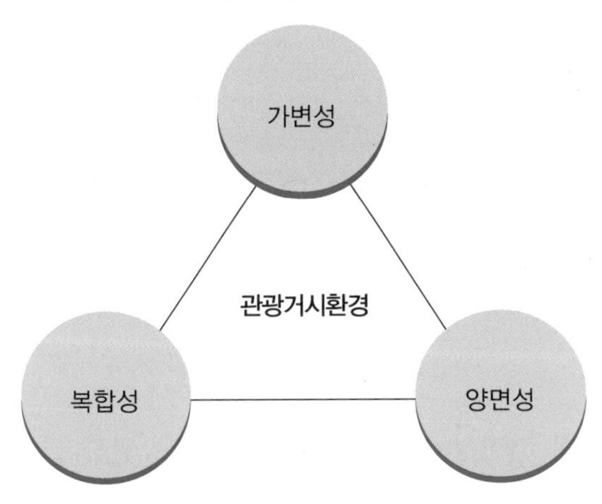


### 3) 복합성

관광거시환경은 복합성(complexity)을 지닌다. 관광거시환경은 정치적 요인, 경제적 요인, 기술적 요인 등 환경유형별로 관광체계에 서로 다른 영향을 미친다. 하지만 많은 경우에는 서로 다른 요인들이 결합하여 복합적으로 영향을 미치는 경우를 볼 수 있다. 예를 들어, 경제적 환경의 변화와 기술적 환경의 변화가 복합적으로 관광체계에 영향을 미칠 수 있다. 이에 따라 관광시장이 변화하고, 관광사업조직의 운영체계가 변화할 수 있다.

## 제3절 관광거시환경요인

이 절에서는 관광거시환경을 정치적, 경제적, 사회문화적, 기술적, 자연적, 국제적 환경으로 유형화하고, 유형별 주요 요인들에 대해서 살펴본다.

### 1. 정치적 환경

정치적 환경(political environment)[1]은 관광체계에 전반적으로 영향을 미치는 정치적 조건을 말한다. 정치는 인간의 권력 유지 및 획득 등의 활동과 관련된 사회적 관계로 정의된다.

다음에서는 관광체계에 영향을 미치는 정치적 환경요인들 가운데 정치체제와 정치문화에 대해서 살펴본다([그림 7-3] 참조).

[그림 7-3] 정치적 환경

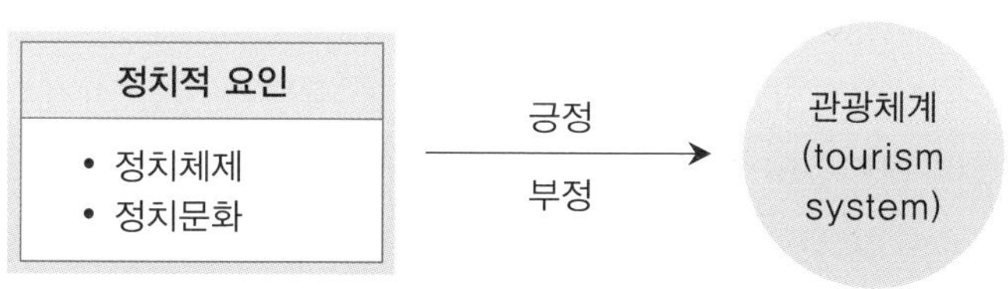


#### 1) 정치체제

정치체제(political system)는 정치활동을 전체적으로 조직화하는 구조를 말한다. 현대국가의 대표적인 정치체제로 민주주의(democracy)를 들 수 있다.

민주주의는 군주제 혹은 독재체제에 대립되는 개념으로 국민에 의한 통치체제를 의미한다. 민주주의는 자유와 평등 그리고 인간의 존엄성을 기본 가치로 하고 있다. 오늘날 대부분의 국가들이 민주주의를 표방하고 있으나, 실질적으로는 자유민주주의와는 거리가 먼 권위적인 형태의 민주주의 체제를 취하는 경우가 있다. 정치체제로서 민주주의의 필수적인 요소로는 자유경쟁과 참여를 들 수 있다. 선거를 통한 자유경쟁과 참여, 정책과정에서의 자유경쟁과 참여 등이 그 예가 된다. 민주주의의 특징 및 발전은 관광체계에도 많은 영향을 미친다. 관광자의 여행활동, 관광사업조직의 공급활동, 관광공공조직의 조정활동 등 관광행위자들의 사회적 활동들이 민주주의와 연관성을 갖는다.

### 2) 정치문화

정치문화(political culture)는 정치활동과 관련된 사회구성원들의 행동양식을 말한다. 사회는 각기 다른 정치문화를 갖고 있다. 정치문화는 사회구성원들의 정치참여 수준을 기준으로 미분화형, 신민형, 참여형의 세 가지 유형으로 구분된다. 미분화형은 정치참여에 대해 충분한 인지가 이루어지지 못한 상태를 말하며, 신민형은 정치참여에 대한 수동적 태도를 가진 상태를 말한다. 참여형은 정치참여가 활발하게 이루어지는 상태를 말한다. 특정한 국가가 어떠한 유형의 정치문화를 가지고 있느냐에 따라 관광체계에 미치는 영향은 달라진다. 미분화형이나 신민형 정치문화를 가지고 있는 국가의 경우 관광정책과정에 시민들의 참여를 기대하기는 어렵다. 반면에, 참여형 정치문화를 가지고 있는 국가의 경우 관광정책과정에 시민들의 활발한 참여를 기대할 수 있다. 관광정책과정을 통한 시민 참여는 관광정책에 대한 시민들의 이해도를 높이고 지지를 확대시킬 수 있다는 점에서 관광발전에 긍정적인 영향을 미친다.

## 2. 경제적 환경

경제적 환경(economic environment)[2]은 관광체계에 전반적으로 영향을 미치는 경제적 조건을 말한다. 경제는 인간의 생산 및 소비 등의 활동과 관련된 사회적 관계로 정의된다.

다음에서는 관광체계에 영향을 미치는 경제적 환경요인들 가운데 경제체제, 경제성장, 공유경제의 확산에 대해서 살펴본다([그림 7-4] 참조).

[그림 7-4] 경제적 환경

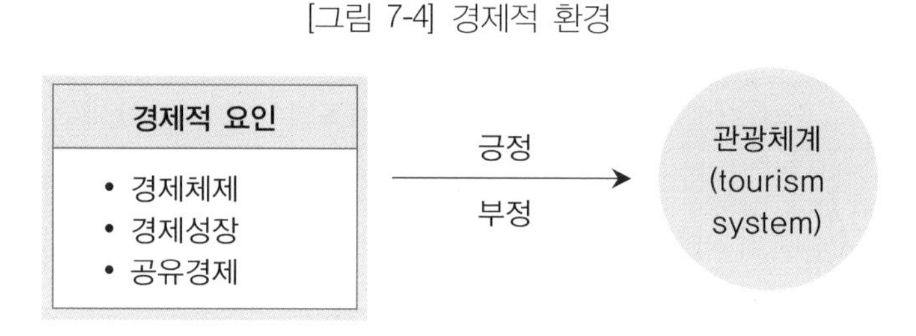


### 1) 경제체제

경제체제(economic system)는 경제활동을 전체적으로 조직화하는 구조를 말한다. 경제체제는 고유의 기본원리를 가지며 개별경제활동에 기준으로 작용한다. 기본적인 경제체제로 자본주의와 사회주의를 들 수 있다. 자본주의는 개인주의와 자유주의를 지향하며, 시장기구를 통해 경제를 운영한다. 반면에, 사회주의는 공동체주의와 평등주의를 지향하며, 국가계획을 통해 경제를 운영한다. 이러한 경제체제 유형 가운데 어떠한 경제체제를 취하느냐에 따라 관광체계에 미치는 영향은 달라진다. 자본주의 경제체제에서 관광사업조직들은 시장기구를 통해 공급활동을 담당한다. 반면, 사회주의 경제체제에서는 관광공공조직들이 국가계획을 통해 공급활동을 담당한다.

### 2) 경제성장

경제성장(economic growth)은 국민경제의 생산능력이 증대하는 현상을 말한다. 국민경제는 투자, 산출, 국민소득 등을 포괄하는 개념이다. 국민경제의 발전 정도를 보여주는 측정지표로는 국민총생산(GNP), 국내총생산(GDP) 등을 들 수 있다. 국민총생산은 특정한 국가의 국민이 일정기간 내에 생산한 제품과 서비스의 순 가치를 시장가격으로 평가한 합계액이다. 이러한 국민총생산의 양적인 크기를 연도별로 비교하여 경제성장률을 측정한다. 이에 비해, 국내총생산은 국내를 기준으로 하여 한 국가 내에서 생산된 제품 및 서비스의 순 가치를 시장가격으로 평가한 수치를 말한다. 최근에는 다국적기업 및 해외투자가 증가하면서 국민총생산보다는 국내총생산을 경제성장 지표로 사용하는 경우가 많다. 경제성장이 관광체계에 미치는 영향은 매우 크다. 경제성장은 관광자의 여행활동에 긍정적인 영향을 미친다. 반대로 경제위기는 관광자의 여행활동에 부정적인 영향을 미친다.

### 3) 공유경제

공유경제(sharing economy)[3]는 물품을 소유하는 것이 아니라 다른 사람들과 함께 사용함으로써 효용가치를 얻고자 하는 경제활동을 말한다. 공유경제의 핵심은 협업 소비에 있다. 예를 들어, 자동차, 주택, 책, 자전거 등을 함께 나누어 사용함으로써 소유자에게는 효율성을 높이고, 구매자(함께 사용하는 자)에게는 비용절감 효과를 기대할 수 있다. 공유경제가 들어서게 된 배경으로는 정보통신기술의 발달을 들 수 있다. 인터넷을 통해 사용자와 소유자가 연결되면서 공유경제의 확산이 가능해졌다고 할 수 있다. 공유경제 개념이 적용된 대표적인 산업이 관광산업이다. 그 예로 미국에서 등장한 '에어비앤비(AirBnB)'를 들 수 있다. 에어비앤비는 숙박서비스를 필요로 하는 관광자와 여유있는 방을 소유하고 있는 공급자를 인터넷으로 연결하는 새로운 공유경제방식의 플랫폼을 제공한다. 공유경제가 확산되면서 관광서비스가 더욱 다양한 형태로 발전할 것으로 예상된다.

## 3. 사회문화적 환경

사회문화적 환경(socio-cultural environment)[4)]은 관광체계에 전반적으로 영향을 미치는 사회문화적 조건을 말한다. 사회는 공동생활을 하는 모든 형태의 인간 집단으로 정의되며, 문화는 인간 집단이 영위하는 언어, 예술, 학문, 종교, 관습, 제도 등의 생활양식으로 정의된다.

다음에서는 관광체계에 영향을 미치는 사회문화적 환경요인들 가운데 인구구조, 사회자본, 여가문화에 대해 살펴본다([그림 7-5] 참조).

[그림 7-5] 사회문화적 환경

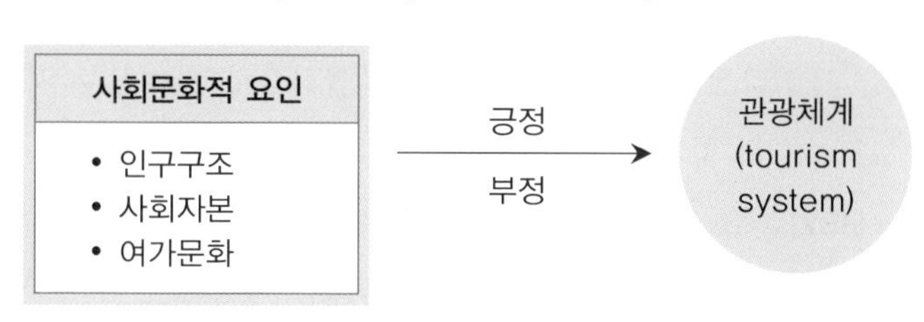


### 1) 인구구조

인구구조(population structure)라 하면 인구를 구성하는 요소들의 특징을 말한다. 인구는 특정한 사회에 거주하는 주민 전부를 말하며, 연령, 성별, 소득별 등으로 그 특징을 보여준다. 현대 사회에서 제기되는 인구문제로는 고령화를 들 수 있다. 인구고령화는 인구 전체에서 차지하는 고령인구(65세 이상)의 비율이 높아지는 현상을 의미한다. 인구고령화는 세 단계로 구분된다. 첫째, 고령화사회 단계로 고령인구 비율이 전체 인구의 7% 이상인 사회를 말한다. 둘째, 고령사회 단계로 고령인구 비율이 14% 이상인 사회를 말한다.

셋째, 초고령사회 단계로 고령인구 비율이 20% 이상인 사회를 말한다. 한국은 이미 2000년에 고령화사회에, 2018년에 고령사회에, 2026년에 초고령사회에 진입할 것으로 예상된다. 인구고령화로 예상되는 문제로는 사회복지비용의 증가, 생산인구의 감소, 소비지출의 감소, 생활시설개선비용의 증가 등을 들 수 있다. 인구고령화 문제는 관광체계에도 큰 영향을 미친다. 그 예로 고령자 관광시설의 확충, 고령자를 위한 관광프로그램의 개발, 고령자를 위한 관광비용 지원 등 복지관광비용이 증가한다.

### 2) 사회자본

사회자본(social capital)[5]은 특정한 사회 내에 사회구성원들 간의 관계에 존재하는 무형적인 형태의 가치를 말한다. 퍼트남(R. Putnam)은 사회적 신뢰, 호혜적 규범, 사회적 네트워크를 사회자본의 요소로 제시한다.[6] 사회자본은 일반적으로 많이 사용하는 개념인 사회간접자본(Social Overhead Capital)과는 구별된다. 사회간접자본은 생산 활동에 간접적으로 기여하는 자본으로서 공공재인 도로, 철도, 항만, 전력, 통신 등을 말한다. 최근 사회자본이 주목받는 이유는 사회자본이 지닌 고유한 특성 때문이다. 먼저, 사회자본은 사유재가 아닌 공공재이다. 사회자본은 공동체적 유대감, 상부상조 의식 등 사회전체에 이익이 되는 가치이다. 다음으로, 사회자본은 파지티브 섬(positive sum)이다. 사회자본은 다른 경제자본과 달리 나누면 나눌수록 소진되는 것이 아니라 오히려 더 커진다. 또한, 사회자본은 공유된 행동규범을 형성한다. 사회자본은 단지 무형의 가치로만 존재하는 것이 아니라 사회구성원들의 행동의 실질적인 기준을 만들어준다. 또한, 사회자본은 문화적 정체성을 부여한다. 사회자본은 특정 사회 내에서 축적되면서 그 사회만의 고유한 문화로 발전한다. 그리고 사회자본은 사회질서를 유지하게 한다. 사회자본은 상호 간에 배려를 통해 선진화된 사회질서를 유지하는 데 중요한 요소가 된다. 이 같은 사회자본의 형성은 관광지 발전에 긍정적인 영향을 미친다. 관광지 사회에 많은 사회자본이 축적되면 될수록 관광지 사회는 서로 신뢰하고 배려하는 호혜적인 규범을 갖게 되며 사회공동체에 대한 사회구성원들의 자부심이 높아지고 사회갈등을 스스로 해결할 수 있는 능력을 갖출 수 있기 때문이다.

### 3) 여가문화

여가문화(leisure culture)[7)]는 여가활동과 관련된 사회구성원들의 행동양식을 말한다. 여가의 개념은 산업사회가 발달하면서 등장하였다. 산업사회에 들어서면서 농경사회와는 달리 직장과 생활이 분리되기 시작하였으며, 노동시간을 기준으로 하는 생활시간의 구분도 이때부터 생기기 시작하였다. 즉, 직장생활 이외의 시간 혹은 노동 이외의 시간이 여가로 구분되기 시작했다. 따라서 여가는 노동시간이라는 사회제도에 연관되어 있다고 할 수 있다. 여가에 대한 가치를 기준으로 하여 노동중심사회 혹은 여가중심사회라는 유형화가 이루어진다. 노동중심사회에서는 노동의 가치를 우선시한다. 반면, 여가중심사회에서는 여가의 가치를 우선시한다. 현대 사회는 노동중심사회로부터 여가중심사회로의 이동이 이루어지고 있다. 이러한 여가중심사회로의 이동이 관광체계에 미치는 영향은 매우 크다. 실제로 오늘날의 대중관광 및 새로운 관광의 발전은 여가중심사회로의 이동과 그 맥을 같이 한다고 할 수 있다.

## 4. 기술적 환경

기술적 환경(technological environment)은 관광체계에 전반적으로 영향을 미치는 기술적 조건을 말한다. 기술은 인간 생활에 유용한 도구나 기계, 재료 등을 개발하고 생산하는 지식을 말한다. 그 예로 자동차기술, 정보기술, 로봇기술, 생명공학기술, 에너지기술, 우주항공기술 등을 들 수 있다.

다음에서는 관광체계에 영향을 미치는 기술적 환경요인들 가운데 교통기술과 정보기술에 대해 살펴본다([그림 7-6] 참조).

[그림 7-6] 기술적 환경

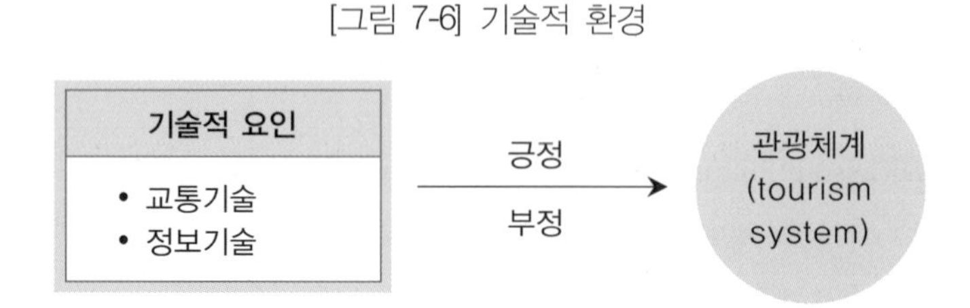


### 1) 교통기술

교통기술(transportation technology)은 인간의 장소적 이동과 관련된 운송기술을 말한다. 교통은 크게 육상교통, 해상교통, 항공교통 등으로 구분된다. 먼저, 육상교통은 철도기술과 자동차기술에 의해 크게 발달하였다. 1814년 영국의 스티븐슨(G. Stephenson)이 상업적으로 활용할 수 있는 증기기관차를 처음으로 개발했으며, 1830년에는 리버풀과 맨체스터 간을 운행하는 장거리 철도가 개통되었다. 20세기 후반에는 시속 200km 이상으로 달리는 고속철도가 개발되면서 철도교통의 전환기를 맞이하였다. 자동차는 내연기관이 개발되면서 본격적으로 발전하였다. 20세기 초반 미국의 포드(H. Ford)에 의해서 대량생산이 가능해졌으며, 현대 생활에 가장 중요한 육상교통수단으로 발전하였다. 최근에는 스마트기술이나 친환경기술이 접목되면서 미래형 자동차 시대를 맞이하고 있다. 다음으로, 해상교통은 조선기술이 발달하면서 20세기 초반부터 대형 선박이 운항되기 시작하였다. 20세기 후반부터는 호화 유람선인 크루즈선이 도입되면서 크루즈여행이 활성화되고 있다. 다음으로, 항공교통은 제트엔진이 개발되면서 크게 발달하였다. 제2차 세계대전 이후 상용화되기 시작하였으며, 1970년대에 들어서면서부터 대형 제트항공기가 도입되고 항공여행이 본격화되었다. 최근에는 우주항공기술이 발달하면서 우주관광 시대에 대한 전망이 나오고 있다. 이처럼 교통기술의 발달은 인간의 장소 이동을 원활하게 해준다는 점에서 관광발전에 지대한 영향을 미친다.

### 2) 정보기술

정보기술(information technology)[8]은 정보를 수집, 처리하고 전달하는 데 관련된 기술을 말한다. 산업기술인 자동차기술, 조선기술, 섬유기술, 철강기술 등이 직접적이며 유형적인 가치를 창출하는 기술인 데 반해, 정보기술은 컴퓨터, 인터넷, 모바일 서비스 등과 같이 정보서비스와 관련된 간접적이며 무형적인 가치를 창출한다는 점에서 차이가 있다. 정보기술은 제2차 세계대전이후 컴퓨터기술이 발달하고 여기에 통신기술이 결합되면서 크게 발전하였다. 대표적인 기술이 인터넷이다. 인터넷이 발달하면서 이메일, 정보검색, 인터넷 대화, 전자게시판 등의 서비스가 가능해졌으며, 전자상거래(electronic commerce)가 본격적으로 시작되었다. 전자상거래는 온라인 네트워크를 이용하여 이루어지는 제품이나 서비스 등의 거래를 말한다. 이러한 전자상거래가 확산되면서 경제활동을 전자상거래에 기반을 두는 디지털경제가 출현하였다. 2010년대에 들어서면서부터는 정보기술의 패러다임이 모바일서비스로 이동하고 있다. 또한 소위 제4차 산업혁명시대에 들어서면서 빅데이터, 웨어러블, 사물인터넷 등이 도입되고 있다. 이러한 정보기술이 발달하면서 관광스타트업의 발전 기회가 커지고 있다.

## 5. 자연적 환경

자연적 환경(natural environment)은 관광체계에 전반적으로 영향을 미치는 자연적 조건을 말한다. 자연은 기후, 지형, 식생, 자연경관 등 자연계의 모든 요소를 말한다. 자연적 환경은 인적 환경인 사회적 환경과 대립되는 개념이다.

다음에서는 관광체계에 영향을 미치는 자연적 환경요인들 가운데 자연재해와 기후변화에 대해 살펴본다([그림 7-7] 참조).

[그림 7-7] 자연적 환경

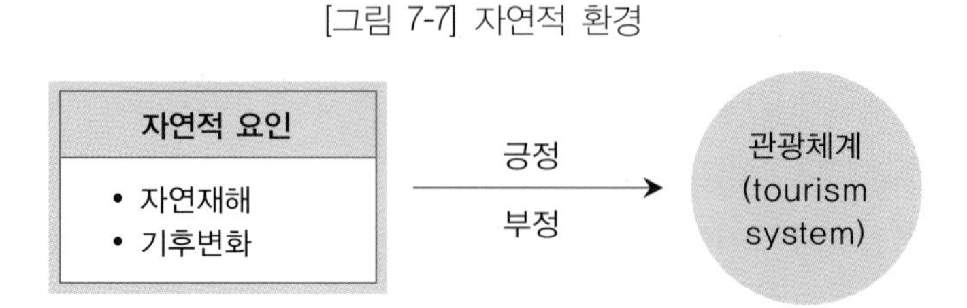


### 1) 자연재해

자연재해(natural disaster)[9]는 자연현상의 급격한 변화로 인해 발생하는 재난을 말한다. 인간에 의해 발생하는 인적 재해와는 대립되는 개념이다. 자연재해는 크게 두 가지 유형으로 구분된다. 하나는 기상현상에 의한 재해이다. 가장 대표적인 자연재해라고 할 수 있다. 홍수, 장마, 해일, 가뭄, 폭설, 폭염, 냉해, 황사 등을 들 수 있다. 다른 하나는 지각변동에 의한 자연재해이다. 지진, 화산폭발, 산사태 등을 들 수 있다. 자연재해 가운데 가장 큰 손실을 가져오는 재해로는 지진, 화산폭발, 풍수해 등을 들 수 있다. 기술의 발달로 자연재해를 예보하고 이에 대한 사전대비책을 구축하고 있지만, 자연재해를 극복하는 데는 여전히 한계가 있다. 자연재해가 관광에 미치는 영향도 매우 크다. 급격한 기상변화로 관광활동이 제한되는 경우도 있으며, 지진, 화산폭발, 산사태 등으로 관광자원이 파괴되는 경우도 발생한다. 특히 자연재해는 인적 재해보다 피해의 범위가 넓고, 지속성을 지닌다는 점에서 관광활동에 미치는 영향이 지대하다.

### 2) 기후변화

기후변화(climate change)[10]는 일정한 장소에서 장기간에 걸쳐서 진행되는 기상상태의 변화를 말한다. 적어도 30년 이상의 기간에 걸친 평균적인 기상상태의 변화를 말한다. 따라서 급격한 기상변화에 의한 자연재해와는 구별된다. 기후의 구성요소로는 기온, 강수량, 바람 등을 들 수 있다. 기후변화 가운데 대표적인 현상이 지구온난화(global warming)이다. 지구온난화는 지구 표면의 평균온도가 지속적으로 상승하는 현상이다. 관측결과에 의하면 19세기 후반 이후 지구의 연평균 기온이 0.6℃ 정도 상승했다. 지구의 연평균 기온이 상승하면서 땅이나 바다에 들어있는 각종 기체가 대기 중에 배출되면서 온난화가 가속화되고 홍수나 가뭄이 빈번하게 발생한다. 또한 기온상승으로 빙하가 녹으면서 해수면이 상승하고 있다. 2000년 NASA는 지난 100년 동안 해수면이 약 23cm 상승했다고 발표했다. 지구온난화의 원인으로는 자연적인 요인과 인공적인 요인이 있다. 자연적 요인으로는 지구 자전축 기울기의 변화, 공전궤도의 변화 등 우주적 질서의 변동을 들 수 있으며, 인공적 요인으로는 온실효과를 일으키는 이산화탄소의 증가가 유력한 원인으로 꼽힌다. 삼림이 파괴되면서 이산화탄소의 흡수원이 상실되고, 산업화와 함께 이산화탄소의 배출량이 계속 증가한 것이 원인으로 지적된다. 이에 대한 대책으로 1992년 유엔환경개발회의(UNCED)에서는 기후변화협약을 체결하였으며, 1997년 교토의정서를 채택하여 온실가스 배출량을 줄이기 위한 지구적 차원의 대응책을 마련하고 있다. 기후변화는 장기적으로 인류 전체의 생활에 많은 영향을 미칠 것으로 예상되며, 온실가스 배출을 줄이기 위한 대책이 마련되고 있다. 이러한 기후변화는 관광자의 활동이나 관광산업활동에 지대한 영향을 미칠 것으로 예상된다.

## 6. 국제적 환경

국제적 환경(international environment)은 관광체계에 전반적으로 영향을 미치는 국제적 조건을 말한다. 여기서 국제라 하면 국가 간의 관계를 말한다.

다음에서는 관광체계에 영향을 미치는 국제적 환경요인들 가운데 국제분쟁 및 테러리즘, 세계자유무역체제, 국제보건문제, 남북한 관계 등에 대해 살펴본다([그림 7-8] 참조).

[그림 7-8] 국제적 환경

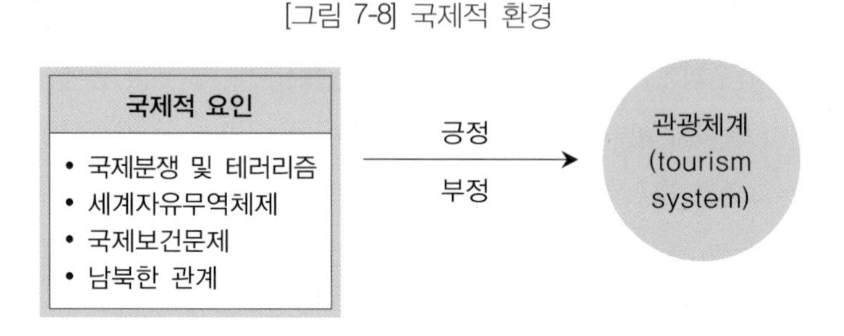


### 1) 국제분쟁 및 테러리즘

국제분쟁(international conflict)은 국가 간에 서로 다른 이해관계로 인해 충돌하는 상황을 말한다. 국가 간 갈등, 전쟁, 테러리즘 등 다양한 형태의 국제분쟁이 발생한다. 국제체제 수준에서도 국제분쟁이 발생한다. 제2차 세계대전 이후 냉전시대에 들어서면서 미국과 소련 양극 체제에 의한 국제분쟁이 일어났으며, 1990년 이후 탈냉전시대에 들어서면서부터 다극체제 및 새로운 양극 체제에 의한 분쟁이 일어나고 있다. 국제분쟁 가운데 테러리즘(terrorism)[11]은 특정의 정치적 목적을 달성하기 위해 폭력이나 기타 위협적인 행동을 함으로써 공포를 조성하는 행위를 말한다. 행위의 주체도 국가뿐 아니라, 부족, 민족, 종교집단 등으로 확산되고 있다. 이러한 국제분쟁 및 테러리즘은 관광체계에 매우 부정적이고 위협적인 환경을 조성한다.

### 2) 세계자유무역체제

세계자유무역체제(world free trade system)는 국가 간의 자유로운 교역활동을 전체적으로 조직화하는 구조를 말한다. 이를 위한 국제기구로 세계무역기구(World Trade Organization)가 활동을 한다. 세계무역기구는 다자주의를 원칙으로 국가 간에 차별 없는 무역자유화를 추진한다. 한편, 국가 간에 자유무역협정을 통해 무역자유화가 추진되고 있다. 자유무역협정(FTA: Free Trade Agreement)은 특정한 국가들 간에 제품과 서비스의 자유로운 교역을 위해 모든 무역 장벽을 완화하거나 제거하는 약정을 말한다. 물론, 세계무역기구가 추진하는 무차별주의와 FTA와는 차이가 있다. 하지만 FTA의 양자주의 자유화도 궁극적으로는 세계 무역자유화에 기여할 것이라는 점에서 예외로 인정받고 있다. 최근에는 FTA를 체결한 국가가 크게 증가하면서 세계자유무역체제의 큰 흐름으로 인식된다. 이러한 세계자유무역체제의 변화가 관광체계에 영향을 미친다. 국가 간에 이루어지는 관광거래, 해외 관광투자 등이 무역자유화의 원칙을 기반으로 이루어진다.

### 3) 국제보건문제

국제보건문제(international health problem)는 국가 간에 국민건강과 관련하여 발생하는 문제를 말한다. 세계화 시대를 맞이하여 사람, 물자 등의 이동이 빈번하게 이루어지면서 각종 전염성 질병문제가 사회문제로 대두되고 있다. 콜레라, 페스트, 황열 등의 전통적인 전염병 외에도 최근에는 조류인플루엔자(AI), 사스(SARS), 구제역(foot and mouth desease), 에볼라(ebola) 등의 신종 전염병이 출현하고 있다. 이와 관련하여 세계보건기구(World Health Organization)는 전염병과 풍토병 및 기타 질병 퇴치운동을 국제적 차원에서 전개하고 있다. 또한 전염병의 세계적 확산을 방지하기 위하여 위험수위에 따라 필요한 경우에는 공중보건 비상사태를 선포한다. 국제적 수준의 대처뿐 아니라 국가적 수준에서도 대응방안이 강구된다. 우리나라의 경우에는 여행위험지역을 선포하여 신변의 안전이 보장되지 않는 위험국가나 지역으로의 여행을 금지하는 조치를 취한다. 신변위험에는 분쟁에 의한 위험, 전염병에 의한 위험 등이 포함된다. 네 단계의 경보조치가 취해지는데 1단계는 여행주의, 2단계는 여행자제, 3단계는 여행제한, 4단계는 여행금지의 단계적 대응이 이루어진다.

### 4) 남북한 관계

남북한 관계(South and North Korean relation)는 남한과 북한 간에 이루어지는 교류 및 협력관계를 말한다. 남북한 관계는 1991년 남북한이 동시에 별도의 독립국가 형태로 UN에 가입하였다는 점을 고려할 때 국제적 관계의 성격을 지니는 동시에 민족 교류라는 차원의 관계를 지닌 특수 관계라고 할 수 있다. 남북한은 1948년 각각의 독립정부를 수립하였다. 1950년에는 한국전쟁이 일어났으며 1953년 종전과 함께 군사정전협정이 체결되었다. 이후 1998년 김대중 정부가 출범하면서 대북포용정책이 실시되었으며, 그해 첫 사업으로 1998년 11월 금강산 관광이 시작되었다. 2003년에는 금강산육로관광이 이루어졌으며, 2007년에 개성관광이 실시되었다. 하지만 2008년 7월 금강산에서 관광객 피격 사건이 발생하면서 금강산 및 개성관광 사업이 전면 중단되었다. 이제까지의 남북한 관계를 정리하면, 한마디로 안보 문제가 가장 결정적인 요인이라고 할 수 있다. 안보적 측면에서 대립적인 관계를 유지하느냐, 아니면 협력적인 관계를 유지하느냐에 따라서 남북한 간의 관광교류 및 협력의 방향이 결정된다. 따라서 남북한 관광교류 및 협력의 안정적인 발전을 위해서는 남북한 간의 협력적 안보체제 유지가 기본적인 조건이라고 할 수 있다.

## 요약

이 장에서는 관광거시환경에 대해 학습하였다.

관광거시환경(tourism macro environment)은 '관광체계에 전반적으로 영향을 미치는 외부의 조건'으로 정의된다.

관광거시환경의 특징으로는 세 가지를 들 수 있다.

첫째, 관광거시환경은 가변성을 지닌다. 관광거시환경은 일반 환경과 마찬가지로 끊임없이 변화한다는 특징을 지닌다. 둘째, 관광거시환경은 양면성을 지닌다. 관광거시환경은 일반 환경과 마찬가지로 기회와 동시에 위협으로 작용한다. 셋째, 관광거시환경은 복합성을 지닌다. 관광거시환경은 정치적 요인, 경제적 요인, 기술적 요인 등 환경유형별로 서로 다른 영향을 미친다. 하지만 많은 경우에는 서로 다른 요인들이 결합하여 복합적으로 영향을 미친다.

관광거시환경의 유형에는 정치적 환경, 경제적 환경, 사회문화적 환경, 기술적 환경, 자연적 환경, 국제적 환경 등이 있다.

먼저, 정치적 환경은 관광체계에 전반적으로 영향을 미치는 정치적 조건을 말한다. 정치는 인간의 권력유지 및 획득 등의 활동과 관련된 사회적 관계로 정의된다. 세부 정치적 환경요인으로 정치체제와 정치문화를 들 수 있다. 정치체제(political system)는 정치활동을 전체적으로 조직화하는 구조를 말한다. 현대국가의 대표적인 정치체제로 민주주의(democracy)를 들 수 있다. 정치문화(political culture)는 정치활동과 관련된 사회구성원들의 행동양식을 말한다. 사회는 각기 다른 정치문화를 갖고 있다. 정치문화는 사회구성원들의 정치참여 수준을 기준으로 미분화형, 신민형, 참여형의 세 가지 유형으로 구분된다.

경제적 환경은 관광체계에 전반적으로 영향을 미치는 경제적 조건을 말한다. 경제는 인간의 생산 및 소비 등의 활동과 관련된 사회적 관계로 정의된다. 세부 경제적 환경요인으로는 경제체제, 경제성장, 공유경제 등을 들 수 있다. 경제체제(economic system)는 경제활동을 전체적으로 조직화하는 구조를 말한다. 경제체제는 고유의 기본원리를 가지며 개별경제활동에 기준으로 작용한다. 경제성장(economic growth)은 국민경제의 생산능력이 증대하는 현상을 말한다. 국민경제는 투자, 산출, 국민소득 등을 포괄하는 개념이다. 공유경제(sharing economy)는 물품을 소유하는 것이 아니라 다른 사람들과 함께 사용함으로써 효용가치를 얻고자 하는 경제활동을 말한다. 공유경제의 핵심은 협업 소비에 있다.

사회문화적 환경은 관광체계에 전반적으로 영향을 미치는 사회문화적 조건을 말한다. 사회는 특정한 경계 내에서 공동생활을 영위하는 모든 형태의 인간 집단으로 정의된다. 문화는 인간 집단의 생활양식으로 정의된다. 관광체계에 영향을 미치는 세부 사회문화적 환경요인으로는 인구구조, 사회자본, 여가문화 등을 들 수 있다. 인구구조(population structure)라 하면 인구를 구성하는 요소들의 특징을 말한다. 사회자본(social capital)은 특정한 사회 내에 사회구성원들 간의 관계에 존재하는 무형적인 형태의 가치를 말한다. 여가문화(leisure culture)는 여가활동과 관련된 사회구성원들의 행동양식을 말한다. 여가의 개념은 산업사회가 발달하면서 등장하였다.

기술적 환경은 관광체계에 전반적으로 영향을 미치는 기술적 조건을 말한다. 기술은 인간 생활에 유용한 도구나 기계, 재료 등을 개발하고 사용하는 과정에 대한 지식이다. 관광체계에 영향을 미치는 세부 기술적 환경요인으로는 교통기술과 정보기술이 있다. 교통기술(transportation technology)은 인간의 장소적 이동과 관련된 운송기술을 말한다. 교통은 크게 육상교통, 해상교통, 항공교통 등으로 구분된다. 정보기술(information technology)은 정보를 수집, 처리하고 전달하는 데 관련된 기술을 말한다. 정보기술은 제2차 세계대전 이후 컴퓨터기술이 발달하고 여기에 통신기술이 결합되면서 크게 발전하였다.

자연적 환경은 관광체계에 전반적으로 영향을 미치는 자연적 조건을 말한다. 자연적 환경요인이라 하면 관광체계에 미치는 천연 그대로의 상태와 관련된 세부 요인들을 말한다. 세부 자연적 환경요인으로는 자연재해와 기후변화가 있다.

국제적 환경은 관광체계에 전반적으로 영향을 미치는 국제적 조건을 말한다. 국제라 하면 국가 간의 관계와 관련된 개념으로 국내(domestic)의 개념과 대립된다. 관광체계에 영향을 미치는 세부 국제적 환경요인들에는 국제분쟁 및 테러리즘, 세계 자유무역체제, 국제보건문제, 남북한 관계 등이 있다.

국제분쟁은 국가 간에 정치, 경제, 문화 등의 분야에서 서로 의견이 달라 충돌하는 상황을 말하며, 국가 간 긴장상태, 전쟁, 테러리즘 등 다양한 형태의 충돌상황이 포함된다. 테러리즘은 특정의 정치적 목적을 달성하기 위해 폭력이나 기타 위협적인 행동을 함으로써 공포를 조성하는 행위를 말한다. 국제분쟁 및 테러리즘은 관광체계에 가장 위협적인 부정적 영향을 미친다.

세계자유무역체제는 국가 간 자유로운 교역을 위한 국제적 협정, 약정 등을 통해 구축되고 있다. 최근에는 FTA를 체결한 국가가 크게 증가하면서 세계 자유무역체제의 큰 흐름으로 인식된다. 자유무역체제는 관광사업조직들의 활동에 긍정적인 영향을 미친다.

국제보건문제는 국민의 건강 보호에 관한 국제적 수준의 문제를 말한다. 세계화 시대를 맞이하여 사람, 물자 등의 이동이 빈번하게 이루어지면서 각종 질병의 전염문제가 사회적 문제로 대두되고 있다. 각종 보호조치들이 가동하면서 관광행위자들의 활동에 부정적인 영향을 미친다.

남북한 관계에서는 안보 문제가 가장 결정적인 요인으로 작용한다. 안보적 측면에서 대립적인 관계를 유지하느냐, 아니면 협력적인 관계를 유지하느냐에 따라서 남북한 간의 관광교류 및 협력의 방향이 결정된다. 따라서 남북한 관광교류 및 협력의 안정적인 발전을 위해서는 남북한 간의 협력적 관계 유지가 기본적인 조건이라고 할 수 있다.

## 참고문헌


1) Burns, P. M., & Novelli, M. (2007). *Tourism and politics: Global frameworks and local realities.* Oxford, UK: Elsevier.
   Elliott, J. (1997). *Tourism: Politics and public sector management.* London: Routledge.
   Hall, C. M. (1994). *Tourism and politics.* NY: John Wiley & Sons.
2) Dwyer, L., Forsyth, P., & Dwyer, W. (2010). *Tourism economics and policy.* Bristol, UK: Channel View Publications.
   Mak, J. (2004). *Tourism and the economy: Understanding the economics of tourism.* Honolulu, HI: University of Hawaii Press.
3) Lessig, L. (2008). *Remix making art and commerce thrive in the hybrid economy.* NY: Penguin Press.
   Stephany, A. (2015). *The business of sharing: Making it in the new sharing economy.* Hampshire, UK: Palgrave Macmillan.
4) Smith, M. K. (Ed.). (2006). *Tourism, culture and regeneration.* NY: CABI
5) Nunkoo, R., & Smith, S. L. (Eds.). (2014). *Trust, tourism development and planning.* London: Routledge.
6) Putnam, R. (1993). *Making democracy work: Civic traditions in modern Italy.* Princeton, NJ: Princeton University Press.
7) Pieper, J. (2009). *Leisure: The basis of culture.* San Francisco, CA: Ignatius Press.
8) Carter, R., & Bédard, F. (2001). *E-business for tourism: Practical guidelines for tourism destinations and businesses.* Madrid, Spain: UNWTO.
   Inkpen, G. (1998). *Information technology for travel and tourism.* Harlow, England: Longman.
   Sheldon, P. J. (1997). *Tourism information technology.* NY: CABI
9) Erfurt-Cooper, P., & Cooper, M. (2010). *Volcano and geothermal tourism: Sustainable geo-resources for leisure and recreation.* London: Earthscan.
   Gössling, S., & Hall, C. M. (2006). *Tourism and global environmental change: Ecological, social, economic and political interrelationships.* London: Routledge.
   Laws, E., Prideaux, B., & Chon, K. S. (Eds.). (2006). *Crisis management in tourism.* NY: CABI.
10) Becken, S., & Hay, J. (2012). *Climate change and tourism: From policy to practice.* London: Routledge.
   Hall, C. M., & Higham, J. E. (Eds.). (2005). *Tourism, recreation, and climate change.* Bristol, UK: Channel View Publications.
   Ritchie, B. W. (2009). *Crisis and disaster management for tourism.* Bristol: Channel View Publications.
   Scott, D., Hall, C. M., & Gössling, S. (2012). *Tourism and climate change: Impacts, adaptation and mitigation.* London: Routledge.

11) Henderson, J. C. (2007). *Tourism crises: Causes, consequences and management.* London: Routledge.
Laws, E., Prideaux, B., & Chon, K. S. (Eds.). (2006). *Crisis management in tourism.* NY: CABI
Mansfeld, Y., & Pizam, A. (Eds.). (2006). *Tourism, security and safety.* London: Routledge.

제8장

# 관광법제도환경

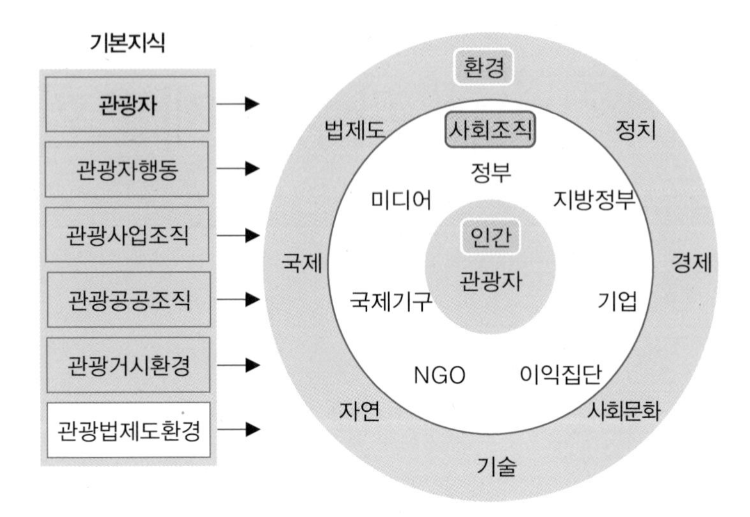


## 학습목표

이 장에서는 관광법제도환경에 대해 학습한다. 관광법제도는 관광영역에서 발생하는 사회문제를 해결하기 위한 목적으로 조직화된 관련 법률들의 집합으로 정의된다, 이를 이해하기 위해 다음과 같은 학습목표를 세운다. 첫째, 관광법제도환경의 기본 개념을 학습한다. 둘째, 법이론의 기본지식을 학습한다. 셋째, 관광법제도의 구성에 대해 학습한다.

## 제1절 서론

이 장에서는 관광법제도환경에 대해 학습한다.

관광법제도환경은 관광의 개념을 구성하는 거시적 수준의 요소인 환경에 해당된다.

관광법제도환경을 학습하는 목적은 관광법제도가 관광체계에 미치는 영향을 이해하는 데 있다. 이를 위해서는 관광법제도의 개념과 특징, 법의 이념과 유형, 관광법제도의 구성 등에 대한 학습이 요구된다.

앞 장에서 기술하였듯이, 관광거시환경은 관광체계에 전반적으로 영향을 미치는 외부 조건을 말한다. 관광법제도환경은 이러한 관광거시환경에 포함되는 한 요인이다. 다만, 법제도가 지닌 강제적이고 지속적인 특징 때문에 일반적인 거시환경요인들과는 구별된다.

관광법제도는 관광자뿐만 아니라 관광체계를 구성하는 모든 관광행위자들에게 영향을 미친다. 무엇보다도 관광법제도환경에 대한 학습은 관광법제도에 대한 이해뿐만 아니라 관광행위자들의 활동과 관계에 영향을 미치는 법적 질서를 파악한다는 점에서 중요한 의의를 지닌다.

학제적으로 관광법제도환경에 대한 연구는 주로 법학으로부터의 접근을 통해 이루어진다. 법학은 법을 연구대상으로 하는 학문으로 사회과학인 동시에 규범학문이라는 특징을 지닌다.

관광법제도환경에 대한 이해는 관광학 연구에서 기본지식에 해당된다. 관광법제도환경의 개념, 특징, 법의 이념과 유형, 관광법제도의 구성 등을 학습함으로써 관광자, 관광사업조직, 관광공공조직 등 관광행위자의 활동에 필요한 응용지식을 모색할 수 있다.

이러한 인식을 바탕으로 이 장은 다음과 같이 구성된다. 우선, 제1절 서론에 이어 제2절에서는 관광법제도환경의 개념과 특징에 대해서 정리한다. 제3절에서는 법의 이념과 유형에 대해서 다루며, 제4절에서는 관광법제도의 구성에 대해 정리한다.

## 제2절 관광법제도환경

### 1. 개념

법제도환경(legal system environment)이라 하면, 사회적 행위자들에 영향을 미치는 법제도적 조건을 말한다. 정치, 경제, 사회문화, 기술, 자연, 국제환경 등과 같이 거시환경을 구성하는 한 요인이라고 할 수 있다.

법(law)은 제도화된 사회규범이다. 사회질서를 유지하고 사회정의를 실현하는 데 법의 목적이 있다. 현대 사회에서 모든 사회적 활동은 법에 근거한다. 그런 의미에서 현대 국가는 법치주의에 기초한다. 법에 근거하여 국가통치가 이루어지며, 모든 사회구성원이 법을 준수함으로써 사회질서를 유지한다.

일반적으로 법적 문제를 해결하기 위해서는 여러 법률이 결합되어 작용한다. 이를 법제도(legal system)라고 한다. 이를 정의하면, 특정한 영역에서 발생하는 법적 문제를 해결하기 위한 목적으로 조직화된 관련 법률들의 집합이라고 할 수 있다. 교육법제도, 산업법제도, 노동법제도, 식품안전법제도, 환경법제도 등이 그 예이다. 관광법제도도 그중에 하나이다.

같은 맥락에서, 관광법제도는 관광영역에서의 제도화된 사회규범을 말한다. 법에 근거하여 관광자, 관광사업조직, 관광공공조직 등 다양한 관광행위자들이 사회적 활동을 하며, 권리를 보호받고 질서를 유지한다. 따라서 법은 관광행위자들의 활동과 사회적 관계의 질서를 유지하는 데 있어서 중요한 기준이 된다.

관광법제도를 구성하는 기본적인 법률로는 관광기본법과 관광진흥법을 들 수 있다. 하지만 그 범위를 확장해보면, 위로는 헌법으로부터 국회법, 정부조직법 등이 있으며, 유관법규로는 국토의 계획 및 이용에 관한 법률, 건축법, 문화재보호법, 환경보건법, 소비자기본법, 근로기준법, 공정거래법, 출입국관리법, 여권법 등이 있다.

정리하면, 관광법제도환경(tourism legal system environment)은 '관광체계에 전반적으로 영향을 미치는 법제도적 조건'으로 정의된다.

## 2. 특징

관광법제도환경의 특징을 살펴보면, 다음과 같다([그림 8-1] 참조).[1)]

[그림 8-1] 관광법제도환경의 특징

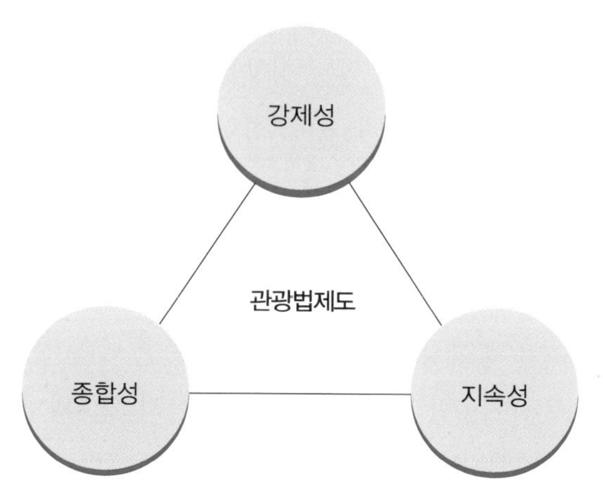

### 1) 강제성

관광법제도환경은 강제성을 지닌다. 관광법제도는 관광문제와 관련하여 제도화된 사회규범을 의미한다. 사회규범은 사회적 행위자에게 어떠한 행위는 할 수 있고, 어떠한 행위는 할 수 없는지를 요구하는 사회적 기준을 말한다. 사회규범에는 법률 외에도 도덕, 관습, 윤리 등이 있다. 이 가운데 도덕, 관습, 윤리 등은 자율적인 규범이다. 자기 스스로 판단하여 규율을 지키며, 행위에 대한 강제성은 없다. 반면에, 법은 타율적이고 강제적인 사회규범이다. 법을 위반할 경우에는 그에 따르는 제재가 있다. 따라서 관광법제도환경은 관광행위자들이 지켜야 할 강제적인 법률적 조건이라는 특징을 지닌다.

### 2) 지속성

관광법제도환경은 지속성을 지닌다. 관광법제도는 제도의 일종이다. 그러므로 제도의 특성이 그대로 반영된다. 제도는 오랜 기간 유지되는 특징을 지닌다. 역사적 신제도주의에 의하면, 제도는 다른 제도들과 결합되어 있는 맥락적 특징을 지니며, 역사적 과정을 통해 형성된 역사적 산물로 인식된다. 그러므로 제도는 쉽사리 변화하지 않는 성향을 지닌다. 이러한 제도의 속성을 경로의존성(path dependency)이라 한다. 정리하면, 관광법제도환경은 관광체계에 지속적으로 영향을 미치는 법률적 조건이라는 특징을 지닌다.

### 3) 종합성

관광법제도환경은 종합성을 지닌다. 앞서 기술한 바와 같이, 법제도는 특정한 영역에서 발생하는 법적 문제해결이라는 목적 실현의 차원에서 다양한 유형의 법률들이 배열되고 결합된 관계를 말한다. 그런 의미에서 법제도는 특정한 영역의 특징을 반영한다고 할 수 있다. 같은 맥락에서 관광법제도는 관광영역의 특징을 반영한다. 관광영역은 종합적인 사회현상이라는 특징을 지닌다. 관광은 경제, 개발, 복지, 환경, 소비자보호, 국제관계 등과 관련된 다양한 사회문제들을 포괄한다. 정리하면, 관광법제도환경은 관광체계에 영향을 미치는 종합적인 법률적 조건이라는 특징을 지닌다.

## 제3절 법의 이념과 유형

### 1. 이념

법(law)은 사회적 규범이다. 법은 다른 사회제도와 마찬가지로 특정한 목적을 달성하기 위해 존재한다. 이러한 법의 목적은 법이 추구하는 이념에 영향을 받는다. 여기서 법의 이념(legal ideology)은 법이 추구해야 할 근본적인 가치를 말한다. 이러한 법의 이념은 크게 세 가지로 정리된다([그림 8-2] 참조).[2)]

[그림 8-2] 법의 이념

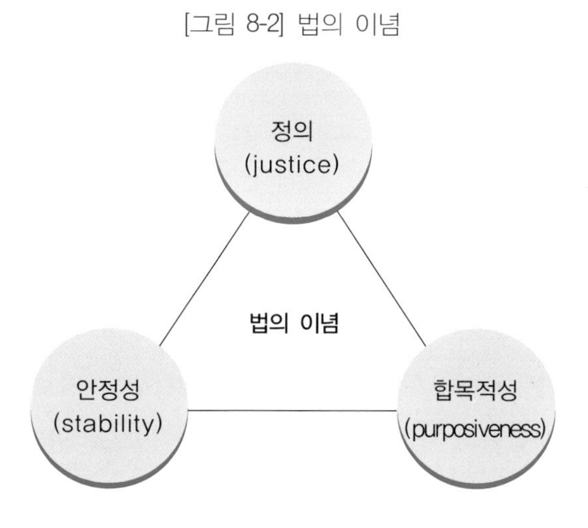

첫째, 정의(justice)이다. 법은 사회적 정의의 구현에 가치를 둔다. 정의는 사회적으로 옳고 그름을 판단하는 기준을 말한다. 기본적으로 자유, 평등, 평화 등의 원칙에서 법적 판단이 이루어진다. 자유는 개인주의적 입장에서의 정의를 말하며, 평등은 집단주의적 입장에서의 정의를 말한다. 평화는 협동주의적 입장에서의 정의를 말한다.

둘째, 합목적성(purposiveness)이다. 법은 사회가 지향하는 목적에 부합하는 데 가치를 둔다. 가치는 중요성 혹은 바람직성을 말하며, 목적, 목표, 지향 등으로 표현된다. 합목적성은 어떠한 행위가 특정한 사회적 목적에 부합하는 성질을 말한다. 현대 국가에서 가장 보편적인 사회적 목적지향은 공공복리이다. 그러므로 법이 공공복리를 지향할 때, 그 법은 합목적성을 갖는다고 할 수 있다.

셋째, 안정성(stability)이다. 법은 안정적으로 유지되는 것에 가치를 둔다. 법은 많은 사람들이 신뢰하고 따를 수 있어야 한다. 그러기 위해서는 법의 일관성이 유지되어야 한다. 법이 불안정하다면, 사람들이 안정된 법률생활을 하는 것이 어렵다. 그런 의미에서 법의 안정성은 법이 추구해야 할 중요한 가치들 가운데 하나이다.

## 2. 유형

법에는 여러 가지 유형이 있다. 크게 관계유형, 규정내용, 적용대상, 적용범위 등을 기준으로 구분된다.

먼저, 관계유형을 기준으로 볼 때, 법은 공법, 사법, 사회법으로 구분된다. 공법은 개인과 국가, 국가기관과 국가기관과의 관계 등 공적인 관계를 규정하는 법으로 헌법, 행정법, 형법 등이 여기에 해당된다. 사법은 개인과 개인 간의 관계, 즉 사람들의 사적인 관계를 규정하는 법으로 민법, 상법 등이 여기에 해당된다. 사회법은 사적인 관계에 국가가 개입하여 사회공공적 이익을 실현하기 위한 법으로 노동법, 경제법, 사회보장기본법 등을 들 수 있다.

규정내용을 기준으로 할 때, 법은 실체법과 절차법으로 구분된다. 실체법은 행위자의 권리와 의무의 내용을 규정한 법이다. 예로서, 헌법, 민법, 형법, 상법 등이 여기에 해당된다. 절차법은 실체법의 내용을 실현하기 위한 구체적인 절차를 규정한 법이다. 민사소송법, 형사소송법, 행정소송법을 들 수 있다.

적용대상을 기준으로 할 때, 법은 일반법과 특별법으로 구분된다. 일반법은 모든 행위자를 대상으로 한다는 점에서 보편성을 특징으로 한다. 반면에 특별법은 교육, 보건, 복지 등 특정한 영역의 행위자들을 대상으로 한다는 점에서 특수성을 특징으로 한다.

또한 적용범위를 기준으로 할 때, 법은 국내법과 국제법으로 구분된다. 국내법은 한 국가의 주권이 영향을 미치는 범위가 기준이 된다. 법의 효력(validity of law)은 법의 효과가 현실 사회에서 실현되는 것을 말한다. 국내법에는 헌법, 법률, 명령, 조례, 규칙 등이 있다. 국제법은 국가 간의 관계, 국제기구와 국가 간의 관계 등을 규정하는 법이다. 다수의 국가에 영향을 미친다는 점이 특징이다.

## 제4절 관광법제도의 구성

### 1. 구성요소

관광법제도는 관광목적을 실현하기 위해 조직화된 관련 법률들의 집합이다. 관광법제도는 헌법, 관광법률, 유관법률, 지방자치법률 등 네 가지 요소로 구성된다([그림 8-3] 참조).

[그림 8-3] 관광법제도

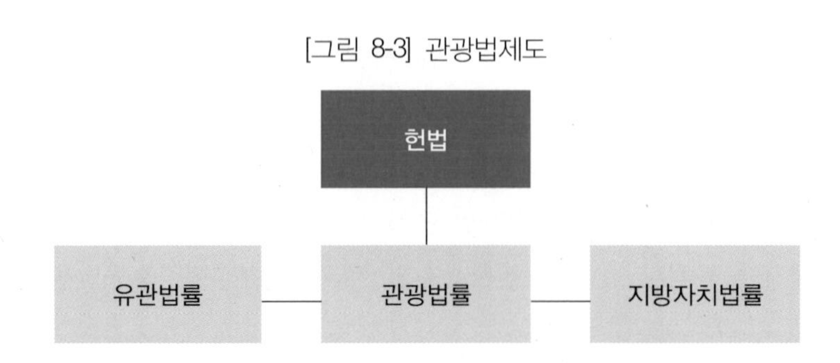


첫째, 헌법이다. 헌법은 법 중의 법이다. 헌법이 지닌 위상은 크게 두 가지로 정리된다. 첫째, 헌법은 국가의 기본법이다. 헌법을 통해 국가가 형성되고, 국민의 자유와 권리가 보장된다. 국가 권력으로서 입법권과 행정권 그리고 사법권이 헌법에 의해 규정되며, 국민의 기본권이 규정된다. 둘째, 헌법은 법제도의 배열에서 최고의 위치에 있으며, 최고의 효력을 발휘한다. 헌법에 근거하여 다른 법률들이 제정된다. 하위 법률들은 헌법을 따라야 하며, 헌법에 위배되어서는 안 된다. 마찬가지로 관광법률도 헌법에 근거한다.

둘째, 관광법률이다. 관광법률은 관광목적의 실현과 관련하여 관광행위자들에게 영향을 미치는 직접적인 법률들을 말한다. 관광기본법, 관광진흥법, 관광진흥개발기금법, 한국관광공사법, 국제회의산업육성에 관한 법률 등이 있다. 관광법률의 관계유형적 특징으로는 공적 관계를 규정한다는 점에서 공법에 속하며, 공법 가운데 행정법에 해당된다. 규정내용에서는 관광행위자의 권리와 의무를 다룬다는 점에서 실체법에 해당되며, 적용대상에서는 관광분야를 대상으로 한다는 점에서 특별법에 해당한다. 또한 적용범위를 기준으로 할 때, 관광법률은 국내법에 해당한다.

셋째, 유관법률이다. 유관법률은 관광행위자들에게 영향을 미치는 관련 법률들을 말한다. 관광자의 활동과 관련하여 출입국관리법, 여권법, 관세법, 외국환관리법, 공중위생법, 소비자기본법 등이 있으며, 관광사업조직의 활동과 관련하여 공정거래법, 상법, 민법 등이 있다. 또한 관광공공조직의 활동과 관련하여 국회법, 정부조직법 등이 있으며, 관광개발활동과 관련하여 국토계획 및 이용에 관한 법률, 도시공원법, 문화재보호법, 환경보전법, 자연공원법, 도로법, 항공법 등이 있다.

넷째, 지방자치법률이다. 지방자치법률은 관광행위자들에게 영향을 미치는 지방자치단체의 자치활동과 관련된 법률들을 말한다. 지방자치법, 지방세법, 지방공무원법, 지방교육자치에 관한 법률 등이 있다. 이밖에 지방의회가 제정하는 조례가 있으며, 지방자치단체장이 제정하는 규칙이 있다.

## 2. 주요 법률

다음에서는 관광행위자들에게 영향을 미치는 주요 법률들에 대해 살펴본다.

### 1) 헌법[3)]

헌법은 크게 네 가지의 기본원리를 지닌다.[4)] 이러한 기본원리는 헌법이 따라야 할 근본적인 기준이라고 할 수 있다.

첫째, 헌법은 국민주권을 기본원리로 한다. 국민주권이라 함은 국가권력의 주인은 곧 국민이라는 의미이다. 국민이 국가의 최고 의사결정을 하며, 모든 국가권력은 국민에 의해 정당성이 부여된다.

둘째, 헌법은 민주주의를 기본원리로 한다. 국가의 모든 권력은 국민의 참여와 합의로부터 형성된다. 그러기 위해서는 국민의 직접적인 참여가 반드시 필요하며, 국민의 합의를 위해 다수결의 원칙이 적용된다.

셋째, 헌법은 사회보장을 기본원리로 한다. 현대 국가는 모든 국민이 기본적인 생활을 충족하고 행복한 생활을 즐길 수 있도록 복지 혜택을 부여해야 한다.

넷째, 헌법은 법치국가를 기본원리로 한다. 법치국가는 법치주의가 지켜지는 국가를 말한다. 한마디로 법에 의해 국가통치가 이루어진다고 할 수 있다.

한편, 헌법 조항들 가운데 관광행위자들의 활동과 관련된 주요 조항들을 살펴보면, 다음과 같다.

먼저 헌법 제1장 제1조에서는 국가의 통치 형태가 민주공화국임을 명시하고 있다. 민주공화국은 주권이 국민에게 있고 국민이 선출한 대표자가 국민의 권리와 이익을 위하여 국정을 운영하는 나라를 뜻한다. 또한 민주공화국은 국민주권주의, 권력분립주의, 법치주의 등을 제도적으로 보장한다.

제1장 제1조 ① 대한민국은 민주공화국이다.
② 대한민국의 주권은 국민에게 있고, 모든 권력은 국민으로부터 나온다.

다음으로, 관광자의 기본권과 관련하여 헌법 제2장 제10조에 인간의 기본권리인 행복추구권이 명시되어 있다. 이를 통해 사회보장을 기본원리로 하는 헌법의 기준이 제시된다. 또한 관광학 연구의 궁극적 목적인 '인간의 행복 실현'이 바로 기본권으로서의 행복추구권과 그 맥을 같이 한다.

제2장 제10조 모든 국민은 인간으로서의 존엄과 가치를 가지며, 행복을 추구할 권리를 가진다. 국가는 개인이 가지는 불가침의 기본적 인권을 확인하고 이를 보장할 의무를 진다.

다음으로, 관광행위자들의 경제활동과 관련하여, 헌법 제9장 제119조에서는 시장경제의 원칙이 명시되어 있으며, 시장실패 시 정부의 개입권을 부여하고 있다. 이에 근거하여 관광행위자들은 시장경제에서 자유로운 경제활동을 영위한다. 하지만 그에 따르는 사회적 의무가 있으며, 이를 충족시키지 못할 경우 정부는 조정역할을 수행할 수 있다.

제9장 제119조 ① 대한민국의 경제질서는 개인과 기업의 경제상의 자유와 창의를 존중함을 기본으로 한다.
② 국가는 균형있는 국민경제의 성장 및 안정과 적정한 소득의 분배를 유지하고, 시장의 지배와 경제력의 남용을 방지하며, 경제주체 간의 조화를 통한 경제의 민주화를 위하여 경제에 관한 규제와 조정을 할 수 있다.

2) 관광법률

관광법률은 관광목적의 실현과 관련하여 관광행위자들에게 영향을 미치는 직접적인 법률들을 말한다. 주요 관광법률들을 살펴보면, 다음과 같다([그림 8-4] 참조).

[그림 8-4] 관광법률

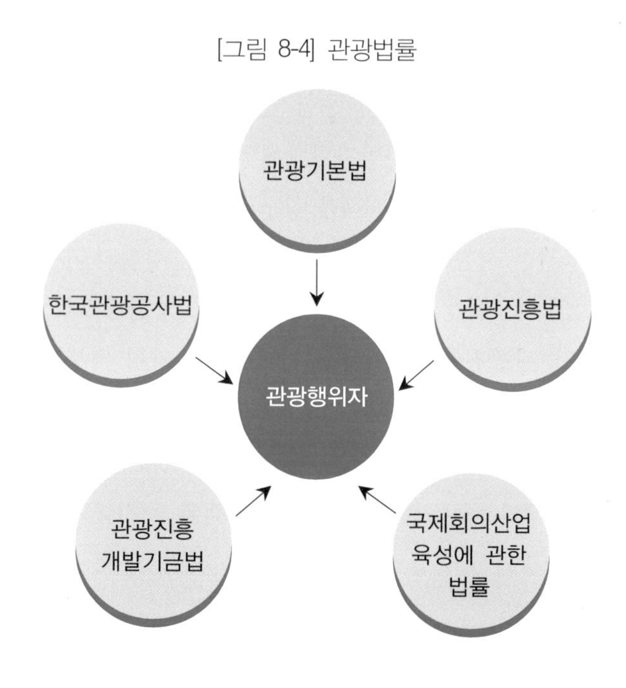

(1) 관광기본법[5)]

관광기본법은 관광진흥의 방향과 시책에 관한 사항을 규정할 목적으로 1975년 12월 31일 제정되었다. 관광기본법은 기본법이라는 명칭에서도 알 수 있듯이, 같은 법률이면서도 관광진흥법, 관광진흥개발기금법 등 관광관련법규들의 입법근거가 된다.

주요 내용을 살펴보면, 첫째 관광정책의 궁극적인 목표를 명시하고 있다. 동법 제1조(목적)에서는 "이 법은 관광진흥의 방향과 시책에 관한 사항을 규정함으로써 국제친선을 증진하고 국민경제와 국민복지를 향상시키며 건전한 국민관광의 발전을 도모하는 것을 목적으로 한다."라고 규정하고 있다. 관광정책의 궁극적인 목표를 국제친선 증진, 국민경제 향상, 국민복지 향상, 건전한 국민관광의 발전의 네 가지로 명시하고 있음을 볼 수 있다.

둘째, 관광정책에 관한 정부 및 지방자치단체의 책임과 의무를 명시하고 있다. 동법 제2조 (정부의 시책)에서는 "정부는 이 법의 목적을 달성하기 위하여 관광진흥에 관한 기본적이고 종합적인 시책을 강구하여야 한다."라고 규정하고 있다. 또한 제6조 (지방자치단체의 협조)에서는 "지방자치단체는 관광에 관한 국가시책에 필요한 시책을 강구하여야 한다."라고 규정하고 있다.

셋째, 시책에 관한 사항으로 외국관광객의 유치, 시설의 개선, 관광자원의 보호, 관광사업의 지도육성, 관광종사자의 자질향상, 관광지의 지정 및 개발, 국민관광의 발전, 관광진흥개발기금 설치 등 여덟 가지 정부 시책들이 다음과 같이 명시되어 있다.

제7조(외국 관광객의 유치) 정부는 외국 관광객의 유치를 촉진하기 위하여 해외 홍보를 강화하고 출입국 절차를 개선하며 그 밖에 필요한 시책을 강구하여야 한다.

제8조(관광 여건의 조성) 정부는 관광 여건 조성을 위하여 관광객이 이용할 숙박 · 교통 · 휴식시설 등의 개선 및 확충, 휴일 · 휴가에 대한 제도 개선

등에 필요한 시책을 마련하여야 한다.

제9조(관광자원의 보호 등) 정부는 관광자원을 보호하고 개발하는 데에 필요한 시책을 강구하여야 한다.

제10조(관광사업의 지도·육성) 정부는 관광사업을 육성하기 위하여 관광사업을 지도·감독하고 그 밖에 필요한 시책을 강구하여야 한다.

제11조(관광 종사자의 자질 향상) 정부는 관광에 종사하는 자의 자질을 향상시키기 위하여 교육훈련과 그 밖에 필요한 시책을 강구하여야 한다.

제12조(관광지의 지정 및 개발) 정부는 관광에 적합한 지역을 관광지로 지정하여 필요한 개발을 하여야 한다.

제13조(국민관광의 발전) 정부는 관광에 대한 국민의 이해를 촉구하여 건전한 국민관광을 발전시키는 데에 필요한 시책을 강구하여야 한다.

제14조(관광진흥개발기금) 정부는 관광진흥을 위하여 관광진흥개발기금을 설치하여야 한다.

제15조 삭제

제16조(국가관광전략회의) ① 관광진흥의 방향 및 주요 시책에 대한 수립·조정, 관광진흥계획의 수립 등에 관한 사항을 심의·조정하기 위하여 국무총리 소속으로 국가관광전략회의를 둔다.

② 국가관광전략회의의 구성 및 운영 등에 필요한 사항은 대통령령으로 정한다.

### (2) 관광진흥법[6]

관광진흥법은 관광진흥을 목적으로 1986년에 제정되었다. 관광진흥법은 1961년에 제정되었던 '관광사업진흥법'을 모체로 한다. 이후 1975년에 '관광사업법'으로 대체되었으며, 1986년에 '관광진흥법'이라는 명칭으로 제정되어 오늘에 이르고 있다.

관광진흥법의 성격을 살펴보면, 우선 관광기본법에서 명시된 정부의 기본적인 시책에 대한 구체적인 책임 및 의무사항들을 규정하고 있다는 점에서 실행적 의미를 지닌다. 또한 입법형식에 있어서는 관광여건 조성에 관한 사항, 관광자원 개발에 관한 사항, 관광사업 육성에 관한 사항 등 모든 관광활동을 하나의 법률에서 총괄적으로 규정하는 단일법으로서의 특징을 지닌다.

관광진흥법의 주요 내용은 다음과 같다.

먼저 제1조에서는 제정목적을 제시하고, 제2조에서는 이 법에서 사용하는 용어들을 정의한다. 제정목적으로는 관광여건 조성, 관광사업 육성, 관광자원 개발의 세 가지가 제시되며, 궁극적 목적으로는 관광진흥에 이바지하는 것으로 제시된다. 이와 함께 이 법에서 사용하는 용어에 대한 운영적 정의가 제시된다.

제1조(목적) 이 법은 관광 여건을 조성하고 관광자원을 개발하며 관광사업을 육성하여 관광진흥에 이바지하는 것을 목적으로 한다.

제2조(정의) 이 법에서 사용하는 용어의 뜻은 다음과 같다.

1. "관광사업"이란 관광객을 위하여 운송 · 숙박 · 음식 · 운동 · 오락 · 휴양 또는 용역을 제공하거나 그 밖에 관광에 딸린 시설을 갖추어 이를 이용하게 하는 업(業)을 말한다.
2. "관광사업자"란 관광사업을 경영하기 위하여 등록 · 허가 또는 지정(이하 "등록등"이라 한다)을 받거나 신고를 한 자를 말한다.
3. "기획여행"이란 여행업을 경영하는 자가 국외여행을 하려는 여행자를 위하여 여행의 목적지 · 일정, 여행자가 제공받을 운송 또는 숙박 등의 서비스 내용과 그 요금 등에 관한 사항을 미리 정하고 이에 참가하는 여행자를 모집하여 실시하는 여행을 말한다.
4. "회원"이란 관광사업의 시설을 일반 이용자보다 우선적으로 이용하거나 유리한 조건으로 이용하기로 해당 관광사업자(제15조제1항 및 제2항에 따른 사업계획의 승인을 받은 자를 포함한다)와 약정한 자

를 말한다.

5. "공유자"란 단독 소유나 공유(共有)의 형식으로 관광사업의 일부 시설을 관광사업자(제15조제1항 및 제2항에 따른 사업계획의 승인을 받은 자를 포함한다)로부터 분양받은 자를 말한다.
6. "관광지"란 자연적 또는 문화적 관광자원을 갖추고 관광객을 위한 기본적인 편의시설을 설치하는 지역으로서 이 법에 따라 지정된 곳을 말한다.
7. "관광단지"란 관광객의 다양한 관광 및 휴양을 위하여 각종 관광시설을 종합적으로 개발하는 관광 거점 지역으로서 이 법에 따라 지정된 곳을 말한다.
8. "민간개발자"란 관광단지를 개발하려는 개인이나 「상법」 또는 「민법」에 따라 설립된 법인을 말한다.
9. "조성계획"이란 관광지나 관광단지의 보호 및 이용을 증진하기 위하여 필요한 관광시설의 조성과 관리에 관한 계획을 말한다.
10. "지원시설"이란 관광지나 관광단지의 관리·운영 및 기능 활성화에 필요한 관광지 및 관광단지 안팎의 시설을 말한다.
11. "관광특구"란 외국인 관광객의 유치 촉진 등을 위하여 관광 활동과 관련된 관계 법령의 적용이 배제되거나 완화되고, 관광 활동과 관련된 서비스·안내 체계 및 홍보 등 관광 여건을 집중적으로 조성할 필요가 있는 지역으로 이 법에 따라 지정된 곳을 말한다.

11의2. "여행이용권"이란 관광취약계층이 관광 활동을 영위할 수 있도록 금액이나 수량이 기재(전자적 또는 자기적 방법에 의한 기록을 포함한다. 이하 같다)된 증표를 말한다.

12. "문화관광해설사"란 관광객의 이해와 감상, 체험 기회를 제고하기 위하여 역사·문화·예술·자연 등 관광자원 전반에 대한 전문적인 해설을 제공하는 자를 말한다.

다음으로, 관광진흥법이 규정하고 있는 관광사업 육성, 관광여건 및 진흥, 관광자원개발 등 영역별 내용을 살펴보면 다음과 같다.

첫째, 관광사업의 육성과 관련하여 제2장에서 관광사업의 종류를 여행업, 관광숙박업, 관광객이용시설업, 국제회의업, 카지노업, 유원시설업, 관광편의시설업 등 일곱 가지로 구분하고 사업별 영업허가 및 지원, 그리고 지도사항들을 규정하고 있다. 또한 제3장에서는 관광사업자 단체의 설립 및 지원업무를 규정하고 있다.

둘째, 관광여건의 조성과 관련하여 제4장에서 관광의 진흥 및 홍보에 관한 시책들을 규정하고 있다. 국민관광의 활성화차원에서 장애인 관광활동의 지원, 관광취약계층의 관광복지 증진 시책이 명시되어 있으며, 관광홍보의 활성화차원에서 해외관광시장 홍보 지원 시책을 규정하고 있다. 또한 기본여건 차원에서 관광정보 활용 및 국제기구와의 협력업무, 관광통계 작성 시책 등이 명시되어 있다.

셋째, 관광자원개발과 관련하여 제5장에서 관광지 및 관광단지의 개발, 관광특구의 진흥 시책들을 규정하고 있다. 효율적인 관광개발을 위해 관광개발기본계획, 권역별 관광개발계획 등의 시책이 명시되어 있으며, 관광지 지정 및 조성계획에 대한 지침들이 명시되어 있다. 또한 관광특구와 관련하여 지정 및 진흥계획, 지원 등의 사항이 규정되어 있다.

### (3) 국제회의산업육성에 관한 법률[7)]

국제회의산업육성에 관한 법률은 국제회의산업의 육성과 진흥을 목적으로 1996년에 제정되었다. 이 법률은 관광사업 가운데 국제회의업에 관한 법규로 관광 문제를 총괄적으로 규정하는 관광진흥법과는 별도로 제정되었으며, 입법형식에서는 복수법주의를 취하는 개별법의 특징을 지닌다. 이 법률에서 국제회의는 세미나, 토론회, 전시회 등을 의미하며, 국제회의산업은 국제회의의 유치와 개최에 필요한 국제회의시설, 서비스 등과 관련된 산업으로 정의된다. 주요 내용으로는 국제회의전담조직 지정 및 설치, 국제회의산업육성 기본계획 수립, 국제회의 유치 및 개최 지원, 국제회의산업육성 기반조성, 국제회의시설의 건립 및 운영촉진, 국제회의전문인력 교육 및 훈련, 국제협력 촉진, 전자국제회의 기반 확충, 국제회의도시 지정 및 지원 등이 규정되어 있다.

제1조(목적) 이 법은 국제회의의 유치를 촉진하고 그 원활한 개최를 지원하여 국제회의산업을 육성·진흥함으로써 관광산업의 발전과 국민경제의 향상 등에 이바지함을 목적으로 한다.

제2조(정의) 이 법에서 사용하는 용어의 뜻은 다음과 같다.

1. "국제회의"란 상당수의 외국인이 참가하는 회의(세미나·토론회·전시회 등을 포함한다)로서 대통령령으로 정하는 종류와 규모에 해당하는 것을 말한다.
2. "국제회의산업"이란 국제회의의 유치와 개최에 필요한 국제회의시설, 서비스 등과 관련된 산업을 말한다.
3. "국제회의시설"이란 국제회의의 개최에 필요한 회의시설, 전시시설 및 이와 관련된 부대시설 등으로서 대통령령으로 정하는 종류와 규모에 해당하는 것을 말한다.
4. "국제회의도시"란 국제회의산업의 육성·진흥을 위하여 제14조에 따라 지정된 특별시·광역시 또는 시를 말한다.
5. "국제회의 전담조직"이란 국제회의산업의 진흥을 위하여 각종 사업을 수행하는 조직을 말한다.
6. "국제회의산업 육성기반"이란 국제회의시설, 국제회의 전문인력, 전자국제회의체제, 국제회의 정보 등 국제회의의 유치·개최를 지원하고 촉진하는 시설, 인력, 체제, 정보 등을 말한다.
7. "국제회의복합지구"란 국제회의시설 및 국제회의집적시설이 집적되

어 있는 지역으로서 제15조의2에 따라 지정된 지역을 말한다.

8. "국제회의집적시설"이란 국제회의복합지구 안에서 국제회의시설의 집적화 및 운영 활성화에 기여하는 숙박시설, 판매시설, 공연장 등 대통령령으로 정하는 종류와 규모에 해당하는 시설로서 제15조의3에 따라 지정된 시설을 말한다.

### (4) 관광진흥개발기금법[8)]

관광진흥개발기금법은 관광사업 지원을 위한 자금 확보를 목적으로 1972년에 제정되었다. 주요 내용으로는 기금의 설치 및 재원(정부로부터 받은 출연금, 출국납부금, 운용 수익금 등), 기금의 관리 및 용도, 기금운용위원회의 설치, 기금운용계획의 수립 등이 명시되어 있다. 기금의 용도는 대여, 보조, 투자 등을 들 수 있다. 주요 대여사업으로는 호텔을 비롯한 각종 관광시설의 건설 또는 보수, 관광을 위한 교통수단의 확보, 관광사업의 발전을 위한 기반시설의 건설, 관광지 · 관광단지 및 관광특구의 관광편의시설 건설 등이 있다. 보조사업으로는 관광정책에 관하여 조사 · 연구하는 법인의 기본재산 형성 및 조사 · 연구사업, 그 밖의 운영에 필요한 경비지원 등이 있으며, 국외여행자의 건전한 관광을 위한 교육 및 관광정보의 제공사업, 국내외 관광안내체계의 개선 및 관광홍보사업, 관광사업 종사자 및 관계자에 대한 교육훈련사업 등이 있다. 또한 출자사업으로는 관광지 및 관광단지의 조성사업, 국제회의시설의 건립 및 확충 사업, 관광사업에 투자하는 것을 목적으로 하는 투자조합사업 등이 있다.

제1조(목적) 이 법은 관광사업을 효율적으로 발전시키고 관광을 통한 외화수입의 증대에 이바지하기 위하여 관광진흥개발기금을 설치하는 것을 목적으로 한다.

제2조(기금의 설치 및 재원) ① 정부는 이 법의 목적을 달성하는 데에 필요한 자금을 확보하기 위하여 관광진흥개발기금(이하 "기금"이라 한다)을 설치한다.

② 기금은 다음 각 호의 재원(財源)으로 조성한다.

1. 정부로부터 받은 출연금
2. 「관광진흥법」 제30조에 따른 납부금
3. 제3항에 따른 출국납부금
4. 「관세법」 제176조의2제4항에 따른 보세판매장 특허수수료의 100분의 50
5. 기금의 운용에 따라 생기는 수익금과 그 밖의 재원

③ 국내 공항과 항만을 통하여 출국하는 자로서 대통령령으로 정하는 자는 1만원의 범위에서 대통령령으로 정하는 금액을 기금에 납부하여야 한다.

### (5) 한국관광공사법[9]

한국관광공사법은 관광분야의 공기업인 한국관광공사의 설립을 목적으로 1982년에 제정되었다. 1962년에 제정된 국제관광공사법이 현재의 법으로 대체되었다. 이 법에서는 한국관광공사의 사업을 크게 관광진흥, 관광자원 개발, 연구개발, 인력의 양성 · 훈련 등 네 가지로 제시하고 있다. 구체적인 사업내용으로는 국제관광진흥사업으로 외국인 관광자의 유치를 위한 홍보, 국제관광시장의 조사 및 개척, 관광에 관한 국제협력의 증진, 국제관광에 관한 지도 및 교육 등이 포함되며, 국민관광진흥사업으로는 국민관광의 홍보, 국민관광의 실태 조사, 국민관광에 관한 지도 및 교육 등이 명시되어 있다. 또한 관광자원개발사업으로는 관광단지의 조성과 관리, 관광자원 및 관광시설의 개발을 위한 시범사업, 관광지의 개발, 관광자원의 조사 등이 제시되며, 연구개발사업으로는 관광산업에 관한 정보의 수집 · 분석 및 연구, 관광산업의 연구에 관한 용역사업 등이 제시된다. 이와 함께 관광관련 전문인력의 양

성과 훈련 사업이 명시되어 있다.

제1조(목적) 이 법은 한국관광공사를 설립하여 관광진흥, 관광자원 개발, 관광산업의 연구·개발 및 관광관련 전문인력의 양성·훈련에 관한 사업을 수행하게 함으로써 국가경제 발전과 국민복지 증진에 이바지함을 목적으로 한다.

제2조(법인격) 한국관광공사(이하 "공사"라 한다)는 법인으로 한다.

제12조(사업) ① 공사는 제1조의 목적을 달성하기 위하여 다음 각 호의 사업을 수행한다.

1. 국제관광 진흥사업
   가. 외국인 관광객의 유치를 위한 홍보
   나. 국제관광시장의 조사 및 개척
   다. 관광에 관한 국제협력의 증진
   라. 국제관광에 관한 지도 및 교육
2. 국민관광 진흥사업
   가. 국민관광의 홍보
   나. 국민관광의 실태 조사
   다. 국민관광에 관한 지도 및 교육
   라. 장애인, 노약자 등 관광취약계층에 대한 관광 지원
3. 관광자원 개발사업
   가. 관광단지의 조성과 관리, 운영 및 처분
   나. 관광자원 및 관광시설의 개발을 위한 시범사업
   다. 관광지의 개발
   라. 관광자원의 조사
4. 관광산업의 연구·개발사업
   가. 관광산업에 관한 정보의 수집·분석 및 연구

나. 관광산업의 연구에 관한 용역사업

5. 관광 관련 전문인력의 양성과 훈련 사업

6. 관광사업의 발전을 위하여 필요한 물품의 수출입업을 비롯한 부대사업으로서 이사회가 의결한 사업

### 3) 유관법률

유관법률은 관광행위자들에게 영향을 미치는 관련 법률들을 말한다. 주요 유관법률들을 살펴보면, 다음과 같다([그림 8-5] 참조).

[그림 8-5] 유관법률

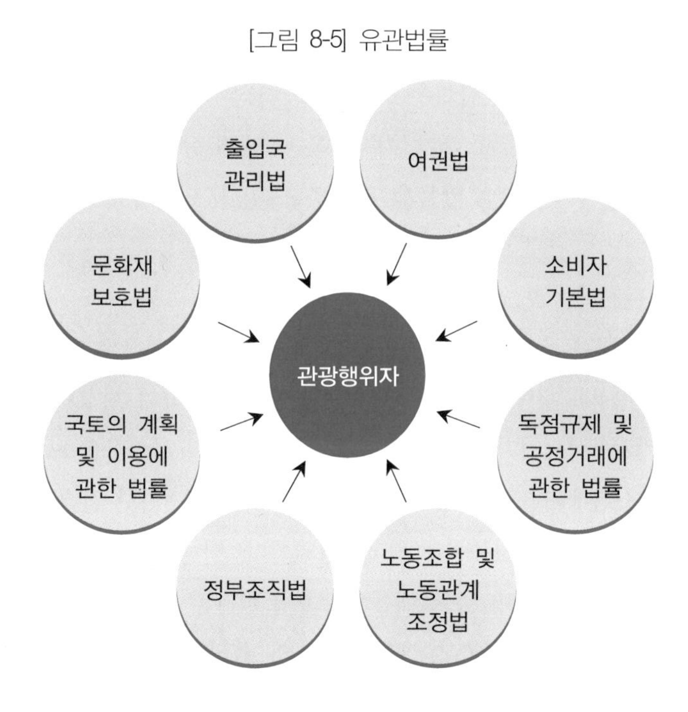


#### (1) 출입국관리법[10]

출입국관리법은 국민 및 외국인의 출입국 관리를 목적으로 1963년에 제정되었다. 이 법은 국내외관광자의 출입국 활동에 대하여 효력을 지닌다. 이

법에서는 국민은 대한민국의 국민으로, 외국인은 대한민국의 국적을 가지지 아니한 사람으로 정의된다. 주요 규정내용으로는 국민의 출입국, 외국인의 입국 및 상륙, 외국인의 출국과 체류, 외국인의 등록 및 사회통합 프로그램 사업 등이 명시되어 있다.

(2) 여권법[11]

여권법은 여권에 관한 사항을 규정할 목적으로 1961년에 제정되었다. 여권이라 하면, 외국을 여행하는 사람의 신분이나 국적을 증명하고 상대국에 그 보호를 의뢰하는 문서를 말한다. 이 법은 내국인관광자의 출입국 활동에 대하여 효력을 지닌다. 여권법에서는 여권의 종류 및 유효기간, 여권의 발급 및 재발급, 여권의 반납과 직접회수 등에 관한 사항이 규정되어 있다. 한편, 동법 제17조에서는 천재지변, 전쟁, 내란, 폭동, 테러 등의 국외 위난상황의 경우, 여권사용을 제한할 수 있음을 명시하고 있다.

(3) 소비자기본법[12]

소비자기본법은 소비자의 권익을 보호하기 위한 목적으로 2006년 제정되었다. 이 법은 1982년에 제정된 소비자보호법을 대체하여 제정되었다. 이 법에서는 소비자를 "사업자가 제공하는 물품 또는 용역(시설물을 포함한다. 이하 같다)을 소비생활을 위하여 사용(이용을 포함한다. 이하 같다)하는 자 또는 생산활동을 위하여 사용하는 자"로 정의한다. 이 법은 관광자의 소비활동에 대하여 효력을 지닌다. 주요 내용으로는 소비자의 권리 및 책임, 국가 · 지방자치단체 및 사업자의 책무, 소비자정책의 추진체계, 소비자단체의 설립, 한국소비자원의 설립, 소비자분쟁의 해결 등이 규정되어 있다.

(4) 독점규제 및 공정거래에 관한 법률[13]

독점규제 및 공정거래에 관한 법률은 시장의 경쟁원리를 보장하기 위한 목적으로 1980년 제정되었다. 이 법에서는 사업자의 시장지배적 지위의 남용과 과도한 경제력의 집중 방지, 부당한 공동행위 및 불공정거래행위 규제 등이 명시되어 있다. 이 법은 관광사업조직의 사업자 간 관계에 대하여 효력을 지닌다. 이 가운데 부당한 공동행위에 관한 내용을 보면, 사업자가 다른 사업자와 공동으로 가격을 결정 · 유지 또는 변경하는 행위, 상품 또는 용역의 거래조건이나 그 대금 또는 대가의 지급조건을 정하는 행위, 상품의 생산 · 출고 · 수송 또는 거래의 제한이나 용역의 거래를 제한하는 행위, 거래지역 또는 거래상대방을 제한하는 행위, 상품 또는 용역의 생산 · 거래 시에 그 상품 또는 용역의 종류 · 규격을 제한하는 행위 등을 명시하고 있다.

(5) 노동조합 및 노동관계조정법[14)]

노동조합 및 노동관계조정법은 근로자의 권익을 보호하기 위한 목적으로 1997년 제정되었다. 이 법은 관광사업조직의 근로자 관리활동에 대하여 효력을 지닌다. 주요 내용으로는 근로자의 자주적인 단결권, 단체교섭권과 단체행동권의 보장, 근로자의 근로조건 유지 및 개선, 근로자의 복지 증진, 근로자의 단체행동의 자유 보장, 노동쟁의의 공정한 조정 등이 명시되어 있다.

(6) 정부조직법[15)]

정부조직법은 국가행정기관의 설치 및 조직, 직무범위를 규정할 목적으로 1948년 제정되었다. 이 법은 관광행정조직의 설립 및 직무에 관한 활동에 대하여 효력을 지닌다. 이 법의 주요 내용으로는 대통령의 권한, 국무회의 운영, 국무총리의 권한, 국무조정실의 운영, 행정각부의 설치 및 조직, 사무 등이 규정되어 있다.

(7) 국토의 계획 및 이용에 관한 법률[16)]

국토의 계획 및 이용에 관한 법률은 국토의 이용 및 개발을 위한 계획을 수립하고 진행하는 데 필요한 사항을 규정할 목적으로 2002년 '도시계획법'과 '국토이용관리법'을 통합하여 제정하였다. 이 법은 관광개발을 위한 계획 및 관리활동에 대하여 효력을 지닌다. 이 법의 주요 내용으로는 광역도시계획, 도시 · 군 기본계획, 도시 · 군 관리계획, 개발행위의 허가, 용도지역에서의 행위제한, 도시 · 군계획시설사업의 시행, 도시계획위원회 사무, 토지거래의 허가 등이 명시되어 있다. 특별히 이 법에서는 국토 계획 및 이용에 관한 아홉 가지 원칙이 다음과 같이 제시되어 있다.

- 국민생활과 경제활동에 필요한 토지 및 각종 시설물의 효율적 이용과 원활한 공급
- 자연환경 및 경관의 보전과 훼손된 자연환경 및 경관의 개선 및 복원
- 교통 · 수자원 · 에너지 등 국민생활에 필요한 각종 기초 서비스 제공
- 주거 등 생활환경 개선을 통한 국민의 삶의 질 향상
- 지역의 정체성과 문화유산의 보전
- 지역 간 협력 및 균형발전을 통한 공동번영의 추구
- 지역경제의 발전과 지역 및 지역 내 적절한 기능 배분을 통한 사회적 비용의 최소화
- 기후변화에 대한 대응 및 풍수해 저감을 통한 국민의 생명과 재산의 보호
- 저출산 · 인구의 고령화에 따른 대응과 새로운 기술변화를 적용한 최적의 생활환경 제공

(8) 문화재보호법[17)]

문화재보호법은 문화재 보호 및 관리에 필요한 사항을 규정하는 것을 목적으로 1962년에 제정, 2010년 전면 개정을 거쳐 현재에 이르고 있다. 이 법은 관광자원개발에 대하여 효력을 지닌다. 이 법에서는 문화재를 유형문화재, 무형문화재, 기념물, 민속문화재, 지정문화재로 구분한다. 또한 이 법에서

는 문화재보호의 기본 원칙으로 원형 유지의 원칙을 제시한다. 이 법의 주요 내용으로는 문화재보호 정책의 수립 및 추진, 문화재보호 기반조성, 국가지정문화재 사무, 일반동산문화재 사무, 국외소재문화재 사무, 시 · 도 지정문화재 사무 등이 규정되어 있다.

### 4) 지방자치법률

지방자치법률은 관광행위자들에게 영향을 미치는 지방자치단체의 활동과 관련된 법률을 말한다. 주요 지방자치법률들을 살펴보면, 다음과 같다.

#### (1) 지방자치법[18]

지방자치법은 지방자치단체의 종류와 조직 그리고 운영에 필요한 사항을 규정하는 것을 목적으로 1949년에 제정되었으며 1988년과 2007년에 전면적인 개정이 이루어졌다. 이 법은 기본적으로 지방자치단체의 종류를 특별시와 광역시 및 도 그리고 특별자치도와 시 · 군 및 구로 구분하고 관할 구역을 지정 및 사무범위를 정하고 있다. 사무범위에는 지방자치단체의 구역, 조직, 행정관리 등에 관한 사무, 주민의 복지증진에 관한 사무, 농림 · 상공업 등 산업진흥에 관한 사무, 지역개발과 주민의 생활환경시설의 설치 · 관리에 관한 사무, 교육 · 체육 · 문화 · 예술의 진흥에 관한 사무, 지역민방위 및 지방소방에 관한 사무 등이 포함된다. 이 법의 주요 내용으로는 주민의 권리와 의무, 조례와 규칙, 선거, 지방의회, 집행기관, 재무, 지방자치단체 상호 간의 관계 업무 등이 규정되고 있다. 이 법은 지방관광행정조직의 구성 및 운영에 대하여 효력을 지닌다.

#### (2) 지방재정법[19]

지방재정법은 지방자치단체의 재정 및 회계에 필요한 사항을 규정하는 것을 목적으로 1963년에 제정되었으며 1988년과 2005년에 전면적인 개정이 이루어졌다. 이 법에서는 지방재정을 "지방자치단체의 수입 · 지출 활동과 지방자치단체의 자산 및 부채를 관리 · 처분하는 모든 활동"으로 정의하며, 아울러 세입은 "한 회계연도의 모든 수입", 세출은 "한 회계연도의 모든 지출"로 정의한다. 또한 이 법에서는 재정운용의 기본원칙으로 두 가지를 제시한다. 하나는 지방자치단체는 주민의 복리 증진을 위하여 그 재정을 건전하고 효율적으로 운용할 것과, 다른 하나로는 국가의 정책에 반하거나 국가 또는 다른 지방자치단체의 재정에 부당한 영향을 미치지 말아야 할 것을 제시한다. 이 법의 주요 내용으로는 경비의 부담, 예산, 결산, 재정분석 및 공개, 수입, 지출, 채권, 부채, 복권 등에 관한 사무가 명시되고 있다. 이 법은 지방관광행정조직의 재정에 대하여 효력을 지닌다.

# 요약

이 장에서는 관광법제도환경에 대해 학습하였다.

관광법제도환경(tourism legal system environment) '관광체계에 전반적으로 영향을 미치는 법제도적 조건'으로 정의된다.

법제도(legal system)라고 하면, 특정한 영역에서 발생하는 법적 문제를 해결하기 위한 목적으로 조직화된 관련 법률들의 집합을 말한다. 교육법제도, 산업법제도, 노동법제도, 식품안전법제도, 환경법제도 등이 그 예이다. 관광법제도도 그중에 하나이다.

관광법제도환경의 특징으로 세 가지를 들 수 있다.

첫째, 관광법제도환경은 강제성을 지닌다. 관광법제도는 관광문제와 관련하여 제도화된 사회규범을 의미한다. 사회규범은 사회적 행위자에게 어떠한 행위는 할 수 있고, 어떠한 행위는 할 수 없는지를 요구하는 강제적 기준을 말한다.

둘째, 관광법제도환경은 지속성을 지닌다. 관광법제도는 제도의 일종이다. 그러므로 제도의 특성이 그대로 반영된다. 제도는 오랜 기간 유지되는 특징을 지닌다.

셋째, 관광법제도환경은 종합성을 지닌다. 법제도는 특정한 영역에서 발생하는 법적 문제해결이라는 목적 실현의 차원에서 다양한 유형의 법률들이 배열되고 결합된 관계를 말한다. 관광법제도환경은 관광체계에 영향을 미치는 종합적인 법률적 조건이라는 특징을 지닌다.

법(law)은 사회적 규범이다. 법은 다른 사회제도와 마찬가지로 특정한 목적을 달성하기 위해 존재한다. 이러한 법의 목적은 법이 추구하는 이념에 영향을 받는다. 여기서 법의 이념(ideology)은 법이 추구해야 할 근본적인 가치를 말한다. 크게 세 가지 가치를 갖는다.

첫째, 정의(justice)이다. 법은 사회적 정의의 구현에 가치를 둔다. 정의는 사회적으로 옳고 그름을 판단하는 기준을 말한다. 기본적으로 자유, 평등, 평화 등의 원칙에서 법적 판단이 이루어진다.

둘째, 합목적성(purposiveness)이다. 법은 사회가 지향하는 목적에 부합하는 데 가치를 둔다. 가치는 중요성 혹은 바람직성을 말하며, 목적, 목표, 지향 등으로 표현된다. 합목적성은 어떠한 행위가 특정한 사회적 목적에 부합하는 성질을 말한다.

셋째, 안정성(stability)이다. 법은 안정적으로 유지되는 것에 가치를 둔다. 법은 많은 사람들이 신뢰하고 따를 수 있어야 한다. 그러기 위해서는 법의 일관성이 유지되어야 한다. 법이 불안정하다면, 사람들이 안정된 법률생활을 하는 것이 어렵다. 그런 의미에서 법의 안정성은 법이 추구해야 할 중요한 가치들 가운데 하나이다.

관광법제도는 크게 헌법, 관광법률, 유관법률, 지방자치법률 등 네 가지 요소로 구성된다. 세부 요소별로 관광행위자에 미치는 영향을 살펴보면, 다음과 같다.

첫째, 헌법은 국가의 기본법이다. 헌법을 통해 국가가 형성되고, 또한 이를 통해 국민의 자유와 권리가 보장된다. 국가 권력으로서 입법권과 행정권 그리고 사법권이 헌법에 의해서 규정되며, 국민의 기본권이 규정된다. 또한 헌법은 법제도 속에서 최고의 위치에 있으며, 최고의 효력을 발휘한다. 헌법을 통해 다른 법률들이 제정된다. 하위 법률들은 헌법을 따라야 하며, 헌법에 위배되어서는 안 된다. 관광법규도 이와 마찬가지이다.

둘째, 관광법률은 관광목적의 실현과 관련하여 관광행위자들의 활동에 직접적으로 영향을 미치는 법률들을 말한다.

관광기본법은 관광 진흥의 방향과 시책에 관한 사항을 규정할 목적으로 1975년 12월 31일 제정되었다. 같은 법률이면서도 관광진흥법, 관광진흥개발기금법 등 관광관련법규들의 입법근거가 된다.

관광진흥법은 관광진흥을 목적으로 1986년에 제정되었다. 관광진흥법은 관광기본법에서 명시된 정부의 기본적인 시책에 대한 구체적인 책임 및 의무사항들을 규정하고 있다는 점에서 실행적 의미를 지닌다.

국제회의산업육성에 관한 법률은 국제회의업에 관한 법규로 관광 문제를 총괄적으로 규정하는 관광진흥법과는 별도로 제정되었으며, 입법형식에서는 복수법주의를 취하는 개별법의 특징을 지닌다.

관광진흥개발기금법은 관광사업 지원을 위한 자금 확보를 목적으로 제정되었으며, 기금의 설치 및 재원, 기금의 관리 및 용도, 기금운용위원회의 설치, 기금운용계획의 수립 등이 명시되어 있다.

한국관광공사법은 관광분야의 공기업인 한국관광공사의 설립을 목적으로 제정되었으며, 주요 사업을 관광진흥, 관광자원 개발, 연구개발, 인력의 양성 · 훈련 등으로 제시하고 있다.

셋째, 유관법률은 관광행위자들에게 영향을 미치는 일반 법률들을 말한다. 주요 유관법규로는 출입국관리법, 여권법, 소비자기본법, 독점규제 및 공정거래에 관한 법률, 노동조합 및 노동관계조정법, 정부조직법, 국토의 계획 및 이용에 관한 법률, 문화재보호법 등이 있다.

넷째, 지방자치법률은 관광행위자들에게 영향을 미치는 지방자치단체의 활동과 관련된 법규를 말한다. 주요 지방자치법규에는 지방자치법, 지방재정법 등이 있다.

## 참고문헌

1) Atherton, T. C., & Atherton, T. A. (1998). *Tourism, travel and hospitality law*. NY: Thomson Reuters.
Barth, S. C., & Hayes, D. K. (2006). *Hospitality law: Managing legal issues in the hospitality industry*. Hoboken, NJ: John Wiley & Sons.
Campbell, C., & Campbell, D. (Eds.). (2011). *Legal aspects of doing business in North America*. NY: Juris Publishing.
2) 김영환(2006). 『법철학의 근본문제』. 서울: 홍문사.
3) 국가법령정보센터(2019). 「대한민국헌법」.
4) 권영성(2010). 『헌법학원론』. 서울: 법문사.
성낙인(2015). 『헌법학』. 서울: 법문사.
한수웅(2015). 『헌법학』. 서울: 법문사.
정종섭(2015). 『헌법학원론』. 서울: 박영사
5) 국가법령정보센터(2019). 「관광기본법」.
6) 국가법령정보센터(2019). 「관광진흥법」.
7) 국가법령정보센터(2019). 「국제회의산업 육성에 관한 법률」.
8) 국가법령정보센터(2019). 「관광진흥개발기금법」.
9) 국가법령정보센터(2019). 「한국관광공사법」.
10) 국가법령정보센터(2019). 「출입국관리법」.
11) 국가법령정보센터(2019). 「여권법」.
12) 국가법령정보센터(2019). 「소비자기본법」.
13) 국가법령정보센터(2019). 「독점규제 및 공정거래에 관한 법률」.
14) 국가법령정보센터(2019). 「노동조합 및 노동관계조정법」.
15) 국가법령정보센터(2019). 「정부조직법」.
16) 국가법령정보센터(2019). 「국토의 계획 및 이용에 관한 법률」.
17) 국가법령정보센터(2019). 「문화재보호법」.
18) 국가법령정보센터(2019). 「지방자치법」.
19) 국가법령정보센터(2019). 「지방재정법」.

제3부

# 관광에 필요한 응용지식

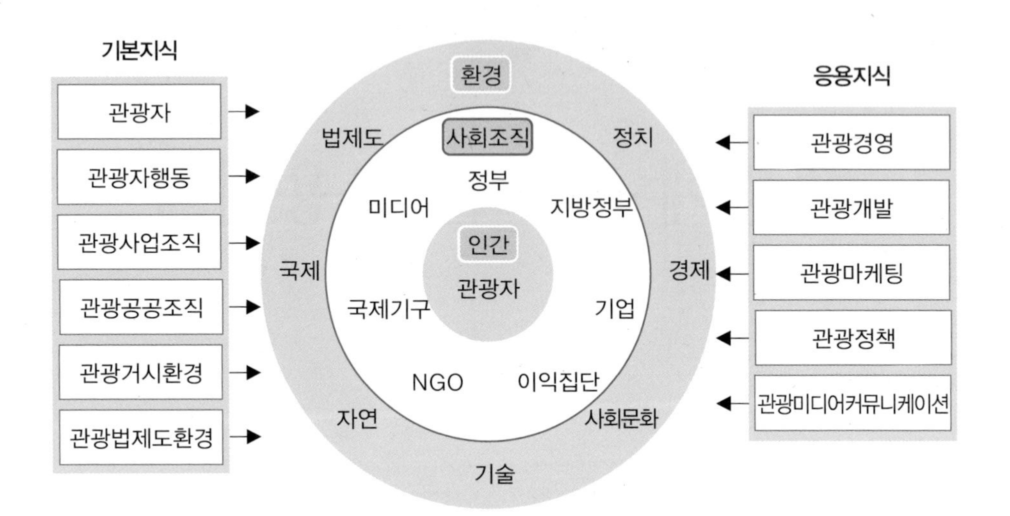


## 개관

제3부에서는 관광에 필요한 응용지식(applied knowledge for tourism)에 대해 학습한다. 관광에 필요한 응용지식은 관광문제 해결을 위한 전문지식이다. 관광에 필요한 응용지식에는 관광경영, 관광개발, 관광마케팅, 관광정책, 관광미디어커뮤니케이션이 포함된다.

제9장

# 관광경영

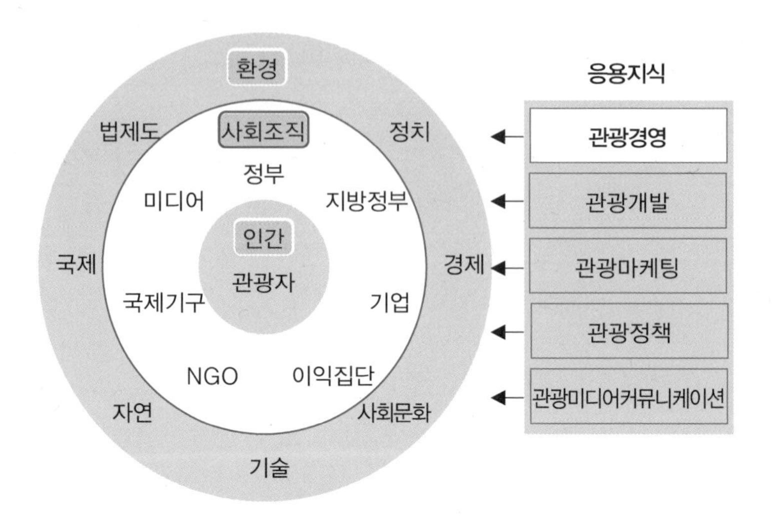


## 학습목표

이 장에서는 관광경영에 대해 학습한다. 관광경영은 관광기업의 조직목표를 달성하기 위해 이루어지는 모든 관리활동으로 정의된다. 이를 학습하기 위해 다음과 같이 세 가지 목표를 세운다. 첫째, 관광경영의 기본 개념을 학습한다. 둘째, 경영이론의 발전과 접근을 학습한다. 셋째, 관광경영의 실제, 관광스타트업경영과 사회적 책임경영에 대해 학습한다.

## 제1절 서론

이 장에서는 관광경영에 대해 학습한다.

관광경영은 관광에 필요한 응용지식이다.

관광경영을 학습하는 목적은 관광사업조직의 관리문제를 해결하는 데 필요한 전문지식을 이해하는 데 있다. 관광사업조직은 이윤추구를 목적으로 관광자를 대상으로 세품이나 서비스를 공급하는 경제적 단위체이다. 이러한 조직을 관리하기 위해서는 관광기업의 특징을 이해해야 하고, 기업경영에 대한 지식이 있어야 한다.

관광자는 소비자이다. 관광자의 여행활동 가운데 가장 중요한 사회적 활동이 소비이다. 관광자는 여행을 하면서 필요한 제품과 서비스를 구입한다. 소비활동으로 관광자와 관광산업 간에 소비와 공급의 관계가 형성된다. 곧 관광시장의 형성이다.

관광경영은 관광산업을 구성하는 단위사업조직인 관광기업을 관리 대상으로 한다. 그러므로 관광경영에 대한 학습은 관광기업의 조직목표 달성을 위한 관리활동에 대한 학습을 의미한다. 하지만 또 다른 측면에서 보면 관광경영에 대한 학습은 관광사업조직의 활동을 통해 관광자의 소비문제를 해결하는 사회적 기능에 대한 학습이기도 하다.

학제적으로 관광경영에 대한 연구는 주로 경영학으로부터의 접근을 통해 이루어진다. 경영에 관한 일반 이론들이 적용되며, 경영학의 분과학문인 마케팅관리론, 생산관리론, 인사관리론, 조직관리론, 재무관리론, 전략경영론 등으로부터의 접근이 이루어진다.

관광경영에 대한 학습을 통해 기대하는 바는 관광경영과 관련된 문제를 해결하기 위한 전문지식을 이해하는 것과 함께 이 분야의 전문인력을 양성하는 데 있다. 대표적인 전문인력으로 관광마케팅관리자, 관광인적자원관리자, 관광재무관리자, 관광생산관리자, 관광전략기획관리자 등을 들 수 있다.

이러한 인식을 바탕으로 이 장은 다음과 같이 구성된다. 우선, 제1절 서론에 이어 제2절에서는 관광경영의 개념과 특징에 대해 정리한다. 제3절에서는 경영이론의 발전과 접근에 대해 다루며, 제4절에서는 관광경영의 실제를 이해하기 위해 업종별 및 기능별 관광경영에 대해 정리한다. 제5절에서는 관광스타트업경영과 사회적 책임경영에 대해 다룬다.

## 제2절 관광경영

### 1. 개념

경영(management)이라 하면, 사업조직을 관리하고 운영하는 활동을 말한다. 사업조직을 경영하기 위해서는 다양한 업무들이 수행된다. 경영의 주요 기능으로는 마케팅관리, 인사관리, 생산관리, 재무관리, 전략경영 등을 들 수 있다.

경영의 대상은 크게 영리 목적의 조직과 비영리 목적의 조직으로 구분된다. 영리 목적의 조직의 대표적인 형태는 기업이다. 한편, 비영리 목적의 조직에는 공공조직인 정부, 시민단체, 협회 등이 포함된다. 이 모든 조직들이 경영의 대상이 된다. 하지만 일반적으로 경영은 영리 목적의 사업조직인 기업으로 그 대상을 좁혀서 사용된다.

같은 맥락에서 관광경영은 관광기업을 대상으로 한다. 관광기업은 영리를 목적으로 관광자에게 제품이나 서비스를 공급하는 기본적인 경제단위체이다. 앞서 제5장 관광사업조직에서 기술하였듯이, 관광산업은 다양한 업종으로 구성된다. 여행업, 호스피탈리티업, 관광교통업, 관광어트랙션시설업, 쇼핑관광업, 관광미디어업 등이 그 예이다. 이러한 업종들의 공통점은 관광자를 대상으로 제품이나 서비스를 공급한다는 점에 있다.

관광기업은 다양한 기술과 지식을 가진 사람들이 모여서 일을 한다. 호텔기업의 경우, 객실관리담당자, 프론트데스크 담당자, 식음사업담당자, 영업관리담당자, 마케팅 및 홍보담당자, 회계 및 재무담당자, 인적자원관리담당자, 보안 및 안전담당자, 시설 및 기술담당자 등 다양한 부문의 인력들이 모여서 하나의 조직을 구성한다. 그러므로 관광기업의 경영은 일면 이러한 인력을 관리하는 일이라고도 할 수 있다.

정리하면, 관광경영(tourism management)은 '관광기업의 조직목표를 달성하기 위해 이루어지는 모든 관리활동'으로 정의된다.

## 2. 특징

관광경영의 특징을 살펴보면 다음과 같다([그림 9-1] 참조).[1)]

[그림 9-1] 관광경영의 특징

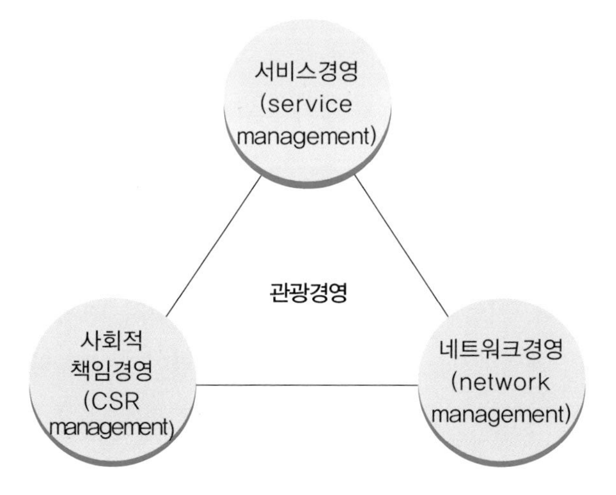

### 1) 서비스경영

관광경영은 서비스경영(service management)[2]의 특징을 지닌다. 앞서 제5장에서 관광산업의 특징에 대해 기술하였듯이, 관광기업은 서비스제품을 생산하고 유통한다는 점에서 유형적 제품을 생산하는 일반 제조기업과는 다른 특징을 지닌다. 서비스 제품을 공급하는 데는 기본적으로 인적 요소가 중요하다. 따라서 인적 자원관리가 관광경영에 있어 매우 중요한 부분을 차지한다. 또한 마케팅관리에서는 브랜드 관리의 중요성이 강조되며, 서비스생산관리에서는 프로세스관리가 강조된다. 정리하면, 관광경영은 서비스 제품의 관리라는 점에서 일반 경영과는 다른 특징을 지닌다.

### 2) 네트워크경영

관광경영은 네트워크경영(network management)[3]의 특징을 지닌다. 네트워크경영은 동종 업종 혹은 이종 업종에 속하는 기업 간에 이루어지는 협력적 경영을 말한다. 관광산업은 다양한 업종으로 구성되며, 이들이 결합하여 관광산업을 형성한다. 마찬가지로 단위기업 차원에서도 유관 기업 간의 네트워크가 조직성과에 지대한 영향을 미친다. 관광마케팅에서 항공사, 호텔, 여행사, 테마파크 등의 협력으로 진행되는 공동판촉활동, 공동홍보활동 등이 그 예가 된다. 정리하면, 관광경영은 동종 혹은 이종 기업 간 협력적 네트워크가 핵심적인 경영전략이라는 점에서 일반 경영과는 다른 특징을 지닌다.

### 3) 사회적 책임경영

관광경영은 사회적 책임경영(CSR:corporate social responsibility management)[4]의 특징을 지닌다. 기업의 사회적 책임은 기업의 법적, 경제적 책임은 물론, 사회적, 시민적 책임까지를 포함하는 광의의 개념이다. 오늘날 기업의 사회적 책임은 모든 기업에 적용되는 경영과제라고 할 수 있다. 특히, 관광기업은 다양한 이해관계자들로 둘러싸여 있다는 점에서 기업의 사회적 책임이 더욱 중요하다. 예를 들어, 대형 체인호텔의 경우 소규모 레스토랑 지원 활동, 고용창출을 위한 지역사회교육프로그램 지원 활동, 지역 농산물의 우선 구입 활동 등 다양한 유형의 사회적 책임활동들이 요구된다. 정리하면, 관광경영은 다양한 이해관계자들(stakeholders)과의 관계관리가 핵심 전략이라는 점에서 일반 경영과는 다른 특징을 지닌다.

## 제3절 경영이론의 이해

### 1. 경영학의 발전

경영이론은 경영학(Business Administration)에 의해 발전된 학문적 지식이다. 경영학의 발전은 기업의 발달과 그 맥락을 함께 한다. 18세기 말 산업혁명을 기점으로 경제가 발달하면서 기업이 하나의 주요한 사회조직으로 잡아가기 시작하였다. 하지만 엄밀하게 말해 오늘날과 같은 기업의 형태로 발달한 것은 20세기에 들어서면서부터라고 할 수 있다. 경영학도 이 시기부터 자리를 잡아가기 시작했다.

경영학[5]의 목적은 크게 세 가지로 정리된다. 첫째, 경영학은 기업의 이윤창출과 지속적인 성장을 위한 지식을 제공하는 데 목적을 둔다. 경영학은 기업경영의 효율성에 초점을 맞춘다. 이를 위해 경영학은 효율적인 경영관리과정과 마케팅, 인사, 생산, 재무, 조직관리 등 기능별 경영관리에 관한 이론적 및 실천적 경영지식을 제공한다.

둘째, 경영학은 기업과 이를 둘러싸고 있는 이해관계자들 간의 바람직한 사회적 관계 구성을 위한 지식을 제공하는 데 목적을 둔다. 기업은 경제적 조직인 동시에 사회적 조직이다. 그러므로 소비자, 노동자, 지역사회, 언론, 시민단체, 국제기구 등 여타 사회적 조직에 대한 이해와 이들과 함께 협력적 관계를 구성하는 것이 요구된다. 경영학은 이를 위한 이론적 및 실천적 경영지식을 제공한다.

셋째, 경영학은 인류의 삶의 질을 향상시키는 데 필요한 지식을 제공하는 데 목적을 둔다. 기업은 경제적·사회적 조직으로서 궁극적으로는 인류의 삶과 밀접한 관계를 갖는다. 기본적으로 기업은 소비자가 필요로 하는 제품과 서비스를 공급함으로써 고객의 만족에 기여해야 한다. 동시에 기업은 인류사회가 안고 있는 사회문제를 해결하는 데 능동적으로 참여해야 한다. 경영학은 이를 위한 이론적 및 실천적 경영지식을 제공한다.

## 2. 이론적 접근

경영학의 이론적 접근[6]은 패러다임의 변화를 기준으로 크게 네 단계로 구분된다. 이를 정리하면, 다음과 같다([그림 9-2] 참조).

[그림 9-2] 경영학의 이론적 접근

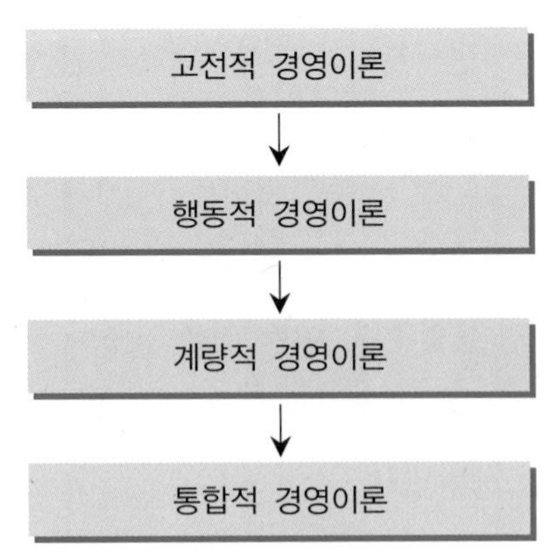

### 1) 고전적 경영이론

20세기 초 미국을 중심으로 하여 기업의 조직관리에 관한 이론들이 들어서기 시작했다. 대량생산체제가 갖추어지기 시작하면서 이에 대한 효율적인 관리에 초점이 맞추어진 시기이다. 이 시기의 패러다임을 고전적 경영이론이라고 한다. 대표적인 이론으로는 테일러(F. Taylor)의 과학적 관리이론, 페이욜(H. Fayol)의 관리과정이론, 베버(M. Weber)의 고전적 조직이론 등을 들 수 있다.

먼저, 과학적 관리이론은 종업원의 생산성 향상을 위한 작업방식에 관한 과학적 연구를 중시한다. 대표적인 연구로는 시간연구(time study)와 동작연구(motion study)를 들 수 있다. 미국의 경영학자인 테일러는 과학적 방법으로 생산과정을 분해하여 각 요소 동작의 형태, 소요시간, 동선 등을 연구하였다. 이를 통해 작업의 표준화, 능률급제의 도입 등을 제시하였다.

관리과정이론은 경영자의 관리활동에 초점을 맞춘다. 프랑스의 경영학자인 페이욜은 경영자의 관리활동에서 특히 관리과정과 기능을 중요하게 다루었다. 페이욜은 관리과정을 예측, 조직, 명령, 조정, 통제의 다섯 단계로 제시하였으며 관리활동의 기능을 기술, 상업, 재무, 보전, 회계, 관리 등 여섯 가지로 구분하여 제시하였다.

고전적 조직이론은 조직의 효율적인 관리에 초점을 맞춘다. 독일의 사회학자인 베버는 이상적인 관리조직모형으로 관료제(bureaucracy) 모형을 제시하였다. 관료제는 업무의 전문화, 권한과 책임의 서열화, 규칙과 규제, 공평성, 기술적 경쟁 등을 특징으로 한다. 이 가운데 계층구조를 중시한다는 점에서 관료제 조직모형을 계층제 조직이라고도 한다. 이러한 특징을 지닌 관료제는 대규모 조직의 업무를 효율적으로 처리하는 데 적합하며 업무의 전문화가 이루어질 수 있다는 점에서 장점이 있다. 반면에 의사결정이 권위적이고 권력이 상부에 집중된다는 점 등이 단점으로 지적된다.

### 2) 행동적 경영이론

행동적 경영이론은 인간행동을 중시하는 것이 특징이다. 그러므로 고전적 경영이론에서 바라보는 개인이나 조직에 대한 관점과는 다르다. 고전적 경영이론은 인간을 기계적 원리로부터 접근함으로써 적용의 한계를 드러냈다. 즉, 인간을 단순히 기계적 · 합리적 · 비인간적인 도구로 간주함으로써 오히려 생산성을 저하시킨다는 비판에 직면하게 된 것이다. 대신에 행동적 경영이론은 인간적 경영에 관심을 둔다. 행동적 경영이론의 대표적인 학자로는 미국의 메이요(G. Mayo), 매슬로우(A. Maslow), 맥그리거(D. McGregor) 등을 들 수 있다.

메이요는 호손실험을 통해 작업능률과 생산성이 인간관계, 감독방식, 노동자의 노동의욕 등과 관계가 있다는 것을 밝혀냄으로써 행동관리의 중요성을 제시하였다. 또한 매슬로우는 인간의 동기를 설명하는 이론을 중심으로 관리전략을 제시하였다. 맥그리거는 인간의 본성에 대한 판단을 기준으로 X이론과 Y이론의 관리전략을 처방하였다. 인간의 본성을 낮은 수준의 욕구를 추구하는 것으로 가정할 경우에는 유인책과 감독이라는 X이론적 관리가 필요하며, 이와는 반대로 인간의 본성을 높은 수준의 욕구를 추구하는 것으로 가정할 경우에는 자율성을 강조하는 Y이론적 관리가 필요한 것으로 제안하였다. 한편, 직무특성이 직무성과에 영향을 미친다는 직무특성이론도 등장하였다. 해크먼(Hackman)과 올덤(Oldham)은 직무특성이론에서 직무특성은 종사자의 감정에 영향을 미치고, 종사자가 느끼는 감정은 직무 성과로 이어진다고 설명하였다.

### 3) 계량적 경영이론

계량적 경영이론은 문제해결 및 의사결정에 있어서 계량적 기법을 이용하는 것이 특징이다. 이러한 접근이 등장하게 된 배경에는 제2차 세계대전에서 활용되었던 군수물자 관리기술의 발달이 크게 작용하였다. 대표적인 기법이 운영연구(operational research)기법이다. 운영연구기법은 군사이동 및 배치, 부대편성 등 군사적 의사결정에 관한 사항들을 각종 수리모형으로 설명한다.

이후 운영연구기법은 경영과학(management science)이라는 보다 넓은 영역의 경영이론으로 발전하였다. 특히 컴퓨터 기술이 발달하면서 계량적 경영이론이 크게 발전하였으며, 기획을 위한 기법, 운영을 위한 기법, 예측을 위한 기법, 전략을 위한 기법, 시뮬레이션을 위한 기법, 선형계획법 등의 세부기법들이 개발되면서 다양한 경영관리분야에서 활용되고 있다.

#### 4) 통합적 경영이론

통합적 경영이론은 1960년대 이후 등장한 조직 전체적 관점의 경영이론 패러다임을 말한다. 이때부터는 기업을 하나의 시스템으로 바라보기 시작하였으며, 또한 그동안에 발전되어온 경영이론들을 통합하는 접근이 이루어졌다. 그런 의미에서 이 시기의 패러다임을 통합적 경영이론으로 부르기도 한다. 구체적인 이론으로는 시스템이론(system theory), 상황이론(situational theory) 등이 있다.

시스템이론은 기업을 하나의 유기적인 조직체로 보며 이를 둘러싸고 있는 외부환경과의 관계에 초점을 맞춘다. 기업의 기능을 외부환경으로부터 투입된 다양한 요소들을 전환하여 제품이나 서비스, 경영전략, 경영성과 등의 산출물을 만들어내는 일련의 과정으로 설명한다. 이때 기업은 동일한 목적을 추구하는 다양한 하위 시스템으로 구성된 하나의 조직체로 이해된다.

상황이론은 포괄적인 관점에서 경영활동이 조직성과에 미치는 요인을 밝히는 데 초점을 맞춘다. 이를 위해 상황이론에서는 시스템이론에서 제시하고 있는 외부환경과 조직내부의 다양한 요인 등을 모두 고려하며, 특정한 상황에 보다 적합한 경영활동을 모색한다. 즉 어떠한 상황에서나 적용 가능한 일반원칙을 도출하기보다는 특정한 상황에 적합한 경영모델을 제시하는 데 목적이 있다.

## 제4절 관광경영의 실제

이 절에서는 관광경영이 실제로 어떻게 이루어지고 있는지를 업종별 및 기능별 관광경영의 순서로 살펴본다.

### 1. 업종별 관광경영

앞서 기술한 바와 같이, 관광경영은 서비스경영, 네트워크경영, 사회적 책임 경영 등의 특징을 지닌다. 서비스제품을 생산하고 유통한다는 점에서 제조기업과는 다른 특징을 지니며, 시스템산업으로서 동종 혹은 이종 기업 간 네트워크가 중요하다는 점에 특징이 있다. 또한 다양한 이해관계자들과의 바람직한 관계관리를 위한 사회적 책임경영이 중요하다는 특징이 있다.

주요 업종별로 관광경영의 특징을 살펴보면, 다음과 같다.

#### 1) 여행기업경영

여행기업은 관광자와 관광공급자의 중간에서 매개서비스를 공급하는 사업조직을 말한다. 일반적으로 여행사라고 부른다. 여행기업은 제품과 서비스를 직접 생산하는 업무보다는 중간자로서의 역할을 담당한다. 여행기업의 업무조직은 크게 영업부서와 경영지원부서로 구성된다. 영업부서는 여행상품기획, 상품유통 및 판매, 여행정보제공 및 상담 등의 업무를 수행하며, 경영지원부서는 광고 및 홍보, 인사, 재무 등의 업무를 수행한다. 여행기업경영의 대표적인 특징은 네트워크 경영에 있다. 매개조직으로서 다양한 공급자와의 관계구성이 중요하다. 특히 정보기술이 발달하면서 온라인을 통한 네트워크 구축이 또 하나의 핵심적인 경영요소로 대두된다.

### 2) 호텔기업경영

호텔기업은 관광자에게 숙박서비스를 공급하는 사업조직을 말한다. 호텔기업은 지리적 위치나 이용목적에 따라 리조트호텔, 시티호텔, 카지노호텔, 컨벤션호텔 등의 구분이 이루어지며, 운영방식에 따라 독립호텔, 체인호텔 등의 구분이 이루어진다. 일반적으로 호텔기업의 조직은 영업부서와 관리부서로 구성된다. 영업부서는 객실을 판매·관리하는 객실업무, 식음료를 판매·관리하는 식음료업무, 각종 문화행사 등을 지원하는 이벤트사업 등을 수행하며, 관리부서는 영업을 지원하는 업무로 마케팅, 구매, 회계, 인사업무 등의 업무를 수행한다. 호텔기업경영의 대표적인 특징을 정리하면, 서비스경영을 들 수 있다. 호텔서비스의 특성상 생산과 소비가 같은 장소에서 이루어지며, 이에 따라 고객서비스의 접점관리가 중요하다. 고객서비스의 접점을 흔히 진실의 순간(MOT: moments of truth)이라고 한다. 이와 함께 브랜드 마케팅의 중요성이 강조된다.

### 3) 항공기업경영

항공기업은 관광자에게 거주지와 목적지 간의 장소 이동에 필요한 운송서비스를 공급하는 사업조직을 말한다. 일반적으로 항공기업을 항공사라고 부른다. 항공기업은 운항서비스의 유형을 기준으로 정기 항공사, 부정기 항공사, 저비용 항공사 등으로 구분된다. 항공사의 조직은 사업부서와 경영지원부서로 구성된다. 사업부서는 노선기획 및 관리, 항공운항, 기내 및 공항지상서비스, 판매 및 영업 등의 업무를 수행하며, 경영지원부서는 광고 및 홍보, 인력관리, 재무, 안전, 정비 등의 업무를 수행한다. 항공기업경영의 대표적인 특징은 서비스경영과 기술경영에 있다. 호텔기업과 마찬가지로 장소 이동 중에 서비스의 생산과 소비가 동시에 이루어진다는 점에서 서비스경영의 특징을 지닌다. 또한 안전성, 정시성 등 교통기술과 관련된 기술경영이 뒷받침되어야 한다.

### 4) 테마파크기업경영

테마파크기업은 관광자에게 특정한 테마를 중심으로 놀이 및 이벤트, 가상 이미지공간 등의 체험서비스를 공급하는 사업조직을 말한다. 테마파크는 시설의 구성 수준에 따라서 단순한 유원시설 위주로 되어있는 놀이공원, 특정 분야의 시설(애니메이션, 스튜디오, 하이테크 등)로 이루어진 전문테마파크, 복합적인 시설 공간인 종합테마파크로 구분된다. 테마파크기업의 조직은 사업부서와 경영지원부서로 구성된다. 사업부서는 테마콘텐츠기획 및 개발, 어트랙션 시설 및 서비스, 판매 및 영업 등의 업무를 수행하며, 경영지원부서는 광고 및 홍보, 지역사회공헌, 교육 및 훈련, 인력관리, 재무, 안전, 시설정비 등의 업무를 수행한다. 테마파크기업경영의 대표적인 특징은 서비스경영과 사회적 책임경영에 있다. 호텔기업과 마찬가지로 방문현장에서 서비스의 생산과 소비가 동시에 이루어진다. 또한 지역사회에 대한 사회적 책임이 중요한 과제가 된다.

### 5) 카지노기업경영

카지노기업은 관광자에게 특정한 장소에서 테이블게임, 슬롯머신 등의 갬블링서비스를 공급하는 사업조직을 말한다. 카지노기업은 이용자의 국적을 기준으로 오픈카지노기업(내국인 이용 허용), 외국인전용카지노기업으로 구분되며, 입지 여건에 따라 도시형 카지노기업, 시설형 카지노기업, 복합리조트형 카지노기업으로 구분된다. 카지노기업의 조직은 크게 영업부서와 경영지원부서로 구성된다. 영업부서는 객장관리 및 서비스, 출납관리, 고객관리 및 영업 등의 업무를 수행하며, 경영지원부서는 광고 및 홍보, 사회공헌, 안전관리, 인력관리, 재무, 기획관리 등의 업무를 수행한다. 카지노기업경영의 대표적인 특징은 서비스경영과 사회적 책임경영에 있다. 갬블링 현장에서 고객에게 서비스를 제공한다는 특징을 지니며, 갬블링으로부터 발생하는 각종 사회문제에 대한 책임이 요구된다.

## 2. 기능별 관광경영

관광기업을 성공적으로 경영하기 위해서는 다양한 부문에 대한 관리활동이 필요하다. 제품을 생산하고 판매하는 관리활동, 인력을 관리하고 조직을 설계하는 관리활동, 기업의 운영자금 및 재산을 운영하는 관리활동, 기업 및 상품을 광고하고 홍보하는 관리활동, 기업의 지속적인 경쟁력 확보를 위한 전략적인 관리활동 등 다각적인 경영기능이 요구된다.

관광경영은 관광기업의 조직목표 달성을 위하여 마케팅관리, 인적자원관리, 생산관리, 재무관리, 조직관리 등 수평적 기능요소들과 이들을 통합하는 전략경영관리로 구성된다.

관광경영을 기능별로 유형화하면 다음과 같다([그림 9-3] 참조).

[그림 9-3] 관광경영의 기능별 유형

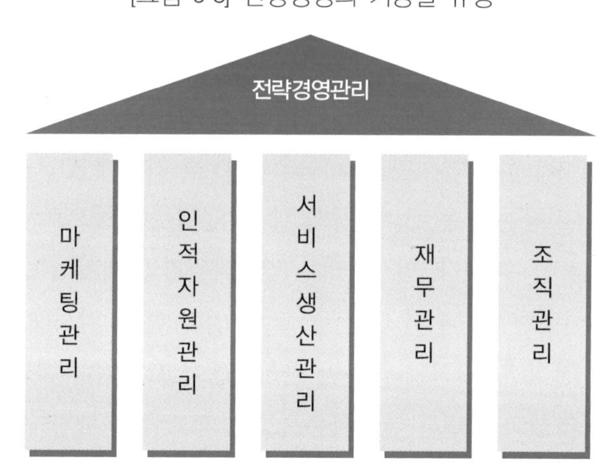


### 1) 마케팅관리

마케팅관리(marketing management)[7]는 관광자를 대상으로 제품이나 서비스를 유통시키는 데 관련된 모든 관리활동을 말한다. 세부적인 활동으로는 제품관리, 가격관리, 유통관리, 촉진관리 등이 있다. 제품관리는 신제품의 개발계획, 기존 제품의 개선, 제품디자인의 기안, 브랜드개발 및 관리, 머천다이징 등의 관리활동을 포함한다. 가격관리는 가격책정, 경쟁사 가격 조사, 가격전략 등의 관리활동을 포함하며, 유통관리는 판매방법의 결정, 판매활동의 관리, 판매인력의 훈련 및 관리 등의 관리활동을 포함한다. 촉진관리는 제품에 대한 광고, 홍보, 행사 등 각종 촉진활동에 대한 관리활동을 포함한다. 관광기업의 마케팅관리는 다음 두 가지 점에서 특징을 지닌다. 첫째, 브랜드마케팅의 중요성이다. 브랜드(brand)는 기업이나 제품을 구별해 주는 명칭이나 표시 등을 말한다. 특히 서비스적 특징을 지닌 관광제품에서는 브랜드의 중요성이 더욱 강조된다. 그러므로 브랜드개발 및 관리에 대한 중점적인 관리가 요구되며, 시장관리에서도 브랜드이미지에 대한 지속적인 관리가 필요하다. 둘째, 협력적 마케팅의 중요성이다. 산업의 특성상 관광마케팅에서는 개별기업의 제품마케팅과 함께 지역 차원의 공동 마케팅이 매우 중요하다.

### 2) 인적자원관리

인적자원관리(human resource management)[8]는 기업에 필요한 인적 자원을 확보하고 유지하는 모든 관리활동을 말한다. 세부 활동으로는 인사관리와 노사관계관리를 들 수 있다. 인사관리는 인적자원관리 계획 수립, 신규 및 경력인력 충원, 인력개발을 위한 훈련 및 교육, 업적 평가, 인사배치 및 경력관리, 보상관리, 전직 및 이직관리 등의 관리활동이 포함된다. 한편, 노사관계관리에는 노동조합과 관련된 관리활동으로 단체교섭, 단체협약, 노사협의회관리 등의 업무가 포함된다. 관광기업의 인적자원관리는 다음 두 가지 점에서 특징을 갖는다. 첫째, 감정노동(emotional labor)의 문제이다. 감정노동은 실제로 자신이 느끼는 감정과 무관하게 수행하는 노동을 말한다. 관광서비스와 같이 대인서비스 업무를 담당하는 종사자에게서 주로 발생한다. 이러한 직무에 종사하는 노동자를 감정노동자(emotional laborer)라고 한다. 관광기업에서는 이에 대한 대책이 인사관리에서 중요한 과제로 대두된다. 둘째, 비정규직 근로자(non-standard employee)의 문제이다. 관광산업은 계절적 수요, 노동집약적인 서비스 등과 같은 산업 고유의 특징으로 인해 시간제 근로자(part time employee), 단기간 근로자(temporary employee), 파견근로자(temporary agency employee) 등 비정규직 근로자를 고용하는 경우가 많다. 이로 인해 근로자의 근로의욕이 저하되기 쉽고 고객서비스의 품질도 유지하기 어려운 문제가 발생한다. 따라서 근로여건에 적합한 교육, 안전, 보상관리 등의 인적자원관리 대책이 필요하다.

### 3) 서비스생산관리

서비스생산관리(service production management)[9)]는 서비스의 생산을 계획, 실행, 통제하는 모든 관리활동을 말한다. 서비스운영관리(service operations management)라고도 한다. 관광기업의 생산관리에는 크게 네 가지 관리활동이 있다. 첫째, 서비스 제품 개념의 설정이다. 일반적으로 표준화 제품과 맞춤형 제품으로 대별된다. 표준화 제품 개념은 마치 기성품과 같이 사전에 준비된 제품을 생산하는 방식을 말한다. 맞춤형 제품 개념은 개별적인 주문에 맞춰 제품을 제공하는 방식이다. 둘째, 서비스 제품 개발프로세스의 설계이다. 서비스 제품 개발프로세스 설계에 필요한 요소로는 시설 및 장비의 배치, 인력 배치 및 관리, 공급체인망의 구성, 일정계획 및 시간관리, 디자인 등을 들 수 있다. 셋째, 서비스 전달 프로세스의 관리이다. 특히 서비스 제품은 고객이 직접 서비스 프로세스에 참여한다는 점에서 고객의 이용 동선과 종사자의 서비스 동선 그리고 지원프로세스 간의 구분 및 상호작용에 대한 관리가 중요하다. 넷째, 서비스 제품의 품질관리이다. 서비스생산관리에서는 서비스 품질을 유지하는 것이 매우 어렵다. 인적 요소, 프로세스 요소, 물리적 증거 요소 등 다양한 요소들이 서비스 품질에 영향을 미친다. 구체적인 기법으로 서비스 프로세스 청사진기법이나 실패요인분석기법 등이 서비스생산관리를 위해 활용된다.

#### 4) 재무관리

재무관리(financial management)[10]는 기업에 필요한 자금을 조달하고 운영하는 모든 관리활동을 말한다. 경영활동을 자본의 흐름을 기준으로 보면, 자본조달, 구매, 판매, 자본재조달의 순환과정으로 볼 수 있다. 관광기업의 재무관리에서 요구되는 주요 의사결정에는 자본조달의사결정과 투자의사결정이 있다. 첫째, 자본조달의사결정에서는 필요한 자본의 규모, 구조가 중요하며, 이에 따라 자본조달 방법이 결정된다. 둘째, 투자의사결정에서는 조달된 자본을 배분하는 기준과 투자가능 사업에 대한 실현가능성 및 타당성확보가 중요하다. 특히 대규모 시설투자가 요구되는 관광사업의 경우에는 합작투자(joint venture)가 많이 이용된다. 합작투자는 2개국 이상의 기업이나 정부기관이 특정한 사업에 공동으로 참여하는 투자방식을 말한다. 해외 합작투자는 특히 해외 투자에서의 위험을 분산시킬 수 있다는 점에서 적극 이용된다. 해외 합작투자의 장점으로는 현지 정부가 요구하는 각종 투자 규제를 극복할 수 있으며, 현지 자원의 확보 및 인력 활용이 용이하고, 현지 시장접근 및 마케팅이 수월하다는 점을 들 수 있다.

#### 5) 조직관리

조직관리(organization management)[11]는 기업의 조직목표 달성을 위해 직무를 할당하고 조직을 구조화하는 모든 관리활동을 말한다. 조직관리에서는 외부환경의 변화에 대응하는 조직을 구성하는 것이 중요하며, 권한과 책임의 명확한 확립과 배분이 중요하다. 또한 조직구성원들 간에 의사소통이 원활하게 이루어질 수 있어야 한다. 조직관리의 유형은 의사결정권의 위임을 기준으로 분권적 조직과 집권적 조직으로 구분된다. 분권적 조직은 의사결정권이 최고 경영층으로부터 하위 관리계층에 위임된 형태의 조직이다. 여기에는 경영기능별로 업무를 위임하는 기능별 분권제와 사업부문별로 권한을 위임하는 사업부제가 있다. 집권적 조직은 전통적인 형태의 조직으로 최고 경영층에 모든 권한이 집중된 조직 형태를 말한다. 새로운 형태의 조직유형으로는 팀제 조직(team organization)을 들 수 있다. 팀제 조직은 새로운 형태의 조직으로 수직적, 수평적 장벽을 허문 자율적인 관리조직을 말한다. 따라서 팀제는 과나 부와 같은 전통적인 조직형태와 다르다. 팀제 조직에서 팀장은 과장급부터 이사급까지 여러 직급에서 맡으며, 인사권과 경영결정권을 갖는다. 팀원은 직급에 관계없이 팀장의 관리하에 자신의 담당업무를 수행한다. 팀제의 장점으로는 관리계층의 축소로 조직운영의 유연성이 제고되고, 인력활용이 용이하다는 점을 들 수 있다. 반면에, 감독 및 통제의 어려움, 조직 내 팀들 간의 협력 부재, 조직구성원들의 개인주의 확산 등이 문제점으로 제기된다. 관광기업의 조직관리는 조직의 규모 및 업무의 특성에 따라 여러 가지 유형을 보여준다. 그 가운데 인력활용의 용이성 차원에서 팀제 조직이 활성화되고 있다.

#### 6) 전략경영관리

전략경영관리(strategic business management)[12]는 외부환경의 변화에 대응하여 기업의 조직목표를 결정하고 이를 실현하기 위해 필요한 경영방향과 자원배분을 결정하는 통합적인 관리활동을 말한다. 즉, 전략을 통한 경영관리이다. 전략경영관리는 다음 세 가지 점에서 특징을 지닌다. 첫째, 환경적응기능이다. 외부환경의 변화에 대응하는 기업경영의 기본방향이 제시된다. 대표적인 기법이 SWOT분석이다. 둘째, 장기대응기능이다. 전략경영관리는 장기적인 경영계획을 기본으로 한다. 이에 따라 전략경영관리에서는 기업의 기본구조를 변화시키는 계획을 포함한다. 셋째, 포괄적인 관리활동이다. 앞서 제시했던 마케팅관리, 인사관리, 생산관리, 재무관리, 조직관리 등의 관리활동이 수평적 경영기능이라고 한다면, 전략경영관리는 이들을 모두 포괄하여 통합하는 경영기능이다. 관광기업의 전략경영관리는 관리 수준에 따라 다음과 같이 세 가지 유형의 전략을 추진한다. 첫째, 기업 수준의 전략이다. 기업수준의 전략은 기업경영 전체의 방향을 설정하는 전략으로 어떤 사업을 주력업종으로 할 것인지, 개별적인 경영방식을 유지할 것인지 혹은 체인경영방식을 선택할 것인지 등의 기본적인 사업방향을 결정하는 활동을 말한다. 둘째, 사업화 수준의 전략이다. 사업화 수준의 전략은 결정된 기본방향, 즉 기업전략에 기초하여 선택된 사업의 발전방향을 선택하고 이를 실현하기 실천 방향을 모색하는 활동이다. 예를 들어, 호텔의 시장 내 포지션을 설정하기 위해 명품사업화전략을 취할 것인지, 혹은 중저가사업화전략을 취할 것인지 등의 사업화전략이 여기에 해당된다. 셋째, 기능적 수준의 전략이다. 기능적 수준의 전략은 마케팅관리, 인사관리, 생산관리, 재무관리, 조직관리 등 각 경영부문에서의 전략적인 관리활동을 말한다.

## 제5절 관광스타트업경영과 사회적 책임경영

이 절에서는 통합적 경영이론의 접근에서 관광경영의 중심적인 주제로 대두되고 있는 관광스타트업경영과 사회적 책임경영에 대해 살펴본다.

### 1. 관광스타트업경영

관광스타트업(tourism startup)은 관광분야에서 혁신적인 아이디어와 기술로 설립된 신생 중소기업으로 정의된다. 한마디로, 혁신성을 특징으로 한다.

스타트업경영(startup management)은 스타트업의 조직목표를 달성하기 위해 수행하는 모든 관리활동을 말한다. 스타트업의 주요 관리활동으로는 혁신적인 아이디어 구상, 사업자금의 동원, 인력확보, 제품의 생산, 판매, 재투자 등을 들 수 있다. 이러한 활동들은 [그림 9-4]와 같이 단계적 과정으로 제시된다.

[그림 9-4] 스타트업경영의 단계적 과정

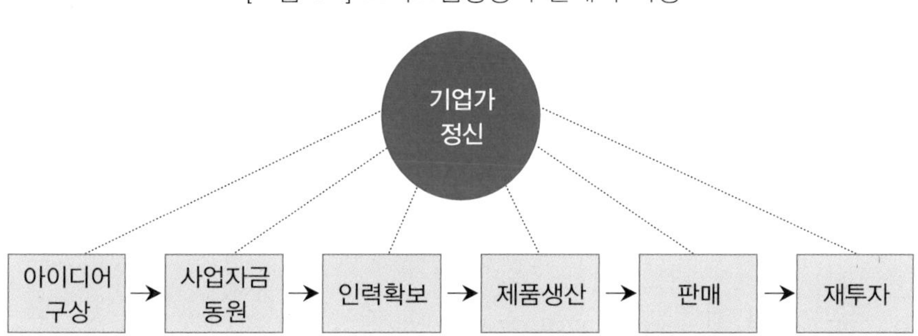


먼저, 혁신적인 아이디어 구상 단계는 기존의 기업과는 다른 기술적 혁신을 추진할 수 있는 아이디어를 발굴하고 이를 사업화하는 단계이다. 두 번째 단계인 사업자금의 동원 단계는 사업화에 필요한 자금을 확보하는 과정이다. 스타트업의 창업에서는 벤처자금의 확보가 중요하다. 세 번째 단계인 인력확보 단계는 분야별 전문인력을 채용하고 적재적소에 배치하는 과정이다. 스타트업에서는 프리랜서 인력을 활용하는 방법을 적극 모색해야 한다. 네 번째 단계인 제품생산 단계는 새로운 아이디어를 제품으로 생산하는 과정이다. 다섯 번째 단계인 판매 단계는 생산된 제품을 유통하는 과정이다. 최근에는 온라인 유통이 활성화되고 있다. 마지막 단계인 재투자 단계는 사업성과에 따라 기업의 유지, 확대, 축소 등의 의사결정이 이루어지는 과정이다.

정보통신기술이 발달하면서 과거와는 다른 관광산업생태계가 형성되고 있다. 인터넷, 모바일 기술 등을 기반으로 하는 플랫폼 비즈니스가 활성화되고 있으며, 혁신적인 아이디어를 현실화하는 창업이 얼마든지 가능해지고 있다. 이에 따라 정보통신기술을 접목시키거나 문화기술과의 융합을 시도하는 관광스타트업이 관광산업의 성장을 이끄는 핵심적인 동력으로 인식되고 있다.

관광스타트업이 성공적으로 실현되기 위한 기본적인 조건으로 기업가정신(entrepreneurship)을 들 수 있다. 기업가정신은 새로운 기술을 바탕으로 기업을 성장시키고 사회적 가치를 창출하려는 기업가의 의식을 말한다. 미국의 경제학자 슘페터(J. Schumpeter)는 기업가를 혁신자(innovator)로 부른다. 혁신자로서 기업가는 생산적 파괴를 통해 끊임없이 변화를 추구하는 관리자로 규정된다. 마찬가지로 관광스타트업에서도 기업가정신이 중요하다. 특히 관광스타트업의 기업가정신에는 여행활동을 통한 인간의 행복 실현에 기여한다는 관광의 궁극적 가치에 대한 기본적인 이해가 필요하다.

## 2. 관광기업의 사회적 책임경영

관광기업의 사회적 역할이 커지면서 관광기업과 관련된 이해관계집단의 범위도 확대되고 있다.

관광기업은 정부, 관광소비자, 노동자, 경쟁기업, 금융기관, 언론, 지역사회, 시민사회단체, 대학 등 다양한 이해관계집단들(stakeholders)로 둘러싸여있다. 이러한 관광기업의 이해관계집단과의 관계를 과업환경(task environment)이라 부른다.

관광기업은 과업환경으로부터 이윤창출이라는 경제적 목적만이 아니라 사회적 목적을 수행할 것을 요구받고 있다. 이때 사회적 목적은 관광기업과 이해관계집단과의 바람직한 사회적 관계 형성을 의미한다. 한마디로, 기업의 사회적 책임을 말한다.

관광기업의 사회적 책임(CSR)[13]은 크게 경제적 의무, 법적 의무, 봉사적 의무, 시민적 의무 등의 네 가지 사회적 의무 요소로 구성된다. 여기서 경제적 의무는 기업의 본연의 의무인 이윤창출 책임을 말하며, 법적 의무는 법에서 제시하는 각종 규제에 대한 성실한 이행을 말한다. 또한 봉사적 의무는 주로 자선활동과 관련된 사회적 책임을 말한다. 이 가운데 가장 높은 수준의 의무인 시민적 의무는 기업의 사회참여, 정책참여, 정치참여 등과 관련된 기업시민(corporate citizen) 차원의 활동을 말한다.

관광기업의 사회적 책임경영(corporate social responsibility management)은 이러한 사회적 의무 요소들을 수행하는 관리활동이라고 할 수 있다. 크게 세 단계로 제시된다([그림 9-5] 참조).[14] 첫 번째 단계는 기본적 책임의 단계이다. 이 단계에서는 경제적 의무와 법적 의무에 초점을 맞추어 사회적 책임활동을 추진한다. 가장 낮은 수준의 사회적 책임활동 단계이다. 두 번째 단계는 사회적 반응의 단계이다. 이 단계에서는 주로 봉사적 의무에 초점을 맞추어 사회적 책임활동을 추진한다. 가장 일반적인 사회적 책임활동 단계이다. 세 번째 단계는 사회적 대응의 단계이다. 이 단계에서는 시민적 의무에 초점을 맞추어 사회적 책임활동을 추진한다. 가장 높은 수준의 사회적 책임활동 단계이다.

[그림 9-5] 사회적 책임경영의 단계

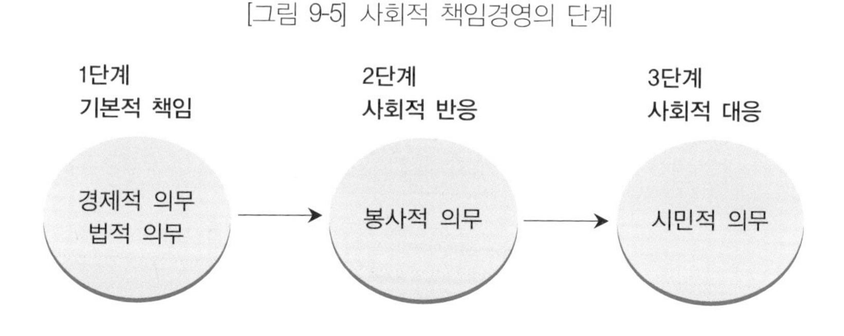


한편, 기업의 사회적 책임경영을 위한 전략적 개념으로 공유가치창출전략(CSV: Creating Shared Value)이 제시된다. 공유가치창출전략(CSV)은 포터(M. Porter)와 크레이머(M. Kramer)가 제시한 개념으로 사회적 책임을 위한 실행전략을 다음과 같이 크게 네 단계로 구성한다([그림 9-6] 참조).[15] 첫 번째 단

계는 비전 정립의 단계이다. 비전 정립의 단계에서는 사회문제 해결에 참여하는 기업이 가져야 할 가치 결정과 공유화가 중요한 과제로 다루어진다. 두 번째 단계는 목표설정 단계이다. 기업이 해결해야 할 구체적인 사회문제를 분석하고 목표를 설정하는 것이 중요한 과제로 다루어진다. 세 번째 단계는 실행전략 단계이다. 목표를 실현할 전담팀을 구성하고 통합적이고 부문적인 경영전략을 수립 · 실행하며, 동시에 산업차원의 공동 전략을 모색하는 단계이다. 네 번째 단계는 성과평가의 단계이다. 실천사업의 성과를 평가하고 이를 피드백하여 재실행을 준비하는 과정이다.

이러한 공유가치창출전략(CSV)은 관광기업의 사회적 책임을 실행하기 위한 경영전략 수립에 중요한 지침이 된다. 특히 관광기업의 사회적 책임을 관광기업이 추구하는 경영가치와 공유하여 수행한다는 점에서 효과적인 성과를 기대할 수 있다.

[그림 9-6] 기업의 공유가치창출전략

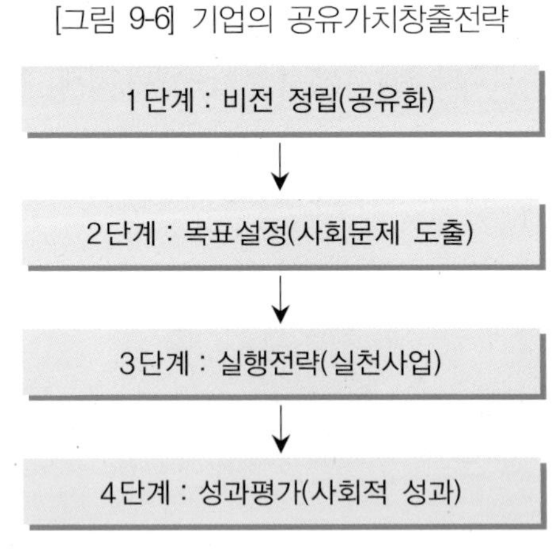

# 요약

이 장에서는 관광경영에 대해 학습하였다.

관광경영(tourism management)은 '관광기업의 조직목표 달성을 위해 이루어지는 모든 관리활동'으로 정의된다.

관광경영의 특징은 세 가지로 정리된다. 첫째, 서비스경영이다. 관광기업은 서비스제품을 생산하고 유통한다는 점에서 유형적 제품을 생산하는 일반 제조기업과는 다른 특징을 지닌다. 둘째, 네트워크경영이다. 관광경영은 동종 혹은 이종 기업 간 협력적 관리활동이 핵심 전략이라는 점에서 일반 경영과는 다른 차이점을 지닌다. 셋째, 사회적 책임경영이다. 관광경영은 다양한 이해관계자와의 관계관리가 중요하다는 점에서 일반 경영과는 다른 차이점을 지닌다.

경영이론의 발전과정을 크게 네 단계로 나누어 볼 수 있다. 고전적 경영이론, 행동적 경영이론, 계량적 경영이론, 통합적 경영이론이다.

고전적 경영이론은 20세기 초 미국을 중심으로 하여 기업의 조직관리에 관한 이론들이 들어서기 시작했다. 대량생산체제가 갖추어지기 시작하면서 이에 대한 효율적인 관리에 초점이 맞추어진 시기이다.

행동적 경영이론은 인간행동을 중시하는 것이 특징이다. 그러므로 고전적 경영이론에서 바라보는 개인이나 조직에 대한 관점과는 다르다.

계량적 경영이론은 문제해결 및 의사결정에 있어서 계량적 기법을 이용하는 것이 특징이다. 이러한 접근이 등장하게 된 배경에는 제2차 세계대전에서 활용되었던 군수물자 관리기술의 발달이 크게 작용하였다.

통합적 경영이론은 1960년대 이후 등장한 조직 전체적 관점의 경영이론 패러다임을 말한다. 이때부터는 기업을 하나의 시스템으로 바라보기 시작하였으며, 또한 그동안에 발전되어온 경영이론들을 통합하는 접근이 이루어졌다.

주요 업종별로 관광경영의 특징을 살펴보면, 첫째 여행기업경영의 특징은 네트워크경영에 있다. 특히 정보기술이 발달하면서 여행기업의 온라인 네트워크 구축이 핵심적인 경영요소로 부각된다.

둘째, 호텔기업경영의 특징은 서비스경영에 있다. 호텔서비스의 특성상 생산과 소비가 같은 장소에서 이루어지며, 이에 따라 고객서비스 접점관리가 중요하다. 또한 브랜드 마케팅의 중요성이 강조된다.

셋째, 항공기업경영의 특징은 서비스경영에 있다. 호텔기업과 마찬가지로 교통이동 중에 서비스의 생산과 소비가 동시에 이루어진다. 또한 안전성, 정시성 등의 일반 교통서비스가 포함된다.

넷째, 테마파크기업경영의 특징은 서비스경영과 사회적 책임경영에 있다. 호텔기업과 마찬가지로 방문현장에서 서비스의 생산과 소비가 동시에 이루어진다. 또한 지역사회에 대한 사회적 책임이 중요한 과제가 된다.

다섯째, 카지노기업경영의 특징은 사회적 책임경영에 있다. 갬블링으로부터 발생하는 각종 사회문제에 대한 책임이 요구된다.

관광경영은 마케팅관리, 인적자원관리, 생산관리, 재무관리, 조직관리 등 수평적 경영기능요소들로 구성되며, 또한 이를 포괄적으로 통합하는 전략경영관리가 있다. 마케팅관리는 관광소비자를 대상으로 제품이나 서비스를 유통시키는 데 관련된 일련의 관리활동이다. 인적자원관리는 기업에 필요한 인적 자원을 확보하고 유지하는 일련의 관리활동이다. 생산관리는 제품이나 서비스의 생산을 계획, 실행, 통제하는 일련의 관리활동이다. 재무관리는 기업에 필요한 자금을 조달하고 운영하는 일련의 관리활동이다. 조직관리는 기업의 목표 달성을 위해 직무를 할당하고 조직을 구조화하는 일련의 관리활동이다. 전략경영관리는 외부환경의 변화에 대응하여 기업의 목표를 결정하고 이를 실현하기 위해 필요한 경향방향과 자원배분을 결정하는 통합적인 관리활동이다.

정보통신기술에 기반을 둔 창조경제시대에 들어오면서 관광스타트업경영이 중시된다. 관광스타트업(tourism startup)은 관광분야에서 혁신적인 아이디어와 기술로 설립된 신생 중소기업으로 정의된다. 한마디로, 혁신성을 특징으로 한다. 스타트업경영(startup management)은 스타트업의 조직목표를 달성하기 위해 수행하는 모든 관리활동을 말한다.

관광기업경영에서 사회적 책임이 중요한 과제로 대두된다. 기업은 이윤창출이라는 경제적 목적만이 아니라 바람직한 사회적 관계의 형성이라는 새로운 사회적 목적을 사회로부터 요구받고 있다. 기업의 사회적 책임(CSR)경영과 관련하여 공유가치창출전략(CSV: Creating Shared Value)이 제시된다.

첫 번째 단계는 비전 정립의 단계이다. 비전 정립의 단계에서는 사회문제 해결에 참여하는 기업이 가져야 할 가치 결정과 공유화가 중요한 과제로 다루어진다.

두 번째 단계는 목표설정 단계이다. 기업이 해결해야 할 구체적인 사회문제를 분석하고 목표를 설정하는 것이 중요한 과제로 다루어진다.

세 번째 단계는 실행전략 단계이다. 목표를 실현할 전담팀을 구성하고 통합적이고 부문적인 경영전략을 수립 · 실행하며, 동시에 산업차원의 공동 전략을 모색하는 단계이다.

네 번째 단계는 성과평가의 단계이다. 실천사업의 성과를 평가하고 이를 피드백하여 재실행을 준비하는 과정이다.

## 참고문헌


1) Pender, L., & Sharpley, R. (Eds.). (2004). *The management of tourism*. Thousand Oaks, CA: SAGE.
   Ryan, C., & Page, S. (Eds.). (2012). *Tourism management*. London: Routledge.
2) Kandampully, J., Mok, C., & Sparks, B. A. (2001). *Service quality management in hospitality, tourism, and leisure*. NY: Haworth Hospitality Press.
   Laws, E. (2004). *Improving tourism and hospitality services*. NY: CABI.
3) Cooper, C., & Hall, C. M. (2008). *Contemporary tourism: An international approach*. London: Routledge.
   McLeod, M., & Vaughan, R. (Eds.). (2014). *Knowledge networks and tourism*. London: Routledge.
4) Kalisch, A. (2002). *Corporate futures: Social responsibility in the tourism industry*. Croydon, UK: Tourism Concern.
5) Aldag, R. J., & Stearns, T. M. (1991). *Management*. Dallas, TX: South-Western Publishing.
   Mondy, R. W., Sharplin, A., Homes, R. E., & Flippo, E. B. (1986). *Management concepts and practices*. Boston, MA: Allyn and Bacon.
6) Adetule, P. J. (2011). *The handbook on management theories*. Bloomington, IN: AuthorHouse.
   Roth, W. (1994). *The evolution of management theory: Past, present, future*. Boca Raton, FL: CRC Press.
7) Hudson, S. (2004). *Marketing for tourism and hospitality: A Canadian perspective*. Toronto, Canada: Nelson Education.
   Hudson, S. (2008). *Tourism and hospitality marketing: A global perspective*. Thousand Oaks, CA: SAGE.
   McCabe, S. (2010). *Marketing communications in tourism and hospitality*. London: Routledge.
   Teare, R., Mazanec, J. A., Crawford-Welch, S., & Calver, S. (1994). *Marketing in hospitality and tourism*. NY: Cassell.
8) Baum, T. (2006). *Human resource management for tourism, hospitality and leisure: An international perspective*. Boston, MA: Cengage Learning.
   Nickson, D. (2013). *Human resource management for hospitality, tourism and events*. London: Routledge.
   Riley, M. (2014). *Human resource management in the hospitality and tourism industry*. London: Routledge.
   Wheelhouse, D. (1989). *Managing human resources in the hospitality industry*. East Lansing, MI: America Hotel & Motel Association.
9) Kandampully, J., Mok, C., & Sparks, B. A. (2001). *Service quality management in hospitality, tourism, and leisure*. NY: Haworth Hospitality Press.
   Williams, C., & Buswell, J. (2003). *Service quality in leisure and tourism*. NY: CABI.

10) 김성혁 · 오익근(2001). 『관광서비스관리론』. 서울: 형설출판사.
Guilding, C. (2002). *Financial management for hospitality decision makers*. London: Routledge.
Hales, J. (2006). *Accounting and financial analysis in the hospitality industry*. London: Routledge.
Peter J. Harris. (1997). *Accounting and finance for the international hospitality industry*. London: Routledge.
11) O'Fallon, M. J., & Rutherford, D. G. (2011). *Hotel management and operations*. Hoboken, NJ: John Wiley & Sons.
Pizam, A. (Ed.). (2005). *International encyclopedia of hospitality management*. London: Routledge.
12) Enz, C. A. (2009). *Hospitality strategic management: Concepts and cases*. Hoboken, NJ: John Wiley and Sons.
Evans, N., Stonehouse, G., & Campbell, D. (2012). *Strategic management for travel and tourism*. Oxford, UK: Burterworth-Heinemann.
Go, F. M., & Pine, R. (1995). *Globalization strategy in the hotel industry*. London: Routledge.
Trive, J. (1996). *Corporate strategy for tourism*. 『관광경영전략』(최기탁 역, 2005). 서울: 한울출판사.
Van der Wagen, L., & Goonetilleke, A. (2011). *Hospitality management, strategy and operations*. Frenches Forest, AU: Pearson Australia.
13) De Witte, M., & Jonker, J. (2006). *Management models for corporate social responsibility*. NY: Springer.
Mallin, C. A. (Ed.). (2009). *Corporate social responsibility: A case study approach*. Cheltenham, UK: Edward Elgar Publishing.
Strauss, J. R. (2015). *Challenging corporate social responsibility: Lessons for public relations from the casino industry*. London: Routledge.
14) Donnelly, J. H., Gibson, J. L., & Ivancevich, J. M. (1987). *Fundamentals of management*. Plano, TX: Business Publications.
15) Porter, M. E., & Kramer, M. R. (2011). Creating shared value. *Harvard Business Review*, 89(1/2), pp. 62-77.

제10장

# 관광개발

**제1절** 서론

**제2절** 관광개발

**제3절** 지역개발이론의 이해

**제4절** 관광개발의 실제

**제5절** 관광개발의 포스트모더니즘적 접근

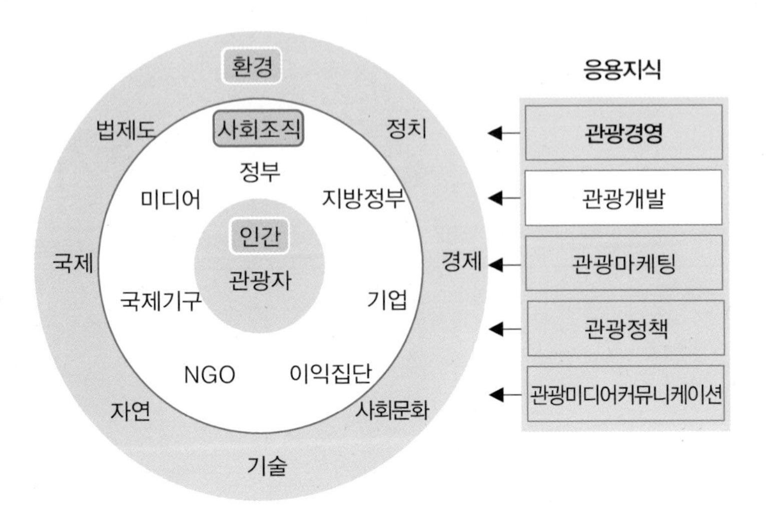


## 학습목표

이 장에서는 관광개발에 대해 학습한다. 관광개발은 특정한 지역을 대상으로 관광자에게 필요한 공급요소들의 수준을 향상시키는 데 관련된 모든 관리활동으로 정의된다. 이를 이해하기 위해 다음과 같은 학습목표를 세운다. 첫째, 관광개발의 기본 개념을 학습한다. 둘째, 지역개발이론의 발전과 접근을 학습한다. 셋째, 관광개발의 실제와 포스트모더니즘적 접근을 학습한다.

## 제1절 서론

이 장에서는 관광개발에 대해 학습한다.

관광개발은 관광에 필요한 응용지식이다.

관광개발을 학습하는 목적은 특정한 지역을 관광지로 개발하는 데 관련된 문제를 해결하기 위한 전문지식을 이해하는 데 있다. 어떠한 관광지도 있는 그대로 주어지지는 않는다. 인간에 의한 인위적인 개발을 통해 관광지로 자리매김하게 된다. 이를 위해서는 관광개발의 개념과 특징, 행위자 그리고 개발과정과 방식 등에 대한 학습이 필요하다.

관광자는 소비자이며, 공간체험자이다. 관광자는 일반 소비자처럼 상품을 구매하여 사용하는 것이 아니라 관광지를 직접 방문하여 관광상품의 공급현장에서 체험하며 소비한다는 특징을 지닌다. 달리 말해, 관광자는 관광지라는 장소 자체를 체험상품으로 구매한다고 할 수 있다. 그런 의미에서 관광공간의 매력성이 강조된다.

관광개발은 관광자들이 찾고 싶은 공간을 만드는 활동이다. 마치 일반 기업이 제조과정을 통해 제품을 생산하는 것처럼, 관광개발과정을 통해 관광지가 개발된다. 따라서 어떻게 하면 관광자가 찾아오게 할지, 또 관광지를 찾은 관광자에게 만족을 제공할지, 또 관광지 고유의 자원은 어떻게 보전할지 등에 대한 고려가 매우 중요하다.

학제적으로 관광개발에 대한 연구에서는 두 가지 접근이 이루어진다. 하나는 물리적 시공과 관련하여 건축공학, 건축설계학, 토목공학, 도시공학 등의 자연과학적 접근이고, 다른 하나는 물리적 공간에 대한 개념구상 및 사회적 영향과 관련하여 지역개발학, 지리학, 환경심리학, 사회학, 경제학, 정책학 등의 사회과학적 접근이다. 관광학에서 관광개발은 후자인 사회과학적 접근을 통해 이루어진다.

관광개발에 대한 학습을 통해 기대하는 바는 관광개발과 관련된 문제를 해결하기 위한 전문지식을 이해하는 것과 함께 이 분야의 전문인력을 양성하는 데 있다. 대표적인 전문인력으로는 관광개발기획전문가, 관광개발평가전문가, 관광자원평가전문가, 지속가능한 관광개발전문가 등을 들 수 있다.

이러한 인식을 바탕으로 이 장은 다음과 같이 구성된다. 우선 제1절 서론에 이어 제2절에서는 관광개발의 개념과 공급요소에 대해서 정리한다. 제3절에서는 지역개발학의 발전과 접근에 대해 다루며, 제4절에서는 관광개발의 실제를 이해하기 위해 관광개발행위자, 개발방식, 개발과정, 개발유형에 대해 정리한다. 끝으로 제5절에서는 관광개발의 포스트모더니즘적 접근에 대해 다룬다.

## 제2절 관광개발

### 1. 개념

개발(development)이라 하면, 특정한 대상을 보다 향상된 상태로 변화시키는 행위를 의미한다.[1)] 천연자원이나 자연환경을 더 유용하게 만드는 것이나 이전까지는 없었던 새로운 물질을 만들어 내는 것도 개발이라고 할 수 있다.

특정한 지역이 관광지로 개발되기 위해서는 여러 가지 조건이 갖추어져야 한다. 무엇보다도 먼저, 관광자를 유인할 수 있는 매력물, 즉 관광자원을 지니고 있어야 한다. 또한 관광자가 이용할 수 있는 숙박 및 식음시설이 필요하며, 관광자가 이동할 수 있는 교통시설도 필요하다. 이밖에도 쇼핑시설, 은

행, 병원 등 각종 편의시설이 갖추어져야 한다.

관광개발은 바로 이러한 조건들을 공급함으로써 관광공간을 보다 향상된 상태로 변화시키는 행위라고 할 수 있다. 관광개발은 크게 두 가지 관점으로 접근된다. 먼저, 협의적 관점에서 관광개발은 관광자원개발을 의미한다. 관광자원개발은 관광자원을 대상으로 하는 개발이다. 관광자원에는 자연자원, 문화자원, 인공자원 등 모든 유형적 · 무형적 소재가 포함된다. 관광자원은 특정한 지역으로 관광자를 끌어들이는 힘을 가지고 있는 대상이다.

다음으로, 광의적 관점에서 관광개발은 관광지개발을 의미한다. 관광지개발은 지역, 즉 공간을 대상으로 하는 개발이다. 지역은 마을, 구역, 도시, 국가 등 모든 규모의 공간을 말한다. 관광자가 지역이라는 공간을 체험하는 데 필요한 자원, 시설 등의 모든 물리적 요소들이 개발의 대상이 된다. 따라서 관광지개발은 종합적인 공간개발의 성격을 갖는다.

일반적으로 관광학에서 관광개발이라고 하면, 이 두 가지 관점 가운데 주로 광의적 관점의 관광지개발을 의미한다. 관광자는 곧 공간체험자라는 특징이 반영된 것이라고 할 수 있다.

정리하면, 관광개발(tourism development)은 '특정한 지역을 대상으로 관광자가 필요로 하는 모든 물리적 요소들의 수준을 향상시키는 활동'으로 정의된다.

## 2. 공급요소

관광개발에는 다양한 물리적 요소가 포함된다. 이를 관광개발의 공급요소(supply element)라고 한다. 주요 공급요소들을 정리하면, 다음과 같다([그림 10-1] 참조).[2)]

[그림 10-1] 관광개발의 공급요소

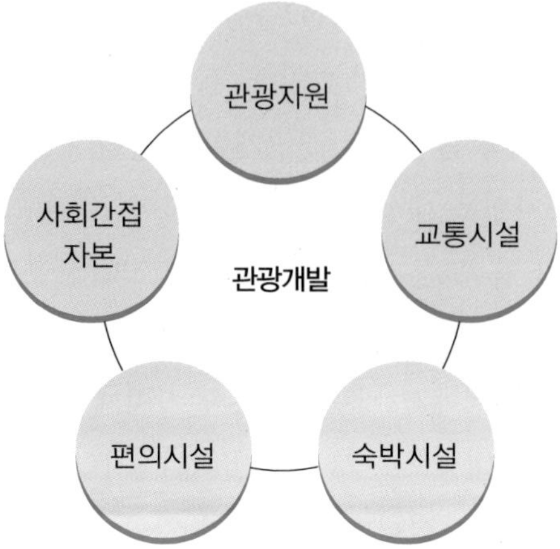

관광자원
교통시설
숙박시설
편의시설
사회간접 자본
관광개발

1) 관광자원

관광자원(tourism resource)은 관광개발의 핵심요소이다. 관광자원은 관광자를 유인하는 매력을 지닌 유형적, 무형적 소재를 말한다. 이러한 소재들을 발굴하여 관광자가 찾고 싶도록 물리적 조건을 갖추는 것이 관광개발에서 중요하다. 관광자원은 소재의 유형에 따라 자연자원, 인문자원 그리고 인공시설자원으로 구분된다. 자연자원으로는 자연경관, 산악자원, 해양자원, 자연공원, 생태계 보전지역 등을 들 수 있다. 인문자원으로는 역사유적지, 고궁, 박물관, 연극, 음악, 미술, 축제, 이벤트, 스포츠, 음식, 대학, 도시 등을 들 수 있다. 인공시설자원으로는 테마파크, 리조트, 카지노 등을 들 수 있다.

2) 교통시설

교통시설(transportation facilities)은 관광자의 장소 이동을 위해 필요한 운송서비스시설을 말한다. 교통시설의 유형으로는 육로교통, 항공교통, 해상교통, 관광용교통을 들 수 있다. 육로교통을 위해서는 자동차 도로시설의 확충 및 철도망의 연결이 필요하다. 항공교통을 위해서는 공항 건설이 가장 핵심적인 사업이다. 해상교통을 위해서는 크루즈 및 해양선박의 이용을 위한 항만시설의 확충이 필요하다. 한편, 관광용교통을 위해서는 케이블카, 트램 등의 개설을 위한 시설 공급이 필요하다.

### 3) 숙박시설

숙박시설(accommodation facilities)은 관광자가 체류하는 데 필요한 기본적인 시설이다. 숙박시설의 유형으로 가장 일반적인 것이 호텔이다. 그밖에 모텔, 콘도미니엄, 유스호스텔, 게스트하우스, B&B, 자동차야영장 등이 있다. 또한 테마형 숙박시설로는 생태숙박시설, 전통한옥호텔 등이 있다.

### 4) 편의시설

편의시설(convenience facilities)은 관광자가 여행 중에 필요한 각종 서비스를 제공하는 지원시설들을 말한다. 예를 들어, 관광안내센터, 관광쇼핑시설, 환전센터, 편의점, 은행, 병원, 약국, 우체국 등을 들 수 있다. 이들은 관광안내센터, 관광쇼핑시설 등과 같이 관광자를 대상으로 서비스를 제공하는 직접적인 지원시설과 은행, 병원, 약국 등과 같이 지역주민들과 함께 이용하는 간접적인 지원시설로 구분된다.

### 5) 사회간접자본

사회간접자본(social overhead capital)은 관광개발에 간접적으로 기여하는 자본을 말한다. 관광개발을 시행하는 사업자의 입장에서 보면, 사회간접자본은 관광개발을 위해 사업자가 직접적으로 자본을 투자하는 것이 아니라 정부가 간접적으로 자본을 투자하는 활동이라고 할 수 있다. 도로, 전기, 상하수도, 난방시설, 정화시설, 쓰레기처리시설 등 다양한 사회기반시설이 여기에 포함된다. 사회간접자본은 공공재라는 점에서 민간이 투자하기는 어려우며, 민간이 투자하는 경우에는 공공성 차원에서 정부의 규제를 받는다.

## 제3절 지역개발이론의 이해

### 1. 지역개발학의 발전

지역개발이론은 지역개발학에 의해 발전된 학문적 지식이다. 지역개발학(Regional Development Studies)[3]은 지역을 연구대상으로 하는 종합학문이다. 여기서 말하는 지역은 마을, 도시, 국가 등 모든 형태의 공간의 범위를 설정하는 개념이다.

지역개발학은 산업화과정에서 지역격차문제가 등장하면서 크게 관심을 받기 시작하였다. 지역이 지니고 있는 토지, 주택, 교통, 환경 등 여러 가지 사회문제를 해결할 수 있는 이론과 방법을 연구한다. 이와 관련하여 도시계획학, 경제학, 지리학, 사회학, 행정학 등으로부터의 학제적 접근이 이루어진다.

지역문제를 해결하기 위해 도입된 지역개발계획은 미국의 경우 1930년대 테네시 지역개발에서 그 출발점을 찾을 수 있으며, 영국의 경우에는 1950년대 지역 간 균형발전을 위해 지역개발계획이 수립되기 시작하였다. 한국의 경우에는 1970년대 국토개발계획이 수립되면서 국토이용관리의 효율화, 개발기반 확충, 자원 및 자연의 보호 및 보전 등의 지역개발방향이 모색되기 시작하였다.

### 2. 학문적 접근

지역개발학의 학문적 접근은 기본적인 패러다임의 변화를 기준으로 크게 두 단계로 구분된다.[4] 하나는 모더니즘적 접근이고, 다른 하나는 포스트모더니즘적 접근이다. 이를 정리해보면 다음과 같다([그림 10-2] 참조).

[그림 10-2] 지역개발학의 학문적 접근

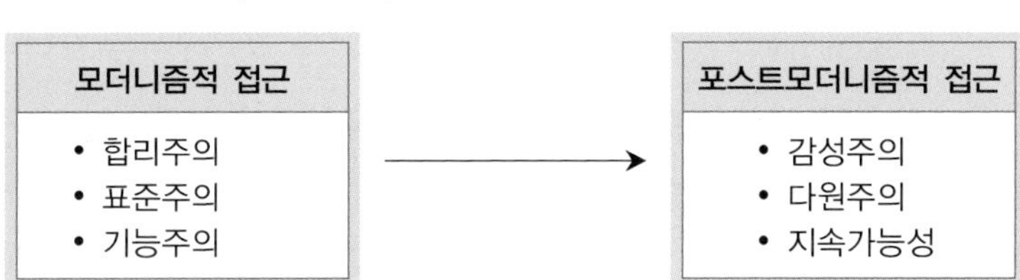


### 1) 모더니즘적 접근

모더니즘(modernism)은 20세기 초반부터 지역개발에 적용된 접근방식이다. 모더니즘의 기본원리는 합리주의(rationalism), 표준주의(standardism), 기능주의(functionalism) 등으로 정리된다. 합리주의에서는 효율성과 생산성이 강조되며, 표준주의에서는 일정한 규격성이 중시된다. 또한 기능주의에서는 유용성이 강조된다.

대표적인 모더니즘적 이론이 계획이론이다. 계획(plan)은 목표 달성을 위해 수립된 활동의 절차나 방법 등에 대한 합리적인 설계를 말한다. 도시계획(urban plan)에서는 도시라는 공간 속에 들어가는 다양한 물리적 환경요소에 대한 세부적인 활동계획들이 다루어진다. 토지이용계획, 교통서비스 및 시설계획, 공원녹지계획, 각종 시설공급계획 등이 그 예이다. 세부계획들을 통하여 도시의 공급수준을 개선하고 유지하고 정비하는 데 필요한 활동들이 실행된다.

### 2) 포스트모더니즘적 접근

포스트모더니즘(postmodernism)[5]은 20세기 후반에 모더니즘에 대한 반작용으로 등장한 지역개발방식을 말한다. 엄밀한 의미에서는 아직까지도 고유의 통일된 원리가 정립되지 못한 상태이다. 따라서 포스트모더니즘은 문자 그대로 모더니즘의 연장선에서 이해된다.

포스트모더니즘의 특징을 살펴보면, 모더니즘의 기본원리인 합리주의, 표준주의, 기능주의에 대립되는 감성주의(emotionalism), 다원주의(pluralism), 지속가능성(sustainablity) 등이 강조된다. 감성주의적 접근에서는 모더니즘이 추구하는 효율성과 생산성 대신에 독창성과 예술성이 중시된다. 다원주의적 접근에서는 모더니즘의 표준성에 대립하여 다양한 의미의 추구와 자기반영적인 특징을 보여준다. 지속가능적 접근에서는 유용성을 추구하는 기계적 접근보다는 공존을 지향하는 생태적 접근을 지향한다.

포스트모더니즘적 접근의 대표적인 예로 도시재생방식, 네트워크개발방식, 지속가능한 개발 방식 등을 들 수 있다. 도시재생(urban regeneration)방식은 모더니즘 시대의 신도시개발방식이다. 물리적 접근보다는 사회문화적 접근을 중시하는 특징을 지닌다. 네트워크개발(network development)방식은 성장 중심의 허브앤스포크(hub and spoke)방식에 대립되는 개념으로 각각의 도시들이 유기적으로 교류하며 고유의 잠재력을 개발하는 상호연계적 개발방식을 말한다. 지속가능한 개발(sustainable development)방식은 효율성과 생산성의 가치로부터 벗어나서 경제발전과 환경보전의 가치의 양립을 추구하는 새로운 양식의 개발형태이다.

## 제4절 관광개발의 실제

이 절에서는 관광개발이 실제로 어떻게 이루어지고 있는지를 관광개발행위자, 관광개발방식, 관광개발과정, 관광개발유형의 순으로 살펴본다.[6)]

### 1. 관광개발행위자

관광개발은 지역 차원의 개발이라는 점에서 공공행위자의 역할이 크다.

공공행위자 외에도 민간행위자, 지역공동체 등이 참여한다. 이를 정리하여 살펴보면, 다음과 같다([그림 10-3] 참조).

[그림 10-3] 주요 관광개발행위자

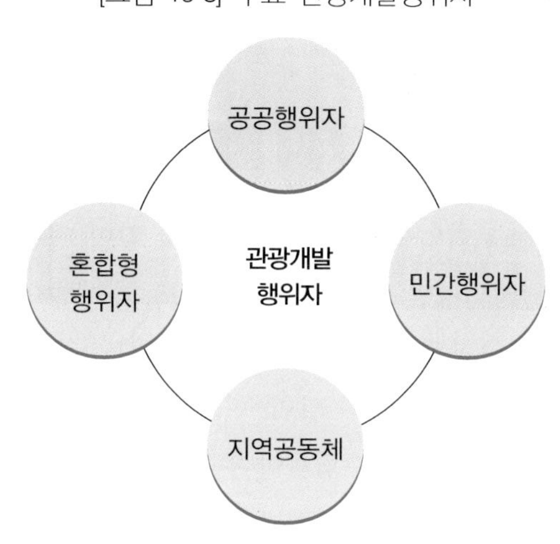


### 1) 공공행위자

공공행위자(public actors)는 공익을 목적으로 관광개발을 참여하는 공공조직을 말한다. 중앙정부, 지방자치단체, 공기업 등이 포함된다. 관광개발은 지역발전이라는 공익적 목적을 지닌다. 이에 근거하여 공공행위자가 관광개발에 참여하는 정당성을 확보하게 된다.

공공행위자가 관광개발에 참여하는 방식에는 두 가지가 있다. 하나는 공공행위자가 직접적으로 관광개발사업을 주도하는 경우이다. 이 경우에는 공공행위자가 관광개발에 대한 종합적인 계획을 수립하고, 개발사업을 직접 실행한다. 이 방식을 공공주도형 개발방식이라고 한다. 다른 하나는 공공행위자가 간접적으로 관광개발사업을 수행하는 경우이다. 이 경우 공공행위자가 종합적인 계획을 수립하고 사회간접자본시설과 같은 지원사업을 수행하며, 실질적 수익사업은 민간부문에서 추진한다.

공공주도형 관광개발방식의 장점으로는 개발의 진행 및 자금조달이 용이하고 사업의 공익성을 확보할 수 있다는 점을 들 수 있다. 한마디로, 공공부문의 공익성이 반영될 수 있다. 반면에, 운영이 비효율적이며, 환경변화에 대한 대응에도 한계가 있다는 점이 문제점으로 제기된다.

#### 2) 민간행위자

민간행위자(private actors)는 영리를 목적으로 관광개발에 참여하는 사업조직을 말한다. 리조트기업이나 테마파크기업과 같이 전문적인 관광시설사업자, 지역전문개발사업자인 디벨로퍼(developer), 개발투자전문회사, 일반시설개발사업자 등이 포함된다. 이들은 주로 컨소시엄(consortium)의 형태로 활동한다. 공공주도형 개발방식과 달리, 민간부문조직들이 직접 종합개발계획을 세우고, 직접 투자계획을 수립하여 추진한다. 이렇게 민간행위자가 직접 주도하는 방식을 민간주도형 개발방식이라고 한다.

민간주도형 관광개발방식의 장점으로는 개발환경의 변화에 신축적인 대응이 용이하고, 사업운영에 있어서 효율성을 제고할 수 있다는 점을 들 수 있다. 한마디로, 민간부문의 창의성이 반영될 수 있다. 반면에 공익성의 확보가 미흡하고 지역사회의 요구가 제대로 반영되기 어렵다는 점이 단점으로 제기된다.

#### 3) 지역공동체

지역공동체(regional community)[7]는 개발이익의 지역공유를 목적으로 관광개발에 참여하는 주민조직을 말한다. 지역관광사업자, 지역주민 등이 공동으로 참여하는 협동조합 혹은 마을기업 등이 포함된다. 지역공동체가 추진하는 관광개발은 대규모 지역을 대상으로 하기보다는 소규모 지역을 대상으로 주로 이루어진다. 주민의 참여방식으로는 지역주민들이 개발사업에 현금이나 현물을 출자하거나, 자신의 소유지에 관광사업을 개별적으로 투자하는 등 다양한 방식의 참여가 이루어진다. 이러한 방식을 총괄하여 지역공동체주도형 개발방식이라고 한다.

지역공동체주도형 관광개발방식의 장점으로는 주민참여형 관광개발사업이라는 점에서 개발이익이 지역사회에 환원되고 지역의 자율성이 확보될 수 있다는 점을 들 수 있다. 한마디로, 지역공동체의 이익공유성이 반영될 수 있다. 반면에, 자금조달이나 기술력 등에 있어서 경쟁력을 확보하기 어려우며, 지역사회의 상업화로 인해 주민의 공동체의식이 훼손될 수 있다는 점이 문제점으로 제기된다.

#### 4) 혼합형 행위자

혼합형 행위자(mixed actors)는 다원적인 이익을 목적으로 관광개발에 참여하는 공공행위자, 민간행위자, 지역공동체 등 성격이 다른 유형의 개발주체들의 연합조직을 말한다. 예를 들어, 공공부문과 민간부문, 민간부문과 지역공동체, 공공부문과 지역공동체, 공공부문과 민간부문 그리고 지역공동체 등 다양한 형태의 공동 개발방식이 이루어지고 있다.

혼합형 관광개발의 장점으로는 공공부문의 공익성, 민간부문의 창의성, 지역공동체의 이익공유성 등이 조화를 이루어 개발사업의 효과를 배증시킬 수 있다는 점을 들 수 있다. 반면에, 다양한 성격의 구성체들이 참여함으로써 추진목표가 불명확하고, 역할분담이 불분명하며, 의견대립으로 인한 갈등소지가 크다는 점이 단점으로 제기된다.

## 2. 관광개발방식

관광개발방식으로 크게 세 가지를 들 수 있다. 이를 살펴보면 다음과 같다.

### 1) 거점관광개발방식

거점관광개발방식은 불균형성장이론에 근거를 둔다. 허브앤스포크방식와 같은 의미를 지닌다. 거점관광개발방식은 투자효과가 크고 경제활동기반이 갖추어져 있는 지역을 성장 거점으로 선정하여 집중 개발함으로써 개발효과가 주변 지역으로 확산되도록 하는 개발 방법이다. 한정된 자원으로 개발효과를 극대화할 수 있다는 장점이 있다. 또한 거점지역 선정이 중앙정부에 의해서 이루어지기 때문에 신속하게 집행될 수 있다는 점에서 효율성이 높다. 반면에, 거점지역으로 선정된 지역에 자원 투입이 집중되면서 지역 간 불균형이 초래될 가능성이 크며, 거점선정이 주로 중앙정부에 의해 하향식으로 이루어진다는 점에서 절차의 민주화를 확보하기가 어렵다는 점 등이 단점으로 지적된다. 대표적인 예로는 주요 거점지역에 관광도시나 관광단지를 조성하는 개발방식을 들 수 있다.

### 2) 균형관광개발방식

균형개발방식은 균형성장이론에 근거를 둔다. 균형개발방식은 경제활동기반 확충이 미흡한 지역부터 우선적으로 개발함으로써 낙후된 지역의 생활수준 및 경제수준을 향상시키며 지역 간 균형발전을 추구하는 개발 방법이다. 균형개발방식은 효율성보다는 형평성을 기준으로 함으로써 지역 간 형평성이 있는 성장을 확보할 수 있다는 점이 장점이다. 또한 지역 생활권 중심의 개발이 이루어짐으로써 지역의 특성이 반영될 수 있으며, 외부의 힘이 아니라 내부의 자생력에 의해서 개발이 이루어질 수 있다. 반면에, 시장논리보다는 정치적 논리에 의해 추진될 가능성이 크며, 이로 인해 비효율성이 문제점으로 지적된다. 또한 지역의 자생력이 확보되지 못할 경우 지역성장이 지나치게 오래 걸리거나, 투자의 실효성을 확보하기 어렵다는 단점이 있다. 대표적인 예로는 지역형평성 차원에서 소규모관광지를 조성하는 개발방식을 들 수 있다.

### 3) 광역관광개발방식

광역관광개발방식은 절충이론에 근거를 둔다. 그러므로 거점개발방식과 균형개발방식의 중간 형태를 갖는다. 광역관광개발방식은 복수의 행정구역을 단위로 하여 지역 내에서 거점 지역의 선정과 낙후 지역의 선정이 함께 이루어지며 이를 연계하여 상생발전을 이루도록 하는 네트워크적인 개발방법이다. 지역 간 격차를 줄일 수 있으며, 개발성과가 지역 내에서 공유될 수 있다는 장점이 있다. 반면에, 절충적인 개발방식으로 인해 투자 배분의 기준이 명확하지 않으며, 상징적인 연계사업들이 난립할 가능성이 높다는 점이 단점으로 제기된다. 대표적인 예로는 지역과 지역을 연결하여 관광벨트나 관광권역을 조성하는 개발방식을 들 수 있다.

## 3. 관광개발과정

관광개발[8]의 추진과정은 크게 기획, 실행, 평가의 세 단계를 거쳐 이루어진다. 이를 정리하면, 다음과 같다([그림 10-4] 참조).

[그림 10-4] 관광개발과정

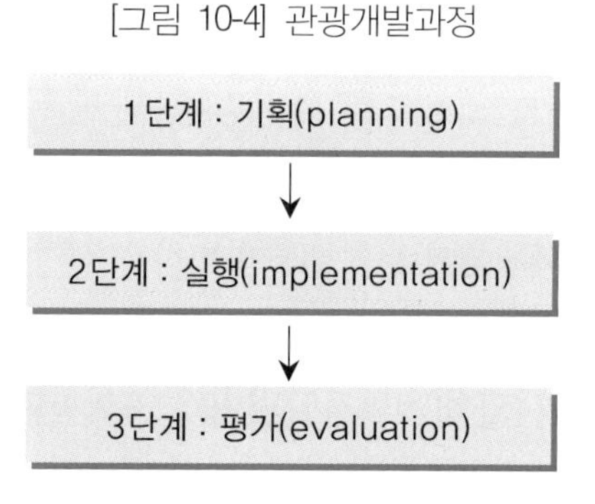

### 1) 기획

기획(planning)은 관광개발의 첫 번째 단계로 관광개발의 목표와 비전이 정립되고, 세부 추진전략과 개발사업에 대한 세부계획이 결정되는 과정이다. 우리가 흔히 사용하는 관광계획(tourism plan)은 이러한 기획과정의 산물로서 개발을 위한 합리적인 구상 혹은 설계를 뜻한다. 관광기획(tourism planning)은 크게 다섯 단계를 거쳐 수행된다. 첫 번째 단계는 현황조사단계로 개발사업을 둘러싼 시장환경뿐 아니라 정치, 경제사회, 자연, 기술환경 등 거시환경에 대한 검토가 이루어진다. 두 번째 단계는 수요예측단계로 미래 시장수요의 규모와 성향에 대한 분석과 예측이 이루어진다. 세 번째 단계는 목표설정단계로 관광개발사업의 추진 목표와 개발 기준을 결정하는 단계이다. 네 번째 단계는 대안선택 단계로 추진 목표를 달성하기 위한 대안들을 모색하고 선택하는 단계이다. 다섯 번째 단계는 세부적인 계획내용들을 확정하는 단계이다.

관광계획은 시간적 기준, 공간적 기준, 내용적 기준 등에 따라 유형화된다. 시간적 기준에 따라 장기, 중기, 단기 관광개발계획이 있다. 장기 관광개발계획은 정부에서 추진하는 10년 단위의 관광개발기본계획을 예로 들 수 있다. 중기 관광개발계획은 마찬가지로 정부에서 추진하는 5년 단위의 관광개발기본계획을 예로 들 수 있다. 단기 관광개발계획은 보통 1년 단위로 이루어지는 계획을 말한다. 공간적 기준에서는 전국단위의 국가 관광개발계획, 광역시도 수준의 권역별 관광개발계획, 기초자치단체가 추진하는 지역 및 지구 수준의 관광개발계획이 있다. 한편, 내용적 기준에 따라 개념계획, 기본계획, 실시계획 등이 있다. 개념계획은 기본적인 방향을 설정하는 단계의 계획으로 개발의 비전을 제시하는 데 목적이 있다. 구상계획이라고도 한다. 기본계획은 종합계획으로 개발사업의 전반적인 내용을 포함한다. 실시계획은 시행단계에서 필요한 구체적인 계획내용들을 포함하며, 추진방법, 재원조달방안, 시설 및 조직관리 방안 등 실행적인 계획내용들이 구체화된다.

### 2) 실행

실행(implementation)은 관광개발에 필요한 각종 수단이 계획에 따라 실제로 투입되는 과정이다. 실행단계에서는 설계 및 시공, 재정 및 자금조달, 분양 및 관리운영, 마케팅 및 홍보 등에 이르는 실질적인 개발업무가 진행된다. 실행단계에서 발생하는 과제로는 크게 개발환경의 변화, 이해관계자와의 갈등문제 등을 들 수 있다. 먼저, 대부분의 관광개발사업이 장기간의 사업이라는 점에서 실행기간에 발생하는 외부환경의 변화로 인해 사업의 단절이 초래되는 경우가 있을 수 있다. 경제위기, 국제분쟁, 국제적인 질병 발생 등을 예로 들 수 있다. 또한 관광개발의 실행단계에서 지역주민, 환경단체 등 이해관계자들과의 접점이 형성되면서 잠재해 있던 갈등이 현실화될 수 있다. 이에 따라 다양한 환경변화에 대비하는 시나리오기법(scenario technique)의 적용이 요구되며, 이해관계자들과의 갈등 문제를 해소하기 위한 갈등관리(conflict management) 방안이 사전에 마련될 필요가 있다.

### 3) 평가

평가(evaluation)는 설정된 목표가 달성된 정도를 파악하는 과정이다. 피드백(feedback)은 평가 결과가 다음 단계로 이어지는 것을 말한다. 평가는 관광개발의 실행 과정 및 사업실행 이후 단계에서 이루어진다. 평가업무에는 모니터링, 성과평가, 피드백 등이 포함된다. 먼저, 모니터링(monitoring)은 실행과정 중에 이루어지는 중간평가의 성격을 지닌다. 각 단계별로, 각 부문별로 모니터링이 이루어지고, 그 결과가 다시 기획 및 실행단계에 적용된다. 성과평가(performance evaluation)는 개발사업의 실행 후에 이루어지는 활동으로 개발사업의 성과, 영향 등을 대상으로 다양한 평가가 이루어진다. 평가 결과는 환류(feedback)되어 다음 개발과정의 기획단계에 활용된다. 성과평가의 기준으로는 효과성, 능률성, 형평성 등을 들 수 있다. 한편, 이와는 별도로 환경보전 차원에서 개발사업에 대한 환경영향평가가 실시된다.

## 4. 관광개발유형

다음에서는 「관광진흥법」[9]에서 규정하고 있는 관광개발의 주요 유형 및 사례들을 살펴본다.

### 1) 관광지

관광지는 국민관광활성화를 위해 자연 및 문화관광자원이 풍부한 지역 가운데 정부가 지정한 소규모 관광지역을 말한다. 개발방식에 있어서 관광지는 정부가 정책적 차원에서 주도적으로 추진한다는 점에서 기본적으로 공공주도형 관광개발방식에 해당된다. 도로, 주차장, 상하수도, 관광안내센터 등과 같은 기본적인 사회간접시설이 정부 주도로 추진되며, 숙박시설, 오락시설, 상가시설 등은 민간부문의 투자를 통해서 추진된다.

주요 관광지로는 부산광역시의 태종대, 해운대, 인천광역시의 마니산, 경기도의 용문산, 소요산, 한탄강, 산정호수, 임진각, 강원도의 춘천호반, 속초해수욕장, 충청북도의 속리산레저, 충청남도의 대천 해수욕장, 안면도, 전라북도의 남원, 금강호, 경상북도의 백암온천, 주왕산, 경상남도의 부곡온천, 거가대교, 제주도의 김녕 해수욕장, 미천굴 등을 들 수 있다.

### 2) 관광단지

관광단지는 관광산업을 촉진하고 국내외 관광자에게 필요한 시설 및 서비스를 제공하기 위해 조성된 거점 관광지역을 말한다. 개발방식에 있어서는 공공부문이 추진하는 공공주도형 관광개발방식과 민간부문이 주도적으로 추진하는 민간주도형 관광개발방식이 함께 이루어지고 있다.

민간주도형 관광단지 개발방식의 내용을 살펴보면, 민간부문이 사업에 대한 전반적인 계획을 수립하고 설계 및 시공, 자금조달 등의 개발업무를 진행한다. 정부는 민간부문의 개발사업을 촉진한다는 취지에서 관광단지조성에 필요한 각종 사회간접자본을 공급한다.

관광단지의 주요 개발 예로는 공공부문에서 추진했던 경주 보문단지, 제주 중문단지 등이 있으며, 민간주도형 관광단지로는 원주 오크밸리, 평창 휘닉스파크, 평창 용평리조트, 홍천 비발디파크, 용인 에버랜드, 설악 한화리조트 등을 들 수 있다. 관광단지는 법적 용어이며, 사업용어로는 리조트, 테마파크 등의 명칭이 사용된다.

### 3) 광역관광권

광역관광권은 두 개 이상의 광역시 · 도 관할구역을 연계하여 관광개발 사업을 공동으로 추진하는 대규모 단위의 관광지역을 말한다. 개발방식에 있어서 광역관광권은 정부가 정책적 차원에서 추진하는 공공주도형 관광개발방식에 해당된다.

구체적인 추진방식으로는 정부가 해당 지방자치단체의 의견수렴 및 관계부처의 협의를 거쳐 개발계획을 확정하고 정부예산을 투입하여 개발사업을 추진하며, 여기에 지방비가 투입된다. 또한 수익사업에 대해서는 민간부문의 사업투자를 유도한다.

광역관광권 개발의 예로는 남해안의 관광자원을 대상으로 이루어지는 남해안 관광클러스터, 지리산 주변의 관광자원을 대상으로 이루어지는 지리산권 광역관광개발, 서해안지역의 관광자원을 대상으로 이루어지는 서해안권 광역관광개발, 동해안 지역의 관광자원을 대상으로 이루어지는 동해안권 광역관광개발, 민통선 출입 제한지역 및 인근 지역의 역사, 문화, 생태자원을 대상으로 이루어지는 한반도 생태평화벨트 등이 있다.

### 4) 관광레저형 기업도시

관광레저형 기업도시는 특정지역에 민간부문이 주도적으로 종합관광개발계획을 수립하고 추진하는 도시 규모의 관광지역을 말한다. 관광레저형 기업도시개발의 특징으로는 관광레저시설뿐 아니라 주민생활공간이 포함된 도시형 개발이라는 점과 민간부문이 계획부터 실행까지 추진하는 종합개발사업이라는 점을 들 수 있다.

구체적인 추진방식으로는 민간부문이 직접 전반적인 개발계획을 수립하고 이를 정부가 승인함으로써 개발사업이 시행된다. 주요 개발사업으로는 자연경관 및 문화유적 개발, 레저스포츠시설 및 테마파크 개발, 숙박시설 및 오락시설 개발, 음식 및 쇼핑시설 개발, 주거 시설 및 교육·의료시설, 각종 편의시설 개발 등이 포함된다.

관광레저형 기업도시의 예로는 충청남도 태안군의 천수만지역을 대상으로 인구 1만 5,000명의 주민을 수용하는 규모의 관광도시를 개발하는 태안 관광레저형 기업도시, 전라남도 영암군과 해남군의 삼호지구 등을 대상으로 인구 3만 8,000명의 주민을 수용하는 규모의 관광도시를 개발하는 영암·해남 관광레저형 기업도시 등이 있다.

### 5) 관광특구

관광특구는 외국인 관광자의 유치 촉진을 목적으로 관광시설이 집중된 지역을 대상으로 관광진흥사업이 이루어지는 지구단위 규모의 관광지역을 말한다. 관광특구는 일반적인 관광개발사업과는 다른 특징을 지닌다. 먼저, 관광특구는 기존 관광시설 집중지역을 대상으로 하며, 지정권한이 지방자치단체에 있으며, 특구 내 민간시설에 대하여 정부의 금융적 지원정책이 이루어진다는 점에서 차이가 있다. 엄밀한 의미에서 보면, 종합적인 개발사업이라기보다는 부분적인 지역진흥사업이라고 할 수 있다.

관광특구의 예로는 서울시의 명동 · 남대문 · 북창 · 다동 · 무교동 관광특구, 이태원 관광특구, 동대문 패션타운 관광특구, 종로 · 청계 관광특구, 잠실 관광특구, 부산시의 해운대 관광특구, 용두산 · 자갈치 관광특구, 인천의 월미 관광특구, 대전의 유성 관광특구, 경기도의 동두천 관광특구, 강원도의 설악 관광특구, 충청북도의 수안보온천 관광특구, 충청남도의 아산시 온천 관광특구, 전라북도의 무주 구천동 관광특구, 경상북도의 경주시 관광특구, 경상남도의 부곡온천 관광특구, 제주도의 제주도 관광특구 등을 들 수 있다.

## 제5절 관광개발의 포스트모더니즘적 접근

이제까지의 관광개발은 주로 모더니즘적 접근을 통해 이루어졌다. 최근 관광개발에서는 새로운 변화가 나타나고 있다. 포스트모더니즘적 접근이다. 모더니즘이 추구해온 합리주의, 표준주의, 기능주의 등과 대립되는 감성주의, 다원주의, 지속가능성 등이 새로운 지향점으로 부각된다. 대표적인 유형으로 지속가능한 관광개발과 창조도시관광개발을 들 수 있다. 이를 살펴보면, 다음과 같다.

### 1. 지속가능한 관광개발[10)]

#### 1) 개념

1972년 로마클럽에서 '성장의 한계'라는 제목의 보고서를 발표한 시점을 지속가능한 개발 논의의 출발점으로 본다. 로마클럽은 서유럽의 과학자, 경제인, 교육자들로 구성된 사회지도자들의 모임으로 동 보고서를 통해 환경문제를 처음으로 사회이슈화했다. 무엇보다도 경제성장이 환경에 미치는 부정적인 영향에 대해서 전 지구적 대응이 필요하다는 점을 인식시켰다는 점에서 그 의의가 크다. 동 보고서에서 처음으로 지속가능한 개발(sustainable development)이라는 용어가 등장하였다.

이후 1987년 '환경과 개발에 관한 세계위원회(World Commission on Environment and Development)'가 유엔 총회를 통해 '우리의 공통의 미래(Our Common Future)'라는 제목의 보고서를 발표하였다. 동 보고서에서는 지속가능한 개발을 '미래 세대가 그들의 필요를 충족시킬 수 있는 능력을 손상시키지 않으면서 현재 세대의 필요를 충족시키는 개발'로 정의하였다. 이를 통해 환경과 개발을 대립적으로 보는 것이 아니라 통합적으로 보는 새로운 관점이 제시되었다.

1992년 브라질에서 열린 유엔환경개발회의(UN Conference on Environment and Development)에서는 지속가능한 개발을 위한 실행기준이 마련되었다. 이 회의에는 전 세계 178개 국가의 정상급 인사들이 대거 참석하였다. 이 때문에 이 회의를 별칭으로 지구정상회의(Earth Summit)라고도 부른다. 주요 성과로는 지속가능한 개발을 위한 실천기준인 '의제 21'의 채택을 들 수 있다. '의제 21'에는 지속가능한 개발을 위해 세계 각국들이 실천해야 할 구체적인 실행 기준들이 제시되어 있다.

한편, 관광분야에서도 지속가능성에 대한 논의가 1990년대부터 UNWTO를 중심으로 활발하게 이루어지기 시작하였다. 구체적인 결과물들 가운데 하나가 UNWTO와 UNEP(유엔환경계획)가 공동으로 발표한 '지속가능한 관광개발을 위한 정책결정자 가이드(Making Tourism More Sustainable-A Guide for Policy Makers)'이다. 동 가이드에서는 지속가능한 관광개발(sustainable tourism development)을 환경과 경제 그리고 사회문화적 측면에서 접근하고 있다는 점에서 특징을 보여준다. 또한 이를 위한 기본 지침으로 크게 세 가지 방향이 제시된다.

첫째, 지속가능한 관광개발을 위해서는 자연유산 및 생명다양성을 보전하고 생태적 과정을 유지하는 범위 내에서 관광개발에 필요한 자연자원에 대한 최적의 이용이 이루어져야 한다.

둘째, 지속가능한 관광개발을 위해서는 지역사회의 사회문화적 고유성을 존중하고 지역사회의 생활문화 및 문화유산을 보전하며 상호 문화에 대한 이해에 기여할 수 있어야 한다.

셋째, 지속가능한 관광개발을 위해서는 관광목적지 사회의 안정적인 고용 및 소득창출에 기여하고 경제적 이익이 사회구성원에게 공평하게 배분되고 장기적인 경제발전에 기여할 수 있어야 한다.

정리하면, 지속가능한 관광개발(sustainable tourism development)은 '미래 세대의 관광수요를 미리 배려하면서 현 세대의 관광수요를 충족시키는 개발'로 정의된다. 주요 속성으로는 환경적 지속가능성, 사회문화적 지속가능성, 경제지속가능성이 포함된다. 한마디로, 세대와 세대 간에 지속적으로 이어지는 공존의 가치를 지향한다고 할 수 있다.

### 2) 개발유형

지속가능한 관광개발의 대표적인 유형으로 생태관광개발과 문화유산관광개발을 들 수 있다.

#### (1) 생태관광개발

생태관광개발(ecotourism development)[11]은 생명다양성 보전의 가치를 기반으로 이루어지는 관광개발방식이다. 생태관광은 크게 세 가지 원칙에 기초한다([그림 10-5] 참조). 첫째, 생태관광은 자연자원 보전에 기여한다. 둘째, 생태관광은 관광자에게 자연학습의 기회를 제공한다. 셋째, 생태관광은 지역경제발전에 기여한다. 그러므로 생태관광은 자연자원을 활용하여 스키 리조트나 골프장, 테마파크 등을 개발하는 일반적인 자연자원개발방식과는 구별된다. 생태관광개발의 예로는 경남 창녕의 우포 늪, 전남 순천의 순천만, 충남 서산의 천수만 등을 들 수 있다. 구체적인 사업으로는 생태계 보전계획이 수립되며, 관광자 이용을 위한 기초적인 인프라 설치, 해설 프로그램 운영, 홍보 활동 등이 추진된다. 한편, 소규모 마을 차원에서도 생태관광개발사업이 추진된다. 이 사업은 마을 단위 규모의 개발 사업으로 생태자원보전사업, 탐방로, 친환경숙박시설 등과 자연친화적 인프라 구축, 지역경제 활성화를 위한 수익모델 개발사업 등이 이루어진다.

[그림 10-5] 생태관광개발의 기본원칙

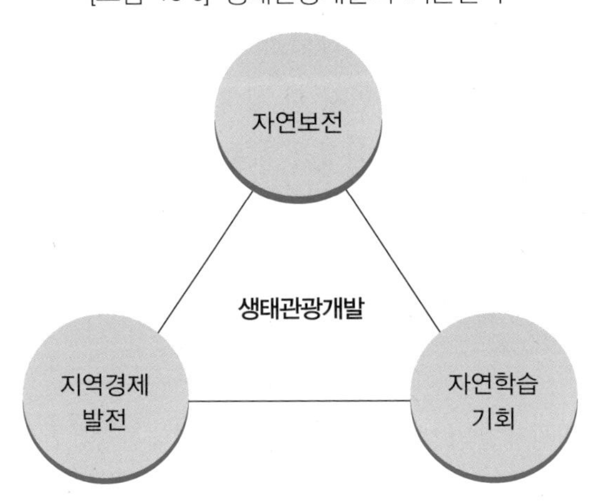


(2) 문화유산관광개발

문화유산관광개발(cultural heritage tourism development)[12]은 문화보전의 가치를 기반으로 이루어지는 관광개발방식을 말한다. 문화유산관광개발에서 가장 중요한 원칙은 보전이다. 이를 기반으로 관광자의 이용과 지역경제발전을 추구한다([그림 10-6] 참조). 그러므로 문화유산관광개발은 문화자원을 활용하여 문화관광도시, 문화관광단지, 문화축제 및 이벤트 등을 개발하는 일반적인 문화자원개발방식과는 구별된다. 유네스코(UNESCO)는 1972년 '세계 문화 및 자연유산 보호 협약(Convention concerning the Protection of the

World Cultural and Natural Heritage)'을 채택하고 세계유산 등재사업을 실시하고 있다. 유네스코 세계유산으로 등재된 우리나라의 문화유산으로는 창덕궁, 수원 화성, 석굴암·불국사, 해인사 장경판전, 종묘, 경주 역사문화지구, 고인돌 유적, 조선시대 왕릉 40기, 안동 하회마을·경주 양동마을 등이 있다. 국내에서는 「문화재보호법」에 의해 문화적 보전가치가 소재를 문화재로 지정하고 있다. 국가지정문화재의 유형에는 국보, 보물, 사적, 명승, 천연기념물, 중요무형문화재, 중요민속문화재 등이 있다. 대표적인 문화유산관광개발사업의 예로는 경복궁 다례체험, 창경궁 달빛기행, 종묘대제, 덕수궁 풍류, 왕궁 수문장 교대식 등 궁중문화를 대상으로 하는 문화유산관광개발사업을 들 수 있으며, 국가지정문화재로 지정된 안동 하회마을, 성읍 민속마을, 경주 양동마을, 아산 외암마을, 고성 왕곡마을, 성주 한개마을을 대상으로 하는 전통마을을 대상으로 하는 문화유산관광개발사업을 들 수 있다.

[그림 10-6] 문화유산관광개발의 기본원칙

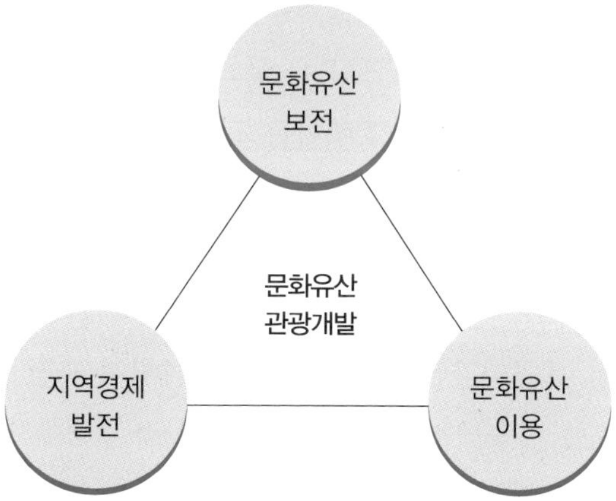

## 2. 창조도시관광개발

창조도시(creative city)[13]는 창조경제라는 새로운 패러다임을 지향하며 창조적 상상력을 기반으로 조성된 도시를 말한다. 산업사회로부터 정보사회로의 전환과정에서 많은 도시가 어려움을 겪고 있으며, 산업성장기에 적용되었던 모더니즘적 접근으로는 한계를 보여준다. 이 과정에서 대안으로 제시된 것이 창조도시 개념이다.

먼저, 창조도시는 새로운 도시시설을 개발하기보다는 기존의 시설을 복원하고 재활용하는 데 가치를 둔다. 그런 의미에서 도시재생(urban regeneration)과도 연관된 개념이다. 하지만 창조도시는 창조적 상상력을 기반으로 한다는 점에서 기존의 개발방식들과는 차이가 있다. 창조도시 전문가인 랜드리(C. Landry)[14]는 창조도시를 창조적 상상력으로 도시의 잠재력을 발굴하고 새로운 창조적 환경을 구축하는 도시로 정의한다. 한마디로, 창조적 상상력을 기반으로 하는 도시라고 할 수 있다.

다음으로, 창조도시가 창조적 상상력을 기반으로 한다는 점에서 창조도시는 문화도시와도 연관된다. 문화도시는 문화자원이 풍부하고 문화예술활동에 필요한 시설과 프로그램들이 갖추어진 도시를 말한다. 하지만 창조도시는 문화예술 공간뿐만이 아니라 건축, 도시디자인, 도시이미지까지를 포괄하는 종합적인 공간 개념이다.

창조도시를 바라보는 관점으로는 크게 생태주의적 관점, 문화적 관점, 도시마케팅적 관점, 공공디자인적 관점, 복합용도개발적 관점 등이 있다. 생태주의적 관점에서는 지속가능성이 강조되며, 문화적 관점에서는 예술성이 강조된다. 또한 도시마케팅적 관점에서는 도시브랜드가 강조되며, 복합용도개발적 관점에서는 네트워크가 강조된다. 이러한 지속가능성, 예술성, 네트워크가 창조도시의 기본 원칙으로 작용한다.

창조도시의 개발사례로는 영국의 런던 도크랜드, 에든버러, 이탈리아의 볼 로냐, 일본의 요코하마, 가나자와 등을 들 수 있다. 유럽 문화수도(European Capital of Culture)사업도 창조도시 개발의 주요한 사례라고 할 수 있다. 이 사업은 유럽연합이 유럽을 상징하는 도시를 문화수도로 선정하고 다양한 문화적 지원을 제공하는 프로젝트이다.[15] 브랜드를 만들고 네트워크를 만들어 가는 창조적 사업이라고 할 수 있다. 한편, 미국도시계획학회(American Planning Association)에서는 '아름다운 길', '아름다운 동네', '아름다운 공공 공간'을 선정하여 창조도시의 다양한 공간 수준을 제시하고 있다.

창조도시의 성과로는 지역문화 발전, 지역주민의 삶의 질 개선, 지역이미지 향상, 지역경장 성장, 지역관광 성장 등을 들 수 있다. 그중에서도 가장 중요한 것은 역시 창조경제의 형성이다. 창조경제를 리드하는 창조산업에는 음악, 공연예술, 미술 및 골동품, 공예, 건축, 디자인, 출판, 방송, 광고, 영화, 디자이너 패션, 애니메이션, 게임 등이 포함된다. 창조경제의 또 다른 축이 관광산업이다.[16] 창조도시의 매력을 활용하여 외부의 관광자를 유치하고 이들이 체험할 수 있는 공간을 제공함으로써 관광경제라는 창조경제를 형성한다. 그런 의미에서 도시관광자(urban tourist)는 창조도시에 있어서 가장 중요한 키워드라고 할 수 있다.

창조도시개발에서 도시관광자를 키워드로 하는 개발전략을 창조도시관광개발(creative urban tourism development)이라고 한다. 창조도시관광개발에서는 창조도시의 개발원칙이 관광개발에 그대로 적용된다. 첫째, 창조도시관광개발은 도시의 지속가능한 성장에 기여하는 것을 기본원칙으로 한다. 둘째, 창조도시관광개발은 도시의 창조적 상상력을 현실화하는 것을 기본원칙으로 한다. 셋째, 창조도시관광개발은 지역주민의 자발적 참여를 기본원칙으로 한다. 압축해서 지속가능성, 창조성, 자발성의 원칙으로 정리할 수 있다([그림 10-7] 참조).

대표적인 창조도시관광개발의 예로는 거리조성사업으로 제주도의 올레 조성사업을 비롯한 각종 아름다운 걷기여행코스 개발 등을 들 수 있다. 또한 마을조성사업으로는 부산시의 감천문화마을, 전주시의 한옥마을, 서울의 북촌 한옥마을 등을 들 수 있다. 또한, 도시조성사업으로는 광주의 문화중심도시 개발, 경주시의 역사문화도시 개발 등을 들 수 있다.

정리하면, 관광개발은 이제 모더니즘적 접근으로부터 포스트모더니즘적 접근으로 이동하고 있다. 모더니즘의 합리주의, 표준주의, 기능주의가 포스트모더니즘의 감성주의, 다원주의, 지속가능성으로 대체되는 과정이다. 창조도시관광개발은 이 가운데 감성주의적 접근에서 새로운 도시관광의 가능성을 만들어낸다.

[그림 10-7] 창조도시관광개발의 기본원칙

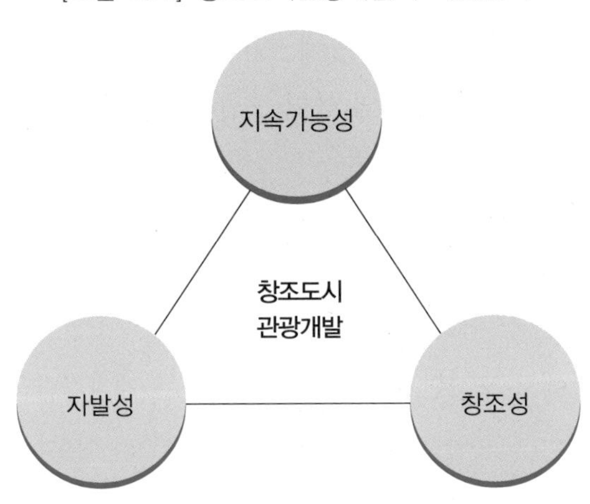

## 요약

이 장에서는 관광개발에 대해서 학습하였다.

관광개발(tourism development)은 '특정한 지역을 대상으로 관광자가 필요로 하는 모든 물리적 요소들의 수준을 향상시키는 활동'으로 정의된다.

관광개발에는 다양한 물리적 요소가 포함된다. 이를 관광개발의 공급요소(supply element)라고 한다. 관광개발의 공급요소에는 관광자원, 교통시설, 숙박시설, 편의시설, 사회간접자본시설 등이 있다. 관광자원(tourism resource)은 관광개발의 핵심요소이다. 관광자원은 관광자를 유인하는 매력을 지닌 유형적, 무형적 소재를 말한다. 교통시설(transportation facilities)은 관광자의 장소이동을 위해 필요한 운송서비스시설을 말한다. 숙박시설(accommodation facilities)은 관광자가 체류하는 데 필요한 기본적인 시설이다. 편의시설(convenience facilities)은 관광자가 여행 중에 필요한 각종 서비스를 제공하는 지원시설들을 말한다. 사회간접자본(social overhead capital)은 관광개발에 간접적으로 기여하는 자본을 말한다.

지역개발은 크게 두 가지 이론적 흐름이 있다. 하나는 모더니즘의 패러다임이고, 다른 하나는 포스트모더니즘의 패러다임이다. 모더니즘은 20세기 지역개발에 적용된 접근방식으로 합리주의, 표준주의, 기능주의의 원리를 지향한다. 지역개발이론에서 대표적인 모더니즘적 이론이 계획이론이다. 포스트모더니즘은 합리주의와 기능주의에 대립되는 감성주의, 다원주의, 지속가능성 등이 강조된다. 포스트모더니즘적 접근의 예로 도시재생방식, 네트워크개발방식, 지속가능한 개발 방식 등을 들 수 있다.

관광개발은 지역 차원의 개발이라는 점에서 공공행위자의 역할이 크다. 공공행위자 외에도 민간행위자, 지역공동체 등이 참여한다.

공공행위자는 공익을 목적으로 관광개발을 참여하는 공공조직을 말한다. 중앙정부, 지방자치단체, 공기업 등이 포함된다. 관광개발은 지역발전이라는 공익적 목적을 지닌다. 이에 근거하여 공공행위자가 관광개발에 참여하는 정당성을 확보하게 된다.

민간행위자는 영리를 목적으로 관광개발에 참여하는 사업조직을 말한다. 리조트기업이나 테마파크기업과 같이 전문적인 관광시설사업자, 지역전문개발사업자인 디벨로퍼(developer), 개발투자전문회사, 일반시설개발사업자 등이 포함된다.

지역공동체는 개발이익의 지역공유를 목적으로 관광개발에 참여하는 주민조직을 말한다. 지역관광사업자, 지역주민 등이 공동으로 참여하는 협동조합 혹은 마을기업 등이 포함된다. 지역공동체가 추진하는 관광개발은 대규모 지역을 대상으로 하기보다는 소규모 지역을 대상으로 주로 이루어진다.

혼합형 행위자는 다원적인 이익을 목적으로 관광개발에 참여하는 공공행위자, 민간행위자, 지역공동체 등 성격이 다른 유형의 개발주체들의 연합조직을 말한다. 예를 들어, 공공부문과 민간부문, 민간부문과 지역공동체, 공공부문과 지역공동체, 공공부문과 민간부문 그리고 지역공동체 등 다양한 형태의 공동 개발방식이 이루어지고 있다.

지역개발에서 적용되는 개발방식으로 크게 세 가지를 들 수 있다. 거점개발방식, 균형개발방식, 광역개발방식이다. 거점관광개발방식은 불균형성장이론에 근거를 둔다. 허브앤스포크방식와 같은 의미를 지닌다. 균형관광개발방식은 균형성장이론에 근거를 둔다. 균형관광개발방식은 경제활동 기반 확충이 미흡한 지역부터 우선적으로 개발함으로써 낙후된 지역의 생활수준 및 경제수준을 향상시키며 지역 간 균형발전을 추구하는 개발 방법이다. 광역관광개발방식은 절충이론에 근거를 둔다. 그러므로 거점개발방식과 균형개발방식의 중간 형태를 갖는다.

관광개발의 추진과정은 크게 기획, 실행, 평가의 세 단계를 거쳐 이루어진다.

기획(planning)은 관광개발의 첫 번째 단계로 관광개발의 목표와 개발비전이 정립되고, 세부 추진전략과 구체적인 개발사업에 대한 계획이 결정되는 과정이다. 실행(implementation)은 관광개발에 필요한 각종 수단이 계획에 따라 투입되는 과정이다. 실행단계에서는 설계 및 시공, 재정 및 자금조달, 분양 및 관리운영, 마케팅 및 홍보 등에 이르는 실질적인 개발업무가 진행된다. 평가(evaluation)는 설정된 목표가 달성된 정도를 파악하는 과정이다. 관광개발의 실행 단계와 사업실행 이후 시점에서 이루어진다. 이 단계에서 중요한 업무는 모니터링, 결과평가, 피드백 등이다.

관광개발에서는 새로운 변화가 나타나고 있다. 포스트모더니즘적 접근이다. 모더니즘이 추구해온 합리주의, 표준주의, 기능주의와 대립되는 감성주의, 다원주의, 지속가능성이 새로운 지향점으로 부각된다. 대표적인 유형으로 지속가능한 관광개발과 창조도시관광개발을 들 수 있다.

지속가능한 관광개발(sustainable tourism development)은 '미래 세대의 관광수요를 미리 배려하면서 현 세대의 관광수요를 충족시키는 개발'로 정의된다. 주요 속성으로는 환경적 지속가능성, 사회문화적 지속가능성, 경제지속가능성이 포함된다. 한마디로, 세대와 세대 간에 지속적으로 이어지는 공존의 가치를 지향한다고 할 수 있다. 지속가능한 관광개발의 세부적인 유형으로 생태관광개발과 문화유산관광개발을 들 수 있다.

창조도시관광개발(creative urban tourism development)은 창조도시개발에서 도시관광자를 키워드로 하는 개발전략이다. 창조도시관광개발에서는 창조도시의 개발원칙이 관광개발에 그대로 적용된다. 첫째, 창조도시관광개발은 도시의 지속적 성장에 기여하는 것을 기본원칙으로 한다. 둘째, 창조도시관광개발은 도시의 창조적 상상력을 현실화하는 것을 기본원칙으로 한다. 셋째, 창조도시관광개발은 지역주민의 자발적 참여를 기본원칙으로 한다. 압축해서 지속가능성, 창조성, 자발성의 원칙으로 정리할 수 있다.

## 참고문헌

1) 국립국어원(2019). 『표준국어대사전』.
2) Gunn, C. A. (1997). *Vacationscape: Developing tourist areas*. London: Routledge.
Gunn, C. A., & Var, T. (2002). *Tourism planning: Basics, concepts, cases*. London: Routledge.
Sharpley, R., & Telfer, D. J. (Eds.). (2014). *Tourism and development: Concepts and issues*. Bristol, UK: Channel View Publications.
3) Pike, A., Rodríguez-Pose, A., & Tomaney, J. (Eds.). (2010). *Handbook of local and regional development*. London: Routledge.
4) 이주형(2009). 『21세기 도시재생의 패러다임』. 서울: 보성각.
5) Bramham, P., & Wagg, S. (Eds.). (2009). *Sport, leisure and culture in the postmodern city*. Farnham, UK: Ashgate Publishing.
Ryan, C. (2002). *The tourist experience*. Boston, MA: Cengage Learning.
Sharpley, R., & Telfer, D. J. (Eds.). (2014). *Tourism and development: Concepts and issues*. Bristol, UK: Channel View Publications.
Smith, M. (2009). *Issues in cultural tourism studies*. London: Routledge.
6) 박석희(2009). 『관광공간관리탐구』. 서울: 백산출판사.
Edgell Sr, D., Allen, M. D., Swanson, J., & Smith, G. (2008). *Tourism policy and planning*. London: Routledge.
Godfrey, K., & Clarke, J. (2000). *The tourism development handbook: A practical approach to planning and marketing*. Boston, MA: Cengage Learning.
Pearce, D. G., & Butler, R. (1999). *Contemporary issues in tourism development*. London: Routledge.
Shaw, G., & Williams, A. M. (2004). *Tourism and Tourism Space*. 『관광과 관광공간』(김남조 · 유광민 · 민웅기 역, 2013). 서울: 백산출판사.
7) Richards, G., & Hall, D. (2003). *Tourism and sustainable community development*. London: Routledge.
8) Altinay, L., & Paraskevas, A. (2008). *Planning research in hospitality and tourism*. London: Routledge.
Gunn, C. A., & Var, T. (2002). *Tourism planning: Basics, concepts, cases*. London: Routledge.
Hall, C. M. (2008). *Tourism planning: Policies, processes and relationships*. London: Routledge.
Inskeep, E. (1991). *Tourism planning: An integrated and sustainable development approach*. NY: Van Nostrand Reinhold.
King, B. E. M. (1997). *Creating island resorts*. London: Routledge.
Mason, P. (2010). *Tourism impacts, planning and management*. London: Routledge.
Veal, A. J. (2002). *Leisure and tourism policy and planning*. NY: CABI.
9) 국가법령정보센터(2019). 「관광진흥법」.
10) Aronsson, L. (2000). *The development of sustainable tourism*. London: Continuum.

Middleton, V. T., & Hawkins, R. (1998). *Sustainable tourism: A marketing perspective*. London: Routledge.

Mowforth, M., & Munt, I. (2008). *Tourism and sustainability: Development, globalisation and new tourism in the third world*. London: Routledge.

Swarbrooke, J. (1999). *Sustainable tourism management*. NY: CABI.

11) Buckley, R. (2009). *Ecotourism: Principles and practices*. NY: CABI.

Honey, M. (1999). *Ecotourism and sustainable development: Who owns paradise?* Washington D.C.: Island Press.

Lindber, K., Hawkins, D. E. (Eds.). *Ecotourism: A guide for planners & managers*. North Bennington, Vermont: The Ecotourism Society.

Page, S. J., Dowling, R. K., & Page, S. J. (2001). *Ecotourism*. NY: Pearson Education Limited.

Wearing, S., & Neil, J. (2009). *Ecotourism: Impacts, potentials and possibilities?* London: Routledge.

Weaver, D. B. (Ed.). (2001). *The encyclopedia of ecotourism*. NY: CABI.

12) Hoffman, B. T. (2006). *Art and cultural heritage: Law, policy, and practice*. Cambridge, England: Cambridge University Press.

Kaminski, J., Benson, A. M., & Arnold, D. (2013). *Contemporary issues in cultural heritage tourism*. London: Routledge.

McKercher, B., Cros, H. D., & McKercher, R. B. (2002). *Cultural tourism: The partnership between tourism and cultural heritage management*. NY: Haworth Hospitality Press.

Timothy, D. J., & Nyaupane, G. P. (Eds.). (2009). *Cultural heritage and tourism in the developing world: A regional perspective*. London: Routledge.

13) 원제무(2011). 『창조도시 예감』. 서울: 한양대학교 출판부.

Donald, S., & Gammack, J. G. (2007). *Tourism and the branded city: Film and identity on the Pacific Rim*. Farnham, UK: Ashgate Publishing.

Law, C. M. (2002). *Urban tourism: The visitor economy and the growth of large cities*. London: Continuum.

Page, S. J., & Hall, C. M. (2003). *Managing urban tourism*. NY: Pearson Education.

Richards, G., & Wilson, J. (Eds.). (2007). *Tourism, creativity and development*. London: Routledge.

Richards, G. (2011). Creativity and tourism: The state of the art. *Annals of tourism research*, 38(4), 1225-1253.

Spirou, C. (2011). *Urban tourism and urban change: Cities in a global economy*. London: Routledge.

Stevenson, D., & Matthews, A. (2013). *Culture and the city: Creativity, tourism, leisure*. London: Routledge.

14) Landry, C. (2000). *The creative city: A toolkit for urban innovators*. London: Earthscan Publications.

15) Richards, G. (Ed.). (1996). *Cultural tourism in Europe*. NY: CABI.
Richards, G. (Ed.). (2001). *Cultural attractions and European tourism*. NY: CABI.
Smith, M. K. (Ed.). (2006). *Tourism, culture and regeneration*. NY: CABI.
16) OECD(2014). *Tourism and the creative economy*. Paris: OECD Publishing.

제11장

# 관광마케팅

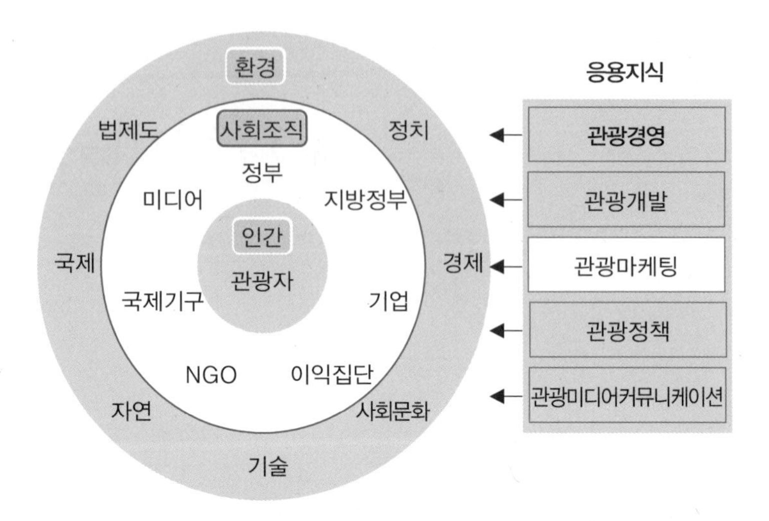


## 학습목표

이 장에서는 관광마케팅에 대해 학습한다. 관광마케팅은 특정한 관광지로 관광자를 유치하는 데 관련된 모든 관리활동으로 정의된다. 이를 이해하기 위해 다음과 같은 학습목표를 세운다. 첫째, 관광마케팅의 기본 개념을 학습한다. 둘째, 마케팅이론의 발전과 접근을 학습한다. 셋째, 관광마케팅의 실제와 관광마케팅전략에 대해 학습한다.

## 제1절 서론

이 장에서는 관광마케팅에 대해 학습한다.

관광마케팅에 대한 지식은 관광에 필요한 응용지식이다.

관광마케팅을 학습하는 목적은 관광자를 유치하는 데 관련된 문제를 해결하기 위한 지식을 이해하는 데 있다. 이를 이해하기 위해서는 관광마케팅의 개념과 특징, 마케팅이론, 관광마케팅행위자, 관광마케팅전략 등에 대한 학습이 필요하다.

어떠한 관광지도 관광자가 스스로 찾아오지 않는다. 일반 제품이나 서비스의 경우, 유통과정을 통해 제품이나 서비스가 소비자에게 제공되는 데 반해, 관광지의 경우 소비자인 관광자가 관광지를 직접 방문해서 소비가 이루어진다. 이를 위해서는 무엇보다도 관광지라는 제품에 대한 이해가 필요하며, 관광자를 유치할 수 있는 실행전략에 대한 이해가 필요하다.

학제적으로 관광마케팅에 대한 연구는 마케팅학으로부터의 접근을 통해 이루어진다. 마케팅학은 경영학의 분과학문이다. 이와 함께 관광마케팅은 관광지라는 지역적 특징을 이해하기 위해 지역개발학으로부터의 접근이 이루어지며, 관광마케팅의 주체인 공공행위자를 이해하기 위해서 정책학, 행정학 등으로부터의 접근이 이루어진다.

관광마케팅에 대한 학습을 통해 기대하는 바는 관광마케팅과 관련된 문제를 해결하기 위한 전문지식을 이해하는 것과 함께 이 분야의 전문인력을 양성하는 데 있다. 대표적인 전문인력으로는 관광브랜드전문가, 관광머천다이징전문가, 관광시장조사전문가, 관광광고홍보전문가 등을 들 수 있다.

이러한 인식을 바탕으로 이 장은 다음과 같이 구성된다. 우선, 제1절 서론에 이어 제2절에서는 관광마케팅의 개념과 특징을 정리한다. 제3절에서는 마케팅이론의 발전과 접근에 대해 다루며, 제4절에서는 관광마케팅의 실제를 이해하기 위해 관광마케팅행위자와 관광시장분석, 관광마케팅믹스 등에 대해 정리한다. 끝으로 제5절에서는 관광브랜드마케팅전략에 대해 다룬다.

## 제2절 관광마케팅

### 1. 개념

마케팅(marketing)이라 하면, 기업이 제품이나 서비스를 소비자에게 유통시키는 데 관련된 모든 관리활동을 말한다. 제품을 유통하는 과정에 대한 관리활동이라고 할 수 있다. 마케팅은 일반적으로 통용되는 판매(sales)의 개념과는 구별된다. 마케팅은 단순히 제품을 파는 행위인 판매의 개념을 넘어서서 고객의 입장에서 제품이 소비자에게 공급되는 전 유통과정에 걸쳐 이루어지는 활동을 의미한다.

관광분야에서 마케팅은 크게 두 가지 관점으로 접근된다. 첫째, 관광기업의 관점에서의 마케팅이다. 관광기업마케팅은 관광기업이 수행하는 마케팅활동을 말한다. 여행기업, 호텔기업, 항공기업, 리조트기업, 테마파크기업, 카지노기업, 컨벤션기업 등 개별 관광기업들이 수행하는 실질적인 마케팅이다. 업종은 각기 다르지만 관광자를 대상으로 마케팅활동을 한다는 점에서 공통점을 지닌다.

둘째, 관광지의 관점에서의 마케팅이다. 관광지마케팅은 관광지를 대상으로 수행되는 마케팅활동을 말한다. 관광지마케팅은 특정한 관광지역 내의 다양한 제품 및 서비스요소들을 결합하여 관광지라는 하나의 상징적인 제품으로 구성하여 관광자를 유치한다. 관광지마케팅에서는 관광지가 곧 관광제품이라고 할 수 있다.

관광지마케팅에서 대상이 되는 관광지(tourist destination)[1)]는 매우 다양하다. 마을, 중소도시 등 소규모의 관광지로부터 시, 도, 광역권 등과 같은 중규모의 관광지, 넓게는 국가 전체를 포함하는 대규모의 관광지에 이르기까지 다양한 규모의 관광지가 대상이 된다.

일반적으로 관광학에서 관광마케팅이라 하면, 후자인 관광지마케팅을 의미한다. 지역을 대상으로 한다는 점에서 일반 마케팅과는 차별화되는 고유성을 지닌다고 할 수 있다. 반면, 관광기업마케팅은 업종별로 구분하여 여행사마케팅, 호텔마케팅, 항공사마케팅, 리조트마케팅 등으로 구체화하여 접근된다.

정리하면, 관광마케팅(tourism marketing)은 '특정한 관광지를 대상으로 관광자를 유치하기 위해 수행되는 모든 관리활동'으로 정의된다.

## 2. 특징

관광마케팅의 특징을 살펴보면, 다음과 같다([그림 11-1] 참조).[2)]

[그림 11-1] 관광마케팅의 특징

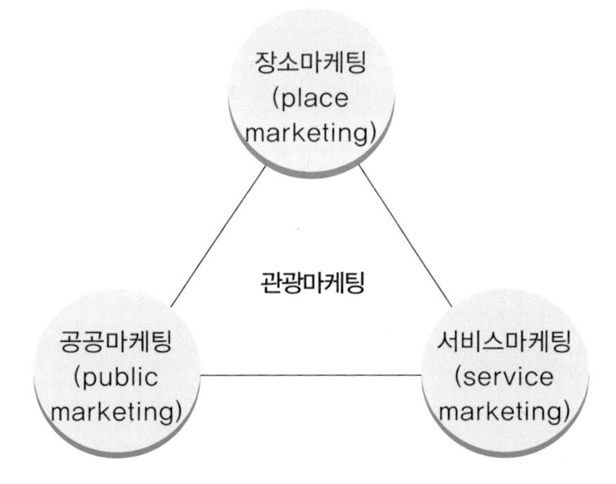

### 1) 장소마케팅

관광마케팅은 장소마케팅(place marketing)[3]의 특징을 지닌다. 장소마케팅은 물리적인 공간인 장소를 하나의 제품으로 구성하여 소비자에게 유통시키는 활동을 말한다. 단위 기업의 제품과 달리, 관광자원 및 시설, 관광숙박서비스, 관광식음료서비스, 관광교통서비스, 관광어트랙션시설서비스 등 다양한 부분적인 공급요소들이 모여 특정한 장소, 즉 관광지(tourist destination)라는 하나의 제품을 구성한다. 제품의 유형적 관점에서 볼 때, 관광지는 장소라는 종합적이고 상징적인 제품이라고 할 수 있으며, 이를 구성하는 부분적인 공급요소들은 개별적이고 실질적인 제품이라고 할 수 있다.

### 2) 서비스마케팅

관광마케팅은 서비스마케팅(service marketing)[4]의 특징을 지닌다. 서비스마케팅은 무형적인 서비스 제품을 대상으로 하는 마케팅을 말한다. 서비스는 일반 제품과 달리 크게 두 가지 특징을 지닌다. 무형성(intangibility)과 동시성(simultaneity)이다. 서비스는 일반 제품과 달리 소비자가 직접 체험하지 않고는 알 수 없는 무형성을 특징으로 한다. 또한 서비스는 일반 제품과 달리 생산과정과 소비과정이 분리되지 않고 같은 장소에서 동시에 이루어지는 특징을 지닌다. 서비스 제품의 특징으로 인해 서비스마케팅에서는 서비스현장 즉, 체험현장이 중요하다. 따라서 일선 현장에서 서비스를 제공하는 종사자를 대상으로 하는 내부마케팅이 중요하며, 관광자에게 필요한 서비스를 제공하는 프로세스 관리의 중요성이 강조된다. 또한 관광자가 현장에서 체험하게 되는 디자인요소와 같은 물리적 요소가 중요하다.

### 3) 공공마케팅

관광마케팅은 공공마케팅(public marketing)[5]의 특징을 지닌다. 공공(public)

은 크게 두 가지 의미를 지닌다. 하나는 사회 전체의 이익이라는 공익의 개념이 포함되며, 다른 하나는 공공조직의 활동을 의미한다. 공공조직은 사업조직과 대립되는 용어로 제도적으로 공식화된 정부조직을 말한다. 공공마케팅은 이 두 가지 의미를 반영하는 특징을 지닌다. 먼저 공공마케팅은 지역사회 전체의 이익을 목적으로 한다. 이 점에서 단위기업의 영리를 목적으로 이루어지는 일반 기업마케팅과는 차이가 있다. 다음으로, 공공마케팅은 관광행정조직이나 준정부관광조직과 같은 공공조직에 의해서 수행된다. 그러므로 민간 기업이 주도하는 일반 기업마케팅과는 차이가 있다. 정리하면, 공공마케팅은 지역사회 전체의 이익을 목적으로 이루어지는 공공조직의 마케팅이라고 할 수 있다.

## 제3절 마케팅이론의 이해

### 1. 마케팅이론의 발전

마케팅이론은 마케팅학에 의해 발전된 학문적 지식이다.[6] 마케팅학은 경영학의 한 분과학문으로 발전하였다. 마케팅학은 기업 간 경쟁이 심화되면서 고객의 입장에서 제품을 생산하고 판매하는 관리활동에 주목하기 시작하였다. 그러므로 당연히 마케팅학에서는 고객의 욕구(needs)와 요구(wants)가 핵심적인 요소라고 할 수 있다.

마케팅 개념은 크게 판매, 마케팅, 사회적 마케팅의 세 단계를 거쳐 발전해 왔다([그림 11-2] 참조).[7]

[그림 11-2] 마케팅 개념의 발전과정

첫 번째 단계는 판매(sales)이다. 제품의 판매가 마케팅의 중심 활동인 시기의 개념이다. 기업의 입장에서 제품을 어떻게 판매하고, 판매량을 극대화하느냐에 마케팅의 초점이 맞추어졌다. 그러므로 이 시기에는 고객의 입장보다는 기업의 입장이 우선적으로 다루어졌으며, 일단 제품을 만들고 이를 판매하는 것이 마케팅의 주 활동으로 인식되었다.

두 번째 단계는 마케팅(marketing)이다. 고객지향적인 판매활동이 마케팅의 중심 활동인 시기의 개념이다. 고객이 요구하는 것이 무엇인지를 먼저 알아내고, 이를 반영하여 어떻게 제품을 만들고 판매활동을 하느냐에 마케팅의 초점이 맞추어졌다. 이 시기에는 기업의 입장에서 판매활동을 중시하였던 판매중심의 시기와 달리 고객의 입장에서 판매활동을 하는 것이 마케팅의 주 활동으로 인식된다.

세 번째 단계는 사회적 마케팅(social marketing)[8]이다. 사회지향적인 판매활동이 마케팅의 중심 활동인 시기의 개념이다. 기업의 사회적 책임이 단지 이윤을 창출하고 법적 의무를 다하는 것으로 끝나는 것이 아니라, 기업의 윤리와 기업시민적 차원의 사회활동으로까지 그 범위가 확대되고 있다. 마찬가지로 마케팅에서도 판매활동이 고객의 입장으로부터 사회적 입장으로 확장되고 있다. 한마디로, 기업의 사회적 책임 개념이 마케팅에 적용되는 시기의 개념이라고 할 수 있다.

## 2. 학문적 접근

마케팅학의 학문적 접근은 크게 두 가지로 구분된다. 하나는 관리적 접근이고, 다른 하나는 시스템적 접근이다. 이를 정리하면, 다음과 같다.

### 1) 관리적 접근

관리적 접근은 고객지향적인 입장에서 제품과 서비스를 대상으로 이루어지는 기본적인 마케팅활동을 위한 학문적 접근을 말한다. 고객의 요구와 욕구, 교환, 시장 등의 개념과 함께 마케팅전략에 필요한 시장세분화, 목표시장, 포지셔닝, 그리고 제품, 가격, 유통, 촉진, 인적요소, 프로세스, 물리적 증거 등의 마케팅믹스요소 등이 연구영역에 포함된다.

### 2) 시스템적 접근

시스템적 접근은 마케팅의 목표달성을 위해 마케팅과 관련된 요소들을 환경변화에 대응하여 구성하는 전략적 활동을 위한 학문적 접근을 말한다. 시스템적 접근에서는 환경분석에 초점이 맞추어진다. 거시적 환경에는 정치, 경제, 사회, 기술, 자연, 국제환경요인들이 포함되며, 시장환경으로 공급자환경, 경쟁자환경, 소비자환경 등이 포함된다. 또한 시스템적 접근에서는 전략경영에 초점이 맞추어진다. 전략경영에서는 마케팅관리에 필요한 다양한 요소를 통합적으로 조정하여 조직적 혹은 전사적 차원에서 대응전략이 추진된다. 최근에는 인터넷, 모바일 등 커뮤니케이션 기술이 발달하면서 새로운 온라인마케팅을 위한 대응전략이 마련되고 있다.

## 제4절 관광마케팅의 실제

### 1. 관광마케팅행위자

관광마케팅행위자(tourism marketing actors)는 관광마케팅을 추진하는 조직을 말한다. 관광마케팅행위자는 관광마케팅활동의 전 과정에 참여하며, 의사결정자로서의 역할을 담당한다. 관광마케팅행위자에는 공공행위자와 민간행위자가 포함된다. 이를 살펴보면, 다음과 같다.[9)]

#### 1) 공공행위자

관광마케팅을 추진하는 공공행위자(public actors)로는 정부, 지방정부, 관광마케팅전문조직 등을 들 수 있다. 이 가운데 관광마케팅전문조직은 관광마케팅을 전문으로 하는 공공조직이다. 관광마케팅전문조직은 관할범위를 기준으로 국가관광조직(NTO), 지역관광조직(RTO), 지방관광조직(LTO)으로 구분된다. 관광마케팅전문조직은 주로 정부예산으로 운영되며, 간혹 자체 수입으로 운영되는 경우도 있다. 관광마케팅전문조직은 전반적인 관광행정사무를 다루는 관광행정기관과는 달리 관광마케팅업무를 전문적으로 다룬다는 점에서 전문적인 지식의 축적이 가능하다는 장점을 지닌다. 반면에, 별도의 준정부조직을 운영한다는 점에서 정부지출이 증가된다는 단점이 있다.

#### 2) 민간행위자

관광마케팅을 추진하는 민간행위자(private actors)로는 비영리조직인 협회, 재단, 기업 등을 들 수 있다. 이들 민간행위자는 공공행위자로부터 위탁 혹은 위임을 받거나, 민간행위자들이 자율적으로 결성하는 등 여러 가지 형태가 있다. 예를 들어, 관광사업자단체인 관광협회, 호텔업협회 등이 관광마케팅업무를 담당하거나, 상공회의소(chamber of commerce)와 같은 일반 경제단체에서 관광마케팅업무를 담당하는 경우도 있다. 이 같은 민간행위자의 활동은 관광마케팅비용을 절감하고 민간부문의 전문성을 활용할 수 있다는 점에서 장점을 지닌다. 반면에, 민간행위자의 특성상 공공성을 유지하는 데 제한이 있다는 점이 단점으로 지적된다.

## 2. 관광시장분석

관광마케팅의 기본적인 활동으로 관광시장분석을 들 수 있다.

관광시장분석은 세 단계로 구성된다. 첫 번째 단계는 관광시장을 세분화하는 과정(segmentation)이고, 두 번째 단계는 표적시장을 선정하는 과정(targeting)이며, 세 번째 단계는 관광제품의 시장 내 위치를 설정하는 과정(positioning)이다. 이를 종합하여 STP분석이라고 한다. 이를 단계별로 살펴보면 다음과 같다([그림 11-3] 참조).

[그림 11-3] STP분석의 단계

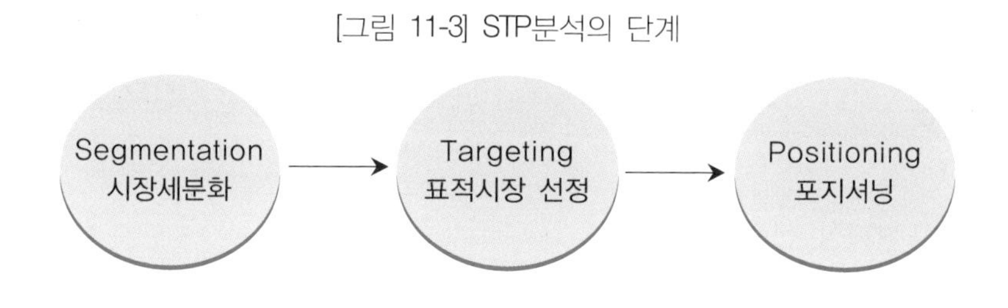


### 1) 시장세분화

효과적인 관광마케팅을 추진하기 위해서는 관광시장을 유형화하는 것이 필요하다. 이를 시장세분화(segmentation)라고 한다. 시장세분화의 기준으로는 인구통계학적 기준, 심리적 기준, 상황적 기준 등을 들 수 있다.

##### (1) 인구통계학적 기준

인구통계학적 기준으로는 연령, 성별, 소득, 직업, 학력, 거주지역 등 사회집단을 구분하는 요소들을 들 수 있다. 인구통계학적 기준은 기본적이면서도 가장 흔히 사용되는 세분화 기준이다. 예를 들어, 연령을 기준으로 관광시장을 세분화할 경우, 청소년관광시장, 실버관광시장 등의 세분화가 가능하다.

##### (2) 심리적 기준

심리적 기준으로는 동기, 지각, 태도 등 관광자 행동에 영향을 미치는 심리적 요소들을 들 수 있다. 예를 들어, 관광자의 동기를 기준으로 관광시장을 세분화할 경우, 안전추구형 관광시장, 자기실현추구형 관광시장 등의 세분화가 가능하다.

##### (3) 상황적 기준

상황적 기준으로는 관광자가 언제, 어디에서, 어떻게 여행하는지 등 실제 여행상황과 관련된 요소들을 들 수 있다. 예를 들어, 시간을 기준으로 관광시장을 세분화할 경우, 주중관광시장, 주말관광시장 등의 시장세분화가 가능하다.

#### 2) 표적시장 선정

표적시장 선정(targeting)은 유형화된 관광시장들 가운데 어떠한 세분시장(market segment)를 표적시장으로 선택할지를 결정하는 과정이다. 이를 위해서는 세분시장에 대한 평가가 중요하다. 세분시장을 엄밀하게 평가하고, 선택된 세분시장에서 경쟁적 우위를 확보할 수 있다는 판단이 서야 한다. 세분시장의 평가를 위해 고려해야 할 요소로는 크게 다음 두 가지를 들 수 있다.

(1) 시장 요소

세분시장을 표적시장으로 선정하기 위해 고려해야 할 요소로는 세분시장의 규모와 성장률을 들 수 있다. 세분시장의 규모에 있어서는 절대적인 규모와 상대적인 규모를 모두 고려해야 한다. 절대적인 규모는 시장의 실제적인 크기를 말하며, 상대적인 규모는 세분시장 간의 비교 값을 말한다. 다음으로 세분시장의 성장률은 세분시장의 구매량이 앞으로 얼마나 증가할지를 보여주는 지표이다. 이러한 지표 평가가 세분시장의 선택에 있어서 중요한 기준이 된다.

(2) 경쟁 요소

세분시장을 선택하는 데 있어서 또 다른 중요한 요소가 경쟁자에 대한 평가이다. 경쟁자는 현재의 경쟁자뿐만 아니라 잠재적인 경쟁자도 포함된다. 특정한 세분시장을 목표시장으로 선정할 경우, 현재의 경쟁자들과의 경쟁양상은 어떻게 될지를 평가해야 한다. 또한, 선정된 세분시장이 수익성이 높고 지속적인 성장이 예상될 경우, 잠재경쟁자의 진입이 이루어질 것을 예상할 수 있다. 이에 대한 평가가 표적시장 선정과정에서 충분히 고려되어야 한다.

### 3) 포지셔닝

포지셔닝(positioning)은 선정된 표적시장에 특정한 관광지의 제품적 위치를 설정하는 활동이다. 이를 위해서는 관광지의 제품적 속성과 가격에 맞는 차별화 전략이 필요하다.

(1) 제품적 속성에 의한 포지셔닝

제품적 속성에 의한 포지셔닝은 관광지의 특징에 따라 포지셔닝을 구축하는 전략이다. 예를 들어, 주말관광시장을 표적시장으로 선정한 경우, 관광지의 제품적 특징을 가족형 관광지로 할지, 일반 단체형 관광지로 할지를 결정해야 한다.

(2) 가격에 의한 포지셔닝

가격에 의한 포지셔닝은 저가 전략, 고가 전략 등 가격에 의한 포지셔닝을 말한다. 예를 들어, 국내관광시장을 표적시장으로 선정할 경우, 고가관광시장을 표적시장으로 하는 고급형 휴양지로 포지셔닝할지 혹은 저가관광시장을 표적시장으로 하는 국민관광지로 포지셔닝할지를 결정해야 한다.

## 3. 관광마케팅믹스

관광마케팅믹스(tourism marketing mix)는 관광조직의 마케팅 목표를 달성하기 위해 사용되는 다양한 마케팅수단의 조합을 말한다. 이러한 관광마케팅믹스를 구성하는 요소로는 기본적인 마케팅 수단인 제품(Product), 가격(Price), 유통(Place), 촉진(Promotion)을 들 수 있으며, 여기에 서비스적 특성을 반영하는 마케팅 수단인 인적요소(people), 물리적 증거(physical evidence), 프로세스(process)가 추가로 포함된다. 이를 종합하여 7P's로 부른다.

관광마케팅믹스의 구성요소를 정리하면, 다음과 같다([그림 11-4] 참조).

### 1) 제품(product)

일반 마케팅에서 제품은 공급자와 소비자와의 거래에서 소비자에게 판매할 목적으로 생산된 재화나 서비스를 말한다. 하지만 관광마케팅에서 제품은 복합적인 개념이다. 관광마케팅에서 관광제품(tourist product)은 관광지이다. 제품구성의 관점에서 관광지는 종합적이고 상징적인 제품이며, 동시에 관광지는 관광지 내에서 공급되는 개별적이고 실질적인 하위제품요소들로 구성된다. 개별적이고 실질적인 하위제품요소들로는 관광자원 및 시설, 관광숙박서비스, 관광식음서비스, 관광어트랙션서비스 등이 포함된다. 여기에서 제품전략은 관광마케팅의 목표달성을 위해 제품을 관리하는 행동계획을 말한다. 관광마케팅에서 주요 제품전략으로는 관광지의 제품기획, 관광지의 제품수명주기전략, 관광지의 브랜드전략 등을 들 수 있다. 이를 살펴보면, 다음과 같다.

[그림 11-4] 관광마케팅믹스의 구성요소

(1) 제품기획(product planning)

관광제품기획은 관광제품의 콘셉트를 기획하는 활동을 말한다. 이러한 관광제품기획에는 관광지라는 종합적이고 상징적인 제품기획과 함께 개별적이고 실질적인 하위제품요소들에 대한 제품기획이 동시에 추진된다. 관광제품의 기획의 출발점은 시장조사이다. 표적시장의 선정과 함께 표적시장의 수요를 평가할 수 있어야 하며, 이어서 표적시장의 수요에 맞춰 관광제품기획이 수립된다.

(2) 제품수명주기전략(destination life cycle strategy)

관광제품수명주기전략은 제품으로서의 관광지의 수명주기를 단계적으로 구분하고 각각의 단계에 맞는 관광제품기획을 수립하는 활동을 말한다. 생명체가 수명이 있는 것처럼 관광지에도 수명이 있다. 관광제품수명에 미치는 영향요인으로는 기술의 변화, 경쟁관광지의 출현, 관광자 기호의 변화 등을 들 수 있다. 관광제품수명주기는 크게 도입기, 성장기, 성숙기, 쇠퇴기의 네 단계로 구분된다.

(3) 브랜드마케팅전략(brand marketing strategy)

관광브랜드마케팅전략은 관광브랜드마케팅에 관한 전반적인 관리계획을 말한다. 관광브랜드 자산, 관광브랜드 아이덴티티, 관광브랜드 커뮤니케이션 등이 주요 전략 개념들이다. 관광브랜드 자산(tourism brand asset)은 특정한 관광브랜드가 지닌 가치를 말한다. 브랜드 전문가인 아커(Aaker)[10]가 제시하는 일반 브랜드 자산과 마찬가지로 관광자의 인식차원에서 관광브랜드 인지도, 관광브랜드 충성도, 관광제품의 품질, 관광브랜드 연상이미지 등 네 가지 요소로 구성된다. 관광브랜드를 통해 관광자가 특정한 관광지 브랜드에 대해 인지하는 정도, 특정한 관광지를 지속적으로 방문하고자 하는 의향, 특정한 관광지의 품질에 대한 평가, 특정한 관광지에 대해 연상하는 이미지 등이 바로 관광브랜드가 지닌 가치이다. 관광브랜드마케팅전략에서 이러한 브랜드 자산을 형성하는 것이 기본적인 전략이다. 관광브랜드 아이덴티티(tourism brand identity)는 특정한 관광브랜드가 다른 경쟁 관광제품과 차별화되는 고유한 특징을 말한다. 관광브랜드아이덴티티를 구축하기 위해서는 관광제품의 이름을 만들고, 로고, 심볼, 캐릭터, 슬로건, 스토리 등 각종 상징체계를 형성하는 것이 우선적으로 필요하다. 하지만 이러한 상징으로서의 아이덴티티뿐만 아니라 관광제품, 관광지 주민, 관광전문조직 등 실질적인 요소의 아이덴티티를 구축하는 전략이 함께 이루어져야 한다. 관광브랜드커뮤니케이션(tourism brand communication)[11]은 특정한 관광브랜드를 메시지화하여 채널을 통해 관광자에게 전달하는 의사소통활동을 말한다. 관광브랜드 커뮤니케이션 관점에서, 관광공급자는 송신자이며, 관광자는 수신자이다. 관광브랜드의 메시지화를 위해서는 관광브랜드 아이덴티티를 구축하는 것이 필요하다. 채널에서는 전통적인 미디어인 방송, 신문, 잡지 외에 소셜미디어와 같은 뉴미디어의 역할이 커지고 있다.

### 2) 가격(price)

관광마케팅에서 가격은 관광지에서 관광자가 실제로 이용하는 관광자원 및 시설, 관광숙박서비스, 관광음식서비스, 관광교통서비스, 각종 관광편의서비스 등의 개별적인 하위관광제품요소들의 종합적인 가격을 말한다. 여기에서 가격전략은 관광마케팅의 목표달성을 위해 가격을 관리하는 행동계획을 말한다. 관광마케팅에서 주요 가격전략으로는 가격규제전략, 할인가격전략 등을 들 수 있다. 이를 살펴보면, 다음과 같다.

#### (1) 가격규제전략

경제적 관점에서 볼 때, 가격은 수요와 공급을 조정하여 시장을 유지하는 기능을 담당한다. 하지만 여러 가지 환경적 요인으로 인하여 가격에 의한 조절기능이 시장에서 완전하게 작동하기는 어렵다. 때로는 수요급증으로 인하여 가격이 폭등하기도 하고, 이와는 역으로 수요급감으로 인하여 가격이 폭락하기도 한다. 특히 환경변화에 민감한 관광시장에서 빈번하게 발생하는 문제이다. 문제를 해결하기 위한 방법으로 관광마케팅에서는 해당 정부 및 지방정부가 관광지의 개별제품의 가격폭등을 억제하는 가격상한제를 한시적으로 도입하거나 가격폭락으로 인한 관광공급자의 피해를 줄이기 위한 가격하한제를 도입하는 등 정책적 차원의 가격규제전략을 시행한다. 또한 소비자보호 차원에서 가격표시제도를 도입하여 가격의 투명성과 신뢰성의 확보를 시도한다. 그러나 정부의 시장 개입이 항상 기대하는 효과만을 가져오는 것이 아니라는 점에서 신중한 검토가 필요하다.

#### (2) 할인가격전략

할인가격전략은 평상시의 가격보다 낮은 가격을 매김으로써 관광자의 구매 욕구를 자극하여 제품의 판매량을 늘리는 활동을 말한다. 관광마케팅에서도 일반 기업과 마찬가지로 특정한 기간 동안 관광지의 개별적인 제품들의 가격을 평상시보다 할인하여 관광자의 방문 동기를 자극하는 할인판매전략을 실시한다. 하지만 일반 기업차원의 마케팅과 달리 지역차원의 마케팅에서는 지역 내 관광사업자들의 적극적인 참여와 지지가 할인가격전략의 성공을 위해 반드시 필요하다.

### 3) 유통(place)

관광마케팅에서 유통은 관광제품을 공급자로부터 소비자에게 연결해주는 방법을 말한다. 유통전략에서 중요한 과제는 어떻게 적절한 제품을 적절한 시간과 장소에서 적절한 가격에 전달하느냐 하는 것이다. 여기에서 유통전략은 관광마케팅의 목표달성을 위해 유통을 관리하는 행동계획을 말한다. 관광마케팅에서 주요 유통전략으로는 크게 직접유통전략, 간접유통전략, 온라인유통전략 등을 들 수 있다.

#### (1) 직접유통전략(direct distribution strategy)

직접유통은 개별적인 관광제품의 공급자가 관광자에게 직접 제품을 전달하는 유통방식을 말한다. 관광마케팅에서 직접유통전략은 관광지를 방문한 관광자를 대상으로 이루어진다. 자유개별여행이 확대되면서 직접유통전략이 강화되는 경향을 보여준다.

(2) 간접유통전략(indirect distribution strategy)

간접유통은 개별적인 관광제품요소들의 공급자가 관광자에게 직접 제품을 전달하는 것이 아니라 중간매개자를 통해 전달하는 유통방식을 말한다. 일반적으로 관광마케팅에서는 중간매개자인 여행사가 관광자의 욕구에 맞추어 관광지의 개별적인 제품요소들을 패키지투어상품으로 구성하여 관광자에게 판매하는 간접유통방식이 된다.

(3) 온라인 유통전략(e-marketplace strategy)

온라인 유통은 정보통신기술을 활용하여 온라인 시장공간에서 이루어지는 개별적인 관광제품요소들의 공급자와 관광자 간의 연결과정을 말한다. 대표적인 예로 온라인 쇼핑몰, 스마트폰 앱서비스, 홈페이지 등을 들 수 있다. 온라인 유통은 오프라인 시장과 달리 국경을 초월하여 관광자가 언제 어디서나 쉽게 접근할 수 있다는 특징을 지닌다.

4) 촉진(promotion)

관광마케팅에서 촉진은 관광제품에 대한 정보제공활동을 말한다. 관광마케팅에서는 관광지라는 종합적인 관광제품이 촉진의 주 대상이 된다. 여기에서 촉진전략은 관광마케팅의 목표달성을 위해 촉진을 관리하는 행동계획을 말한다. 관광마케팅에서 주요 촉진전략으로는 광고, 홍보, 판매촉진 등을 들 수 있다.

(1) 광고

관광마케팅에서 광고(advertising)는 미디어에 비용을 지불하고 관광제품의 판매를 촉진시키는 활동이다. TV, 라디오, 신문, 잡지, 영화 등 매스미디어를 통해 흔히 접하는 각종 관광지 광고들이 그 예이다. 최근에는 각종 소셜미디어를 통한 관광지 광고도 크게 증가하고 있다.

(2) 홍보

관광마케팅에서 홍보(Public Relations)[12)]는 관광지와 관련이 있는 다양한 공중과 호의적인 관계를 유지하기 위한 모든 활동을 말한다. 그중에서도 미디어와의 관계가 중요하다. 미디어홍보에서 퍼블리시티(publicity)라는 용어가 자주 쓰이는데, 퍼블리시티는 미디어를 이용해서 공중에게 정보를 전달하는 보도자료 제공 활동을 말한다. 퍼블리시티는 미디어에 비용을 지불하고 정보를 제공하는 광고와 달리, 미디어가 관심을 가질 만한 정보를 제공하여 관광지를 알릴 수 있다는 점에서 유용성이 크다.

(3) 판매촉진

관광마케팅에서 판매촉진(sales promotion)은 광고, 홍보, 인적 판매(personal selling) 등을 제외한 그 외의 촉진전략들을 말한다. 예를 들어, 전시회, 설명회, 콘테스트 등이 있다. 관광마케팅의 주요 판매촉진 활동으로는 여행박람회 개최 및 참가, 여행공모전 개최, 여행할인 쿠폰 제공, 유치 여행사에 대한 촉진비용 지원, 유명 인플루언서 초청사업 등을 들 수 있다.

### 5) 인적 요소(people)

관광마케팅에서 인적 요소는 관광지를 방문한 관광자에게 각종 서비스를 제공하는 관광종사자를 말한다. 일반 제품과 달리, 관광제품은 관광자가 직접 관광지를 방문하여 제품소비가 이루어진다. 이러한 과정에서 관광자가 만나는 관광종사자들은 관광자를 유치하는 요소로 작용한다. 관광종사자는 단순히 서비스를 제공하는 인력이 아니라, 관광지 정보를 전달하는 인적 홍보채널이라고 할 수 있다. 이러한 점에서 인적 요소는 기본적인 마케팅요소인 촉진(promotion)의 확장 개념이라고도 할 수 있다. 여기에서 인적 요소전략은 관광마케팅의 목표달성을 위해 인적 요소를 관리하는 행동계획을 말한다. 한마디로, 고객과의 관계를 위한 관리전략이라고 할 수 있다. 관광마케팅에서 대표적인 인적 요소전략으로 관광자와 관광종사자와의 관계관리를 위한 내부마케팅(internal marketing) 전략을 들 수 있다.

### 6) 프로세스(process)

관광마케팅에서 프로세스는 관광지를 방문한 관광자에게 제공되는 서비스의 지원과정을 말한다. 서비스 프로세스에서 가장 중요한 것은 고객의 참여수준이다. 프로세스 서비스에는 관광안내서비스, 관광안전서비스, 관광금융결제서비스 등 관광자가 필요로 하는 각종 편의서비스가 포함된다. 이러한 점을 고려할 때, 프로세스는 기본적인 마케팅 요소인 제품(product)의 확장개념이라고도 할 수 있다. 여기에서 프로세스전략은 관광마케팅의 목표달성을 위해 프로세스를 관리하는 행동계획을 말한다. 구체적인 예로 관광안내서비스전략에는 관광자가 필요로 하는 안내서비스와 관련된 관광안내전화, 관광안내소, 관광안내표지판, 관광안내지도 등의 서비스요소와 이를 결합하는 종합적인 안내서비스시스템의 구축활동이 포함된다.

### 7) 물리적 증거(physical evidence)

관광마케팅에서 물리적 증거는 관광지를 방문한 관광자에게 제공되는 공공디자인적 요소를 말한다. 또한 물리적 증거전략은 관광마케팅의 목표달성을 위해 물리적 증거를 관리하는 행동계획을 말한다. 물리적 증거를 구성하는 요소에는 크게 공간환경요소, 공간배치요소, 공공조형물요소 등이 포함된다. 공간환경요소에는 관광지의 전반적인 시설여건으로 도로, 가로수, 시설 등이 포함되며, 공간배치요소로는 관광시설의 설치, 배치 등이 포함된다. 공공조형물요소에는 관광지의 표지, 공공미술 등이 포함된다. 이러한 점을 볼 때, 물리적 증거는 기본적인 마케팅요소인 제품(product)의 확장 개념이라고도 할 수 있다. 관광마케팅에서 대표적인 물리적 증거전략으로는 관광자를 유치하기 위한 창조적 공간조성계획을 들 수 있다.

## 제5절 관광마케팅전략

### 1. 개념

관광마케팅전략(tourism marketing strategy)[13]은 관광조직의 마케팅 목표를 달성하기 위한 기본적인 행동계획을 말한다. 관광마케팅의 기본목표와 추진 방법 등이 포함된다. 관광마케팅전략은 마케팅이론의 시스템적 접근을 기반으로 한다.

### 2. 단계

관광마케팅전략은 단계별로 구성된다. 각 단계별로 주요 내용을 살펴보면, 다음과 같다([그림 11-5] 참조).

#### 1) 상황분석

관광마케팅전략의 수립과정에서 첫 번째 단계이다. 상황분석(situational analysis)은 특정한 관광지가 처해있는 현재의 시장상태에 대해 파악하는 과정을 말한다. 대표적인 분석방법으로 SWOT분석을 들 수 있다. SWOT분석은 관광지의 강점(Strength), 약점(Weakness), 기회(Opportunities) 그리고 위협(Threats)을 분석하는 방법이다. 먼저, 강점 분석에서는 관광지가 시장에서 갖고 있는 경쟁적 우위요소를 파악하며, 약점 분석에서는 이와는 역으로 관광지가 시장에서 갖고 있는 경쟁적 취약요소를 파악한다. 다음으로, 기회요소 분석에서는 관광지의 경쟁자 시장 및 거시환경요소에서 긍정적인 조건을 파악하며, 위협요소 분석에서는 이와는 역으로 관광지의 경쟁자 시장 및 거시환경요소에서 부정적인 조건을 파악한다.

[그림 11-5] 관광마케팅전략의 단계적 과정

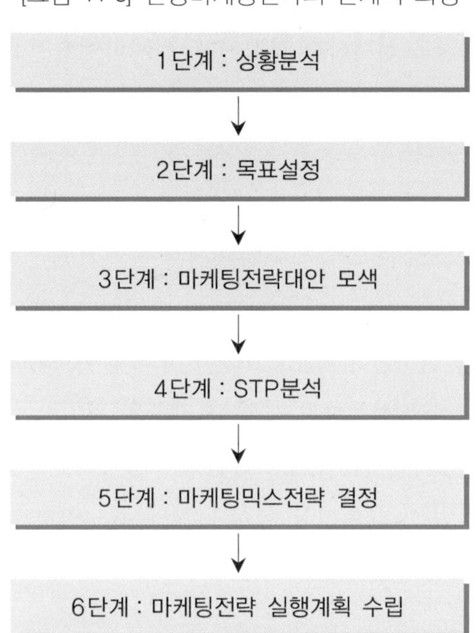


### 2) 목표설정

관광마케팅전략의 수립과정에서 두 번째 단계이다. 목표설정(goal setting)은 마케팅활동의 기본 방향을 제시하는 과정이다. 주로 정량적인 목표인 유치관광자수, 관광자 지출총액, 관광시장점유율 등을 기준으로 제시된다. 목표설정에서는 전년도의 실적, 경쟁관광지와의 비교, 시장수요의 변동, 거시환경의 변화 요소들에 대한 검토가 종합적으로 이루어지며, 관광정책을 책임지고 있는 의사결정자의 정책의지, 관광사업자 및 지역주민의 태도 등도 중요하게 작용한다.

### 3) 마케팅전략대안 모색

관광마케팅전략의 수립과정에서 세 번째 단계이다. 마케팅전략대안(strategy

alternatives) 모색은 목표수립에 따른 마케팅전략의 대안들을 제시하고 그중에 가장 적합한 대안을 선택하는 과정이다. 관광마케팅전략에는 시장을 기준으로 하여 관광시장확대전략, 관광시장개발전략, 관광틈새시장전략, 관광시장침투전략 등이 있다.

### 4) STP분석

관광마케팅전략의 수립과정에서 네 번째 단계이다. 최선의 전략대안을 모색한 후 STP분석을 실시한다. 앞서 기술한 바와 같이, STP분석은 관광시장을 세분화하여 표적시장을 선정하고 시장 내 제품의 위치를 설정하는 과정이다. 먼저, 시장세분화 단계에서는 관광시장을 인구통계학적, 심리적 요인을 기준으로 구분한다. 이어서, 표적시장 선정 단계에서는 이렇게 나누어진 세분시장 중에서 표적시장을 선택한다.

### 5) 마케팅믹스전략 결정

관광마케팅전략의 수립과정에서 다섯 번째 단계이다. 관광마케팅전략을 수립하는 과정에서 핵심적인 부분이다. 앞서 기술한 바와 같이, 마케팅믹스전략은 제품(product), 가격(price), 유통(place), 촉진(promotion)의 일반적인 4P's 외에 인적요소(people), 프로세스(process), 물리적 증거(physical evidence) 등 모두 7P's로 확장된 하위믹스들 즉, 마케팅수단들을 조합하여 행동계획을 수립한다.

### 6) 마케팅전략 실행계획 수립

관광마케팅전략의 수립과정에서 여섯 번째 단계이다. 실행계획(action plan)은 이전 단계에서 결정된 관광마케팅믹스전략을 실행하기 위한 세부적인 계획을 수립하는 단계이다. 실행계획에서는 세부 사업에 대한 시행일정, 업무

추진 담당 부서, 구체적인 수행 절차 및 방법 등이 명확하게 제시되어야 한다. 또한 모니터링(monitoring) 및 평가 계획도 포함된다. 모니터링은 실행과정 중에 이루어지는 중간 점검활동으로 사전에 점검표의 내용 및 일정이 계획되어야 한다. 평가 계획은 최종 성과에 대한 사후 측정활동을 말하며, 수립된 목표를 기준으로 하는 적절한 평가 및 보상계획이 사전에 제시될 필요가 있다.

# 요약

이 장에서는 관광마케팅에 대해 학습하였다.

관광마케팅(tourism marketing)은 '특정한 관광지를 대상으로 관광자를 유치하기 수행되는 모든 관리활동'으로 정의된다.

관광마케팅의 특징은 세 가지로 정리된다. 첫째, 장소마케팅(place marketing)의 특징이다. 장소마케팅은 물리적인 공간인 장소를 하나의 제품으로 구성하여 소비자에게 유통시키는 활동을 말한다.

둘째, 서비스마케팅(service marketing)의 특징이다. 서비스마케팅은 무형적인 서비스 제품을 대상으로 하는 마케팅을 말한다.

셋째, 공공마케팅(public marketing)의 특징이다. 공공마케팅은 사회 전체의 이익을 목적으로 하며, 공공조직이 수행한다는 특징을 지닌다.

마케팅 개념의 발전과정은 세 단계로 구분한다. 첫 번째 단계는 판매(sales)의 시기이다. 공급자 중심 시장이 형성되었던 시기이다. 두 번째 단계는 마케팅(marketing)의 시기이다. 대량생산-소비의 시기이다. 제품의 생산과 유통이 모두 고객지향적이라는 특징을 지닌다. 세 번째 단계는 사회적 마케팅의 시기이다. 기업의 사회적 책임 개념이 마케팅활동에 적용되는 시기라고 할 수 있다.

관광마케팅행위자(tourism marketing actors)는 관광마케팅을 추진하는 조직을 말한다. 관광마케팅행위자는 관광마케팅활동의 전 과정에 참여하며, 의사결정자로서의 역할을 담당한다. 관광마케팅행위자에는 공공행위자와 민간행위자가 포함된다.

관광마케팅의 기본적인 활동으로 시장분석과 마케팅믹스를 들 수 있다. 시장분석에서 STP는 Segmentation(시장세분화), Targeting(표적시장 선정), Positioning(포지셔닝)을 의미한다. 시장분석에서는 시장을 세분화하고 목표시장을 선정하여 시장 내 제품의 위치를 확보하는 활동이 포함된다.

관광마케팅믹스(tourism marketing mix)는 관광조직의 마케팅 목표를 달성하기 위해 사용되는 다양한 마케팅수단의 조합을 말한다. 이러한 관광마케팅믹스를 구성하는 요소로는 기본적인 마케팅 수단인 제품(Product), 가격(Price), 유통(Place), 촉진(Promotion)을 들 수 있으며, 여기에 서비스적 특성을 반영하는 마케팅 수단인 인적요소(people), 물리적 증거(physical evidence), 프로세스(process)가 추가로 포함된다. 이를 종합하여 7P's로 부른다.

제품(product)은 공급자와 소비자와의 거래에서 소비자에게 판매할 목적으로 생산된 재화나 서비스를 말한다. 관광마케팅에서 관광제품(tourist product)은 관광지이다. 관광마케팅에서 주요 제품전략으로는 관광지의 제품기획, 관광지의 제품수명주기전략, 관광지의 브랜드전략 등을 들 수 있다.

가격(price)은 관광지에서 관광자가 실제로 이용하는 관광자원 및 시설, 관광숙박서비스, 관광음식서비스, 관광교통서비스, 각종 관광편의서비스 등의 개별적인 하위관광제품요소들의 종합적인 가격을 말한다. 주요 가격전략으로는 가격규제전략, 할인가격전략 등을 들 수 있다.

유통(place)은 관광제품을 공급자로부터 소비자에게 연결해주는 방법을 말한다. 유통전략에서 중요한 과제는 어떻게 적절한 제품을 적절한 시간과 장소에서 적절한 가격에 전달하느냐 하는 것이다. 주요 유통전략으로는 크게 직접유통전략, 간접유통전략, 온라인 유통전략 등을 들 수 있다.

촉진(promotion)은 관광제품에 대한 정보제공활동을 말한다. 관광마케팅에서는 관광지라는 종합적인 관광제품이 촉진의 주 대상이 된다. 주요 촉진전략으로는 광고, 홍보, 인적판매, 판매촉진 등을 들 수 있다.

인적 요소(people)는 관광지를 방문한 관광자에게 각종 서비스를 제공하는 관광종사자를 말한다. 일반 제품과 달리, 관광제품은 관광자가 직접 관광지를 방문하여 제품소비가 이루어진다. 인적 요소전략으로 관광자와 관광종사자와의 관계관리를 위한 내부마케팅(internal marketing) 전략을 들 수 있다.

프로세스(process)는 관광지를 방문한 관광자에게 제공되는 서비스의 지원과정을 말한다. 서비스 프로세스에서 가장 중요한 것은 고객의 참여수준이다. 프로세스 서비스에는 관광안내서비스, 관광안전서비스, 관광금융결제서비스 등 관광자가 필요로 하는 각종 편의서비스가 포함된다.

물리적 증거(physical evidence)는 관광지를 방문한 관광자에게 제공되는 공공디자인적 요소를 말한다. 또한 물리적 증거전략은 관광마케팅의 목표달성을 위해 물리적 증거를 관리하는 행동계획을 말한다. 물리적 증거를 구성하는 요소에는 크게 공간환경요소, 공간배치요소, 공공조형물요소 등이 포함된다.

관광마케팅전략(tourism marketing strategy)은 관광조직의 마케팅 목표를 달성하기 위한 기본적인 행동계획을 말한다. 관광마케팅의 기본목표와 추진방법 등이 포함된다. 관광마케팅전략은 마케팅이론의 시스템적 접근을 기반으로 한다.

크게 여섯 단계로 관광마케팅전략이 수립된다. 첫 번째 단계는 상황분석이고, 두 번째 단계는 목표설정이다. 세 번째 단계는 마케팅전략대안 모색이고, 네 번째 단계는 STP분석이다. 다섯 번째 단계는 마케팅믹스전략 결정이고, 끝으로 여섯 번째 단계는 마케팅전략 실행계획 수립이다.

## 참고문헌

1) Baerenholdt, J. O., Haldrup, M., Larsen, J., & Urry, J. (2004). *Performing tourist places*. Farnham, UK: Ashgate Publishing.
Laws, E. (1995). *Tourist destination management*. London: Routledge.
2) Middleton, V. T., Fyall, A., Morgan, M., & Ranchhod, A. (2009). *Marketing in travel and tourism*. London: Routledge.
3) Kotler, P. (2002). *Marketing places*. NY: Simon and Schuster.
Laws, E. (1995). *Tourist destination management*. London: Routledge.
Morrison, A. M. (2013). *Marketing and managing tourism destinations*. London: Routledge.
Selwyn, T. (Ed.). (1996). *The tourist image: Myths and myth making in tourism*. Hoboken, NJ: John Wiley & Sons.
4) Lovelock, C. H. (1991). *Services marketing*. London: Prentice-Hall.
5) Fyall, A., & Garrod, B. (2005). *Tourism marketing: A collaborative approach*. Bristol, UK: Channel View Publications.
McCabe, S. (Ed.). (2014). *The Routledge handbook of tourism marketing*. London: Routledge.
6) Kotler, P. (1980). *Marketing management*. Englewood Cliffs, NJ: Prentice-Hall.
7) Kotler, P., Bowen, J. T., & Makens, J. C. (2006). *Marketing for hospitality and tourism*. Upper Saddle River, NJ: Prentice-hall.
8) Hall, C. M. (2014). *Tourism and social marketing*. London: Routledge.
Lee, N. R., & Kotler, P. (2013). *Social marketing: Changing behaviors for good*. Thousand Oaks, CA: SAGE.
9) Briggs, S. (2001). *Successful tourism marketing: A practical handbook*. London: Kogan Page Publishers.
Buhalis, D., & Laws, E. (2001). *Tourism distribution channels: Practices, issues and transformations*. Boston, MA: Cengage Learning.
Fyall, A., & Garrod, B. (2005). *Tourism marketing: A collaborative approach*. Bristol, UK: Channel View Publications.
McCabe, S. (Ed.). (2014). *The Routledge handbook of tourism marketing*. London: Routledge.
Middleton, V. T., Fyall, A., Morgan, M., & Ranchhod, A. (2009). *Marketing in travel and tourism*. London: Routledge.
10) Aaker, D. A. (2009). *Managing brand equity*. NY: Simon and Schuster.
11) McCabe, S. (2010). *Marketing communications in tourism and hospitality*. London: Routledge.
12) 신호창 · 이두원 · 조성은(2011). 『정책PR』. 서울: 커뮤니케이션북스.
Deuschl, D. E. (2006). *Travel and tourism public relations*. London: Elsevier.
Ray, M. L. (1982). *Advertising and communication management*. Englewood Cliffs, NJ: Prentice-Hall.
13) Heath, E., & Wall, G. (1991). *Marketing tourism destinations: A strategic planning approach*. Hoboken, NJ: John Wiley & Sons.

제12장

# 관광정책

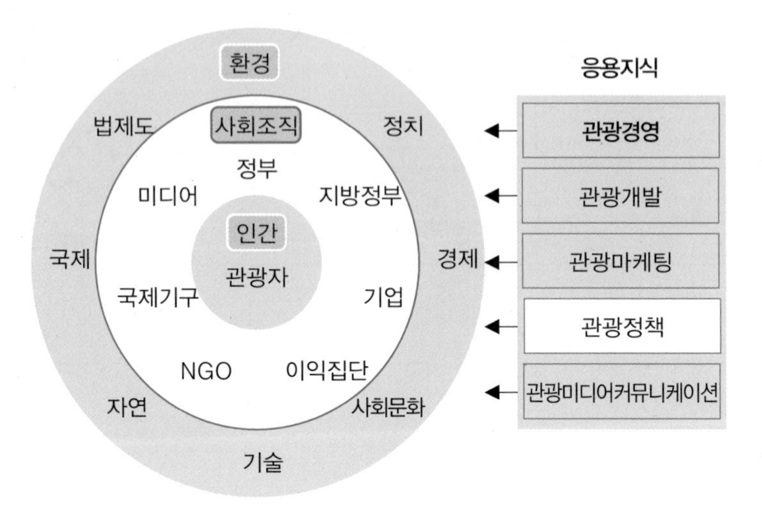


## 학습목표

이 장에서는 관광정책에 대해 학습한다. 관광정책은 관광문제를 해결하기 위해 정부가 선택한 행동으로 정의된다. 이를 이해하기 위해 다음과 같은 학습목표를 세운다. 첫째, 관광정책의 기본 개념을 학습힌다. 둘째, 관광정책의 이론적 지식을 학습한다. 셋째, 관광정책의 실제와 관광거버넌스에 대해 학습한다.

## 제1절 서론

이 장에서는 관광정책에 대해 학습한다.

관광정책에 대한 지식은 관광에 필요한 응용지식이다.

관광정책을 학습하는 목적은 관광과 관련된 사회문제를 해결하기 위한 지식을 이해하는 데 있다. 관광은 다양한 사회행위자들의 활동과 관계를 포함한다. 이 가운데 공공조직, 즉 정부의 행동이 관광정책이다. 이를 이해하기 위해서는 관광정책의 개념과 특징, 정책이론, 정책행위자, 구성요소 및 과정, 거버넌스 등에 대한 학습이 필요하다.

시장경제체제에서는 많은 사회문제가 시장에서 해결된다. 마찬가지로 많은 관광문제가 관광시장에서 해결된다. 그런 의미에서 관광소비와 관광공급의 문제를 해결하는 관광시장의 중요성이 강조된다. 앞에서 다루었지만 이를 위한 지식으로 관광자행동, 관광경영 등이 제시된다. 하지만 관광과 관련된 다양한 사회문제가 관광시장의 기능만으로 해결되지는 않는다. 관광문제를 해결하기 위해서는 정부의 역할이 필요하다.

학제적으로 관광정책에 대한 지식은 정책이론을 바탕으로 한다. 정책이론은 정책학의 학문적 지식이다. 정책학은 문제지향, 맥락지향, 연합학문지향을 학문적 지향으로 삼는다. 정책이론은 크게 관리적 접근과 이론적 접근으로 발전하고 있다. 관리적 접근에서는 정책의 설계, 단계적 과정 등에 대한 실무적 논의가 이루어지며, 이론적 접근에서는 정치체제론, 집단론, 신제도주의론, 사회자본론, 거버넌스론 등의 이론적 관점에 대한 논의가 이루어진다.

관광정책에 대한 학습을 통해 기대하는 바는 관광정책에 대한 전문지식을 이해하는 것과 함께 이 분야의 전문인력을 양성하는 데 있다. 관광정책전문가를 필요로 하는 관광조직으로는 정부, 지방정부, 공기업, 공공정책연구기관 등의 공공조직이 있으며, 관광과 관련된 협회, 시민사회단체, 국제기구 등의 비영리조직이 있다. 또한 관광사업조직에서도 민관협력을 담당하는 전략경영 및 홍보부문에서 관광정책전문가를 필요로 한다.

이러한 인식을 바탕으로 이 장은 다음과 같이 구성된다. 우선, 제1절 서론에 이어 제2절에서는 관광정책의 개념과 특징을 정리한다. 제3절에서는 정책이론의 발전과 학문적 접근에 대해 다루며, 제4절에서는 관광정책의 실제를 이해하기 위해 관광정책행위자와 정책과정에 대해 정리한다. 끝으로 제5절에서는 관광거버넌스의 개념과 유형을 다룬다.

## 제2절 관광정책

### 1. 개념

오늘날 우리는 정책의 시대에 살고 있다. 각종 사회문제가 발생하면서 이를 해결하기 위한 정부의 다양한 정책이 발표되고 있다. 경제정책, 외교정책, 환경정책, 교육정책 등 모든 사회분야의 문제들에 대해 정부가 관여하고 있다.

정책(policy)이라 하면, 정부의 행동(government action)을 의미한다. 정책에서는 경제, 외교, 환경 등과 같이 정책의 대상이 되는 특정한 사회분야를 정책영역(policy domain)이라고 부른다.[1] 이러한 정책영역을 기준으로 정책의 유형화가 이루어진다. 그런 의미에서 관광정책은 관광이라는 사회분야를 정책영역으로 하는 정책이라고 할 수 있다.

정책은 크게 두 가지 관점으로 접근된다. 첫째, 정책은 정부의 행동이다. 정부는 국가의 통치권을 행사하는 입법부, 행정부, 사법부 등의 기관 내지는 조직을 말한다. 정부의 기능에서 보면, 지방정부, 준정부기관까지도 정부의 범주에 포함된다. 정부의 행동에는 배분, 규제, 재분배 등의 사회적 조정기능이 포함된다.

둘째, 정책은 사회문제 해결을 목적으로 한다. 사회문제는 사회구성원 전체에 해당되는 문제이거나 사회구조에 문제가 있는 경우를 말한다. 시장경제 체제에서 많은 사회문제가 시장기구를 통해 해결되고 있다. 하지만 완전할 수는 없다. 특히 사회전체적인 차원에서 사회문제를 해결하기 위해서는 정부의 조정기능이 필요하다.

같은 맥락에서, 관광정책은 관광영역에서의 정부의 행동을 말한다. 일반정책과 마찬가지로 관광정책은 관광영역에서 발생하는 사회문제, 즉 관광문제를 해결하는 데 목적을 두고 있다. 관광개발문제, 관광마케팅문제, 관광산업문제, 국민관광 및 복지관광문제, 국제관광문제 등 관광영역에서 발생하는 모든 사회문제가 관광정책이 해결해야 할 과제이다.

정리하면, 관광정책(tourism policy)은 '관광문제를 해결하기 위해 정부가 선택한 행동'으로 정의된다. 여기서 행동은 정부의 실행, 의사결정, 담론 등을 의미한다.

## 2. 특징

관광정책[2)]의 특징을 정리하면, 다음과 같다([그림 12-1] 참조).

### 1) 종합정책

관광정책은 종합정책(comprehensive policy)이다. 종합정책이라 하면 다양한 세부 정책이 포함된 포괄적인 정책을 말한다. 앞서 기술한 바와 같이, 관광은 여행활동을 통해 이루어지는 다양한 사회적 활동 및 관계를 말한다. 따라서 관광과 관련된 사회문제도 매우 다종다기하다. 국민관광에 관한 문제, 외국인 관광자유치에 관한 문제, 관광산업 선진화에 관한 문제, 관광자원 개발에 관한 문제, 국제관광교류에 관한 문제 등 다양한 사회문제들이 관광정책이 해결해야 할 과제로 대두된다. 일반 정책의 경우, 산업정책은 산업문제만을 다루며, 외교정책은 외교문제만을 다룬다. 하지만 관광정책은 얼핏 보기에는 관광이라는 좁은 사회영역의 문제를 다루는 것처럼 보이나, 내용적으로는 다양하고 종합적인 문제를 다룬다.

[그림 12-1] 관광정책의 특징

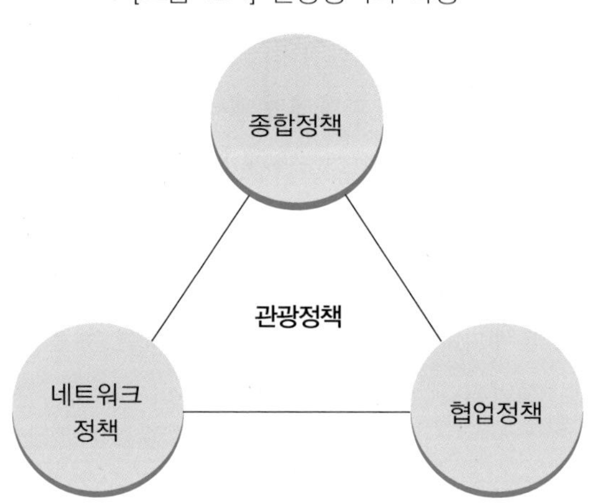


2) 협업정책

관광정책은 협업정책(collaboration policy)[3]이다. 협업정책은 관광행정조직과 유관 행정조직이 협력하여 공동으로 추진하는 정책을 말한다. 관광문제는 다른 사회문제들과 연관성이 크다. 예를 들어, 외국인 환자를 유치하는 문제는 의료서비스 관련 문제인 동시에 외국인 관광자 국내 유치와 관련된 관광문제이다. 또 다른 예로 농촌관광을 활성화하는 문제는 농업의 선진화 문제인 동시에 농촌으로 관광자를 유치하는 데 관련된 관광문제이다. 이처럼 복합적인 문제가 등장하면서 정책에서도 유관행정조직들 간의 공동행동으로 이루어지는 협업정책의 중요성이 커지고 있다. 의료관광정책, 크루즈산업정책, 컨벤션전시산업정책, 농업관광정책, 생태관광정책 등이 그 예이다.

### 3) 네트워크정책

관광정책은 네트워크정책(network policy)[4]의 특징을 지닌다. 관광정책에는 다양한 이해관계자가 관여한다. 관광산업에는 시스템산업의 특성상 서로 성격이 다른 업종들이 포함되며, 이들 업종들이 이익집단의 형태로 정책과정에 참여한다. 또한 관광의 사회적 중요성이 확대되면서, 시민사회단체, 전문가집단, 미디어, 국제기구 등 다양한 사회적 행위자의 정책참여가 이루어지고 있다. 이들의 정책과정 참여가 활성화되면서, 정부와 민간부문과의 협력적 관계가 중요하다. 따라서 관광정책과정에서 이들 다양한 이해관계자와의 정책네트워크 구성이 중요한 과제로 대두된다.

## 제3절 정책이론의 이해

### 1. 정책학의 발전

정책이론[5]은 정책학에 의해 발전된 학문적 지식이다. 정책학(Policy Science)은 1951년 라스웰(Lasswell)의 논문인 「정책지향(policy orientation)」으로부터 출발하였다.[6] 라스웰은 정책학의 궁극적인 목표를 '인간 존엄성의 실현'으로 두었으며, 이를 달성하기 위한 학문적 이념으로 '민주주의의 정책학'을 제시하였다.

하지만 라스웰의 이러한 비전은 1950년대 미국 정치학계에 불어 닥친 행태주의 혁명으로 인해 학계의 충분한 반응을 가져오지는 못했다. 행태주의는 실증주의적 관점에서 개인의 행동을 연구하는 사회과학방법을 말한다. 행태주의자들은 개인의 행동에 중점을 두고 심리학의 이론을 통해 사회문제에 접근하였다. 그러므로 사회문제 해결이라는 규범적 연구는 행태주의자들이 회피해야 할 작업으로 인식되었다.

그 이후 1970년대에 이르러 사회문제가 급증하면서 정책학은 다시 관심을 받기 시작하였다. 도시문제, 환경문제, 에너지문제, 빈곤문제, 안전문제 등 다양한 사회문제가 등장하였으며, 이를 해결하는 데 필요한 현실적인 지식으로서 정책학의 연구 토대가 다시금 형성될 수 있었다. 이를 반영하여 크게 세 가지 방향의 정책연구가 이루어지고 있다. 첫째, 경험적 연구이다. 경험적 연구는 정책현상을 경험적으로 연구하는 과학적 연구를 말한다. 둘째, 처방적 연구이다. 처방적 연구는 정책대안을 분석하는 데 필요한 분석적 연구를 말한다. 셋째, 규범적 연구이다. 규범적 연구는 정책문제 해결에 필요한 가치를 선택하는 데 필요한 제도적 연구를 말한다.

## 2. 학문적 지향

정책학은 크게 세 가지 학문적 지향을 취하고 있다.

첫째, 문제지향이다. 문제지향은 정책학의 실천성을 말한다. 이러한 실천성에는 라스웰이 제시한 바와 같이 문제해결을 위한 목표의 제시, 상황의 파악, 여건의 분석, 미래 예측 및 전망 등에 대한 지식활동이 포함된다.

둘째, 맥락지향이다. 맥락지향은 정책학의 상황적합성을 말한다. 이러한 상황적합성에는 문제를 둘러싸고 있는 역사적 맥락, 구조적 문제, 국내외 상황적 문제 등에 대한 지식활동이 포함된다.

셋째, 연합학문지향이다. 연합학문지향은 정책학의 학문적 융합을 말한다. 정책학은 고유한 정책이론과 함께 정책이론이 적용되는 정책영역에 대한 지식이 필요하다. 예를 들어, 경제정책, 외교정책, 교육정책, 환경정책 등의 정책연구에서 정책영역학문인 경제학, 외교학, 교육학, 환경학 등과의 협력적 연구가 필요하다.

## 3. 지식의 유형

정책학은 지식의 유형을 기준으로 크게 두 가지로 구분된다. 하나는 관리적 지식이고, 다른 하나는 이론적 지식이다. 이를 정리하면, 다음과 같다.

### 1) 관리적 지식

관리적 지식은 정책관리에 필요한 실무적 지식을 말한다. 관리적 지식에는 정책목표, 정책수단, 정책대상 등 정책구성에 필요한 분석적 지식이 포함되며, 정책의 성공적인 실현을 위한 합리적 정책과정에 관한 지식이 포함된다. 이와 함께 정책토론, 정책담론, 정책공론화 등 정책커뮤니케이션에 대한 지식이 포함된다.

### 2) 이론적 지식

이론적 지식은 정책관리에 필요한 과학적 지식을 말한다. 이론적 지식에는 정책현상을 설명하는 지식들이 포함된다. 대표적인 이론으로는 정책환경과 정책의 관계를 설명하는 정치체제론, 정책네트워크와 정책의 관계를 설명하는 집단론, 정책의 제도적 변화를 설명하는 신제도주의론 등을 들 수 있다. 이와 함께 사회자본이론, 거버넌스이론 등 실행적 차원의 이론적 지식들이 제시되고 있다.

## 제4절 관광정책의 실제

### 1. 관광정책행위자

관광정책행위자(tourism policy actors)는 관광정책과정에 참여하며 활동하는 조직을 말한다.[7] 관광정책행위자는 관광정책과정의 전체 과정에 참여하며, 의제설정자로서, 정책결정자로서, 정책집행자로서, 정책평가자로서의 활동을 수행한다. 관광정책행위자에는 공식적 행위자와 비공식적 행위자가 있다.

#### 1) 공식적 행위자

관광정책의 공식적 행위자(official actors)는 법제도적으로 정책 활동의 권한을 부여받은 정책행위자이다. 즉, 정부를 말한다. 정부에는 대통령, 입법부, 행정부, 사법부가 포함된다. 또한, 지방정부, 공기업 등이 포함된다. 앞서 제6장 공공조직의 이해에서 기술한 바와 같이 입법부에는 관광법규의 입법권한이 주어져 있으며, 행정부에는 관광정책의 집행권한이, 사법부에는 관광정책 관련 재판권한이 주어져 있다.

#### 2) 비공식적 행위자

관광정책의 비공식적 행위자(unofficial actors)는 민간부문의 정책행위자로서 정책과정에 참여하는 이해관계집단들을 말한다. 관광분야에서 활동하는 이익집단, 시민사회단체, 전문가집단, 미디어, 일반국민 등이 여기에 해당된다. 이익집단에는 관광사업자단체가 포함되며, 시민사회단체에는 관광관련 환경단체, 인권단체 등이 포함된다. 또한 전문가집단에는 관광관련 학회, 연구기관 등이 포함된다.

## 2. 관광정책의 구성요소

관광정책은 법률, 계획, 사업 등의 형태로 발표된다. 어떠한 형태로 발표되든지 간에 관광정책은 기본적으로 세 가지 구성요소를 담고 있다. 정책목표, 정책수단, 정책대상이다. 이를 살펴보면, 다음과 같다([그림 12-2] 참조).

[그림 12-2] 관광정책의 구성요소

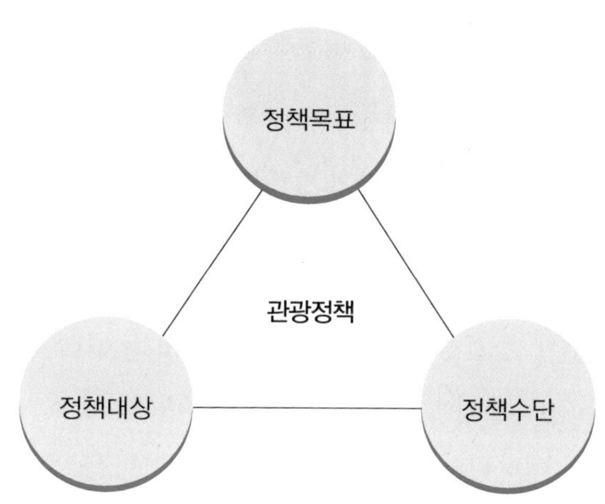


### 1) 정책목표

정책목표(policy goal)는 정책의 실현을 통해 달성하고자 하는 바람직한 성과를 말한다. 일반적으로 목표(goal)와 목적(objective)이라는 용어가 혼용되고 있는데, 목표는 달성하고자 하는 결과이며 목적은 목표를 달성하기 위해 추진하는 방향을 의미한다는 점에서 차이가 있다. 정책목표에는 상위목표, 중위목표, 하위목표가 있다. 이들은 계층적 구조를 지닌다. 즉, 하위목표의 달성으로 중위목표가 달성되며, 중위목표의 달성으로 상위목표가 달성된다. 하위목표는 가장 낮은 수준의 목표이며, 세부목표라고도 한다. 중위목표는 하위목표들이 결합되어 형성되는 중간 수준의 목표를 말한다. 상위목표는 가장 높은 수준의 목표로 중위목표들이 결합되어 달성하고자 하는 최종적인 목표를 말한다. 예를 들어, 서울시 관광정책의 상위목표를 '국제관광도시로의 도약'로 설정한다면, 중위목표로는 '경쟁력 있는 도시문화자원의 관광자원화', '국제적인 호텔체인 유치', '관광도시브랜드 개발' 등을 설정할 수 있다. 또한 하위목표는 중위목표의 실현을 위한 세부목표로 '고궁의 관광자원화', '패션문화거리 조성', '유럽체인호텔 유치', '관광도시 슬로건 제정', '관광도시브랜드 홍보' 등을 설정할 수 있다.

#### 2) 정책수단

정책수단(policy means)은 정책목표를 달성하는 데 필요한 각종 도구 혹은 장치를 말한다. 정책을 실행하기 위한 수단이라는 의미에서 실행적 정책수단이라고도 한다. 실행적 수단에는 크게 조직, 권한, 재정, 정보 등이 포함된다. 조직(organization)은 정책을 수행하기 위해 필요한 조직의 구성을 의미한다. 관광관련 행정조직의 설치 및 지정, 공기업의 설립 및 지정, 민간 위탁조직의 선정 등이 여기에 해당된다. 다음으로, 권한(authority)은 법적인 영향력이다. 정책을 실행하는 데 필요한 명령, 통제, 규제, 촉진 등을 말한다. 다음으로, 재정(public finance)은 정부의 경제적 수단이다. 각종 보조금 지원, 공적 대출, 공공사업 지출, 세금 부과 및 감면 등이 여기에 해당된다. 다음으로, 정보(information)는 정책과 관련된 지식이나 자료를 말한다. 정보에는 정책연구자료, 정책분석자료, 정책평가정보 등이 포함된다.

#### 3) 정책대상

정책대상(policy target)은 정책에 의해 적용을 받는 사회집단을 말한다. 정책대상은 정책수혜집단과 정책비용부담집단으로 구분된다. 정책수혜집단은 정책에 의해 혜택을 받는 집단을 말하며, 정책비용부담집단을 정책에 의해 비용을 지불해야 하는 집단을 말한다. 복지관광정책의 경우, 정책에 의해 복지혜택을 받는 사회집단은 정책수혜집단이 되며, 그 비용을 부담하는 사회집단은 정책비용부담집단이 된다.

## 3. 관광정책의 속성별 유형

관광정책은 정책의 내용적 속성에 따라 크게 다섯 가지 유형으로 구분된다([그림 12-3] 참조).[8]

[그림 12-3] 관광정책의 속성별 유형

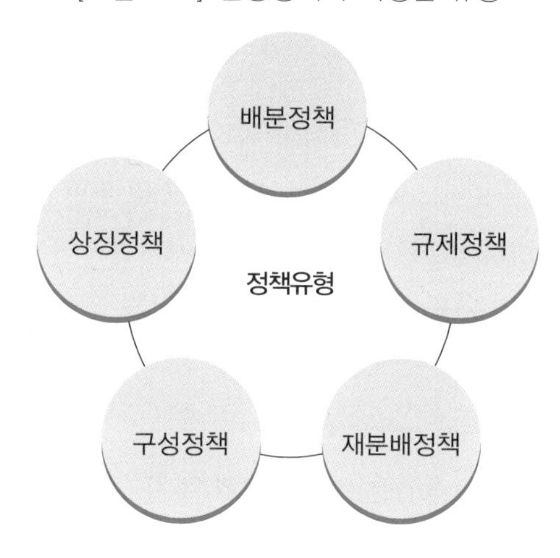


### 1) 배분정책

배분정책(distributive policy)은 정책대상의 활동을 지원하는 정책을 말한다. 배분정책의 정책대상은 공급자이다. 배분정책은 공급활성화에 정당성을 둔다. 예를 들어, 관광개발을 지원하기 위한 교통 · 항만 · 공항시설 등 사회간접자본의 확충, 관광산업의 육성을 위한 각종 산업지원 대책 등이 여기에 해당된다.

### 2) 규제정책

규제정책(regulatory policy)은 정책대상의 활동을 규제하는 정책을 말한다. 규제정책의 정책대상은 배분정책과 마찬가지로 공급자이다. 규제정책은 시장실패를 예방하는 데 정당성을 둔다. 규제정책은 크게 경제적 규제정책과 사회적 규제정책으로 구분된다. 경제적 규제정책은 관광시장질서 유지 및 관광산업의 시장실패 예방을 위해 이루어진다. 반면에, 사회적 규제정책은 관광개발이나 관광사업과 관련된 환경, 보건, 사회질서 등 전반적인 사회문제와 관련하여 이루어진다.

### 3) 재분배정책

재분배정책(redistributive policy)은 정책대상의 복지를 지원하는 정책을 말한다. 재분배정책의 정책대상은 사회적 약자이다. 재분배정책은 사회보장을 확충하는 데 정당성을 둔다. 예를 들어, 저소득층을 위한 여행시설 및 자금지원정책의 확대, 고령자여행편의를 위한 무장애시설의 설치, 장애인을 위한 각종 편의시설지원의 제공 등이 여기에 해당된다.

### 4) 구성정책

구성정책(constituent policy)은 정부조직의 설치 및 운영에 관한 정책을 말한다. 구성정책의 대상자는 정부이다. 정부는 사회문제를 해결하기 위한 정책을 수행하는 공식적인 행위자이다. 이러한 정부가 업무를 수행하기 위해서는 조직 및 제도가 필요하며 이를 위한 정책이 구성정책이다. 예를 들어, 국가적 수준에서 관광마케팅을 위한 관광전문조직을 설치한다거나, 지방정부 수준에서 관광목적지의 관리를 위해 관광전문조직을 설치하는 등의 활동이 그 예가 된다.

### 5) 상징정책

상징정책(symbolic policy)은 정책대상의 협력 및 지지를 확보하기 위한 홍보(PR: public relations)정책을 말한다. 상징정책의 대상은 국민 혹은 지역주민이다. 정책의 성공은 정책대상의 지지가 필수적인 요소이다. 정책에 대한 정책대상의 긍정적 태도를 확보하기 위하여 다양한 상징정책이 활용된다. 예를 들어, 국가 및 지역관광개발의 비전홍보, 관광정책에 대한 지지를 확보하기 위한 공익광고, 관광정책의 인지도를 높이기 위한 홍보물 제작 등이 그 예가 된다.

## 4. 관광정책의 추진방식별 유형

관광정책의 유형은 추진방식을 기준으로 직접 정책, 협업 정책, 유관 정책으로 구분된다([그림 12-4] 참조).

[그림 12-4] 관광정책의 추진방식별 유형

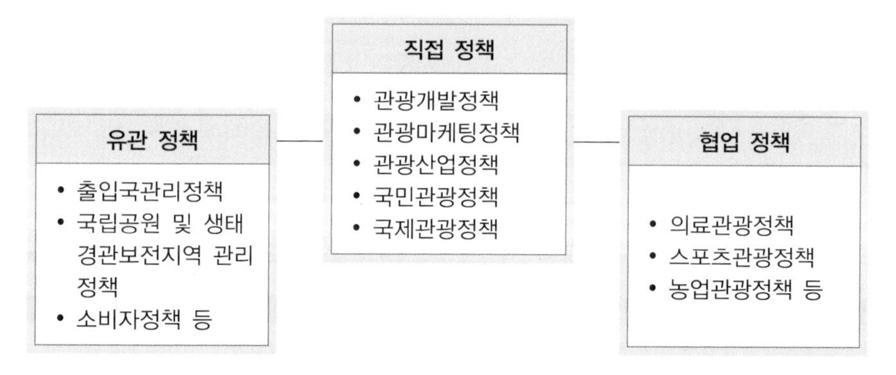


### 1) 직접 정책

직접 정책은 관광행정을 주관하는 정부조직이 직접 추진하는 정책을 말한다. 일반적으로 관광정책이라고 하면, 직접 정책을 말한다. 직접 정책은 「관

광기본법」[9]에 명시된 정부의 활동을 기준으로 아래와 같이 다섯 가지 정책으로 구분된다.[10]

(1) 관광개발정책

관광개발정책은 관광개발과 관련된 정부의 행동을 말한다. 앞서 제10장 관광개발에서 기술하였듯이, 관광개발은 특정한 지역의 관광 발전을 위해 각종 공급요소의 수준을 향상시키는 활동이다. 관광자원, 관광숙박 및 교통시설, 관광편의시설, 사회간접자본시설 등 다양한 공급요소들을 확충하는 데 있어서 정부의 역할이 필요하다. 관광개발정책은 정책대상, 주요 관광개발정책으로는 관광지개발정책, 관광단지개발정책, 광역권관광개발정책, 관광기업도시개발정책, 도시관광개발정책, 문화관광자원개발정책, 생태관광개발정책 등이 포함된다.

(2) 관광마케팅정책

관광마케팅정책은 관광마케팅과 관련된 정부의 행동을 말한다. 앞서 제11장 관광마케팅에서 기술하였듯이, 관광마케팅은 특정한 관광지역으로 관광자를 유치하는 데 관련된 활동이다. 제품, 가격, 유통, 촉진, 인적 요소, 프로세스, 물리적 증거 등을 구축하는 데 있어서 정부의 역할이 필요하다. 주요 관광마케팅정책으로는 관광상품화정책, 관광지가격정책, 관광마케팅유통정책, 관광브랜드개발정책, 해외지역별마케팅정책, 해외관광홍보정책, 관광마케팅촉진정책 등이 포함된다.

(3) 관광산업정책

관광산업정책은 관광산업과 관련된 정부의 행동을 말한다. 앞서 제5장 관광사업조직에서 기술하였듯이 관광산업은 관광자를 대상으로 공급활동을 하는 다양한 부문산업의 결합체이다. 관광산업정책은 이러한 활동을 지원하거나 규제하는 정책이다. 주요 관광산업정책을 살펴보면, 관광숙박업정책, 여행업정책, 국제회의업정책 등의 업종별 지원정책이 있으며, 관광전문인력육성정책, 관광창업지원정책 등의 산업적 차원의 지원정책이 있다. 또한 관광소비자보호정책, 업종별 영업규제정책 등의 산업규제정책이 있다.

### (4) 국민관광정책

국민관광정책은 국민관광과 관련된 정부의 행동을 말한다. 앞서 제3장 관광자에서 기술하였듯이, 국민관광은 내국인의 국내여행활동과 국외여행활동을 포함하는 개념이다. 국민관광정책에서는 전 국민이 어떠한 제한 없이 여행할 수 있는 여건을 마련하는 데 초점이 맞추어진다. 주요 국민관광정책을 살펴보면, 국내관광수용태세 개선사업, 관광안내체계 개선사업, 국내관광정보 제공사업, 내국인 관광불편신고센터 운영사업, 무장애관광지 조성사업, 해외여행안전 지원사업 등의 국민관광활성화 정책이 있으며, 저소득층대상 여행지원 바우처 사업, 근로자휴가 지원사업 등의 복지관광정책이 있다.

### (5) 국제관광정책

국제관광정책은 국가 간 관광협력과 관련된 정부의 행동을 말한다. 국제관광협력은 양 국가 간의 협력과 다자간 협력을 포함한다. 앞서 제6장 관광공공조직에서 기술하였듯이, 국제기구는 특정한 문제를 해결하기 위하여 복수의 국가로부터의 대표들로 구성된 조직체이다. 국가 간 관광교류의 활성화, 국가 간 관광산업투자 활성화, 국제관광 장애요인 제거, 지속가능한 관광을 위한 국제표준 제정, 빈곤퇴치를 위한 관광개발 활성화, 관광인식제고를 위한 홍보사업 등 다양한 국제관광협력사업이 이루어진다. 주요 국제관광협력정책으로는 유엔세계관광기구(UNWTO)와의 협력, 경제협력개발기구(OECD)와의 협력, 아시아태평양경제협력체(APEC)와의 협력, 아시아태평양관광협회(PATA)와의 협력, 동남아시아국가연합(AESAN) 등 국제기구와의 관광협력정책이 있으며, 한 · 중 관광협력, 한 · 일 관광협력 등과 같은 국가 간 관광협력 정책이 있다.

#### 2) 협업 정책

협업정책은 관광행정조직과 관련행정조직 간에 공동으로 추진하는 정책을 말한다. 예를 들어, 관광행정조직과 의료행정조직이 공동으로 추진하는 의료관광정책, 관광행정조직과 스포츠행정조직이 공동으로 추진하는 스포츠관광정책, 관광행정조직과 농업행정조직이 공동으로 추진하는 농업관광정책, 관광행정조직과 해양관련행정조직이 공동으로 추진하는 크루즈관광정책 등이 있다.

#### 3) 유관 정책

유관정책은 관광행정조직이 아닌 다른 행정조직에서 추진하는 정책 가운데 관광과 관련이 있는 정책을 말한다. 예를 들어, 법무부에서 추진하는 출입국관리정책, 외교부에서 추진하는 여권정책, 환경부에서 추진하는 국립공원 및 생태경관보전지역 관리정책, 농림부에서 추진하는 관광농원, 농촌체험마을정책, 산림청에서 추진하는 자연휴양림조성정책, 국방부에서 추진하는 안보관광지 개발정책, 경제부처에서 추진하는 소비자정책, 독점규제 및 공정거래관리정책, 노동부의 노동정책 등이 있다.

## 5. 관광정책과정

#### 1) 개념

관광정책과정(tourism policy process)은 관광정책의 합리적 관리를 위해 필요한 정책수행의 단계적 절차를 말한다.[11] 관광정책과정은 생애주기적 관점에서 여러 단계의 과정이 포함된다. 일반적으로 정책의제설정 단계, 정책결정 단계, 정책집행 단계, 정책평가 단계, 정책변동 단계 등의 다섯 단계로 구분된다. 단계별로 주요 내용을 살펴보면, 다음과 같다([그림 12-5] 참조).

[그림 12-5] 관광정책과정

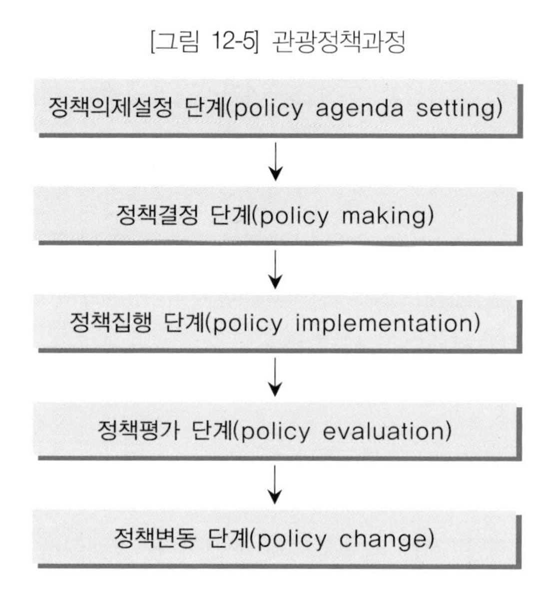


## 2) 단계

### (1) 정책의제설정 단계

정책의제설정(policy agenda setting) 단계는 관광문제를 관광정책의제로 채택하는 과정을 말한다. 모든 사회문제가 관광정책의제가 되는 것은 아니다. 관광정책의제는 관광정책으로 다루기로 선정한 관광문제이다. 일반적으로 사회이슈화, 공중의제화, 관광정책의제화의 과정을 거친다. 사회이슈화(social issue)는 관광과 관련된 사회문제가 사회적 관심과 논쟁의 대상이 되는 단계이며, 공중의제화(public agenda)는 이해관계자들 간에 공론화가 이루어지는 단계이다. 관광정책의제화(tourism policy agenda)는 공중의제가 관광정책의제로 채택되는 단계이다.

(2) 정책결정 단계

정책결정(policy making) 단계는 관광문제를 해결하기 위하여 최선의 정책대안을 선택하는 과정을 말한다. 정책결정을 위해서는 크게 다섯 단계를 거친다. 첫째, 관광문제 분석단계이다. 관광문제를 분석하여 명확하게 정의하는 과정이다. 둘째, 정책목표 설정단계이다. 관광문제를 해결하고 달성하고자 하는 상태를 명확하게 제시하는 과정이다. 셋째, 정책대안 탐색단계이다. 정책목표에 적합한 수단을 구성하여 대안들을 구축하는 과정이다. 넷째, 정책대안의 비교 및 평가 단계이다. 정책대안들이 가져올 성과를 예측하고 평가하는 과정이다. 다섯째, 정책대안 선택 단계이다. 관광문제 해결에 적정한 최선의 정책대안을 선택하는 과정이다.

(3) 정책집행 단계

정책집행(policy implementation) 단계는 결정된 정책대안을 실행하는 과정을 말한다. 첫 번째 단계는 집행조직의 구성이다. 정책집행을 위한 전담 조직이 구성된다. 두 번째 단계는 정책실행지침의 개발이다. 실행지침은 정책집행을 위한 표준운영절차(standard operation procedure)를 말한다. 세 번째 단계는 자원의 확보이다. 자원에는 인적 자원, 물적 자원, 경제적 자원, 기술적 자원 등이 있다. 네 번째 단계는 적용이다. 적용은 실질적인 수행을 말한다. 주로 집행조직의 일선관료가 적용을 담당한다. 다섯 번째 단계는 감독이다. 감독은 정책집행 단계 전반을 지도하고 조정하는 과정이다.

(4) 정책평가 단계

정책평가(policy evaluation) 단계는 정책집행의 결과를 분석하고 판단하는 과정을 말한다. 정책평가는 다섯 단계로 이루어진다. 첫 번째 단계는 정책평가의 목적 및 유형 결정이다. 정책평가의 목적이 정책정보의 환류인지, 책무성의 확보인지 등이 결정되어야 한다. 두 번째 단계는 평가대상의 선정이다.

평가대상은 평가사업의 범위를 말한다. 세 번째 단계는 평가방법의 결정이다. 평가에는 정책성과를 기준으로 보는 총괄평가와 절차를 기준으로 보는 과정평가가 있다. 네 번째 단계는 자료 수집 및 분석이다. 평가자료에는 양적인 자료와 질적인 자료가 있다. 다섯 번째 단계는 보고서 작성이다. 정책평가의 결과가 문서화되는 과정이다.

#### (5) 정책변동 단계

정책변동(policy change) 단계는 정책평가 결과에 기초하여 정책의 내용적 변화가 이루어지는 과정을 말한다. 정책변동 단계는 하나의 정책과정이 마무리되고 이어서 다음 단계의 정책과정이 시작되는 전환지점에 해당된다. 대부분의 정책이 새롭게 시작되기보다는 지속적으로 이어진다는 점에서 정책변동 단계는 매우 중요하다. 정책변동 단계는 크게 정책환류, 정책학습, 정책변동결정의 세부 단계로 이루어진다. 정책환류는 정책평가가 정책결정자에게 전달되는 과정을 말한다. 다음으로 정책학습이다. 정책학습은 정책평가 결과에 기초하여 정책 정보 및 지식을 학습하는 과정이다. 끝으로 정책변동의 결정이다. 정책변동에는 정책혁신, 정책유지, 정책승계, 정책종결 등의 유형이 있다. 정책혁신은 이전의 정책이 새로운 형태의 정책으로 수정되어 도입되는 유형을 말한다. 정책목표가 새롭게 정립되고 정책수단도 새롭게 구성된다. 정책유지는 이전의 정책이 다음 단계에서도 그대로 유지되는 유형을 말한다. 정책승계는 정책목표는 그대로 유지하면서 정책 수단만이 변화되는 유형이다. 정책종결은 이전의 정책이 완전히 마무리되는 유형을 말한다.

## 제5절 관광거버넌스

거버넌스(governance)는 정부의 협력적 운영체제를 말한다. 관광정책과 거버넌스의 관계에 대한 기본적인 입장은 '좋은 거버넌스에서 성공적인 관광정책산출이 이루어진다.'로 압축된다.

### 1. 개념

정보통신기술의 발달과 함께 정책과정에 대한 시민참여가 확대되고 있다. 이러한 정책환경의 변화에 대응하는 정부의 새로운 운영방식으로서 거버넌스 개념이 제시되고 있다.

거버넌스는 전통적인 정부의 운영방식과는 달리 정부와 시장, 정부와 시민사회 등 정부와 이해관계집단과의 수평적 협력관계를 강조한다. 또한 거버넌스는 사회구성원들이 추구하는 공통의 가치에 주목하며, 구성원들 간의 상호작용과 자기조정 능력을 중시한다. 따라서 거버넌스의 운영방식으로 민관파트너십, 민관협력네트워크 등의 관리기법이 적용된다. 그런 의미에서 거버넌스는 정부의 협력적 운영체제라고 할 수 있다.

앞서 살펴보았듯이, 관광정책은 네트워크정책으로서의 특징을 지닌다. 관광문제에 관여된 관광이익집단, 시민사회단체, 관광전문가집단, 미디어 등 다양한 이해관계자가 정책과정에 참여하며, 이들과의 협력관계를 기반으로 하는 거버넌스의 중요성이 강조된다.

정리하면, 관광거버넌스(tourism governance)[12]는 '관광문제를 해결하기 위한 정부의 협력적 운영체제'로 정의된다.

## 2. 유형

거버넌스는 하나의 정형화된 형태가 존재하지 않는다. 협력의 형태나 지역의 범위 등에 따라 다양한 형태의 거버넌스가 형성된다. 대표적인 관광거버넌스 유형을 살펴보면, 다음과 같다([그림 12-6] 참조).

[그림 12-6] 관광거버넌스의 유형

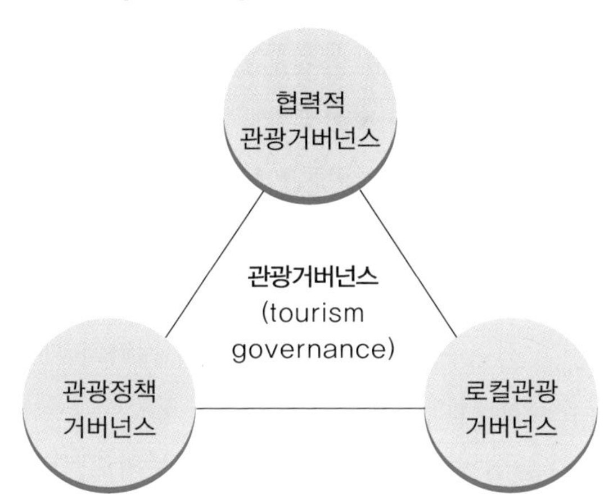


### 1) 협력적 관광거버넌스

협력적 관광거버넌스(cooperative tourism governance)[13]는 관광영역에서 정부와 시장, 정부와 시민사회 등 정부와 이해관계집단들과의 협력적 운영체제를 말한다. 협력적 관광거버넌스에서는 이를 추진하는 정부의 역할에 주목한다. 협력적 관광거버넌스는 전통적인 행정모형인 계층제 거버넌스와는 다르다. 계층제 거버넌스(hierarchical governance)에서 정부의 역할은 이해관계집단들, 즉 비공식적 행위자에 대한 통제와 조정에 있다. 반면에 협력적 관광거버넌스에서 정부의 역할은 협력과 소통에 있다. 한편, 협력적 관광거버넌스는 자치적 거버넌스보다는 상대적으로 덜 진보적이다. 자치적 거버넌스

(self governace)는 비공식적 행위자들의 자기조정능력을 중시한다. 그러므로 사회문제도 비공식적 행위자들 간의 상호작용과 자체적인 능력으로 해결되는 것으로 본다. 이에 반해 협력적 관광거버넌스는 비공식적 행위자들 간의 상호 협력은 존중하나, 이들의 자기조정 능력보다는 정부의 협력적 조정능력을 더욱 중시한다.

### 2) 로컬관광거버넌스

로컬관광거버넌스(local toruism governance)[14]는 지역적 차원의 관광거버넌스를 말한다. 지방분권화가 이루어지면서 지방정부의 역할이 확대되고 있으며, 지역을 범위로 하여 다양한 이해관계집단의 정책참여가 활성화되고 있다. 로컬관광거버넌스의 공식적 행위자로는 지방정부, 지방공기업 등이 있으며, 비공식적 행위자로는 지역생산자이익집단, 지역시민사회단체, 지역전문가집단, 지역미디어, 지역주민 등이 있다. 이들이 지역의 사회문제를 해결하고 공동 목표를 추구해 나가는 지역네트워크를 형성한다. 정리하면, 로컬관광거버넌스는 지역을 범위로 하여 형성된 지방정부의 협력적 운영체제로 정의된다.

### 3) 관광정책거버넌스

관광정책거버넌스(tourism policy governance)는 관광정책영역에서 형성된 거버넌스를 말한다. 정책은 정책영역에 따라 서로 다른 성격의 정책행위자들로 구성된다. 예를 들어, 농업정책에서 공식적 행위자는 농업관련 행정부, 입법부, 사법부, 지방정부, 공기업 등으로 구성되며, 비공식적 행위자는 농업생산자 이익집단, 농업관련 시민사회단체, 전문가집단, 미디어, 지역주민들로 구성된다. 마찬가지로 보건정책, 국방정책, 교육정책 등 각 정책영역별로 다양한 정책행위자가 정책과정에 공식적 혹은 비공식적으로 참여한다. 마찬가지로, 관광정책거버넌스에도 다양한 정책행위자가 참여한다. 한편, 관광정책거버넌스는 세부 정책유형별로 또 다른 하위 정책거버넌스가 형성되는 특징을 보여준다. 대표적인 예로 지역관광개발정책거버넌스, 지역축제정책거버넌스, 컨벤션산업정책거버넌스, 의료관광정책거버넌스, 농업관광정책거버넌스 등을 들 수 있다.

# 요약

이 장에서는 관광정책에 대해 학습을 하였다.

관광정책(tourism policy)은 '관광문제를 해결하기 위해 정부가 선택한 행동'으로 정의된다. 압축해서, 정책은 정부의 행동(government action)이라고 할 수 있으며, 여기서 행동은 정부의 실행, 의사결정, 담론 등을 의미한다.

관광정책은 크게 세 가지 특징을 지닌다. 첫째, 종합정책으로서의 특징으로 관광정책은 다양한 유형의 정책을 포괄한다. 둘째, 협업정책으로서의 특징으로 관광정책은 다른 연관 정책분야와의 협업이 필요하다. 셋째, 네트워크정책으로서의 특징으로 관광정책에는 다양한 이해관계자가 관여한다.

정책은 법률, 계획, 사업 등 다양한 형태로 발표된다. 어떠한 형태의 정책이든 정책내용에 포함되는 기본적인 구성요소가 있다. 크게 정책목표, 정책수단, 정책대상이다.

관광정책에서 정책행위자는 두 유형으로 구분된다. 공식적 행위자와 비공식적 행위자다. 공식적 행위자는 법제도적으로 정책수행 권한을 인정받은 정책행위자를 말한다. 의회, 대통령, 행정부, 사법부, 지방정부, 공기업 등이 포함된다. 비공식적 행위자는 민간부문의 행위자로 이익집단, 시민사회단체, 전문가집단, 미디어, 일반국민 등이 포함된다.

관광정책의 속성별 유형에는 다섯 가지가 있다. 배분정책은 정책대상의 활동을 지원하는 정책을 말한다. 규제정책은 정책대상의 활동을 규제하는 정책을 말한다. 재분배정책은 정책대상의 사회복지 및 안전을 지원하는 정책을 말한다. 구성정책은 정부조직의 설치 및 운영에 관한 정책을 말한다. 상징정책은 정책대상의 협력과 지지를 도모하기 위한 홍보(PR)정책을 말한다.

관광정책의 유형은 추진방식을 기준으로 직접 정책, 협업 정책, 유관 정책으로 구분된다.

관광정책의 직접 정책은 관광행정조직의 활동을 기준으로 크게 다섯 가지로 구분된다. 관광개발정책은 관광개발과 관련된 정부의 활동이다. 관광마케팅정책은 관광마케팅과 관련된 정부의 활동이다. 관광산업정책은 관광산업과 관련된 정부의 활동이다. 국민관광정책은 국민관광과 관련된 정부의 활동이다. 국제관광정책은 국가 간 관광협력과 관련된 정부의 활동이다.

정책과정(policy process)은 정책학의 기본적인 실무지식으로 정책의 합리적 관리를 위해 필요한 정책수행의 단계적 절차를 말한다. 크게 다섯 단계로 구분된다.

첫째, 정책의제설정(policy agenda setting) 단계이다. 이 단계는 관광문제를 관광정책의제로 채택하는 과정을 말한다. 모든 사회문제가 관광정책의제가 되는 것은 아니다. 관광정책의제는 관광정책으로 다루기로 선정한 관광문제이다. 일반적으로 사회이슈화, 공중의제화, 관광정책의제화의 과정을 거친다.

둘째, 정책결정(policy making) 단계이다. 이 단계는 관광문제를 해결하기 위하여 최선의 정책대안을 선택하는 과정을 말한다. 정책결정을 위해서는 관광문제 분석단계, 정책목표 설정단계, 정책대안 탐색단계, 정책대안의 비교 및 평가단계, 정책대안 선택 단계의 다섯 단계를 거친다.

셋째, 정책집행(policy implementation) 단계이다. 이 단계는 결정된 정책대안을 실행하는 과정을 말한다. 집행조직의 구성, 정책실행지침의 개발, 자원의 확보, 적용, 감독 등의 단계를 거친다.

넷째, 정책평가(policy evaluation) 단계이다. 이 단계는 정책집행의 결과를 분석하고 판단하는 과정을 말한다. 정책평가의 목적 및 유형 결정, 평가대상의 선정, 평가방법의 결정, 자료 수집 및 분석, 보고서 작성 등의 단계를 거친다.

다섯째, 정책변동(policy change) 단계이다. 이 단계는 정책평가 결과에 기초하여 정책의 내용적 변화가 이루어지는 과정을 말한다. 정책변동 단계는 하나의 정책과정이 마무리되고 이어서 다음 단계의 정책과정이 시작되는 전환지점에 해당된다. 정책변동 단계는 크게 정책환류, 정책학습, 정책변동결정의 세부 단계로 이루어진다.

거버넌스(governance)는 정부의 협력적 운영체제를 말한다. 관광정책과 거버넌스의 관계에 대한 기본적인 입장은 '좋은 거버넌스에서 성공적인 관광정책산출이 이루어진다.'로 압축된다. 관광거버넌스(tourism governance)는 '관광문제를 해결을 위한 정부의 협력적 운영체제'로 정의된다.

관광거버넌스의 대표적인 유형으로는 세 가지를 들 수 있다.

첫째, 협력적 관광거버넌스이다. 협력적 관광거버넌스는 정부와 시장, 정부와 시민사회와의 협력을 강조하며, 이를 구성하는 정부의 역할에 주목한다.

둘째, 로컬관광거버넌스이다. 로컬관광거버넌스는 지역적 거버넌스를 말한다. 지방분권화가 이루어지면서 지방정부의 역할이 확대되고 있으며, 지역을 범위로 하여 다양한 사회행위자들의 정책참여가 활성화되고 있다. 로컬관광거버넌스는 지역을 범위로 하여 형성된 지방정부의 협력적 운영체제로 정의된다.

셋째, 관광정책거버넌스는 정책거버넌스의 한 유형이다. 보건정책, 국방정책, 교육정책 등 각 정책영역별로 다양한 행위자가 정책과정에 공식적 혹은 비공식적으로 참여한다. 이렇게 정책영역별로 형성된 정부의 협력적 운영체제가 정책거버넌스이다.

## 참고문헌

1) Dye. T. R. (2005). *Understanding public policy* (11th Ed.). Upper Saddle River, NJ: Prentice-Hall.
Peters, B. G., & Pierre, J. (2006). *Handbook of public policy*. Thousand Oaks, CA: SAGE.
2) 이연택(2016). 『관광정책학』(제2판). 경기: 백산출판사.
Hall, C. M., & Tribe, J. (2003). *Tourism and public policy*. Boston, MA: Cengage Learning.
Johnson, P., & Thomas, B. (Eds.). (1992). *Perspectives on tourism policy*. London: Mansell.
Kerr, W. R. (Ed.). (2003). *Tourism public policy, and the strategic management of failure*. London: Routledge.
3) Bramwell, B., & Lane, B. (Eds.). (2000). *Tourism collaboration and partnerships: Politics, practice and sustainability*. Bristol, UK: Channel View Publications.
4) Lazzeretti, L., & Petrillo, C. S. (Eds.). (2006). *Tourism local systems and networking*. London: Elsevier.
Scott, N., Baggio, R., & Cooper, C. (2008). *Network analysis and tourism: From theory to practice*. Bristol, UK: Channel View Publications.
5) 권기헌(2007). 『정책학의 논리: Lasswell 정책학의 현대적 재조명』. 서울: 박영사.
권기헌(2010). 『정책학: 현대 정책이론의 창조적 탐색』. 서울: 박영사.
남궁근(2008). 『정책학: 이론과 경험적 연구』. 서울: 법문사.
백승기(2010). 『정책학원론』. 서울: 대영문화사.
오석홍(2011). 『행정학』. 서울: 박영사.
6) Fischer, F., & Miller, G. J. (Eds.). (2006). *Handbook of public policy analysis: Theory, politics, and methods*. Boca Raton, FL: CRC Press.
7) 이연택(2016). 『관광정책학』(제2판). 경기: 백산출판사.
8) Cochran, C. L., Malone, E. F. (2010). *Public policy: Perspectives and choices* (4th Ed.). London: Lynne Rienner Publishers.
9) 국가법령정보센터(2019). 「관광기본법」.
10) 이연택(2003). 『관광정책론』. 서울: 일신사.
11) Birkland, T. A. (2014). *An introduction to the policy process: Theories, concepts and models of public policy making*. London: Routledge.
Hudson, J., & Lowe, S. (2009). *Understanding the policy process: Analysing welfare policy and practice*. Bristol, UK: Policy Press.
Sabatier, P. A., & Weible, C. (Eds.). (2014). *Theories of the policy process*. Boulder, CO: Westview Press.
12) Bramwell, B., & Lane, B. (2013). *Tourism governance: Critical perspectives on governance and sustainability*. London: Routledge.
Duran, C. (2013). *Governance for the tourism sector and its measurement*. Madrid, Spain: UNWTO.
Hall, D. R. (Ed.). (2004). *Tourism and transition: Governance, transformation, and development*. NY: CABI.

Laws, E. (2011). *Tourist destination governance: Practice, theory and issues*. NY: CABI.
13) Kooiman, J. (1994). *Modern governance: New government-society interactions*. London: SAGE.
14) Bogason, P. (2000). *Public policy and local governance*. Cheltenham, UK: Edward Elgar.

제13장

# 관광미디어커뮤니케이션

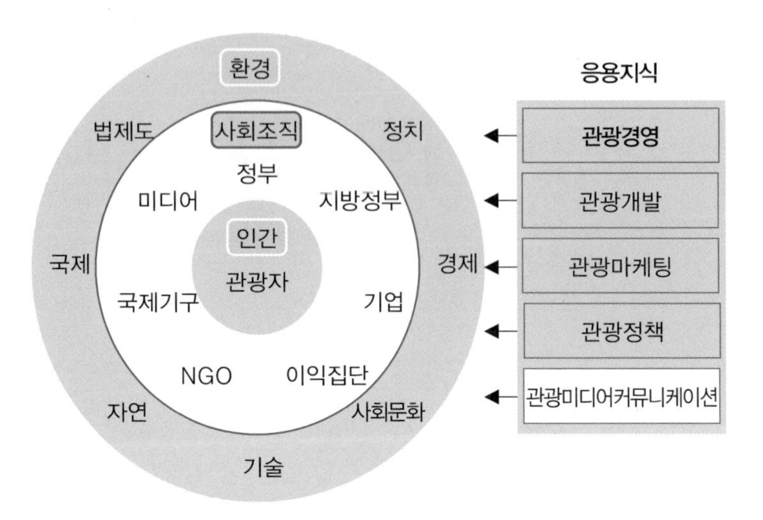


## 학습목표

이 장에서는 관광미디어커뮤니케이션에 대해 학습한다. 관광미디어커뮤니케이션은 관광미디어를 통해 이루어지는 관광정보의 생산, 전달, 공유 등의 정보교환행위로 정의된다. 이를 이해하기 위해 다음과 같은 학습목표를 세운다. 첫째, 관광미디어커뮤니케이션의 기본 개념을 학습한다. 둘째, 커뮤니케이션 이론의 발전과정과 관점을 학습한다. 셋째, 관광미디어와 관광미디어콘텐츠 그리고 전략에 대해 학습한다.

## 제1절 서론

이 장에서는 관광미디어커뮤니케이션에 대해 학습한다.

관광미디어커뮤니케이션에 대한 지식은 관광에 필요한 응용지식이다.

관광미디어커뮤니케이션을 학습하는 목적은 관광미디어의 커뮤니케이션과 관련된 문제를 해결하기 위한 전문지식을 이해하는 데 있다. 이를 이해하기 위해서는 관광미디이커뮤니케이션의 개념과 특징, 미디어커뮤니케이션이론, 관광미디어의 유형, 콘텐츠, 관광미디어커뮤니케이션전략 등에 대한 학습이 필요하다.

관광자는 의사소통자(communicator)이다. 관광자는 여행활동에 필요한 관광정보를 수용하며, 또 다른 한편으로는 스스로 관광정보를 생산한다. 이 같은 의사소통자로서의 관광자의 활동을 지원하고 촉진하는 기능이 관광미디어의 역할이다.

전통적으로 미디어는 커뮤니케이션 과정에서 채널(channel)의 역할을 맡아왔다. 하지만 미디어는 이제 그 이상의 역할을 담당한다. 미디어는 단순히 메시지를 전달하는 사회적 통로가 아니라 미디어콘텐츠를 생산하여 공급하는 행위자로서의 역할을 담당한다. 그러므로 관광미디어커뮤니케이션을 학습한다는 것은 관광미디어의 사회적 기능에 대한 이해와 동시에 사업조직으로서의 미디어에 대한 이해가 필요하다.

학제적으로 관광미디어커뮤니케이션에 대한 연구는 주로 미디어커뮤니케이션학으로부터의 접근을 통해 이루어진다. 미디어커뮤니케이션학은 응용사회과학이며 기술학문으로 심리학, 정치학, 정책학, 경영학, 마케팅학 등의 학제적 접근이 적용된다. 미디어커뮤니케이션학은 미디어와 커뮤니케이션을 핵심주제로 하여 미디어의 기능, 미디어경영, 미디어콘텐츠 제작, 커뮤니케이션이론 등을 다룬다.

관광미디어커뮤니케이션에 대한 학습을 통해 기대하는 바는 관광미디어와 관련된 문제를 해결하기 위한 전문지식을 이해하는 것과 함께 이 분야의 전문인력을 양성하는 데 있다. 대표적인 전문인력으로는 관광진문기자, 관광전문PD, 관광미디어콘텐츠 제작전문가 등을 들 수 있다.

이러한 인식을 바탕으로 이 장은 다음과 같이 구성된다. 우선, 제1절 서론에 이어 제2절에서는 관광미디어커뮤니케이션의 개념과 특징을 정리한다. 제3절에서는 미디어커뮤니케이션이론의 발전과 접근을 다루며, 제4절에서는 관광커뮤니케이션의 실제를 이해하기 위해 관광미디어, 관광미디어콘텐츠 등을 정리한다. 끝으로 제5절에서는 관광미디어커뮤니케이션 전략에 대해 다룬다.

## 제2절 관광미디어커뮤니케이션

### 1. 개념

미디어(media)라 하면, 커뮤니케이션 과정에서 채널의 역할을 담당하는 다양한 유형의 매체를 의미한다. 여기서 커뮤니케이션은 정보교환행위를 말한다. 미디어에는 신문, 잡지, 라디오, 텔레비전 등의 전통적인 매스미디어가 있으며, 여기에 정보통신기술의 발달과 함께 등장한 트위터(Twitter), 페이스북(Facebook), 유튜브(YouTube) 등과 같은 소셜미디어가 있다.

미디어는 전통적으로 송신자로부터 제공되는 정보를 수신자에게 전달하는 역할을 수행한다. 역사적으로 보면, 미디어는 기술의 발달과 함께 다양한 형태로 진화해 왔다. 인쇄술이 발달하면서 문자 정보미디어인 신문이 등장하였으며, 전파기술이 발달하면서 오디오 정보미디어인 라디오와 비디오 정보매

개체인 TV가 등장하였다. 이러한 진화과정에서 정보통신기술의 발달은 새로운 미디어의 시대를 만들어 가고 있다.

이러한 미디어를 통해 이루어지는 커뮤니케이션은 수신자, 즉 커뮤니케이션의 대상에 따라 두 가지 유형으로 구분된다. 첫째, 일반 대중을 대상으로 이루어지는 커뮤니케이션이다. 주로 매스미디어를 통해 이루어지는 일방적인 정보교환행위이다. 둘째, 커뮤니티를 대상으로 이루어지는 커뮤니케이션이다. 주로 소셜미디어를 통해 이루어지는 쌍방향적인 정보교환행위이다.

같은 맥락에서, 관광미디어는 커뮤니케이션 과정에서 관광정보를 전달하는 매체를 말한다. 일반 미디어와 마찬가지로 관광미디어도 전통적인 매스미디어와 뉴미디어로 구성된다. 매스미디어를 통해 대중을 대상으로 관광정보가 전달되며, 뉴미디어를 통해 커뮤니티를 대상으로 관광정보가 공유된다. 관광자는 의사소통자로서의 기능을 지니며, 다양한 채널을 통해 관광정보를 주고받는다. 이 같은 관광자의 의사소통활동을 촉진시키는 것이 관광미디어이다.

정리하면, 관광미디어커뮤니케이션(tourism media communication)은 '관광미디어를 통해 이루어지는 정보의 생산, 전달, 공유 등의 정보교환행위'로 정의된다.

## 2. 특징

관광미디어커뮤니케이션은 관광미디어에 의해 이루어진다. 이러한 관광미디어커뮤니케이션의 특징을 정리하면, 다음과 같다([그림 13-1] 참조).[1)]

### 1) 종합 미디어

관광미디어커뮤니케이션은 종합 미디어(comprehensive media)의 특징을 지닌다. 여행활동이 일상화되면서 일반 매스미디어들에서 여행 혹은 관광섹션화가 이루어지고 있으며, 전문관광기자제도가 도입되고 있다. 또 다른 한편에서는 전문적으로 여행 혹은 관광 콘텐츠만을 제공하는 전문미디어들이 등장하고 있다. 또한 트위터(Twitter), 페이스북(Facebook), 유튜브(YouTube), 팟캐스트(Podcast) 등과 같은 소셜미디어를 통해 다양한 형태의 관광미디어들이 활동하고 있다. 정리하면, 관광미디어커뮤니케이션은 어떤 특정한 미디어의 유형에 의존하는 것이 아니라, 일반 미디어의 섹션화(sectionalizing)와 전문미디어 그리고 소셜미디어 등 다양한 미디어의 유형을 포괄하는 특징을 지닌다.

[그림 13-1] 관광미디어커뮤니케이션의 특징

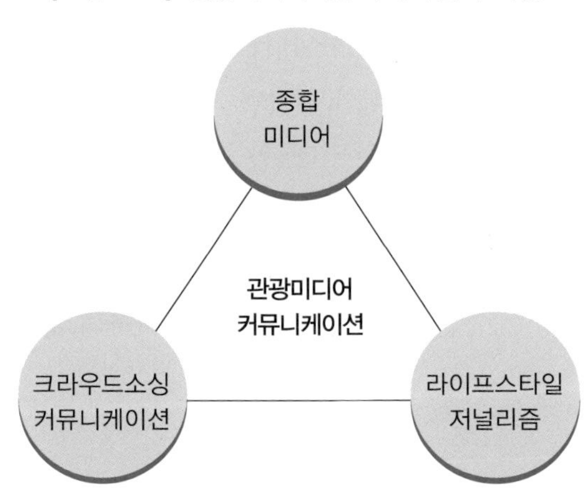


2) 라이프스타일 저널리즘

관광미디어커뮤니케이션은 라이프스타일 저널리즘(lifestyle journalism)[2]의 특징을 지닌다. 라이프스타일 저널리즘은 일상생활에 필요한 정보를 제공하는 소비자 지향적 저널리즘을 의미한다. 그런 의미에서 일명 소비자 저널리즘이라고도 한다. 대중소비시대에 들어서면서 소비자의 관심은 정치나 경제와 같은 진지한 분야로부터 일상생활영역으로 그 범위가 확대되고 있다. 소비자는 매스미디어를 통해 새로운 라이프스타일과 관련된 정보를 획득하고 있다. 스포츠, 패션, 영화, 음악, 책, 취미, 건강, 음식, 건축 등 다양한 생활영역과 함께 여행에 대한 정보가 다루어진다. 주로 관광목적지에 대한 정보들이 여행전문기자나 여행작가들의 손을 거쳐 제공된다. 목적지에 대한 매력요소들이 소개되고 여행에 필요한 교통이나 숙박정보, 가격이나 서비스에 대한 안내들이 포함된다. 하지만 대부분의 관광정보들이 생활정보나 목적지 홍보성 정보 위주로 제공되면서 환경감시기능이라는 미디어 고유의 사회적 기능을 제대로 보여주지 못한다는 점이 한계점으로 지적된다.

### 3) 크라우드소싱 커뮤니케이션

관광미디어커뮤니케이션은 크라우드소싱 커뮤니케이션(crowdsourcing communication)[3)]의 특징을 지닌다. 크라우드소싱 커뮤니케이션은 일반 대중이 온라인을 통해 미디어의 정보전달 과정에 참여하는 방식의 커뮤니케이션을 말한다. 크라우드소싱 커뮤니케이션은 문자 그대로 군중을 뜻하는 크라우드(crowd)와 외부 자원을 활용한다는 의미의 아웃소싱(outsourcing)이 합성된 신조어이다. 관광미디어에서 크라우드소싱은 크게 두 가지 방법으로 이루어진다. 첫 번째는 정보를 일반대중들로부터 제보를 받아 작성하는 방식이며, 두 번째는 일반대중들의 직접 참여로 정보를 수집하고 생산하는 방식이다. 특히 두 번째의 참여방식이 소셜미디어의 등장과 함께 크게 활성화되고 있다. 예를 들어, 지역주민들이 만들어가는 관광목적지 정보제공, 여행자들이 자신들의 실제 여행경험을 공유하는 정보제공 등을 들 수 있다. 이러한 크라우드소싱 커뮤니케이션이 관광미디어커뮤니케이션의 대표적인 특징으로 자리 잡아가고 있다.

## 제3절 미디어커뮤니케이션이론의 이해

### 1. 미디어커뮤니케이션학의 발전

미디어커뮤니케이션이론은 미디어커뮤니케이션학(Media Communicaion Science)에 의해 발전된 학문적 지식이다. 미디어커뮤니케이션학은 인간 사회의 의사소통현상을 연구하는 응용사회과학이며 기술학문이다. 개인 수준에서 이루어지는 개인적 차원의 커뮤니케이션 현상과 미디어를 통해 이루어지는 사회적 수준의 커뮤니케이션 현상을 연구의 대상으로 삼는다.

미디어커뮤니케이션학은 응용사회과학으로서 미디어커뮤니케이션 현상을 기술하고 설명하는 이론적 연구와 기술학문으로서 미디어커뮤니케이션 현상에서 발생하는 문제를 해결하기 위한 실무적 연구가 이루어진다. 이를 위해서는 심리학, 정치학, 정책학, 경영학, 마케팅학 등의 학제적 접근이 시도된다.

미디어커뮤니케이션학은 미디어의 발전과 함께 성장해왔다. 20세기 초반에 신문이 보급되면서 본격적인 연구가 시작되었으며, 이후 1930년대에 들어 라디오, 영화 등 전파미디어가 등장하면서 이들이 연구영역에 포함되었다. 이어서 1960년대에 들어 TV가 널리 보급되고 이와 관련하여 광고, PR 등 복합적인 과제가 등장하면서 연구의 영역이 크게 확장되었다. 21세기에 들어서면서 뉴미디어의 발전과 함께 미디어커뮤니케이션 연구는 새로운 전기를 맞고 있다.

미디어의 발전과정을 시대별로 구분하여 정리하면, 다음과 같다([그림 13-2] 참조).

첫째, 전통 미디어(traditional media)의 시대이다. 전통 미디어의 시대는 산업혁명 이전의 시기로 말과 문자를 사용하여 직접적인 의사소통이 이루어졌던 시기를 말한다. 소식을 직접 말로 전달하는 사람, 즉 뉴스전달자가 미디어의 역할을 담당했다. 이후 문자가 사용되기 시작하면서부터는 소식을 문자로 적어 전달하는 서신형태의 정보전달이 오랜 기간 이루어졌다. 1450년 독일의 구텐베르크(J. Gutenberg, 1397-1468)에 의한 금속활자 인쇄술의 발명은 미디어의 역사에 있어서 하나의 큰 획을 긋는 사건이었다. 인쇄술의 발달로 문서의 대량 제작과 보급이 가능해졌다. 종교개혁을 이끌었던 마틴 루터(Martin Luther)가 1517년에 발표한 「95개 논제」도 대판형 신문크기(broad sheet)로 인쇄되어 유럽 전역으로 퍼져나갈 수 있었다. 이후 1566년 이탈리아 베니스에서는 『가제트(Gazzette)』라고 불리는 주간 신문이 처음으로 등장하였다. 하지만 이 시기에는 교통이나 통신 기술이 발달하지 못해 전달 속도가 매우 느렸으며, 수신자도 제한된 범위의 사람들로 한정되었다.

[그림 13-2] 미디어의 발전과정

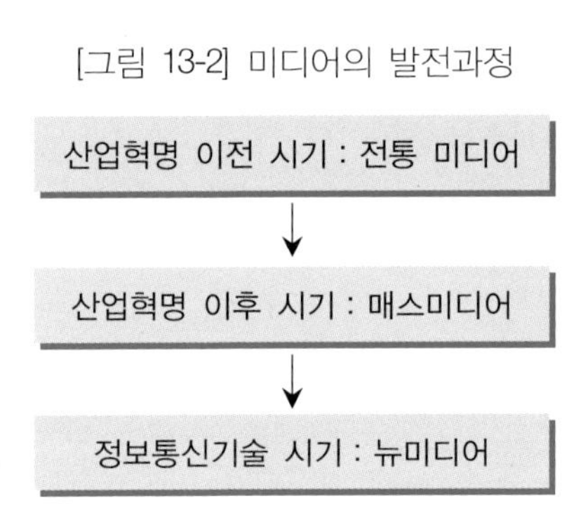


둘째, 매스미디어(mass media)의 시대이다. 산업혁명 이후 본격적인 매스미디어(Mass Media)의 시대가 시작되었다. 산업혁명이 가져온 교통기술의 발달로 정보전달의 속도가 한층 빨라졌으며, 도시화가 이루어지면서 사람들의 정보에 대한 욕구가 크게 증가하였다. 일반 서민들을 대상으로 하는 최초의 매스미디어로 1883년 미국에서 『Sun』지가 창간되었으며, 같은 해 퓰리처(J. Pulitzer)가 『New York World』지를 발행하였다. 또한 사진기술이 발전하면서 잡지가 새로운 미디어로 등장하였다. 1899년에는 『내셔널 지오그래픽(National

Geographic)』이, 1936년에는 『라이프(Life)』지가 각각 창간되었다. 이후 전파 기술이 발전하면서 라디오가 등장하였다. 라디오는 말로 전달하였던 전통 미디어인 구어뉴스의 재탄생이라고 할 수 있다. 특히 라디오는 뉴스 전달만이 아니라 오락프로그램도 제공하면서 매스미디어의 새로운 분야를 개척하였다. 1940년대에는 영상기술의 발전으로 텔레비전이 등장하였다. 텔레비전은 영상을 통한 정보 전달로 커뮤니케이션에 대한 수신자의 접근성을 높임으로써 대표적인 매스미디어의 자리를 차지하였다. 매스미디어가 가져온 변화를 정리해보면, 먼저 미디어조직의 산업화다. 뉴스정보가 상품화되면서 미디어 조직은 영리를 목적으로 하는 산업조직으로 자연스럽게 발전하였다. 둘째, 저널리즘(journalism)의 형성이다. 저널리즘은 매스 미디어를 통해 정보나 의견을 전달하는 활동을 말한다. 매스미디어의 시대에서는 이러한 활동이 정형화되었으며, 이러한 활동을 하는 전문직으로서 저널리스트(journalist)가 등장하였다. 셋째, 수신자집단의 대중화이다. 전통 미디어 시대와는 달리 매스미디어 시대에는 폭넓은 대중을 대상으로 정보전달이 이루어졌다. 한마디로, 매스커뮤니케이션을 말한다.

셋째, 뉴미디어(new media)의 시대[4]이다. 인터넷 기술이 확산되면서 1980년대부터 새로운 온라인미디어(online media)들이 등장하기 시작하였다. 초창기의 온라인미디어로는 인터넷 신문, 인터넷 잡지 등을 들 수 있으며, 그 다음으로 야후(Yahoo), 구글(Google), 네이버(Naver) 등과 같은 통합형 포털사이트(portal site)를 들 수 있다. 또한 개인 웹미디어인 블로그(blog)가 있다. 이후 웹 2.0 기술에 기반을 둔 소셜네트워킹서비스(social networking service)가 등장하였다. 트위터, 페이스북, 유튜브 등이 그 예이다. 이들을 소셜미디어(social media)라고 한다. 또한 이러한 온라인미디어나 소셜미디어는 기존의 매스미디어와는 다른 특징을 보여준다. 첫째, 미디어조직이 소수의 대규모 조직에 의해서 운영되는 것이 아니라 누구나 손쉽게 참여하는 다수의 생산체제로 전환되었다. 둘째, 뉴스정보의 생산에서 전문직인 저널리스트와 일반 사용자 사이의 경계가 무너지고 있다. 셋째, 일방향적인 전달양식이 쌍방향적인 소통으로 전환되고 있다. 소셜미디어를 통해 이용자 상호 간의 의사소통이 더욱 활성화되고, 정보연결망이 거미줄처럼 이어지는 특징을 보여준다.

## 2. 커뮤니케이션의 과정과 유형

### 1) 과정

커뮤니케이션(communication)은 송신자와 수신자 간의 정보교환행위를 말한다.[5] 커뮤니케이션은 의사소통으로 번역된다. 인간 사회에서 사람들은 서로 정보를 주고받으며 사회생활을 유지한다. 그런 의미에서 커뮤니케이션은 인간의 사회생활을 유지하는 기본적인 수단이라고 할 수 있다.

커뮤니케이션의 어원을 찾아보면, 라틴어 'communis'에 그 뿌리를 두고 있다. 공동체를 뜻하는 'community'와 같은 뿌리를 가지고 있다. '공통' 혹은 '공유'의 의미를 갖는다. 그러므로 커뮤니케이션의 본질에는 '함께 한다.'는 의미가 내포되어 있음을 알 수 있다. 인간은 커뮤니케이션을 통해 공동생활을 한다. 이와는 역으로 인간이 공동생활을 위해서는 커뮤니케이션이 반드시 필요하다고 할 수 있다.

커뮤니케이션은 단계적 과정으로 설명된다. [그림 13-3]에서 보듯이, 첫 번째 단계는 송신자(sender)이다. 의견을 전달하는 사람이나 조직을 말한다. 두 번째 단계는 메시지(message)이다. 의견을 메시지, 즉 정보로 전환하는 단계이다. 세 번째 단계는 채널(channel)이다. 채널은 메시지가 전달되는 통로를 말한다. 이러한 통로를 담당하는 것이 미디어이다. 네 번째 단계는 수신자(receiver)이다. 수신자는 정보를 전달받는 사람이나 조직을 말한다. 다섯 번째 단계는 피드백(feedback)이다. 송신자와 수신자 간에 이루어지는 상호 반응을 말한다. 송신자가 전달하는 메시지에 수신자는 지지, 반대, 공감 등의 의사표시를 함으로써 커뮤니케이션의 과정이 완성된다. 이밖에 커뮤니케이션 과정에 영향을 미치는 잡음(noise)과 세팅(setting)이 있다. 잡음은 메시지를 전달하는 데 방해가 되는 요소들을 말한다. 시끄러움과 같은 물리적 잡음, 송수신자의 마음에 영향을 미치는 심리적 잡음, 메시지의 의미 전달에 문제가 있는 의미적 잡음 등이 있다. 세팅은 커뮤니케이션이 이루어지는 물리적 공간을 말한다. 공간적 구성이 어떻게 설계되었느냐에 따라서 커뮤니케이션의 방식이 변화될 수 있다.

[그림 13-3] 커뮤니케이션의 과정

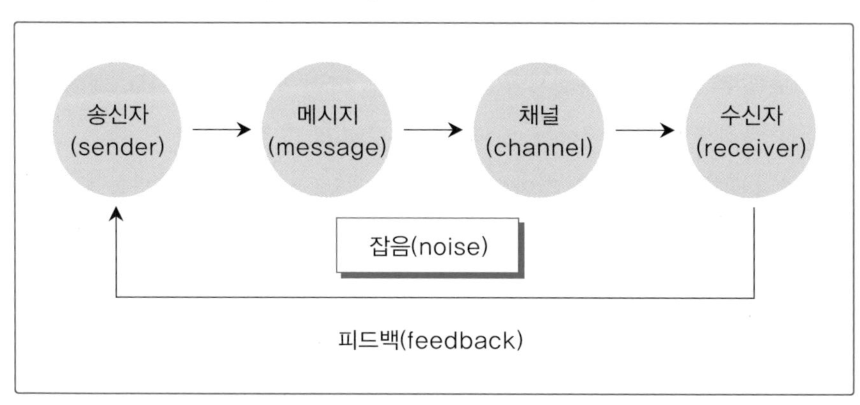


세팅(setting)

### 2) 유형

커뮤니케이션에는 여러 가지 유형이 있다. 커뮤니케이션에 참여하는 행위자, 메시지 전달에 사용되는 채널, 커뮤니케이션이 일어나는 물리적 공간 등이 영향을 미친다. 주요 유형을 살펴보면, 다음과 같다([그림 13-4] 참조).

#### (1) 개인 간 커뮤니케이션

개인 간 커뮤니케이션(interpersonal communication)은 두 사람 간에 상호 대화로 이루어지는 정보교환행위를 말한다. 커뮤니케이션 유형들 가운데 가장 기본적인 형태라고 할 수 있다. 음성이나 시각이 정보를 전달하는 주요 통로가 된다. 개인 간 커뮤니케이션에서는 송수신자 간에 피드백도 수시로 점검할 수 있으며, 각종 잡음이 커뮤니케이션을 방해할 여지도 상대적으로 적다.

[그림 13-4] 커뮤니케이션의 유형

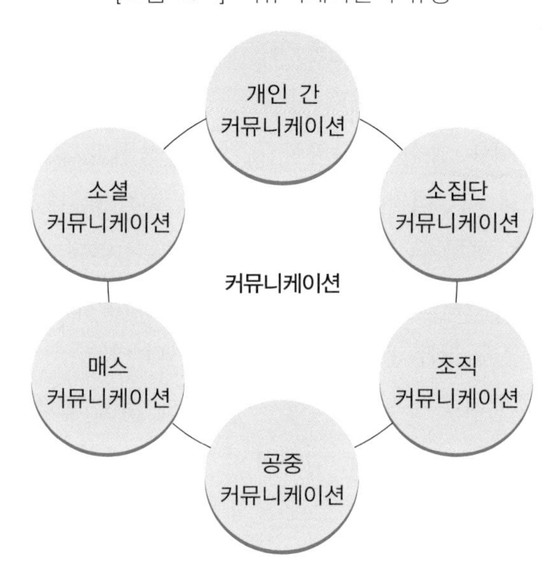


(2) 소집단 커뮤니케이션

소집단 커뮤니케이션(small group communication)은 세 사람 이상으로 이루어진 작은 규모의 집단에서 상호 대화로 이루어지는 정보교환행위를 말한다. 개인 간 커뮤니케이션과 마찬가지로 음성과 시각이 통로가 된다. 또한 소집단 커뮤니케이션에서는 상호 대화를 제약하는 어떠한 구조적 틀이나 형식이 없으며 개방적인 상태에서 구성원들 간에 자연스럽게 대화가 이루어진다. 이 상태에서는 송신자와 수신자 상호 간에 피드백이 비교적 용이하다. 하지만 여러 사람이 대화에 참여하기 때문에 메시지 전달과정에 혼선이 발생할 수 있으며, 물리적, 의미적 잡음 등이 생길 여지가 크다.

(3) 조직커뮤니케이션

조직커뮤니케이션(organizational communication)은 특정한 조직 내 구성원들 간에 이루어지는 정보교환행위를 말한다. 기업이나 단체, 정부기관 등과 같은 조직들이 여기에 해당된다. 소집단과 달리 제도화된 조직이라는 특징을 지닌다. 주로 조직의 업무와 관련된 의사소통활동이 이루어진다. 그런 점에서 공식적 의사소통활동의 성격이 강하다. 조직커뮤니케이션에서는 조직구성원 간의 음성, 서류, 통신 등 다양한 채널이 사용된다. 또한 조직구성원들 간에 비공식적으로 이루어지는 커뮤니케이션도 조직커뮤니케이션 관리에서는 매우 중요하다. 조직커뮤니케이션에서는 조직구성원들로부터의 피드백도 수시로 점검되어야 한다. 또한 메시지가 명확하지 못하거나 소통과정에서 발생할 수 있는 잡음에 대한 관리도 이루어져야 한다. 참고로, 조직PR커뮤니케이션이라는 용어가 자주 쓰인다. 조직PR커뮤니케이션은 조직 외부의 공중들과의 커뮤니케이션을 의미한다는 점에서 조직 내부 구성원들 간의 커뮤니케이션을 의미하는 조직커뮤니케이션과는 차이가 있음을 알아둘 필요가 있다.

(4) 공중커뮤니케이션

공중커뮤니케이션(public communication)은 특정한 공간에서 한 명의 송신자와 다수의 청중 간에 이루어지는 정보교환행위를 말한다. 정치인의 연설, 지식인의 강연, 각종 세미나의 발표 등이 여기에 해당된다. 개인 간이나 소집단 커뮤니케이션과 마찬가지로 음성이나 시각이 통로가 된다. 공중커뮤니케이션에서는 송신자의 역할이 매우 중요하다. 송신자가 청중으로부터 송신자로서의 자격을 인정받을 때 원활한 의사소통이 이루어질 수 있다. 또한 다수의 청중이 참여하기 때문에 전달과정 및 공간세팅에 대한 체계적인 관리가 필요하다. 청중으로부터의 피드백을 점검하는 것도 필요하다.

(5) 매스커뮤니케이션

매스커뮤니케이션(mass communication)[6]은 매스미디어를 통해 대중을 상대로 이루어지는 정보교환행위를 말한다. 신문, 잡지, 라디오, 텔레비전 등의 매스미디어가 중요한 통로의 역할을 한다. 매스커뮤니케이션에서는 송신자와 수신자가 같은 공간에 있는 것이 아니라 분리되어 있다는 점을 특징으로 한다. 이러한 분리된 공간에서 매스미디어는 단순히 정보를 전달하는 통로가 아니라 정보를 콘텐츠로 가공하여 제공하는 정보공급자로서 자리 매김한다. 바로 이 점에서 매스미디어의 사회적 역할이 중요하게 다루어진다. 근대 시민사회 형성과정에서 매스미디어는 많은 사회적 기여를 했다. 매스미디어는 '언론출판의 자유'를 획득하기 위해 역사적으로 많은 어려운 과정을 거쳐 왔다. 이를 바탕으로 하여 사회정의 실천과 사회약자의 대변자라는 사회적 책임을 수행해왔다. 물론, 상업 미디어라는 특성상 자본의 논리로부터 벗어나기 어렵다는 지적도 받아왔다. 그럼에도 불구하고 이러한 과정에서 형성된 것이 매스미디어의 저널리즘이다. 저널리즘은 단순히 매스미디어의 보도활동만을 의미하는 것이 아니라, 매스미디어가 지향해야 할 공정성이나 객관성 등과 사회적 책임 가치를 내포한다.

(6) 소셜커뮤니케이션

소셜커뮤니케이션(social communication)[7]은 소셜미디어를 통해 이루어지는 송수신자 간의 정보교환행위를 말한다. 트위터, 페이스북, 유튜브 등과 같은 소셜네트워킹서비스, 스마트폰 앱서비스 등이 중요한 통로의 역할을 담당한다. 소셜커뮤니케이션은 공간적으로 송신자와 수신자가 분리되어 있다는 점에서 매스커뮤니케이션과 공통점을 지닌다. 하지만 매스커뮤니케이션과는 달리 송수신자 간에 직접적인 소통이 이루어진다는 점에서 차이가 있다. 소셜커뮤니케이션의 특징을 정리하는 것은 쉽지 않다. 그 이유는 소셜커뮤니케이션에서는 소셜미디어를 통해 개인 간 커뮤니케이션, 소집단 커뮤니케이션,

조직커뮤니케이션, 공중커뮤니케이션, 대중커뮤니케이션 등 거의 모든 형태의 커뮤니케이션이 복합적으로 이루어지기 때문이다. 한마디로, 소셜미디어의 특징이 그대로 반영된 형태의 의사소통활동이라고 할 수 있다.

## 3. 학문적 접근

미디어커뮤니케이션학은 미디어의 기능을 기준으로 크게 두 가지 학문적 접근이 이루어진다. 이를 살펴보면, 다음과 같다.

### 1) 사회기능적 접근

사회기능적 접근은 미디어의 역할을 사회적 차원에서 설명하는 학문적 관점을 말한다. 사회기능적 관점에서 미디어의 역할은 크게 네 가지로 정리된다. 첫째, 환경감시기능이다. 미디어의 뉴스보도가 여기에 해당된다. 미디어는 각종 사회문제를 보도하고 위험요소를 미리 조명하여 사전에 예방하는 역할을 한다. 하지만 때로는 지나친 폭로저널리즘으로 인해 사회불안과 불신을 조장하는 역기능의 문제도 제기된다. 둘째, 상관조정기능이다. 미디어의 사설, 논평 등에서 볼 수 있다. 미디어의 해석기능이라고도 할 수 있다. 사회문제의 본질을 파악하고 해결방향을 모색하는 활동이다. 미디어가 추구하는 지향성이 내재된다는 점에서 공정성의 문제가 제기될 수 있다. 셋째, 문화전수기능이다. 미디어의 각종 교양프로그램에서 볼 수 있다. 미디어의 교육기능이라고도 할 수 있다. 한 사회의 규범, 가치, 문화 등을 전파함으로써 사회통합과 문화 전수 효과를 기대할 수 있다. 넷째, 오락기능이다. 미디어의 드라마, 예능 프로그램 등에서 볼 수 있다. 기분전환, 휴식, 취미활동 등을 지원하는 기능이다. 진지한 사회문제보다는 가벼운 오락에만 집중하게 한다는 역기능 문제가 지적된다.

#### 2) 산업조직적 접근

산업조직적 접근은 미디어의 역할을 사업적 측면에서 설명하는 학문적 접근을 말한다. 현대 사회에서 미디어는 기업 조직이다. 미디어는 단순히 수신자에게 정보를 전달하는 기능만을 가진 것이 아니라, 생산자인 미디어 기업이 정보라는 상품을 소비자인 수신자에게 판매하는 일종의 사업행위라고 할 수 있다. 미디어 기업은 소비자에게 정보 상품을 공급함으로써 시장을 확보하고 이를 통해 수입을 얻는다. 그러므로 상품판매를 통한 이윤 획득이라는 시장의 논리가 미디어 기업에도 그대로 적용된다. 정리하면, 산업조직적 관점에서 미디어는 사업조직이다.

## 제4절 관광미디어커뮤니케이션의 실제

### 1. 관광미디어

관광정보를 제공하는 미디어의 유형에는 신문, 잡지, 출판, 텔레비전 등의 매스미디어와 뉴미디어가 있다. 이들 미디어의 주요 활동을 살펴보면, 다음과 같다.

#### 1) 매스미디어

##### (1) 신문

신문(newspaper)은 대표적인 매스미디어의 하나로 일반 대중을 대상으로 보편적인 정보를 정기적으로 전달하는 인쇄 매체이다. 관광미디어로서 신문은 크게 두 가지 유형으로 구분된다. 하나는 일반 신문이며, 다른 하나는 여행정보만을 제공하는 관광전문신문(tourism newspaper)이다. 일반 신문들은 여행섹션을 설정하고, 이 섹션을 통해 여행에 관한 소비자 정보를 주기적으로 전달한다. 한편, 관광전문신문은 일반 신문의 여행섹션과 달리 관광업계를 위한 비즈니스 정보를 제공하는 경우가 많다. 여행업, 호텔업, 리조트업, 항공업 등 업종별 비즈니스 정보를 제공한다. 한편, 신문들도 인쇄된 정보와 함께 웹사이트를 통해 온라인 정보를 제공한다.

(2) 잡지

잡지(magazine)는 인쇄 매체로서 신문과는 다른 특징을 지닌다. 첫째, 잡지는 일반 대중을 대상으로 하는 신문과 달리 특정한 범위의 독자를 대상으로 한다. 둘째, 잡지는 보편적인 주제를 다루는 신문과 달리 전문적인 분야를 다룬다. 셋째, 잡지는 주로 매일 발행되는 신문과 달리 월간, 계간 등과 같이 주기가 길다. 넷째, 잡지는 발행 형태가 책처럼 제본된다는 특징을 지닌다. 잡지가 매스미디어의 한 유형으로 자리 잡는 데는 사진과의 결합이 큰 계기가 되었다. 1899년에 창간된『내셔널 지오그래픽(National Geographic)』은 신비로운 자연풍광이나 역사, 문화 등을 수려한 화질의 사진으로 보여줌으로써 포토저널리즘의 시대를 열었다. 이후 많은 여행전문잡지가 관광미디어의 주요 유형으로 자리 잡아갔다. 대표적인 예로,『Conde Nast Traveler』,『Budget Travel』,『Travel and Leisure』,『Budget Travel, Traveler』 등을 들 수 있다. 또한 인터넷을 활용하여 온라인으로만 여행정보를 제공하는 온라인 여행전문잡지들이 활발하게 활동한다.『The Travel Magazine』,『Luxury Travel Guide』,『We are Traveler』 등을 들 수 있다.

(3) 출판

출판(publishing)은 서적, 사진, 지도 등의 저작물을 통하여 독자에게 정보를 전달하는 활동을 말한다. 출판은 같은 인쇄매체이지만 저작물을 발간하여 정보를 제공한다는 점에서 주기적으로 간행물을 발행하는 신문, 잡지와는 다르다. 여행출판의 대표적인 유형으로는 여행문학서적(travel literature), 여행안내서(travel guidebooks), 여행지도(travel map) 등을 들 수 있다. 여행문학서적은 여행체험을 바탕으로 하는 정보를 공유하는 기행문학이 중심이 된다. 한편, 여행안내서에는 세계적으로 유명한 『Lonely Planet』, 『Let's go』, 『Fodor's Guidebooks』 등이 있다. 이밖에도 여행지도, 여행화보, 여행 포스트카드 등이 발간된다.

(4) 텔레비전

텔레비전(television)은 드라마, 오락, 다큐멘터리 등의 영상물을 시청자에게 전달하는 전파매체를 말한다. 관광미디어로서 텔레비전은 두 가지 유형이 있다. 하나는 여행섹션을 제공하는 일반 텔레비전 채널이며, 다른 하나는 여행전문 텔레비전 채널이다. 세계적으로 유명한 여행전문 텔레비전 채널로는 'Travel Channel', 'Discovery Travel & Living Channel', 'National Geographic Channel' 등이 있으며, 한국에도 'Sky Travel', 'Living TV' 등이 있다.

### 2) 뉴미디어

뉴미디어(new media)는 앞서 기술한 바와 같이 1980년대 이후 인터넷이 상용화되면서 등장한 웹사이트, 인터넷신문, 웹매거진 등의 온라인 미디어, 야후(Yahoo), 구글(Google), 네이버(Naver) 등과 같은 통합형 포털사이트(portal site), 개인 웹미디어인 블로그(blog), 트위터, 페이스북, 유튜브, 팟캐스트 등의 소셜미디어(social media) 등을 포괄한다. 이러한 뉴미디어들이 관광미디어의 역할을 담당한다. 특히 이 가운데 소셜미디어의 활동이 확산되고 있다. 소셜미디어는 공유, 참여, 개방 등의 특징을 지닌 기술환경에서 송신자와 수신자가 함께 참여하는 수평적 커뮤니티를 형성하면서 그 영향력이 커지고 있다.

## 2. 관광미디어콘텐츠

미디어콘텐츠(media contents)는 매스미디어 혹은 뉴미디어가 수신자에게 공급하는 모든 종류의 정보물 혹은 정보상품을 말한다. 미디어콘텐츠가 얼마나 수신자에게 선택되느냐가 곧 미디어콘텐츠의 경쟁력이라고 할 수 있다. 관광미디어들이 제공하는 콘텐츠의 주요 유형을 살펴보면, 다음과 같다([그림 13-5] 참조).

[그림 13-5] 관광미디어콘텐츠의 유형

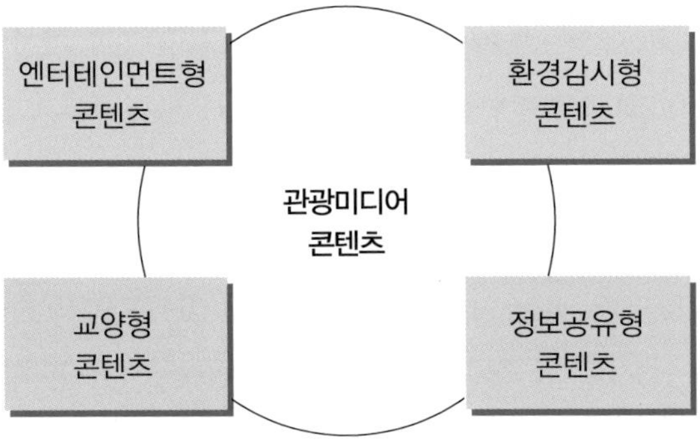

| 엔터테인먼트형 콘텐츠 | | 환경감시형 콘텐츠 |
|---|---|---|
| | 관광미디어 콘텐츠 | |
| 교양형 콘텐츠 | | 정보공유형 콘텐츠 |

### 1) 환경감시형 콘텐츠

환경감시형 콘텐츠는 관광미디어가 관광문제와 관련된 사회이슈를 제공하는 정보물 혹은 정보상품을 말한다. 미디어의 사회적 기능 가운데 환경감시 및 상관조정기능이라고 할 수 있다. 관광산업의 구조적인 문제를 다루고, 관광개발이 가져오는 부작용도 주요 관심사가 된다. 또한 관광정책이 해결해야 할 문제와 국제교류를 통해 해결해야 할 문제도 다루어진다.

### 2) 정보공유형 콘텐츠

정보공유형 콘텐츠는 관광미디어가 관광정보를 해석하여 제공하는 정보물 혹은 정보상품을 말한다. 여행지에 대한 다양한 안내 정보, 자신들이 직접 경험한 여행정보, 여행목적지의 매력물에 대한 정보 등이 다루어진다. 미디어의 사회적 기능 가운데 상관조정기능이 여기에 해당된다. 관광문제의 본질을 파악하고 해결방향을 모색하는 활동이다. 그동안 신문이나 잡지, 출판 등의 매스미디어가 정보공유형 정보물을 제공해왔으며, 최근에는 블로그, 소셜네트워크서비스 등과 같은 소셜미디어의 활동이 활발하다.

### 3) 교양형 콘텐츠

교양형 콘텐츠는 관광미디어가 관광과 관련된 기본적인 지식을 제공하는 정보물 혹은 정보상품을 말한다. 미디어의 사회적 기능 가운데 문화전수기능이라고 할 수 있다. 여행의 의미, 관광의 역사, 관광의 개념, 관광자의 사회적 책임 등 소위 관광과 관련된 교양적 지식들이 다루어진다.

### 4) 엔터테인먼트형 콘텐츠

엔터테인먼트형 콘텐츠는 관광미디어가 여행을 통한 오락활동과 관련된 프로그램을 제공하는 정보물 혹은 정보상품을 말한다. 미디어의 사회적 기능 가운데 오락기능에 해당된다. 엔터테인먼트라고 하면, 일반적으로 놀이, 취미활동 등의 오락활동을 말하는데 최근에는 영화, 음악, 애니메이션 등 주로 대중문화 콘텐츠로 좁혀서 말한다. 관광미디어가 제공하는 엔터테인먼트형 콘텐츠는 대중문화와 관련된 정보물이라고 할 수 있다.

## 제5절 관광미디어커뮤니케이션 전략

관광미디어커뮤니케이션 전략은 관광미디어가 조직의 목표달성을 위해 커뮤니케이션활동을 관리하는 행동계획을 말한다. 앞서 기술한 바와 같이, 관광미디어의 대표적인 유형에는 매스미디어와 뉴미디어가 있다. 이들 관광미디어들은 관광자를 대상으로 커뮤니케이션 전략을 추진하며, 이를 통해 관광미디어시장에서 다른 미디어 조직들과 경쟁을 한다.

관광미디어의 커뮤니케이션 전략의 기본적인 유형을 살펴보면, 다음과 같다([그림 13-6] 참조).

[그림 13-6] 관광미디어커뮤니케이션 전략의 유형

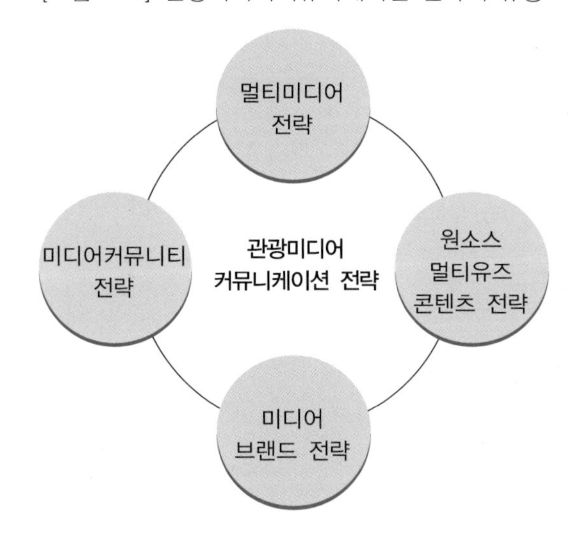


### 1) 멀티미디어 전략

멀티미디어(multimedia)는 수신자에게 콘텐츠를 제공하는 매스미디어, 소셜미디어 등의 다양한 유형의 매체를 뜻한다. 여기서 멀티미디어 전략은 관광미디어가 조직의 목표달성을 위해 다양한 미디어의 유형을 구성하고 조합하는 행동계획을 말한다. 관광미디어의 콘텐츠가 텍스트, 오디오, 비디오 등 다양한 형태로 제공되고 있다. 신문의 경우, 여행섹션에서 관광정보가 기사형태로 제공되며, 동시에 뉴미디어를 통해 영상콘텐츠로 제공되는 것을 볼 수 있다. 또한 텔레비전의 경우에는 영상물로 제공되는 콘텐츠가 뉴미디어를 통해 텍스트로 제공된다. 이처럼 하나의 원천 콘텐츠를 여러 유형의 미디어를 통해 복합적으로 제공할 수 있는 멀티미디어 전략의 구축이 필요하다.

### 2) 원소스멀티유즈 전략

원소스멀티유즈(OSMU: One-Source Multi-Use) 전략은 관광미디어가 하나의 원형적인 미디어 콘텐츠를 활용하여 영화, 게임, 음반, 애니메이션, 캐릭터 상품, 장난감, 출판 등 다른 연관 부문의 제품으로 생산하여 부가가치를 창출하는 일종의 문화산업 전략을 말한다. 관광미디어가 제공하는 미디어콘텐츠는 그 자체의 형태로 제한되지 않는다. 온라인 이용이 확대되면서 미디어 간 경계가 허물어지고 이용자의 선택의 폭이 확장되고 있다. 하나의 원형적인 미디어 콘텐츠는 영화, 게임, 음반, 애니메이션 등 다른 부문의 연관제품으로 확산된다. 텔레비전의 경우, 하나의 성공한 프로그램이 출판, 캐릭터 상품, 영화, 테마파크 등으로 응용되어 새로운 부가가치를 창출한다. 그런 의미에서 원소스멀티유즈(OSMU) 전략은 관광미디어의 경쟁력 확보를 위한 콘텐츠 가치의 창출 및 확대 전략이라고 할 수 있다.

### 3) 미디어브랜드 전략

미디어브랜드(media brand)[8]는 미디어의 조직이나 제품을 다른 조직이나 제품과 구별하기 위해 사용하는 명칭, 표시, 디자인 등의 상징적 결합체를 말한다. 여기서 미디어브랜드 전략은 관광미디어가 조직의 목표달성을 위해 미디어브랜드를 관리하는 행동계획을 말한다. 미디어 콘텐츠는 경험재이다. 신문의 기사, 라디오나 텔레비전의 프로그램, 잡지의 사진, 유튜브의 동영상 등은 사용자가 직접 이용한 후에야 그 콘텐츠의 특징을 알 수 있다. 이러한 콘텐츠 경험은 곧 미디어와 사용자 간의 접점을 의미한다. 콘텐츠 경험은 사용자의 미디어브랜드에 대한 경험으로 기억되며, 사용자에게 브랜드 정체성을 각인시키게 된다. 또한 브랜드 경험은 사용자의 반복 구매행동에 영향을 미치며, 미디어브랜드와 사용자 간의 지속적인 거래관계 구축에 기여하게 된다. 그런 의미에서 관광미디어의 브랜드전략은 가장 핵심적인 커뮤니케이션 전략이라고 할 수 있다.

#### 4) 미디어커뮤니티 전략

미디어커뮤니티(media community)는 미디어를 통해 형성되는 이용자들의 커뮤니케이션 공동체를 말한다. 여기서 미디어커뮤니티 전략은 관광미디어가 조직의 목표달성을 위해 커뮤니티를 관리하는 행동계획을 말한다. 오늘날 미디어 이용자는 개인화, 쌍방향성, 이동성의 특징을 지닌다. 정보통신기술의 발달과 함께 미디어 이용자는 단지 정보를 전달받고 제공받는 수준에 머물지 않는다. 전달된 정보에 반응하고, 제공된 콘텐츠에 대해 자신의 생각을 전달하는 능동적인 행위자라고 할 수 있다. 따라서 미디어와 이용자의 관계는 단순히 정보를 주고받는 관계가 아닌 하나의 커뮤니케이션 커뮤니티를 형성한다. 이렇게 형성된 미디어커뮤니티는 일시적인 송신자와 수신자의 관계가 아닌 지속적인 관계를 유지하는 특징을 지닌다. 그런 의미에서 관광미디어의 미디어커뮤니티 전략은 가장 핵심적인 이용자 관계관리 전략이라고 할 수 있다.

## 요약

이 장에서는 관광미디어커뮤니케이션에 대해 학습하였다.

관광미디어커뮤니케이션(tourism media communication)은 '관광미디어를 통해 이루어지는 정보의 생산, 전달, 공유 등의 정보교환행위'로 정의된다.

관광미디어커뮤니케이션의 특징은 세 가지로 정리된다.

첫째, 관광미디어커뮤니케이션은 종합 미디어의 특징을 지닌다. 일반 미디어의 섹션화와 전문미디어, 소셜미디어 등으로 다양화된다.

둘째, 관광미디어커뮤니케이션은 라이프스타일 저널리즘의 특징을 지닌다. 라이프스타일 저널리즘은 소비자가 필요한 정보를 제공하는 소비자 지향적 저널리즘을 의미한다.

셋째, 관광미디어커뮤니케이션은 크라우드소싱 저널리즘의 특징을 지닌다. 크라우드소싱 저널리즘은 일반 시민들이 참여하여 만들어가는 정보전달 활동이라는 점에서 저널리스트라는 전문직에 의해 정보가 전달되는 전통적인 매스미디어의 저널리즘과는 차이가 있다.

현대 사회에서 커뮤니케이션의 중심은 미디어이다. 미디어의 발달은 과학기술의 발전과 그 맥을 함께 한다. 크게 세 시기로 구분한다. 첫째, 전통 미디어의 시대이다. 이 시기는 산업혁명 이전의 시기로 말과 문자를 사용하여 직접적인 의사소통이 이루어졌던 시기를 말한다. 둘째, 매스 미디어의 시대이다. 이 시기는 산업혁명이 가져온 기술의 시대로 신문, 라디오, 텔레비전, 잡지 등이 등장했다. 셋째, 뉴미디어의 시대이다. 인터넷 기술의 발달과 함께 온라인 미디어, 소셜미디어 등이 등장하고 있다.

커뮤니케이션은 단계적 과정으로 설명된다. 첫 번째 단계는 송신자(sender)이다. 의견을 전달하는 사람이나 조직을 말한다. 두 번째 단계는 메시지(message)

이다. 의견을 메시지, 즉 정보로 전환하는 단계이다. 세 번째 단계는 채널(channel)이다. 채널은 메시지가 전달되는 통로를 말한다. 이러한 통로를 담당하는 것이 미디어이다. 네 번째 단계는 수신자(receiver)이다. 수신자는 정보를 전달받는 사람이나 조직을 말한다. 다섯 번째 단계는 피드백(feedback)이다. 송신자와 수신자 간에 이루어지는 상호 반응을 말한다. 송신자가 전달하는 메시지에 수신자는 지지, 반대, 공감 등의 의사표시를 함으로써 커뮤니케이션의 과정이 완성된다.

이밖에 커뮤니케이션 과정에 영향을 미치는 잡음(noise)과 세팅(setting)이 있다. 잡음은 메시지를 전달하는 데 방해가 되는 요소들을 말한다. 시끄러움과 같은 물리적 잡음, 송수신자의 마음에 영향을 미치는 심리적 잡음, 메시지의 의미 전달에 문제가 있는 의미적 잡음 등이 있다. 세팅은 커뮤니케이션이 이루어지는 물리적 공간을 말한다. 공간적 구성이 어떻게 설계되었느냐에 따라서 커뮤니케이션의 방식이 변화될 수 있다.

커뮤니케이션에는 여러 가지 유형이 있다. 첫째, 개인 간 커뮤니케이션이다. 두 사람 간에 상호 대화로 이루어지는 의사소통활동을 말한다. 둘째, 소집단 커뮤니케이션이다. 세 사람 이상으로 이루어진 작은 규모의 집단에서 상호 대화로 이루어지는 의사소통활동을 말한다. 셋째, 조직커뮤니케이션이다. 특정한 조직 내 구성원들 간에 이루어지는 의사소통활동을 말한다. 넷째, 공중커뮤니케이션이다. 특정한 공간에서 한 명의 송신자와 다수의 청중 간에 이루어지는 의사소통활동을 말한다. 다섯째, 매스커뮤니케이션이다. 매스미디어를 통해 대중을 상대로 이루어지는 의사소통활동을 말한다. 여섯째, 소셜커뮤니케이션이다. 소셜미디어를 통해 이루어지는 송수신자 간의 의사소통활동을 말한다.

관광정보를 제공하는 관광미디어의 유형에는 신문, 잡지, 출판, 텔레비전 등의 매스미디어와 새롭게 등장한 뉴미디어가 있다.

관광미디어들이 제공하는 콘텐츠의 주요 유형에는 환경감시형 콘텐츠, 정보공유형 콘텐츠, 교양형 콘텐츠, 엔터테인먼트형 콘텐츠 등이 있다.

환경감시형 콘텐츠는 관광미디어가 사회문제와 관련하여 제공하는 뉴스, 논설,

칼럼 등의 정보물을 말한다.

정보공유형 콘텐츠는 관광미디어가 관광안내정보와 관련하여 제공하는 섹션기사, 안내서적, 사진, 오디오, 비디오 등 정보물을 말한다.

교양형 콘텐츠는 관광미디어가 사회통합 및 문화전파 활동과 관련하여 제공하는 기획 기사, 여행문학서적, 텔레비전 다큐멘터리 등의 정보물을 말한다.

엔터테인먼트형 콘텐츠는 관광미디어가 문화 활동과 관련하여 제공하는 드라마, 영화, 뮤직 비디오, 동영상 등의 정보물을 말한다.

관광미디어의 커뮤니케이션 전략에는 크게 네 가지가 제시된다.

첫째, 멀티미디어 전략이다. 하나의 원천 콘텐츠를 여러 유형의 미디어를 통해 복합적으로 제공하는 전략을 말한다.

둘째, 원소스멀티유즈 전략이다. 원소스멀티유즈(OSMU) 전략은 하나의 원형적인 미디어 콘텐츠를 활용해서 영화, 게임, 음반, 애니메이션, 캐릭터 상품, 장난감, 출판 등 다른 연관 부문의 제품으로 확산하여 부가가치를 창출하는 문화산업 전략을 말한다.

셋째, 미디어브랜드 전략이다. 미디어브랜드는 미디어의 조직이나 제품을 다른 조직이나 제품과 구별하기 위해 사용하는 명칭, 표시, 디자인 등의 상징적 체계를 말한다.

넷째, 미디어커뮤니티 전략이다. 미디어커뮤니티는 미디어를 통해 형성되는 공동체, 집단, 그룹 등을 말한다. 관광미디어의 성공적인 커뮤니케이션전략은 미디어와 사용자의 관계에서 결정되는 것이 아니라 미디어와 커뮤니티의 관계에서 결정된다.

## 참고문헌

1) Nielsen, C. (2001). *Tourism and the media: Tourist decision making, information, and communication*. Elsternwick, VIC: Hospitality Press.
2) Lowe, B. (2002). *Lifestyle journalism*. Walthma, MA: Focal.
3) Brabham, D. C. (2013). *Crowdsourcing*. Cambridge, MA: MIT Press.
4) Lievrouw, L. A., & Livingstone, S. (Eds.). (2002). *Handbook of new media: Social shaping and consequences of ICTs*. Thousand Oaks, CA: SAGE.
Lister, M. (2009). *New media: A critical introduction*. London: Routledge.
5) Chandler, D., & Munday, R. (2011). *A dictionary of media and communication*. Oxford, England: Oxford University Press.
Scannell, P. (2007). *Media and communication*. Thousand Oaks, CA: SAGE.
Watson, J. (2008). *Media communication: An introduction to theory and process*. London: Palgrave Macmillan.
6) 김우룡 · 정인숙(2006). 『현대 매스미디어의 이해』. 경기: 나남출판.
7) Fiedler, K. (Ed.). (2011). *Social communication*. NY: Psychology Press.
Leiss, W. (2013). *Social communication in advertising: Consumption in the mediated marketplace*. London: Routledge.
8) Young, A. (2014). *Brand media strategy: Integrated communications planning in the digital era*. London: Palgrave Macmillan.

# 미래의 관광학

## 개관

제4부에서는 미래의 관광학에 대해 학습한다. 관광학은 진화한다. 관광학의 미래를 변화하는 관광사회를 통해 살펴보고, 이에 부응하기 위한 관광직업의 전문직화에 대해 접근해본다. 그리고 관광학의 진화하는 방향을 모색해본다.

제14장

# 관광학의 진화: 변화와 대응

**제1절** 미래의 관광사회

**제2절** 관광직업의 전문직화

**제3절** 관광학의 진화: 두 가지 흐름

## 제1절 미래의 관광사회

### 여행은 이제 삶이다.

생활양식(lifestyle)은 사람들이 살아가는 방식을 의미한다.[1] 생활양식은 사회적이고 문화적인 개념이다. 생활양식에 대한 논의에서 인간은 자신의 생활의 주체자이며, 설계자이다. 사람들은 각자가 서로 다른 생활양식을 선택하며 살아간다. 이렇게 사람들이 살아가는 방식은 그 사람 혹은 그 사회를 표현하는 상징적인 의미이며, 다른 사람 혹은 다른 사회로부터 차별화를 이루는 기제이다.

동시대를 살아가는 사람들은 과거와는 분명히 다른 생활양식을 만들어가고 있다. 그 키워드는 여행이다. 여행이 보편화되고, 생활이 되고 있다. 아탈리(Attali)가 간파하였듯이, 세상은 정착민의 시대로부터 다시 유목민(nomad)의 시대가 되고 있다.[2] 이렇게 여행자적 생활양식이 확산되면서 관광은 이제 인류의 주요한 사회현상으로 주목을 받는다.

앞서 이 책에서 기술한 바와 같이, 인간의 여행활동은 다양한 사회적 관계로 해석된다. 첫째, 인간의 여행활동을 통해 이루어지는 소비는 관광경제를 형성한다. 둘째, 여행활동을 통해 이루어지는 문화교류는 관광문화를 형성한다. 셋째, 여행활동을 통해 이루어지는 사회적 참여는 관광사회를 형성한다. 넷째, 여행활동을 통해 이루어지는 의사소통은 관광커뮤니티를 형성한다.

그렇다면, 미래의 관광은 어떻게 변화할 것인가?

무엇보다도 관광을 둘러싸고 있는 외부의 조건을 이해하는 것이 가장 중요하다. 이를 위해서는 거시환경분석(macro environment analysis)을 적용할 수 있다.[3] 하나의 체계를 둘러싸고 있는 외부 조건의 변화가 긍정적으로 작용할지, 혹은 부정적으로 작용할 지를 분석하는 기법이다. 부분적인 것보다는 전체적인 변화를 예측한다는 데 특징이 있다.

거시환경분석적 관점에서 볼 때, 관광의 변화에는 기회와 위협이 동시에 작용한다.[4] 관광에 긍정적인 변화를 가져올 환경요인으로는 정치적 민주화, 참여적 정치문화, 경제성장, 공유경제, 여성활동 증가, 여가중시문화, 교통기술발달, 정보통신기술발달, 세계 무역자유화, 남북한 관계 개선 등을 들 수 있다. 반대로 관광에 부정적인 변화를 가져올 환경요인으로는 정치적 불안정, 경제위기 및 불균형, 인구고령화, 종교갈등, 자연재해, 환경오염 및 훼손, 기후변화, 국제분쟁, 테러리즘, 국제 전염병, 남북한 갈등 및 안보문제 등이다. 이러한 요인들이 어떻게 현실화되느냐에 따라 관광의 변화 방향이 결정된다.

지금까지의 추세로 보면, 관광은 위협요인을 빠른 속도로 극복하고 긍정적인 변화를 지속하고 있다. 경제위기, 테러리즘, 자연재해, 국제적 전염병 등 많은 부정적인 문제들이 실제로 발생했을 때도 관광은 위기의 순간을 극복하고 그 이후 오히려 이전보다 더욱 크게 성장하는 성과를 보여주었다. 이러한 현상은 관광이 지닌 높은 수준의 위기탄력성(crisis resilience)으로 설명할 수 있다.[5]

이러한 큰 추세와 달리, 미시적인 수준에서 볼 수 있는 변화로는 먼저 관광자의 여행 형태의 변화를 볼 수 있다. 여행목적에서 겸목적여행이 증가하고 있으며, 자유개별여행이 증가하고 있다. 또한 사회적 가치를 지향하는 생태여행, 공정여행, 자원봉사여행 등의 새로운 여행이 등장한다. 다음으로, 여행활동의 변화와 함께 관광조직의 변화를 볼 수 있다. 융합관광산업이 활성화되고, 관광개발에서 포스트모더니즘적 개발이 확산되고 있다. 또한 관광정책에서 협력적 거버넌스가 구축되고 있으며, 소셜미디어의 등장으로 새로운 관광미디어들이 등장하고 있다.

정리하면, 관광은 지속적인 성장이라는 큰 흐름 안에서 부분적으로는 다양하고 역동적인 변화를 경험하고 있다. 이 변화가 대중관광(mass tourism) 시대로부터 새로운 관광(new tourism) 시대로의 이동을 가져온다.[6] 아직은 명칭이 확정되지 않은 이 새로운 관광시대에 관광은 또 다른 미래의 관광사회로 진입하고 있다.

## 제2절 관광직업의 전문직화

### 관광직업의 사회적 가치를 새롭게 인식해야 한다.

관광자의 여행활동이 주요 생활양식으로 인식되면서 관광서비스에 대한 사회의 요구가 다양하고 광범위해지고 있다. 또한 요구의 수준도 높아지고 있다. 이에 부응하기 위해서는 관광직업의 전문직화(professionalization)가 요구된다.

전문직화는 특정한 직업이 고도의 기술과 지식을 바탕으로 사회로부터 인정을 받는 과정으로 정의된다.[7] 전문직의 대표적인 예로 의료 전문직, 법무 전문직, 과학기술 전문직, 경영 전문직 등을 들 수 있다. 최근에는 이러한 전통적인 전문직 외에 소프트웨어, 게임, 엔터테인먼트 등 신기술이나 새로운 문화서비스분야의 다양한 직업들이 전문직으로 자리를 잡아가고 있다.

전문직화에 필요한 요소로는 크게 전문지식, 사회봉사, 직업의식이 제시된다([그림 14-1] 참조). 먼저, 전문지식(professional knowledge)은 세 수준으로 유형화하여 설명된다. 지식의 첫 번째 수준은 기능적 지식(technical knowledge)이다. 관광의 경우 관광현장에서 서비스를 제공하는 지식이라고 할 수 있다. 주로 서비스전달 과정에 관한 지식이다. 현장에서 관광자와의 접점을 통해 이루어지는 실행적 지식이라는 점에서 그 중요성이 크다.

두 번째 단계의 지식은 관리적 지식(managerial knowledge)이다. 관리적 지식은 조직의 경영과 관련된 지식으로 앞서 학습하였던 관광에 필요한 전문지식들이 여기에 해당된다. 관광사업조직의 관리에 관한 관광경영, 관광지역의 공급에 관한 관광개발, 관광자 유치에 관한 관광마케팅, 사회문제 해결에 관한 관광정책 등을 들 수 있다. 관리적 지식의 특징은 조직을 관리한다는 점이다. 개인이 혼자 문제를 해결하는 것이 아니라 조직이라는 인력집단을 활용하여 문제를 해결한다는 점에서 높은 수준의 지식이 요구된다.

세 번째 단계의 지식은 개념적 지식(conceptual knowledge)이다. 개념적 지식은 문제의 겉 모습이 아니라 문제의 본질을 이해하고, 부분만이 아닌 전체를 보고, 현상의 결과만이 아니라 원인을 볼 수 있는 지식을 말한다. 관광의 개념을 규명하고 이론을 개발하며 역사적 발전과정을 이해하는 지식이다. 그런 의미에서 개념적 지식은 기능적 지식이나 관리적 지식보다 높은 수준의 지식이라고 할 수 있다. 하지만 관광지식은 기능적 지식이나 관리적 지식에 대한 이해 없이 개념적 지식만으로는 완성될 수 없다.

관광직업의 전문직화를 위해서는 이 세 가지 지식에 대한 학습이 반드시 필요하다고 할 수 있다. 학습의 방법으로는 과거처럼 대학에서 학위과정을 이수하거나 자격증을 획득하는 것만으로는 한계가 있다. 전문직화를 위한 가장 필요한 학습과정은 평생학습과정이다. 직업(occupation)이 아니라 경력(career)를 만들어가는 학습과정이 개발되어야 한다. 전문직으로 사회적 인정을 받기 위해서는 경력을 함께 만들어가는 인재들이 스스로 참여하는 관광아카데믹 소사이어티(tourism academic society)를 형성해야 한다.

한편, 사회봉사(social service)와 직업의식(occupational consciousness)은 둘 다 직업의 사회적 가치를 지향한다는 점에서 공통점을 갖는다. 직업을 통한 사회봉사가 강조되며, 직업에 대한 사명감과 가치관이 강조된다. 여행이 곧 삶인 새로운 관광시대로 진입하면서 관광직업의 사회적 가치에 대한 새로운 인식과 행동이 요구된다.

[그림 14-1] 관광직업의 전문직화

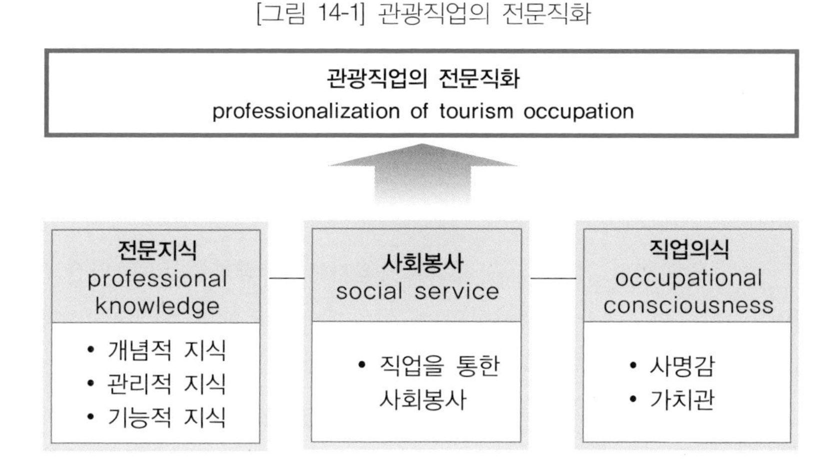


## 제3절 관광학의 진화: 두 가지 흐름

### 관광학은 진화하고 있다.

관광학은 관광문제 해결에 필요한 전문지식을 제공하는 것을 목적으로 발전해왔다. 관광경영연구를 통해 관광기업의 관리문제에 접근해 왔으며, 관광개발연구를 통해 관광지의 공급문제에 접근해왔다. 또한 관광마케팅연구를 통해 관광자 유치문제에 접근해왔으며, 관광정책연구를 통해 관광과 관련된 사회문제에 접근해왔다. 이제 소셜미디어시대를 맞이하면서 관광학은 관광미디어커뮤니케이션연구를 통해 관광커뮤니케이션 문제에 접근하고 있다.

관광학이 발전해온 과정을 정리하자면, 관광학은 1970년대 현대 관광학으로 자리를 잡은 이래 응용사회과학으로서의 발전과정을 거쳐 왔다고 할 수 있다.[8] 인간의 여행활동으로 이루어지는 사회영역을 대상으로 기초사회과학인 경제학, 사회학, 정치학, 사회심리학 등을 적용시키는 연구를 해왔으며, 인접 응용사회과학인 경영학, 행정학, 정책학, 지역개발학, 국제관계학 등을 적용시키는 연구를 진행해왔다. 그 결과 만들어진 것이 오늘의 관광학이다. 이를 통해 관광학은 응용사회과학으로서의 방향성을 지켜왔다.

관광학은 이제 다음 단계로 이동하고 있다. 크게 두 가지 흐름을 볼 수 있다([그림 14-2] 참조).

하나는 융합화이다. 융합학문으로의 이동이다. 관광학은 오랜 기간 여가목적의 여행을 연구대상으로 삼아왔다. 여가서비스의 개발, 관광사업조직의 경영, 관광지역의 개발, 관광마케팅, 관광정책 등이 모두 여가여행에 초점이 맞추어져왔다. 하지만 관광자들의 여행이 업무와 결합되고, 의료와 결합되고, 스포츠와 결합되고, 농업과 결합되는 등 소위 겸목적여행시대로 들어서면서 관광학도 변화하고 있다. 이제는 겸목적여행을 대상으로 하는 의료관광, 스포츠관광, 농업관광, 교육관광, 엔터테인먼트관광 등 융합분야에 대한 연구가 하나의 큰 흐름으로 진행되고 있다. 사실 이 큰 흐름 속에 관광학은 이미 들어서 있다.

다른 하나는 토대화이다. 인문학적 토대를 쌓는 일이다. 관광학은 사회과학으로서 인간의 여행을 여행 그 자체로 보기보다는 여행을 통해 이루어지는 소비, 문화교류, 사회참여, 의사소통 등 사회적 활동에 초점을 맞추어왔다. 하지만 이제 인간의 여행활동이 주요한 생활양식으로 인식되면서 여행에 대한 근본적인 문제들에 대한 탐구가 이루어지고 있다. 이른바 인문학적 성찰이다. 인간에게 있어 여행은 무엇인지, 여행의 가치는 무엇인지, 여행의 아름다움은 무엇인지 등 인문학으로 풀어야 할 문제들이 제기된다. 어찌 보면 당연히 채웠어야 할 지식영역의 빈 공간을 이제야 확인하는지도 모르겠다. 이제 관광학은 사회과학과 인문학 사이의 연계를 통해 새로운 이동을 진행하고 있다.

## 관광학은 변화와 대응이라는 학문적 고유성을 지닌다.

관광학은 응용사회과학으로서 인간의 여행활동을 통해 이루어지는 사회현상을 연구대상으로 하며 이와 관련된 문제해결에 필요한 지식을 제공해왔다. 관광현상이 변화하면서 새롭게 제기되는 사회의 요구에 맞추어 관광학은 빠르게 변화하고 대응해왔다. 그런 의미에서 관광학의 고유성은 변화(change)와 대응(responsiveness)에 있다. 이러한 고유성을 반영하면서 미래의 관광학은 인간의 여행활동을 통한 행복 실현이라는 궁극적인 연구 목적을 위해 끊임없이 진화해야 한다.

[그림 14-2] 관광학의 진화

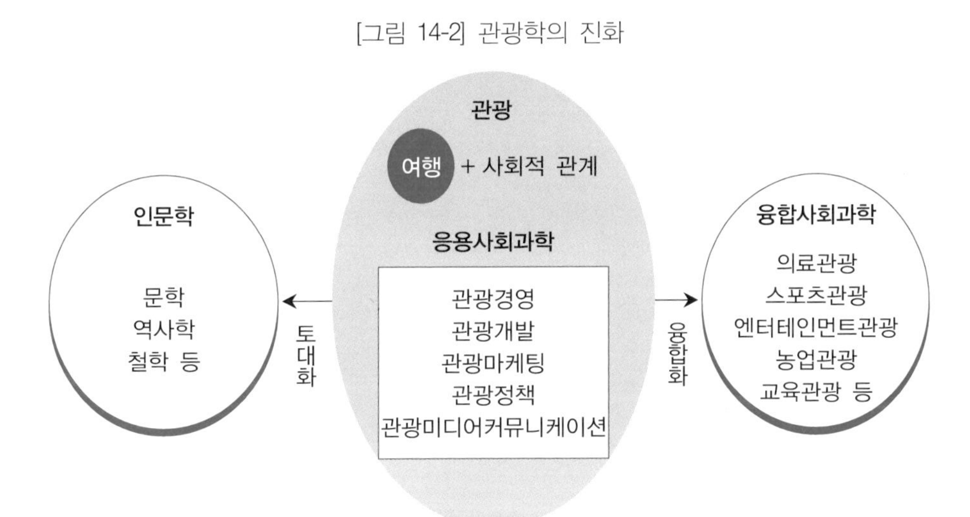

## 참고문헌

1) Chaney, D. (1996). *Lifestyle*. London: Routledge.
2) Attalie, J. (2003). *L'homme nomade*. 『호모 노마드 유목하는 인간』(이효숙 역, 2005). 서울: 웅진닷컴.
3) Fyall, A., & Garrod, B. (2005). *Tourism marketing: A collaborative approach*. Bristol, UK: Channel View Publications.
Bell, W. (2009). *Foundations of futures studies*. New Brunswick, NJ: Transaction Publishers.
4) Webster, C., Leigh, J., & Ivanov, S. (2013). *Future tourism: Political, social and economic challenges*. London: Routledge.
5) 김영욱(2008). 『위험 위기 그리고 커뮤니케이션: 현대 사회의 위험, 위기, 갈등에 대한 해석과 대응』. 서울: 이화여자대학교출판부.
Goldstein, B. E. (2012). *Collaborative resilience: Moving through crisis to opportunity*. Cambridge, MA: MIT Press.
6) Lois-González, R. C., Santos-Solla, X. M. & Taboada-de-Zuñiga, P. (Eds.). (2014). *New tourism in the 21th century: Culture, the city, nature and spirituality*. Newcastle, UK: Cambridge Scholars Publishing.
7) Pavalko, R. M. (1988). *Sociology of occupations and professions*. Itasca, IL: F. E. Peacock Publishers.
Rothman, R. A. (1987). *Working sociological perspectives*. Englewood Cliff, NJ: Prentice-Hall.
8) Hall, C. M. (2005). *Tourism: Rethinking the social science of mobility*. NY: Pearson Education.
Holden, A. (2004). *Tourism studies and the social sciences*. London: Routledge.
Williams, S. (2004). *Tourism: New directions and alternative tourism*. London: Routledge.

## 1. 국내문헌

국가법령정보센터(2019). 「관광기본법」.

______________(2019). 「관광진흥개발기금법」.

______________(2019). 「관광진흥법」.

______________(2019). 「국제회의산업 육성에 관한 법률」.

______________(2019). 「국토의 계획 및 이용에 관한 법률」.

______________(2019). 「노동조합 및 노동관계조정법」.

______________(2019). 「대한민국헌법」.

______________(2019). 「독점규제 및 공정거래에 관한 법률」.

______________(2019). 「문화재보호법」.

______________(2019). 「소비자기본법」.

______________(2019). 「여권법」.

______________(2019). 「정부조직법」.

______________(2019). 「지방자치법」.

______________(2019). 「지방재정법」.

______________(2019). 「출입국관리법」.

______________(2019). 「한국관광공사법」.

국립국어원(2019). 『표준국어대사전』.

권기헌(2007). 『정책학의 논리: Lasswell 정책학의 현대적 재조명』. 서울: 박영사.

______(2010). 『정책학: 현대 정책이론의 창조적 탐색』. 서울: 박영사.

권영성(2010). 『헌법학원론』. 서울: 법문사.

김경동 · 이온죽 · 김여진(2009). 『사회조사연구방법: 사회연구의 논리와 기법』. 서울: 박영사.

김성혁 · 오익근(2001). 『관광서비스관리론』. 서울: 형설출판사.

김승현 · 윤홍근 · 정이환(2011). 『사회과학: 형성 · 발전 · 현대이론』. 서울: 박영사.
김영욱(2008). 『위험 위기 그리고 커뮤니케이션: 현대 사회의 위험, 위기, 갈등에 대한 해석과 대응』. 서울: 이화여자대학교출판부.
김영환(2006). 『법철학의 근본문제』. 서울: 홍문사.
김우룡 · 정인숙(2006). 『현대 매스미디어의 이해』. 경기: 나남출판.
김철원(2008). 『컨벤션 마케팅』. 서울: 법문사.
남궁근(2008). 『정책학: 이론과 경험적 연구』. 서울: 법문사.
문화체육관광부(2018). 「2017년 기준 관광동향에 관한 연차보고서」.
박석희(2009). 『관광공간관리탐구』. 서울: 백산출판사.
박시사(2008). 『항공사경영론』. 서울: 백산출판사.
백승기(2010). 『정책학원론』. 서울: 대영문화사.
성낙인(2015). 『헌법학』. 서울: 법문사.
신호창 · 이두원 · 조성은(2011). 『정책PR』. 서울: 커뮤니케이션북스.
오석홍(2011). 『행정학』. 서울: 박영사.
원제무(2011). 『창조도시 예감』. 서울: 한양대학교 출판부.
이연택 편역(1993). 『관광학연구의 이해』. 서울: 일신사.
이연택(2003). 『관광정책론』. 서울: 일신사.
______(2016). 『관광정책학』(제2판). 경기: 백산출판사.
이연택 · 오미숙(2005). 『관광기업환경의 이해』. 서울: 일신사.
이주형(2009). 『21세기 도시재생의 패러다임』. 서울: 보성각.
이충기 · 권경상 · 박창규 · 김기엽(1999). 『카지노산업의 이해』. 서울: 일신사.
이태희(2013). 『리조트 개발의 이해와 전략』. 서울: 새로미.
정종섭(2015). 『헌법학원론』. 서울: 박영사
한국관광학회 편저(2012). 『관광학총론』. 서울: 백산출판사.
한국관광학회 편저(2012). 『한국현대관광사』. 서울: 백산출판사.
한상복 · 이문웅 · 김광억(2011). 『문화인류학』. 서울: 서울대학교 출판문화원.
한수웅(2015). 『헌법학』. 서울: 법문사.

## 2. 국외문헌

Aaker, D. A. (2009). *Managing brand equity*. NY: Simon and Schuster.

Adetule, P. J. (2011). *The handbook on management theories*. Bloomington, IN: AuthorHouse.

Ajzen, I. (1991). The theory of planned behavior. *Organizational behavior and human decision processes*. 50(2), 179-211.

Aldag, R. J., & Stearns, T. M. (1991). *Management*. Dallas, TX: South-Western Publishing.

Altinay, L., & Paraskevas, A. (2008). *Planning research in hospitality and tourism*. London: Routledge.

Anholt, S. (2007). Competitive identity: The new brand management for nations, cities and regions. New York: Palgrave Macmillan Anholt, S. (2010). *Places: Identity, image and reputation*. New York: Palgrave Macmillan

Aramberri, J. (2010). *Modern mass tourism*. WY, England: Emerald Group Publishing.

Archer, J., & Syratt, G. (2012). *Manual of travel agency practice*. London: Routledge.

Aronsson, L. (2000). *The development of sustainable tourism*. London: Continuum.

Atherton, T. C., & Atherton, T. A. (1998). *Tourism, travel and hospitality law*. NY: Thomson Reuters.

Attali, J. (2003). *L'homme nomade*. 『호모 노마드 유목하는 인간』 (이효숙 역, 2005). 서울: 웅진닷컴.

Baerenholdt, J. O., Haldrup, M., Larsen, J., & Urry, J. (2004). *Performing tourist places*. Farnham, UK: Ashgate Publishing.

Barth, S. C., & Hayes, D. K. (2006). *Hospitality law: Managing legal issues in the hospitality industry*. Hoboken, NJ: John Wiley & Sons.

Baum, T. (2006). *Human resource management for tourism, hospitality and leisure: An international perspective*. Boston, MA: Cengage Learning.

Becken, S., & Hay, J. (2012). *Climate change and tourism: From policy to practice*. London: Routledge.

Bell, W. (2009). *Foundations of futures studies.* New Brunswick, NJ: Transaction Publishers.

Birkland, T. A. (2014). *An introduction to the policy process: Theories, concepts and models of public policy making.* London: Routledge.

Bogason, P. (2000). *Public policy and local governance.* Cheltenham, UK: Edward Elgar.

Borzaga, C., & Defourny, J. (2004). *The emergence of social enterprise.* London: Routledge.

Brabham, D. C. (2013). *Crowdsourcing.* Cambridge, MA: MIT Press.

Bramham, P., & Wagg, S. (Eds.). (2009). *Sport, leisure and culture in the postmodern city.* Farnham, UK: Ashgate Publishing.

Bramwell, B., & Lane, B. (2013). *Tourism governance: Critical perspectives on governance and sustainability.* London: Routledge.

________, B., & Lane, B. (Eds.). (2000). *Tourism collaboration and partnerships: Politics, practice and sustainability.* Bristol, UK: Channel View Publications.

Briggs, S. (2001). *Successful tourism marketing: A practical handbook.* London: Kogan Page Publishers.

Buckley, R. (2009). *Ecotourism: Principles and practices.* NY: CABI.

_______, R.(2008). *Ecotourism: Principles and practices.* Boston, Mass.: CABI.

Buhalis, D., & Laws, E. (2001). *Tourism distribution channels: Practices, issues and transformations.* Boston, MA: Cengage Learning.

Burns, P. M., & Novelli, M. (2007). *Tourism and politics: Global frameworks and local realities.* Oxford, UK: Elsevier.

Campbell, C., & Campbell, D. (Eds.). (2011). *Legal aspects of doing business in North America.* NY: Juris Publishing.

Carr, E. H. (1961). *What is History?* Cambridge, UK: Cambridge University Press.

Carter, R., & Bédard, F. (2001). *E-business for tourism: Practical guidelines for tourism destinations and businesses.* Madrid, Spain: UNWTO.

Casson, L. (1974). Travel in the ancient world. London: Allen and Duwin.

Cave, J., & Jolliffe, L. (Eds.). (2013). *Tourism and souvenirs: Global perspectives from the margins*. Bristol, UK: Channel View Publications.

Center for International Legal Studies (2014). *International consumer protection* (2nd ed.). NY: Juris Publishing.

Chandler, D., & Munday, R. (2011). *A dictionary of media and communication*. Oxford, England: Oxford University Press.

Chaney, D. (1996). *Lifestyle*. London: Routledge.

Chon, K. S., & Weber, K. (2014). *Convention tourism: International research and industry perspectives*. London: Routledge.

Christie, M. R. (2007). *Restaurant management: Customers, operations, and employees* (3rd Ed.). NY: Pearson Education.

Clarke, A., & Chen, W. (2009). *International hospitality management*. London: Routledge.

Clavé, S. A. (2007). *The global theme park industry*. NY: CABI.

Cochran, C. L., Malone, E. F. (2010). *Public policy: Perspectives and choices* (4th Ed.). London: Lynne Rienner Publishers.

Cooper, C., & Hall, C. M. (2008). *Contemporary tourism: An international approach*. London: Routledge.

Dann, G. (2002). *The tourist as a metaphor of the social world*. Oxon, UK: CABI Publishing Ltd.

_____, G. (Ed.). (2002). *The tourist as a metaphor of the social world*. NY: CABI Publishing.

Davidson, R., & Cope, B. (2003). *Business travel: Conferences, incentive travel, exhibitions, corporate hospitality and corporate travel*. NY: Pearson Education.

Davis, B., Lockwood, A., Pantelidis, I., & Alcott, P. (2013). *Food and beverage management*. London: Routledge.

De Witte, M., & Jonker, J. (2006). *Management models for corporate social responsibility*. NY: Springer.

Decrop, A. (2006). *Vacation decision making*. NY: CABI Publishing.

Demsey, P. S., & Gesell, L. E. (2012). *Airline management: Strategies for the 21st century*. AZ: Coast Aire Publications.

Derudder, B., Faulconbridge, J., Witlox, M. F., & Beaverstock, J. V. (Eds.). (2012). *International business travel in the global economy*. Farnham, UK: Ashgate Publishing.

Deuschl, D. E. (2006). *Travel and tourism public relations*. London: Elsevier.

Doganis, R. (2006). *The airline business*. London: Routledge.

Donald, S., & Gammack, J. G. (2007). *Tourism and the branded city: Film and identity on the Pacific Rim*. Farnham, UK: Ashgate Publishing.

Donnelly, J. H., Gibson, J. L., & Ivancevich, J. M. (1987). *Fundamentals of management*. Plano, TX: Business Publications.

Dower, N., & Williams, J. (2002). *Global citizenship: A critical introduction*. Abingdon, England: Taylor & Francis.

Dowling, R. K. (Ed.). (2006). *Cruise ship tourism*. NY: CABI.

Duran, C. (2013). *Governance for the tourism sector and its measurement*. Madrid, Spain: UNWTO.

Duval, D. T. (2007). *Tourism and transport: Modes, networks and flows*. Bristol, UK: Channel View Publications.

Dwyer, L., Forsyth, P., & Dwyer, W. (2010). *Tourism economics and policy*. Bristol, UK: Channel View Publications.

Dye. T. R. (2005). *Understanding public policy* (11th Ed.). Upper Saddle River, NJ: Prentice-Hall.

Eade, V. H. (1997). *Introduction to the casino entertainment industry*. Upper Saddle River, NJ: Prentice-Hall.

Eadington, W. R., & Doyle, M. R. (Eds.). (2009). *Integrated resort casinos: Implications for economic growth and social impacts*. Institute for the Study of Gambling & Commercial Gaming College of Business, University of Nevada.

Edgell Sr, D., Allen, M. D., Swanson, J., & Smith, G. (2008). *Tourism policy and planning*. London: Routledge.

Elcock, H. (2013). *Local government: Policy and management in local authorities*. London: Routledge.

Elliott, J. (1997). *Tourism: Politics and public sector management*. London: Routledge.

Elton, G. R. (1969) *The practice of history*. Oxford, UK: Blackwell Publishers.

Enz, C. A. (2009). *Hospitality strategic management: Concepts and cases*. Hoboken, NJ: John Wiley and Sons.

Erfurt-Cooper, P., & Cooper, M. (2010). *Volcano and geothermal tourism: Sustainable geo-resources for leisure and recreation*. London: Earthscan.

Evans, N., Stonehouse, G., & Campbell, D. (2012). *Strategic management for travel and tourism*. Oxford, UK: Burterworth-Heinemann.

Fennell, D. A. (2006). *Tourism ethics*. Bristol, Uk: Channel View Publications.

______, D. A., & Malloy, D. (2007). *Codes of ethics in tourism: Practice, theory, synthesis*. Bristol, UK: Channel View Publications.

Fiedler, K. (Ed.). (2011). *Social communication*. NY: Psychology Press.

Fischer, F., & Miller, G. J. (Eds.). (2006). *Handbook of public policy analysis: Theory, politics, and methods*. Boca Raton, FL: CRC Press.

Fishbein, M., & Ajzen, I. (1975). *Belief, attitude, intention and behavior: An introduction to theory and research*. Boston: Addison-Wesley Pub. Co.

Ford, R. C., & Peeper, W. C. (2008). *Managing destination marketing organizations: The tasks, roles and responsibilities of the convention and visitors bureau executive*. Orlando, FL: ForPer Publications.

Fyall, A., & Garrod, B. (2005). *Tourism marketing: A collaborative approach*. Bristol, UK: Channel View Publications.

Gallus, C. (1997). *Working holiday makers: More than tourists*. Australia: AGPS.

Gee, C. Y. (1997). *International tourism: A global perspective*. Madrid, Spain: UNWTO.

____, C., Choy, D., & Makens, J. (1984). *The travel industry*. AVI Publishing.

Giddens, A. (2009). *Sociology* (6th ed.). Cambridge: Polity Press.

Go, F. M., & Pine, R. (1995). *Globalization strategy in the hotel industry*. London: Routledge.

Godfrey, K., & Clarke, J. (2000). *The tourism development handbook: A practical approach to planning and marketing*. Boston, MA: Cengage Learning.

Goeldner, C. R., & Brent Ritchie, J. R. (2009). *Tourism: Principles, practices, philosophies* (11th ed.). Hoboken, NJ: John Wiley & Sons.

________, C. R., & Brent Ritchie, J. R. (2009). *Tourism: Principles, practices, philosophies* (11th ed.). NJ: John Wiley & Sons.

________, C. R., & Brent Ritchie, J. R. (2009). Tourism: Principles, practices, philosophies. NJ: John Wiley & Sons.

Goldstein, B. E. (2012). *Collaborative resilience: Moving through crisis to opportunity*. Cambridge, MA: MIT Press.

Gössling, S., & Hall, C. M. (2006). *Tourism and global environmental change: Ecological, social, economic and political interrelationships*. London: Routledge.

Grout, P. (2008). *The 100 best worldwide vacations to enrich your life*. Washington, DC: National Geographic Society.

Guilding, C. (2002). *Financial management for hospitality decision makers*. London: Routledge.

Gunn, C. A. (1997). *Vacationscape: Developing tourist areas*. London: Routledge.

_____, C. A., & Var, T. (2002). *Tourism planning: Basics, concepts, cases*. London: Routledge.

Hales, J. (2006). *Accounting and financial analysis in the hospitality industry*. London: Routledge.

Hall, C. M. (1994). *Tourism and politics*. NY: John Wiley & Sons.

____, C. M. (2005). *Tourism: Rethinking the social science of mobility*. NY: Pearson Education.

____, C. M. (2008). *Tourism planning: Policies, processes and relationships*. London: Routledge.

____, C. M. (2013). *Medical tourism: The ethics, regulation, and marketing of health mobility*. London: Routledge.

____, C. M. (2014). *Tourism and social marketing*. London: Routledge.

____, C. M., & Higham, J. E. (Eds.). (2005). *Tourism, recreation, and climate change*. Bristol, UK: Channel View Publications.

____, C. M., & Lew, A. A. (2009). Understanding and managing tourism impacts: An integrated approach. London: Routledge. Mathieson, A., & Wall, G. (1982). *Tourism: Economics, physical, and social impacts*. NY: Longman.

____, C. M., & Tribe, J. (2003). *Tourism and public policy*. Boston, MA: Cengage Learning.

____, D. R. (Ed.). (2004). *Tourism and transition: Governance, transformation, and development*. NY: CABI.

Heath, E., & Wall, G. (1991). *Marketing tourism destinations: A strategic planning approach*. Hoboken, NJ: John Wiley & Sons.

Henderson, J. C. (2007). *Tourism crises: Causes, consequences and management*. London: Routledge.

Hinch, T., & Higham, J. (2011). *Sport tourism development*. Bristol, UK: Channel View Publications.

Hodges, J. R., Turner, L., & Kimball, A. M. (2012). *Risks and challenges in medical tourism: Understanding the global market for health services*. Santa Barbara, CA: ABC-CLIO.

Hoffman, B. T. (2006). *Art and cultural heritage: Law, policy, and practice*. Cambridge, England: Cambridge University Press.

Holden, A. (2004). *Tourism studies and the social sciences*. London: Routledge.

______, A. (2005). *Tourism studies and the social sciences*. London: Routledge.

Honey, M. (1999). *Ecotourism and sustainable development: Who owns paradise?* Washington D.C.: Island Press.

Hudman, L. E., & Hawkins, D. E. (1989). Tourism in contemporary society. Englewood Cliffs, NJ: Prentice Hall.

Hudson, J., & Lowe, S. (2009). *Understanding the policy process: Analysing welfare policy and practice*. Bristol, UK: Policy Press.

Hudson, S. (2003). *Sport and adventure tourism*. London: Routledge.

_______, S. (2004). *Marketing for tourism and hospitality: A Canadian perspective*. Toronto, Canada: Nelson Education.

_______, S. (2008). *Tourism and hospitality marketing: A global perspective*. Thousand Oaks, CA: SAGE.

Hughes, H. (2013). *Arts, entertainment and tourism*. Oxford, UK: Butterworth-Heinemann.

Inkpen, G. (1998). *Information technology for travel and tourism*. Harlow, England: Longman.

Inskeep, E. (1991). *Tourism planning: An integrated and sustainable development approach*. NY: Van Nostrand Reinhold.

International Institute for Peace Trough Tourism.(1988). *Tourism: A vital force for peace*. Vancouver, Canada.

International Institute for Peace Trough Tourism.(1994). *Building a sustainable world through tourism*. Montreal, Canada.

International Institute for Peace Trough Tourism.(1999). *Building bridges of peace, culture and prosperity through sustainable tourism*. Glasgow, Scotland.

International Institute for Peace Trough Tourism.(2000). *Global summit on peace through tourism*. Jordan.

Jamal, T., & Robinson, M. (Eds.). (2009). *The SAGE handbook of tourist studies*. Thousand Oaks, CA: SAGE.

Jeffries, D. J. (2001). *Governments and tourism*. London: Routledge.

Johnson, P., & Thomas, B. (Eds.). (1992). *Perspectives on tourism policy*. London: Mansell.

Jones, P., & Lockwood, A. (2002). *The management of hotel operations*. Boston: Cengage Learning.

Kalisch, A. (2002). *Corporate futures: Social responsibility in the tourism industry*.

Croydon, UK: Tourism Concern.

Kaminski, J., Benson, A. M., & Arnold, D. (2013). *Contemporary issues in cultural heritage tourism*. London: Routledge.

Kandampully, J., Mok, C., & Sparks, B. A. (2001). *Service quality management in hospitality, tourism, and leisure*. NY: Haworth Hospitality Press.

Kernaghan, K., Borins, S. F., & Marson, B. (2000). *The new public organization*. Toronto, Canada: Institute of Public Administration of Canada.

Kerr, W. R. (Ed.). (2003). *Tourism public policy, and the strategic management of failure*. London: Routledge.

King, B. E. M. (1997). *Creating island resorts*. London: Routledge.

Kooiman, J. (1994). *Modern governance: New government-society interactions*. London: SAGE.

Kotler, P. (1980). *Marketing management*. Englewood Cliffs, NJ: Prentice-Hall.

Kotler, P. (2002). *Marketing places*. NY: Simon and Schuster.

Kotler, P., Bowen, J. T., & Makens, J. C. (2006). *Marketing for hospitality and tourism*. Upper Saddle River, NJ: Prentice-hall.

Kozak, M., & Baloglu, S. (2011). *Managing and marketing tourist destinations: Strategies to gain a competitive edge*. London: Routledge.

Kozak, M., & Decrop, A. (Eds.). (2009). *Handbook of tourist behavior: Theory & practice*. London: Routledge.

Kozak, M., & Kozak, N. (Eds.). (2013). *Aspects of tourist behavior*. Newcastle, UK: Cambridge Scholars Publishing.

Landry, C. (2000). *The creative city: A toolkit for urban innovators*. London: Earthscan Publications.

Law, C. M. (2002). *Urban tourism: The visitor economy and the growth of large cities*. London: Continuum.

Laws, E. (1995). *Tourist destination management*. London: Routledge.

Laws, E. (2004). *Improving tourism and hospitality services*. NY: CABI.

Laws, E. (2011). *Tourist destination governance: Practice, theory and issues*. NY: CABI.

Laws, E., Prideaux, B., & Chon, K. S. (Eds.). (2006). *Crisis management in tourism.* NY: CABI

Lazzeretti, L., & Petrillo, C. S. (2006). *Tourism local systems and networking.* Elsevier.

Lazzeretti, L., & Petrillo, C. S. (Eds.). (2006). *Tourism local systems and networking.* London: Elsevier.

Lee, N. R., & Kotler, P. (2013). *Social marketing: Changing behaviors for good.* Thousand Oaks, CA: SAGE.

Leiper, N. (1983). An etymology of tourism. *Annals of Tourism Research,* 10(2), 277-280.

Leiss, W. (2013). *Social communication in advertising: Consumption in the mediated marketplace.* London: Routledge.

Lennon, J. J., Smith, H., Cockerell, N., & Trew, J. (2006). *Benchmarking national tourism organisations and agencies: Understanding best practice.* Oxford, UK: Elsevier.

Lessig, L. (2008). *Remix making art and commerce thrive in the hybrid economy.* NY: Penguin Press.

Lewis, D. (2014). *Non-governmental organizations, management and development.* London: Routledge.

Lievrouw, L. A., & Livingstone, S. (Eds.). (2002). *Handbook of new media: Social shaping and consequences of ICTs.* Thousand Oaks, CA: SAGE.

Lindber, K., Hawkins, D. E. (Eds.). *Ecotourism: A guide for planners & managers.* North Bennington, Vermont: The Ecotourism Society.

Lister, M. (2009). *New media: A critical introduction.* London: Routledge.

Lockyer, T. (2013). *The international hotel industry: Sustainable management.* London: Routledge.

Lois-González, R. C., Santos-Solla, X. M. & Taboada-de-Zuñiga, P. (Eds.). (2014). *New tourism in the 21th century: Culture, the city, nature and spirituality.* Newcastle, UK: Cambridge Scholars Publishing.

Lovelock, C. H. (1991). *Services marketing.* London: Prentice-Hall.

Lowe, B. (2002). *Lifestyle journalism.* Walthma, MA: Focal.

Lundberg, D. E. (1980). *The tourist business.* Boston, MA: CBI Publishing Company.

Lundberg, D. E. (1980). *The tourist business.* NY: CBI Publishing.

MacCannell, D. (1976). *The tourist: A new theory of the leisure class.* NY: Schocken Books.

Mak, J. (2004). *Tourism and economy.* Hawaii, USA: University of Hawaii Press.

Mak, J. (2004). *Tourism and the economy: Understanding the economics of tourism.* Honolulu, HI: University of Hawaii Press.

Mallin, C. A. (Ed.). (2009). *Corporate social responsibility: A case study approach.* Cheltenham, UK: Edward Elgar Publishing.

Mancini, M. (2004). *Cruising: A guide to the cruise line industry.* Boston, MA: Cengage Learning.

Mansfeld, Y., & Pizam, A. (Eds.). (2006). *Tourism, security and safety.* London: Routledge.

March, R., & Woodside, A. G. (2005). *Tourism behaviour: travellers' decisions and actions.* NY: CABI Publishing.

Mason, J. B., & Mayer, M. L. (1981). *Foundations of retailing.* Dallas, TX: Business Publications.

Mason, P. (2010). *Tourism impacts, planning and management.* London: Routledge.

McAdam, K., & Bateman, H. (2005). *Dictionary of leisure, travel and tourism.* London: A&C Black.

McCabe, S. (2010). *Marketing communications in tourism and hospitality.* London: Routledge.

McCabe, S. (Ed.). (2014). *The Routledge handbook of tourism marketing.* London: Routledge.

McKercher, B., Cros, H. D., & McKercher, R. B. (2002). *Cultural tourism: The partnership between tourism and cultural heritage management.* NY: Haworth Hospitality Press.

McLeod, M., & Vaughan, R. (Eds.). (2014). *Knowledge networks and tourism.*

London: Routledge.

Middleton, V. T., & Hawkins, R. (1998). *Sustainable tourism: A marketing perspective*. London: Routledge.

Middleton, V. T., Fyall, A., Morgan, M., & Ranchhod, A. (2009). *Marketing in travel and tourism*. London: Routledge.

Mill, R. C. & Morisson, A. M. (1985). *The tourism system*. Englewood Cliffs, NJ: Prentice Hall.

Mill, R. C. (1990). *Tourism: The international business*. Englewood Cliffs, NJ: Prentice Hall.

Mill, R. C. (2008). Resorts: Management and operation. Hoboken, NJ: John Wiley & Sons.

Mills, C. W. (1970). *The sociological imagination*. Harmondsworth: Penguin.

Milton, R. (1960). The great travelers. NY: Simon and Schuster.

Minnaert, L., Maitland, R., & Miller, G. (2013). *Social tourism: Perspectives and potential*. London: Routledge.

Mondy, R. W., Sharplin, A., Homes, R. E., & Flippo, E. B. (1986). *Management concepts and practices*. Boston, MA: Allyn and Bacon.

Morgan, M., Lugosi, P., & Brent Ritchie, J.R. (2010). *The tourism and leisure experience: consumer and managerial perspectives*. Bristol, UK: Channel View Publications

Morrison, A. M. (2013). *Marketing and managing tourism destinations*. London: Routledge.

Mowforth, M., & Munt, I. (2008). *Tourism and sustainability: Development, globalisation and new tourism in the third world*. London: Routledge.

Nickson, D. (2013). *Human resource management for hospitality, tourism and events*. London: Routledge.

Nielsen, C. (2001). *Tourism and the media: Tourist decision making, information, and communication*. Elsternwick, VIC: Hospitality Press.

Ninemeier, J. D., & Hayes, D. K. (2006). *Restaurant operations management*. NJ:

Pearson Prentice Hall.

Nowicka, P. (2011). *The no-nonsense guide to tourism.* Oxford, UK: New Internationalist Publications.

Nunkoo, R., & Smith, S. L. (Eds.). (2014). *Trust, tourism development and planning.* London: Routledge.

OECD(2014). Tourism and the creative economy. Paris: OECD Publishing.

O'Fallon, M. J., & Rutherford, D. G. (2011). *Hotel management and operations.* Hoboken, NJ: John Wiley & Sons.

O'Fallon, M. J., & Rutherford, D. G. (2011). *Hotel management and operations.* NY: John Wiley & Sons.

Page, S. J., & Hall, C. M. (2003). *Managing urban tourism.* NY: Pearson Education.

Page, S. J., Dowling, R. K., & Page, S. J. (2001). *Ecotourism.* NY: Pearson Education Limited.

Parker, S. (1976). *The sociology of leisure.* 『현대사회와 여가』 (이연택 · 민창기 역, 1995). 서울: 일신사.

Pavalko, R. M. (1988). *Sociology of occupations and professions.* Itasca, IL: F. E. Peacock Publishers.

Pearce, D. G., & Butler, R. (1999). *Contemporary issues in tourism development.* London: Routledge.

Pearce, P. L. (1982). *The social psychology of tourist behaviour.* Oxford, England: Pergamon Press.

Pearce, P. L. (2005). *Tourist behaviour: Themes and conceptual schemes.* Bristol, UK: Channel View Publications.

Pearce, P. L. (2011). *Tourist behaviour and the contemporary world.* Bristol, UK: Channel View Publications.

Pearce, P. L. (2013). *The social psychology of tourist behavior.* Oxford, England: Pergamon Press.

Pender, L., & Sharpley, R. (Eds.). (2004). *The management of tourism.* Thousand Oaks, CA: Sage.

Peter J. Harris. (1997). *Accounting and finance for the international hospitality industry.* London: Routledge.

Peters, B. G., & Pierre, J. (2006). *Handbook of public policy.* Thousand Oaks, CA: SAGE.

Peters, M. A., Britton, A., & Blee, H.(2008). *Global citizenship education.* Netherlands: Sense.

Pieper, J. (2009). *Leisure: The basis of culture.* San Francisco, CA: Ignatius Press.

Pike, A., Rodríguez-Pose, A., & Tomaney, J. (Eds.). (2010). *Handbook of local and regional development.* London: Routledge.

Pizam, A. (Ed.). (2005). *International encyclopedia of hospitality management.* London: Routledge.

Pizam, A., & Mansfeld, Y. (2000). *Consumer behavior in travel and tourism.* London: Routledge.

Plog, F. (1972). "Why destination areas rise and fall in popularity." Paper presented to the Travel Research Association Southern California Chapter. Los Angeles, USA.

Plog, S. C. (1991). *Leisure travel: Making it a growth market.... Again!.* NY: John Wiley and Sons, Inc.

Porter, M. E., & Kramer, M. R. (2011). Creating shared value. *Harvard Business Review,* 89(1/2), pp. 62-77.

Powers, T. (1988). *Introduction to management in the hospitality industry* (3rd. ed.). Hoboken, NJ: John Wiley & Sons.

Powers, T. (1988). *Introduction to management in the hospitality industry.* NY: John Wiley & Sons.

Prideaux, B., Moscardo, G., & Laws, E. (Eds.). (2006). *Managing tourism and hospitality services: Theory and international applications.* NY: CABI Publishing.

Putnam, R. (1993). *Making democracy work: Civic traditions in modern Italy.* Princeton, NJ: Princeton University Press.

Ray, M. L. (1982). *Advertising and communication management.* Englewood Cliffs,

NJ: Prentice-Hall.
Richards, G. (2011). Creativity and tourism: The state of the art. *Annals of tourism research*, 38(4), 1225-1253.
Richards, G. (Ed.). (1996). Cultural Tourism in Europe. NY: CABI.
Richards, G. (Ed.). (2001). *Cultural attractions and European tourism*. NY: CABI.
Richards, G., & Hall, D. (2003). *Tourism and sustainable community development*. London: Routledge.
Richards, G., & Wilson, J. (Eds.). (2007). *Tourism, creativity and development*. London: Routledge.
Riley, M. (2014). *Human resource management in the hospitality and tourism industry*. London: Routledge.
Ritchie, B. W. (2003). *Managing educational tourism*. Bristol, UK: Channel View Publications.
Ritchie, B. W. (2009). *Crisis and disaster management for tourism*. Bristol: Channel View Publications.
Roth, W. (1994). *The evolution of management theory: Past, present, future*. Boca Raton, FL: CRC Press.
Rothman, R. A. (1987). Working sociological perspectives. Englewood Cliff, NJ: Prentice-Hall.
Rushmore, S. (1983). *Hotels, motels and restaurants*. Chicago, IL: American Institute of Real Estate Appraisers.
Ryan, C. (2002). *The tourist experience*. Andover, England: Cengage Learning.
Ryan, C. (2002). *The tourist experience*. Boston, MA: Cengage Learning.
Ryan, C., & Page, S. (Eds.). (2012). *Tourism management*. London: Routledge.
Sabatier, P. A., & Weible, C. (Eds.). (2014). *Theories of the policy process*. Boulder, CO: Westview Press.
Scannell, P. (2007). *Media and communication*. Thousand Oaks, CA: SAGE.
Scott, D., Hall, C. M., & Gössling, S. (2012). *Tourism and climate change: Impacts, adaptation and mitigation*. London: Routledge.

Scott, N., Baggio, R., & Cooper, C. (2008). *Network analysis and tourism: From theory to practice.* Bristol, UK: Channel View Publications.

Selwyn, T. (Ed.). (1996). *The tourist image: Myths and myth making in tourism.* Hoboken, NJ: John Wiley & Sons.

Selwyn, T. (Ed.). (1996). *The tourist image: Myths and myth making in tourism.* NY: John Wiley & Sons.

Sharpley, R., & Stone, P. (2014). *Contemporary tourist experience: Concepts and consequences.* London: Routledge.

Sharpley, R., & Telfer, D. J. (Eds.). (2014). *Tourism and development: Concepts and issues.* Bristol, UK: Channel View Publications.

Shaw, G., & Williams, A. M. (2004). *Tourism and Tourism Space.*『관광과 관광공간』(김남조 · 유광민 · 민웅기 역, 2013). 서울: 백산출판사.

Shaw, S. (2011). *Airline marketing and management.* Farnham, UK: Ashgate Publishing.

Shaw. S. (2000). The delicious history of the holiday. London: Routledge.

Sheldon, P. J. (1997). *Tourism information technology.* NY: CABI

Sigala, M., Christou, E., & Gretzel, U. (2012). *Social media in travel, tourism and hospitality: Theory, practice and cases.* Surrey, England: Ashgate Publishing Ltd.

Smith, M. (2009). *Issues in cultural tourism studies.* London: Routledge.

Smith, M. K. (Ed.). (2006). *Tourism, culture and regeneration.* NY: CABI

Som, A., & Blanckaert, C. (2015). *Luxury: Concepts, facts, markets and strategies.* Hoboken, NJ: John Wiley & Sons.

Spirou, C. (2011). *Urban tourism and urban change: Cities in a global economy.* London: Routledge.

Stausberg, M. (2011). *Religion and tourism: Crossroads, destinations, and encounters.* London: Routledge.

Stein, A., & Evans, B. B. (2009). *An introduction to the entertainment industry.* NY: Peter Lang.

Stephany, A. (2015). *The business of sharing: Making it in the new sharing economy*. Hampshire, UK: Palgrave Macmillan.

Stevenson, D., & Matthews, A. (2013). *Culture and the city: Creativity, tourism, leisure*. London: Routledge.

Stolley, K. S., & Watson, S. (2012). *Medical tourism: A Reference Handbook*. Santa Barbara, CA: ABC-CLIO.

Strauss, J. R. (2015). *Challenging corporate social responsibility: Lessons for public relations from the casino industry*. London: Routledge.

Swarbrooke, J. (1999). *Sustainable tourism management*. NY: CABI.

Swarbrooke, J., & Horner, S. (2001). *Business travel and tourism*. London: Routledge.

Teare, R., Mazanec, J. A., Crawford-Welch, S., & Calver, S. (1994). *Marketing in Hospitality and Tourism*. NY: Cassell.

Theobald, W. F. (1998). *Global tourism*. Oxford, England: Butterworth-Heinemann.

Theobald, W. F. (Ed.). (2005). *Global tourism*. London: Routledge.

Timothy, D. J. (2005). *Shopping tourism, retailing, and leisure*. Bristol, UK: Channel View Publications.

Timothy, D. J., & Nyaupane, G. P. (Eds.). (2009). *Cultural heritage and tourism in the developing world: A regional perspective*. London: Routledge.

Torres, R. M., & Momsen, J. H. (Eds.). (2011). *Tourism and agriculture: New geographies of consumption, production and rural restructuring*. London: Routledge.

Tourism (2019). In Wikipedia.org. Retrieved October, 2019, https://en.wikipedia.org/wiki/Tourism

Towner, J. (1985). Approaches to tourism history. *Annals of Tourism Research*, 15(1), 47-62.

Towner. J. (1985). The grand tour: A key phase in the history of tourism. *Annals of Tourism Research*. 12(3), 297-333.

Towner, J. & Geoffrey, W. (1991). History and tourism. *Annals of Tourism Research*, 18(1), 71-84.

Travel (2019). In Wikipedia.org. Retrieved October, 2019, https://en.wikipedia.

org/wiki/Travel

Trive, J. (1996). *Corporate strategy for tourism*. 『관광경영전략』(최기탁 역, 2005). 서울: 한울출판사.

UNWTO (1980). *Manila declaration on world tourism, in World Tourism Conference. Manila, Philippines*.

UNWTO (1999). *Global Code of Ethics for Tourism*. Madrid, Spain.

UNWTO (2001). *Global code of ethics for tourism*. Madrid, Spain

UNWTO (2008). *Tourism satellite account: Recommended methodological framework 2008*. Madrid, Spain.

UNWTO (2018). *Tourism highlights*. Madrid, Spain.

Upchurch, R., & Lashley, C. (2006). *Timeshare resort operations*. London: Routledge.

Urry, J. (2013). *Reference groups and the theory of revolution*. London: Routledge.

Uysal, M. (Ed.). (1994). *Global tourist behavior*. Bringhamton, NY: International Business Press.

Van der Wagen, L., & Goonetilleke, A. (2011). *Hospitality management, strategy and operations*. Frenches Forest, AU: Pearson Australia.

Veal, A. J. (2002). *Leisure and tourism policy and planning*. NY: CABI.

Walker, D. M. (2007). *The economics of casino gambling*. NY: Springer Science & Business Media.

Walsh-Heron, J. & Stevens, T. (1990). *The management of visitor attractions & events*. Englewood Cliffs, NJ: Prentice Hall.

Watson, J. (2008). *Media communication: An introduction to theory and process*. London: Palgrave Macmillan.

Wearing, S. (2001). *Volunteer tourism: Experience that make a difference*. Oxon, UK: CABI Publishing.

Wearing, S., & Neil, J. (2009). *Ecotourism: Impacts, potentials and possibilities?* London: Routledge.

Weaver, D. B. (Ed.). (2001). *The encyclopedia of ecotourism*. NY: CABI.

Webster, C., Leigh, J., & Ivanov, S. (2013). Future tourism: Political, social and economic challenges. London: Routledge.

Weed, M., & Bull, C. (2012). *Sports tourism: Participants, policy and providers*. London: Routledge.

Weeden, C., & Boluk, K.(Eds.) (2014). *Managing ethical consumption in tourism*. London: Routledge.

Weiermair, K., & Mathies, C. (2004). *The tourism and leisure industry: Shaping the future*. Philadelphia, USA: Haworth Press.

Wheelhouse, D. (1989). *Managing human resources in the hospitality industry*. East Lansing, MI: America Hotel & Motel Association.

Williams, C., & Buswell, J. (2003). *Service quality in leisure and tourism*. NY: CABI.

Williams, R. (2011). *Keywords: A vocabulary of culture and society*. London: Routledge.

Williams, S. (2004). *Tourism: New directions and alternative tourism*. London: Routledge.

Withey, L. (1997). Grand tours and Cook's tours: A history of leisure travel, 1750 to 1915. NY: William Morrow.

Woodside, A. G., & Martin, D. (Eds.). (2008). *Tourism management: Analysis, behaviour and strategy*. NY: CABI Publishing.

Young, A. (2014). *Brand media strategy: Integrated communications planning in the digital era*. London: Palgrave Macmillan.

Young, I. (2002). *Public-private sector cooperation: Enhancing tourism competitiveness by World Tourism Organization Business Council*. Madrid, Spain: UNWTO.

柳父章(1982).『翻訳語成立事情』.『번역어의 성립』(김옥희 역, 2011). 서울: 마음산책.

塩田正志·長谷政弘(1994).『観光学』. 東京: 同文出版株式會社.

足羽洋保(1994).『新·観光学概論』. 東京:ミネルヴァ書房.

ㄱ

ㄴ

ㅇ

ㅌ



ㅍ



ㅎ

저자소개

## 이연택

저자는 한양대학교 사회과학대학 관광학부 명예교수이며, 현재 한국관광정책연구학회 회장으로 활동하고 있다. 미국 조지워싱턴대학교에서 관광학 연구로 박사학위를 받았다. 주요 경력으로는 정부정책연구기관인 한국관광연구원 원장을 역임하였으며, OECD 관광위원회 부의장, 태평양경제협력기구(KOPEC) 이사, 한국UNESCO 문화분과위원, 제주국제도시추진위원, 감사원 부정방지대책위원, 한국관광공사, 경기관광공사, 한국방송광고공사, 태권도진흥재단 등 공공기관의 사외이사와 호텔신라, 롯데관광개발, 한국유나이티드제약 등 민간기업의 사외이사를 역임하였다. 또한 KTV, KBS 라디오 등에서 시사토론을 진행했다.

[주요 저서]

- 관광정책학(2012, 2020 제2판, 백산출판사)
- 정책토론(2018, 백산출판사)
- 관광기업환경의 이해(2005, 일신사, 공저)
- 관광정책론(2003, 일신사)
- 토론의 기술(2003, 21세기북스)
- 국제관광산업전략(1999, 일신사, 공역)
- 북한사회의 이해(1997, 한양대출판부, 공저)
- 국제관광론(1996, 21세기재단, 공저)
- 세계화시대의 관광산업(1995, 일신사, 공저)
- 지방화시대의 관광개발(1995, 일신사, 공저)
- 현대사회와 여가(1995, 일신사, 공역)
- 관광학연구의 이해(1994, 일신사, 편역)
- 관광기업환경론(1993, 법문사)

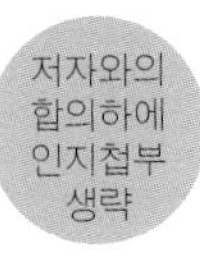


# 관광학

2015년 8월 30일 초 판 1쇄 발행
2024년 1월 10일 제2판 3쇄 발행

**지은이** 이연택
**펴낸이** 진욱상
**펴낸곳** 백산출판사
**교 정** 박시내
**본문디자인** 오행복
**표지디자인** 오정은

**등 록** 1974년 1월 9일 제406-1974-000001호
**주 소** 경기도 파주시 회동길 370(백산빌딩 3층)
**전 화** 02-914-1621(代)
**팩 스** 031-955-9911
**이메일** edit@ibaeksan.kr
**홈페이지** www.ibaeksan.kr

ISBN 979-11-5763-667-9 93980
**값 29,000원**